中国古建筑典籍解读

《营造法式》注释与解读

（宋）李诫 著
吴吉明 译注

化学工业出版社
·北京·

《营造法式》被誉为“中国古代建筑的宝典”。全书共三十六卷，其中图样六卷，几乎囊括了当时建筑工程以及与建筑相关的各个方面，把当时和前代工匠的建筑经验加以系统化、理论化，提出了一整套木构架建筑的模数制设计方法，并提供了珍贵的建筑图样。全书体系严谨、内容丰富，是中国古代建筑科学技术的一部百科全书。

本书对原著文字部分进行了注释和解读，将图样部分的图有选择性地插入内文合适的地方，形成了“古文配古图，古图释古文”的特点。另外，在“原典图说”版块中，编者对原著中涉及的相关建筑，不仅配上了实景图，还进一步给予了专业性的解读。这不仅让读者对古典建筑有一个直观的了解，而且还融学术性、趣味性和欣赏性为一体，是古籍中难得的优秀读本。

本书适合建筑师、建筑史学者、建筑专业师生、建筑爱好者、艺术设计专业师生以及相关专业人员阅读。

图书在版编目(CIP)数据

《营造法式》注释与解读 /（宋）李诫著；吴吉明译注

北京：化学工业出版社，2017.10（2023.1重印）

（中国古建筑典籍解读）

ISBN 978-7-122-30407-0

Ⅰ.①营… Ⅱ.①李…②吴… Ⅲ.①建筑史-中国-宋代②《营造法式》-研究 Ⅳ.①TU-092.44

中国版本图书馆CIP数据核字（2017）第190924号

责任编辑：彭明兰　王斌　孙梅戈

责任校对：宋　玮

装帧设计：尹琳琳

出版发行：化学工业出版社

（北京市东城区青年湖南街13号 邮政编码100011）

印　　装：中煤（北京）印务有限公司

787mm × 1092mm

1/16　印张 27 3/4　字数 550 千字

2023年1月北京第1版第3次印刷

购书咨询：010－64518888

售后服务：010-64518899

网　　址：http：//www.cip.com.cn

定　　价：139.00元

营造法式

中国古建筑典籍解读

前言

北宋中晚期，各地大肆建造宫殿、衙署、庙宇、园囿等，造型极尽奢华，负责工程的大小官吏趁机贪污，整个建筑业腐败丛生，致使国库无法应付浩大的开支。面对这种危急情况，熙宁二年（1069年），宋神宗下令当时负责宫室建筑的部门——将作监，编制出一部关于建筑工程方面的规范书。经过十余年的努力，将作监于宋哲宗元祐六年（1091年）将书籍完成，称为《元祐法式》，但因该书缺乏用材制度，工料太宽，不能防止工程中的各种弊端，因此并没有实施开来。到了宋哲宗绍圣四年（1097年），朝廷又诏令将作监的李诫重新编修，李诫此次编著完成的正是《营造法式》一书。

《营造法式》被学界誉为“中国古代建筑宝典”。全书共三十六卷，其中图样六卷，几乎囊括了当时建筑工程以及与建筑有关的各个方面，把当时和前代工匠的建筑经验加以系统化、理论化，提出了一整套木构架建筑的模数制设计方法，并提供了珍贵的建筑图样。全书体系严谨、内容丰富，是中国古代建筑科学技术的一部百科全书。其不但总结了中国历代劳动人民建筑方面的经验，而且为后世留下了有关建筑力学和材料力学的丰富史料。自《营造法式》问世以来，历代许多学者均非常重视此书。20世纪初期甚至还成立了以《营造法式》为研究核心的中国营造学社。因此，本书的出版，对于继承和发扬中国传统建筑理论，深入解读传统建筑经典，以及探索具有中国特色的建筑学理论和实践体系，有着非常重要的意义。

本书对《营造法式》原著文字部分进行了注释和解读，将图样部分的图有选择性地插入注释文字中合适的地方，形成了“原著＋注解＋译文＋延伸阅读”的内文形式。在“原典图说”栏目中，还配以相关现代图片，图文并茂。可以说，本书不仅保持了原著的魅力，还让《营造法式》时代感更强，更具有可读性，大大提升《营造法式》的阅读价值。本书不仅完整地校注《营造法式》，还根据原著中的要点，结合现代建筑规范，通过对比，让读者深刻理解原著的内容，从多方面提升读者的建筑素养。

本书由吴吉明译注，周澜、杨承清、张琴、吴正法、张跃、高海静、葛新丽、刘海明、刘露、杨杰、王丹丹、臧耀帅、吕君、陈凯、武鹏、李亚奇也做了大量的工作，在此对他们付出的劳动一并表示感谢。

由于编写时间和水平有限，尽管编者尽心尽力，反复推敲核实，但难免有疏漏及不妥之处，恳请广大读者批评指正，以便做进一步的修改和完善。

目　录

卷一　002

卷二　034

卷三　063

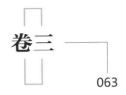

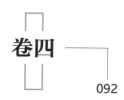

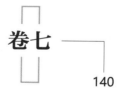

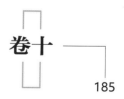

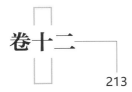

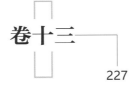

目录

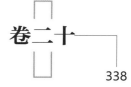

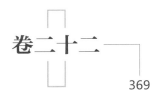

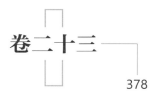

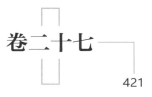

卷一

总释上

宫

原典

《易·系辞》：『上古穴居而野处，后世圣人易之以宫室，上栋下宇，以待风雨。』

《诗》：『作于楚宫，揆之以日，作于楚室。』

《礼》：『儒有一亩之宫，环堵之室。』

《尔雅》：『宫谓之室，室谓之宫。』（皆所以通古今之异语，明同实而两名）『室有东、西厢曰庙（夹室前堂）；无东、西厢有室曰寝（但有大室）；西南隅谓之奥（室中隐奥处），西北隅谓之屋漏（《诗》曰，尚不愧于屋漏，其义未详）。东北隅谓之宧[1]（宧，见《礼》，亦未详），东南隅谓之窔[2]（《礼》曰：「归室聚窔，窔亦隐闇」）。』

《墨子》：『子墨子曰：古之民，

译文

《易·系辞》中说："远在上古时代，人们居住在山洞里面并在野外生活。后来，一些贤能的人士开始建造房屋来改变这样的生活方式，他们修建的这种房屋上面设有脊檩梁，下面设有屋檐，于是人们就可以住进去躲避风雨了。"

《诗经》中说："趁着吉时开始动土修建楚宫，凭借着日影来测量方位，楚丘造房正开工。"

《礼记》中说："儒者有一亩地的宅院，他的室屋四周围绕着土墙，住在周围只有一丈见方的房间里。"

《尔雅》中说："宫也叫作室，室也被称作宫（这只是因为古今两个不同的词相通而已，其实就是一个物体有两个名称）。建有东、西厢房的室称为庙（东、西厢就是夹室前堂）；没有东、西厢房的室称为寝（有大室）。室的西南角称为奥（室中隐奥的地方）。室的西北角称为屋漏（《诗》中说，做事应当无愧于神明，它的意思不太清楚）。室的东北角称为宧（宧字在《礼仪》中有记载，也不清楚其意思）。室的东南角称为窔（《礼记》上说："回家后就聚在窔，窔显得比较幽深）"。

《墨子》中说："先生墨子说过：上古的人民还不知道修造宫室的时候，应当选择靠近山陵的地方居住，或者住在洞穴里面。由于地下很潮湿，容易使身体受到伤害，所以后来的圣王就开始营造宫室。营造宫室的法则是：修筑的地基高度要足以避免潮湿，四周的围墙要足以抵御风寒，搭建的屋顶要足以防备霜、雪、雨、露，而宫墙的高度还要足以分隔内外，以使男女有别。"

《白虎通义》中说："黄帝营造宫室。"

《世本》中说："大禹建造宫室。"

《说文解字》中说："一所宅子，是可以依托居住的地方的。"

《释名》中说："宫即穹。房顶建在围墙之上就形成了屋子，显得十分高大。""室，即充满的意思，也就是指屋子里面住满了人和填满了财物粮食。""寝，

未知为宫室时，就陵阜而居，穴而处，下润湿伤民。故圣王作为宫室之法，曰：宫高足以辟润湿，旁足以圉风寒，上足以待霜雪雨露；宫墙之高，足以别男女之礼。』

《白虎通义》：『黄帝作宫。』

《世本》：『禹作宫。』

《说文》：『宅，所托也。』

《释名》：『宫，穹也。屋见于垣上，穹崇然也。』『室，实也；言人物实满其中也。』『寝，侵（寝）也，所寝息也。』『舍，于中舍息也。』『屋，奥也；其中温奥也。』『宅，择也；择吉处而营之也。』

《风俗通义》：『自古宫室一也。汉来尊者以为号，下乃避之也。』

《义训》：『小屋谓之廑③』（音近）。『深屋谓之庝』（音同）。『偏舍谓之㢈』（音亶）。『㢈谓之』（音次）。『宫室相连谓之謻』（直移切④）。『因岩成室谓之广』（音俨）。『壞室谓之庘』（音压）。『夹室谓之厢，塔下室谓之龛，龛谓之椌⑤』（音空）。『空室谓之』（上音康，下音郎）。『深谓之戡戡』（音躭）。『颓谓之皺攲』（上音批，下音铺）。『不平谓之庯庩』（上音逋，下音途）。

很多书籍里面还记载为侵，即睡觉休息的地方。”“舍，也就是在里面休养生息的地方。”“屋，即室内深处，这些地方温暖并且隐蔽。”“宅，即选择，选择吉利的地方而营建的较大的房子。”

《风俗通义》中说：“从古时候开始，「宫」和「室」是没有区别的，它们都是指房屋。汉代以来，地位尊贵的人逐渐把「宫」变成自己居所的专有名词，而地位低下的人为了避讳，就用「室」来指称自己居住的房屋。”

《义训》中说：“小屋叫作廑（与近同音）。”“深屋叫作庝（与同同音）。”“偏舍叫作㢈（与亶同音）。”“㢈即康（与次同音）。”“宫与室相互连接叫作謻（与尺同音）。依傍着山岩修建而成的室叫作广（与俨同音）。”“有所损坏的室叫作庘（与压同音）。”“夹室叫作厢，塔子下面的室叫作龛，龛就是椌（与空同音）。”“空室叫作㝩（与康同音）良（与郎同音）。”“靠里的室叫作戡戡（与躭同音）。“倒塌崩坏的室叫作皺（与批同音）攲（与铺同音）。”不平的室叫作庯（与逋同音）庩（与途同音）。”

注释

① 宧：屋子里的东北角。
② 窔：室中东南角。
③ 廑：指小屋，临时性、暂时性的居所，例如避寒避暑用的别墅。
④ 古代表示读音的方式，不译，下同。
⑤ 椌：古代塔下宫室的名称。

乾清宫的室内

皇宫

原典图说

宫与室

宫，现代人一般认为是帝王居住的地方；室，则是平常老百姓的住所。但在上古时代，宫和室是通用的，都指一般的房室住宅，没有什么高低贵贱之分，无论谁的住所，都可以称为“宫”。秦汉以后，“宫”的字义就缩小了，专门用来指帝王的住所，后来也可以指寺庙或道教场所，例如拉萨的布达拉宫、北京的雍和宫以及道教的“三清宫”等；而“室”相应的，字义也缩小了，它只指平民居住的地方。

宫与室从建筑面积和包含范围上也是有区别的。宫，建筑面积比较大，由多个建筑组成，指的是整所房子或建筑，外面有围墙包围着；室，面积比较小，一间房也叫室，它只是整所房子的一个居住单位，而且一般指内部空间。

原典

《周官》：『太宰以正月示治法于象魏①。』

《春秋公羊传》：『天子诸侯台门，天子外阙两观，诸侯内阙一观。』

《尔雅》：『观谓之阙。』（宫门双阙也。）

《白虎通义》：『门必有阙者何？阙者，所以释门，别尊卑也。』

《风俗通义》：『鲁昭公设两观于门，是谓之阙。』

《说文》：『阙，门观也。』

《释名》：『阙，在门两旁，中央阙然为道也。观，观也，于上观望也。』

《博雅》：『象魏，阙也。』

崔豹《古今注》：『阙，观也。于前所摽②表宫门也。其中可居，登之可远观。人臣将朝，至此则思其所阙，故谓之阙。其上丹壁（垩土③），其下皆画云气、仙灵、奇禽、怪兽，以示四方：苍龙、白虎、玄武、朱雀，并画其形。』

《义训》：『观谓之阙，阙谓之皇。』

阙

译文

《周官》中说：“正月初一，太宰开始向各国诸侯和王畿内的采邑宣布治典，把形成文字的治典悬挂在象魏上。”

《春秋公羊传》中说：“天子和诸侯的宫室可以修建有高台的门楼，天子的阙在外面，上面建有两座楼台；诸侯的阙在里面，上面只建有一座楼台。”

《尔雅》中说：“观也被称为阙。”（皇宫门前两边供瞭望的楼台。）

《白虎通义》中说：“宫室门前为什么一定会建造楼台呢？在门前修建阙门是为了标表宫门，这样的方式可以用来区别地位的尊贵与卑贱。”

《风俗通义》中说：“鲁昭公在宫门之外造设了两座楼台，这就叫作阙。”

《说文解字》中说：“阙，就是在门上造观。”

《释名》中说：“阙就建造在大门的两侧，中间的空隙地方就是通道。观，就是修建在阙门上面用来观望的地方。”

《博雅》中说：“象魏，又被称作阙。”

崔豹《古今注》中说：“阙就是观。就是建造在宫室前面，标表宫门所在的建筑。阙的里面可以住人，在上面则可以观看远处。大臣们在上朝之前，到了阙前要思考自己为人行事是否有缺漏，所以叫作阙。阙的上部为红色的外壁（白色的土），下部则画有云气、仙灵、奇禽、怪兽，目的是用来表示苍龙、白虎、玄武、朱雀四个方位，画面上各种事物的形象都描摹得栩栩如生。”

《义训》中说：“观叫作阙，阙还被称作皇。”

注释

① 象魏：即阙，古代天子、诸侯宫门外的一对高建筑。

② 摽：古同“标”，标榜的意思。

③ 垩土：白色的土。

现代和谐阙

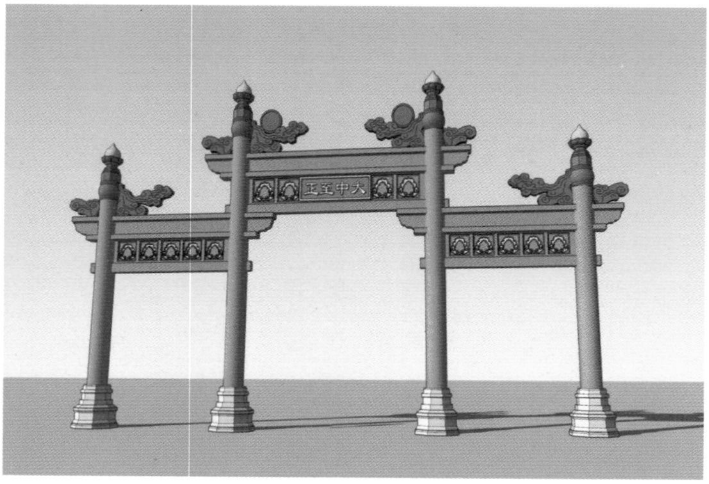

棂星门

阙

原典图说

“阙”的发展演变

阙，又称为阙门、两观、门观、象魏、皇、窐皇等，是中国古代设置在宫殿、城垣、陵墓、祠庙大门两侧标示地位尊崇的高层建筑物，实际上也就是外大门的一种形式。阙属于中国古建筑中一种特殊的类型，是最早的地面建筑之一。

阙，是从具有防卫性的实用建筑“观”演变而来，《释名 · 释宫室》说：“观，观也，周置两观，以表宫门，其上可居，登之可以远观，故谓之观。”《说文解字》说：“阙，观也，在门两旁，中央阙然为道也。”这些文献既说明了“观”是“阙”的前身，同时也表明，周代“阙”这种建筑物就已经存在。后来历经汉唐，延续至明清，未曾中断，事实上直到现代也一直存在。而随着各个时期社会历史情况的不同，阙的形制一直发生着演变。

殿

《仓颉篇》：『殿，大堂也。』（徐坚注云：商周以前其名不载，《秦本纪》始曰『作前殿』。）

《周官·考工记》：『夏后氏世室，堂修二七，广四修一；商（殷）人重屋，堂修七寻，堂崇三尺；周人明堂，东西九筵，南北七筵，堂崇一筵。』（郑司农注云：修，南北之深也。夏度以『步』，今堂修十四步，其广益以四分修之一，则堂广十七步半。商度以『寻』，周度以『筵』，六尺曰步，八尺曰寻，九尺曰筵。）

《礼记》：『天子之堂九尺，诸侯七尺，大夫五尺，士三尺。』

《墨子》：『尧舜堂高三尺。』

《说文》：『堂，殿也。』

《释名》：『堂，犹堂堂，高显貌也；殿，殿鄂也。』

《尚书·大传》：『天子之堂高九雉①，公侯七雉，子男五雉。』（雉长三丈。）

《博雅》：『堂堭②，殿也。』

《义训》：『汉曰殿，周曰寝。』

译文

《仓颉篇》中说："殿，就是大堂。"（徐坚注释说：商代、周代以前殿的名称未见记载，《秦本纪》中才开始有"先作前殿阿房"一说。）

《周官·考工记》中说："夏后氏修建的明堂，南北向距离为十四步，东西向宽度为十七步半；殷商人用来宣明政教的大厅堂，南北向距离为七寻，堂基高为三尺；周代人修建的明堂，东西向宽度为九筵，南北向长度为七筵，堂基高为一筵。"（郑司农注释说：修，南北向的深度（或长度）的意思。夏朝的时候用"步"为单位来度量距离，比如堂修十四步，其宽度最好是四分修之一，也就是说堂的宽度为十七步半。商朝的时候用"寻"为单位来度量距离，周朝则用"筵"为单位来度量距离。基本的换算公式为：六尺为一步，八尺为一寻，九尺为一筵。）

《礼记》中说："天子的朝堂高度为九尺，诸侯的宫府高度为七尺，大夫的厅堂高度为五尺，士的厅堂高度为三尺。"

《墨子》中说："帝王尧和帝王舜的朝堂只有三尺高。"

《说文解字》中说："堂，就是殿（堂）。"

《释名》中说："堂，犹如堂堂，高大显盛的样子；殿，有凹凸的纹路。"

《尚书·大传》中说："天子的殿堂高为九雉，公侯的府堂高为七雉，子男的厅堂高为五雉。"（长三丈高一丈为一雉。）

《博雅》中说："堂堭，就是殿。"

《义训》中说："汉朝称为殿，周朝称为寝。"

注释

① 雉：古代计算城墙面积的单位，长三丈高一丈为一雉。

② 堭：殿堂。

太和殿

原典图说

殿和堂

殿，原指高大的房屋，《汉书》颜师古注曰："古者屋之高严，通呼为殿。"堂，原指建筑物前部对外敞开的部分，它的左、右有序和夹，二者最初是可以通用的，从西汉中叶以后才有了等级的差别。最早在单体建筑的名称后面缀以殿字的，是秦始皇时期建造的甘泉前殿和阿房前殿。西汉初期，除了宫室之外，丞相府的正堂也可以称为殿，但到了中叶以后，就逐渐成为宫室的专用名称，因此，作为帝王住所的专称，宫和殿，两字的意思是相同的，只是在组成能力上有区别。此外，佛教寺院内僧众供佛的处所，也可以称为"殿"，一般都称为"大雄宝殿"。现存的殿中，北京故宫的太和殿是中国古建筑中最华丽的一个殿。

随着"殿"的字义缩小，"堂"的含义和形制也发生了变化。首先，"堂"不能再与"殿"平起平坐，级别有了降低。自汉代之后，堂一般指衙署和第宅中的主要建筑，但宫殿、寺观中的次要建筑也可以称堂。

原典

《尔雅》：『狭而修曲曰楼。』

《淮南子》：『延楼栈道，鸡栖井干①。』

《史记》：『方士言于武帝曰：黄帝为五城十二楼以侯神人。帝乃立神台井干楼，高五十丈。』

《说文》：『楼，重屋也。』

《释名》：『楼谓牖②户之间有射孔，慺慺然也。』

注释

① 井干：指井干式结构，一种不用立柱和大梁的房屋结构。

② 牖：本意指窗户，古建筑中室和堂之间的窗子。后来泛指窗。

楼

译文

《尔雅》中说：“狭小而修长迂曲的就称为楼。”

《淮南子》中说：“高楼凌空架设通道，鸡舍、水井边采用了井干式结构。”

《史记》中说：“方士向汉武帝进言说：黄帝修建了五座城和十二座楼，以便等候神人的来临。汉武帝听后，就下令建造神明台、井干楼，高度达到五十丈。”

《说文解字》中说：“楼，就是重叠起来的房屋。”

《释名》中说：“之所以称为楼，是因为其门窗之间有射孔，光线射进来后就会显得空明而又敞亮。”

楼　阁

江西南昌滕王阁

原典图说

楼与阁

中国在战国时期就已经出现了楼，但早期的楼只是一个土台，台面比较长，狭小而曲折，主要用于观敌瞭阵。后来随着建筑技术的发展，楼的形式也发生了变化，出现了两层以上的木质房屋。而此时楼的功用也发生了变化，成为供人居住的住宅，但主要用于女眷的居住。古代楼的造型多种多样，但严格意义上的楼，只有一面或两面设置窗，以供人们凭窗观景，这和今天的楼房性质有些相似。

现在人们常将楼与阁混为一谈，甚至连楼阁也是连在一起使用的，但在早期，楼与阁是有严格区分的。古代，楼与阁虽然都是两层或以上的建筑，但阁更加小巧，其平面多为方形或多边形，四面都有窗，一般用来藏书或观景，也常用来供奉巨型佛像。而楼相比于阁，面积更大，更正规，但中国现在所谓的“楼”与古楼是不一样的，现在都是西式楼，混凝土建造，楼层很高，古楼则成为了观赏景点。

原典

《说文》：『亭，民所安定也。亭有楼，从高省①，从丁声也。』

《释名》：『亭，停也，人所停集也。』

《风俗通义》：『谨按春秋国语②有寓望，谓今亭也。汉家因秦，大率十里一亭。亭，留也。今语有「亭留」、「亭待」，盖行旅宿食之所馆也。亭，亦平也；民有讼诤，吏留辨处，勿失其正也。』

注释

① 从高省：指“亭”字取自“高”字的上半部分，省去了下面的“口”字。

② 春秋国语：指《春秋》和《国语》。《春秋》，又名《春秋经》，是鲁国的编年史，由孔子修订而成。《国语》，又名《春秋外传》或《左氏外传》，是中国最早的一部国别体著作，据传为左丘明所撰。

亭

译文

《说文解字》中说：“亭，用以使百姓有安定环境的建筑。在高处建造的亭有瞭望楼，亭字就是取高字的上半部分，省去下面的口，读音从丁声。”

《释名》中说：“亭，停留，是供行人停留休息的场所。”

《风俗通义》中说：“《春秋》《国语》中提到的‘边境上所设置的以备瞭望和迎送的楼馆’，就是今天我们所说的‘亭’。汉代沿袭秦制，大致十里设置一亭。亭，留的意思。现在的用语中还有‘亭留’‘亭待’，这都是指为旅行者提供食宿的馆舍。亭，也有平定的意思，是百姓有讼诤时，官员留下当事人甄审辨别的地方，以求不失其公正。”

原典图说

中国四大名亭

亭是中国一种非常具有民族特色的建筑样式。它的历史十分悠久，早在战国时期就已经有亭，但其是用来侦察敌情、防备敌人的，而到了秦汉时期，亭就演变成了一级行政机构的所在，管理者称为亭长，后来才逐渐发展成供行人休息、乘凉的地方，以及作为观赏用的艺术建筑。如今，中国有非常有名的四大古亭，它们分别是北京的陶然亭、浙江绍兴的兰亭、安徽滁州的醉翁亭、湖南长沙的爱晚亭。

兰 亭

爱晚亭

陶然亭

醉翁亭

陶然亭是清代名亭，康熙年间建造，其一开始只是工部郎中江藻修建的用来休息的场所，后来因为受到文人墨客的青睐，才发展成京城必游之地，1952 年国家在此又建造了陶然亭公园，如今已成为闻名遐迩的旅游胜地。

兰亭是东晋著名书法家王羲之的寄居处，其位于浙江省绍兴市西南 14km 处的兰渚山下，据传春秋时期的越王勾践曾在这里种植兰花，而汉代又在此设置驿亭，所以才称为兰亭。

醉翁亭位于安徽滁州市西南琅琊山半山腰的琅琊古道旁，它是山中的僧人智仙专门为被贬到此处的欧阳修而建的，由于欧阳修自号“醉翁”，因此称为“醉翁亭”。此亭现在是安徽省著名的古迹之一。

爱晚亭位于湖南省长沙市岳麓书院后面青枫峡的小山上，清代乾隆时期建造，其为中国亭台建筑中的经典，影响很大。

原典

《老子》：『九层之台，起于累[1]土。』

《礼记·月令》：『五月可以居高明，可以处台榭。』

《尔雅》：『无室曰榭。』（榭，即今堂埋[2]。）又：『观四方而高曰台，有木曰榭。』（积土四方者。）

《汉书》：『坐堂皇上。』（室而无四壁曰皇。）

《释名》：『台，持[3]也。』『筑土坚高，能自胜持也。』

注释

①累：堆积、累积。

②埋：指殿堂。

③持：保持。

台榭

译文

《老子》中说："九层高台，是从一筐土开始堆积起来的。"

《礼记·月令》中说："五月的时候可以居住在高爽明亮的地方，也可以居住在亭台水榭之间。"

《尔雅》中说："不隔房间的叫作榭。"（榭，也就是现在的堂埋。）又说："建在高处且高高耸立，站在上面能够观看四方的建筑就叫作台，而用木头架高的则叫作榭。"（将土堆积成四方形的就叫台榭。）

《汉书》中说："坐在宽敞的殿堂之上。"（四面没有墙壁的室就叫皇。）

《释名》中说："台，就是保持的意思。""筑土十分坚固且显得高峻，这样可以使它长久地保持下去。"

原典图说

台和榭以及台榭的区别

台和榭以及台榭是有区别的，台指的是高于地面、供人登高望远的露台式建筑，古时候主要用来操练点兵或者观赏戏剧，它是单独存在的；而榭一般指水榭，是一种依水架起的观景平台，其一端往往与廊台相接，而另一端则与曲桥相通，平台的上面建有顶盖，四面敞开，常与廊、台组合在一起，周围有低平的栏杆或靠椅，供人游憩、眺望、观赏风景用。

台榭则是将台和榭合到一起的建筑，台仍然如上所述，指的是高于地面的台式建筑，但它的上面还建有木构房屋，这些房屋就称为榭，两者合到一起就是台榭。台榭是春秋至汉代时期，宫室、宗庙中常用的一种建筑形式，而汉代以后，台榭式的建筑基本上不再建造，但仍在城台、墩台上建屋，唐以后则出现了上面所说的水榭，水榭与台榭是完全不同的建筑。

古代的台榭

《周官·考工记》：『匠人营国，方九里，旁三门。国中九经九纬，经涂九轨。王宫门阿之制五雉[1]，宫隅之制七雉，城隅之制九雉。』（国中，城内也。经纬，涂也。经纬之涂，皆容方九轨。轨谓辙广，凡八尺。九轨积七十二尺。雉长三丈，高一丈。度高以『高』，度广以『广』。）

《春秋左氏传》：『计丈尺，揣高卑，度厚薄，仞沟洫，物土方，议远迩，量事期，计徒庸，虑材用，书糇粮，以令役，此筑城之义也。』

《公羊传》：『城雉者何？五板而堵，五堵而雉，百雉而城。』（天子之城千雉，高七雉；公侯百雉，高五雉；子男五十雉，高三雉。）

《礼记·月令》：『每岁孟秋之月，补城郭；仲秋之月，筑城郭。』

《管子》：『内之为城，外之为郭。』

《吴越春秋》：『鲧[2]筑城以卫君，造郭以守民。』

《说文》：『城，以盛民也。』『墉，城垣也。』『堞，城上女垣也。』

城

译文

《周官·考工记》中说："匠人修建城邑，方圆九里，每边有三座城门。城中南北干道三条，每条干道有三条南北向道路；东西干道三条，每条干道有三条东西向道路，这些道路能够驰骋九辆乘车。王宫的宫门高度为五雉，宫墙的高度为七雉，城墙的高度为九雉。"（国家，就在城里面。经纬，就是南北方向和东西方向的道路。经纬上的道路，都可以容纳九辆乘车。轨叫作辙广，宽度一般为八尺。九轨一共为七十二尺。雉的长度一般为三丈，高为一丈。可以用它的高来度量物体的高度，用它的长度来度量物体的长度。）

《春秋左氏传》中说："计算城墙的长度，设定城墙的高矮，测量城墙的厚薄，设定水渠的深度，寻找修建城墙所需的土石材料，研究取土的方向和远近，计划整个工程竣工的日期，统计服劳役的人工，考虑材料的用度，预支需要的粮食，以便参与建城的诸侯国共同承担，于是，整个设计就此定案。"

《春秋公羊传》中说："城雉是什么呢？五板为一堵，五堵为一雉，百雉为一城。"（天子修建的城邑方圆上千雉，高为七雉；王公诸侯修建的城邑方圆上百雉，高为五雉；子爵和男爵修建的城邑方圆有五十雉，高为三雉。）

《礼记·月令》中说："每年农历七月，可以修补城墙；农历八月，可以修筑城墙。"

《管子》中说："修建在里面的称为城，而修建在外围的则称为郭。"

《吴越春秋》中说："鲧修筑内城用来保卫君主，建造外城用来守护百姓。"

《说文解字》中说："城，用来容纳子民。"" 墉，就是城墙。""堞，就是城墙上的女儿墙。"

《五经异义》：『天子之城高九仞，公侯七仞，伯五仞，自男三仞。』

《释名》：『城，盛也，盛受国都也。』『郭，廓也，廓落在城外也。』『城上垣谓之睥睨③，言于孔中睥睨之（非）常也；亦曰陴，言陴助城之高也；亦曰女墙，言其卑小，比之于城，若女子之于丈夫也。』

《博物志》：『禹作城，强者攻，弱者守，敌者战。城郭自禹始也。』

注释

① 雉：古代计算城墙面积的单位，一雉指长三丈高一丈。

② 鲧：中国远古传说中的人物，大禹的父亲，姓姒，字熙，夏后氏。

③ 睥睨：原意指斜着眼睛看，高傲、瞧不起人。此处将城墙称为“睥睨”，意思是城墙居高临下，从城墙洞里看出去就好像用眼睛倨傲看人一样。

《五经异义》中说：“天子的城邑高度为九仞，王公诸侯的城邑高度为七仞，伯爵的城邑高度为五仞，子爵和男爵的城邑高度为三仞。”

《释名》中说：“城，就是盛，用来容纳国都。”“郭，就是廓，廓坐落在城外。”“城上的矮墙叫作睥睨，就是说可以通过矮墙上的垛孔进行窥视，以便监视异常的情况；这样的矮墙也叫作陴，就是说陴可以增加城墙的高度；这样的矮墙还叫作女墙，就是说它与城墙相比显得很卑小，就像女子与丈夫相比一样。”

《博物志》中说：“大禹建造城廓，强大的时候有利于进攻，弱小的时候有利于防守，敌对的时候有利于作战。修建城廓就是从大禹时期开始出现的。”

原典图说

“城”的古今含义

古代，“ 城”指的是城邑四周的墙垣，这种墙垣分为两重，里面的叫城，外面的叫郭。城字单用的时候，一般包含城与郭；而城、郭对举的时候，则单指城，不包括郭。《释名》中说：“城，盛也，盛受国都也；郭，廓也，廓落在城外也。”《 吴越春秋》中也说：“筑城以卫君，造郭以守民。”由此可以看出，古代的都城实行的都是城郭之制，内城里住的是皇帝贵族、王侯将相一类人群，而外城则是一般老百姓的居住场所。这种居住制度除了秦始皇的咸阳城外，从春秋时期一直延续到明清才结束。另外，古代，城还有国、国家的意思，比如，中央之城即中央之国的意思。而到了现代，城的含义就缩小了很多，更加简单明了，它就是指人口密集、工商业发达的地方，这些地方一般也是周围地区政治、经济、文化的中心。

北京古城

西安古城

墙

《周官·考工记》：『匠人为沟洫，墙厚三尺，崇三之。』（高厚以是为率，足以相胜。）

《尚书》：『既勤垣墉①。』

《诗》：『崇墉仡仡②。』

《春秋左氏传》：『有墙以蔽恶。』

《尔雅》：『墙谓之墉。』

《淮南子》：『舜作室，筑墙茨屋，令人皆知去岩穴，各有室家，此其始也。』

《说文》：『堵，垣也；五板为一堵。』『㙩，周垣也。』『埒，卑垣也。』『壁，垣也。』『垣蔽曰墙。』『栽，筑墙长板也。』（今谓之『膊板』。）『干，筑墙端木也。』（今谓之『墙师』。）

《尚书·大传》：『（天子）贲墉，诸侯疏杼。』（贲，大也，言大墙正道直也。疏，（犹）衰也。杼亦墙也；亦衰其上，不得正直。）

《释名》：『墙，障也，所以自障蔽也。』『垣，援也，人所依止以为援卫也。』『墉，容也，所以隐蔽形容也。』『壁，辟也，（所以）辟御风寒也。』

译文

《周官·考工记》中说："匠人规划井田，设计水利工程、仓库及附属建筑，建筑物墙的厚度为三尺，高度是厚度的三倍。"（高度和厚度以这样的比例，就可以相互支撑了。）

《尚书》中说："既已勤劳地筑起了墙壁。"

《诗经》中说："高墙耸立。"

《春秋左氏传》中说："墙可以遮掩过错和隐私。"

《尔雅》中说："墙叫作墉。"

《淮南子》中说："舜帝建造屋室，夯筑墙壁，用茅草、芦苇盖房顶，于是人们都知道离开岩洞，筑墙盖房，因而各自都有了自己的屋室和家庭，砌墙造屋就是从这个时候开始的。"

《说文解字》中说："堵，就是墙的意思；五板为一堵。""㙩，就是围墙的意思。""埒，就是矮墙的意思。""壁，也被称作墙。""垣蔽也叫作墙。""栽，是指筑墙所用的长板（今天称它为'膊板'）。""干，是指筑墙用在两端的木头（今天称它为'墙师'）。"

《尚书·大传》中说："天子有装饰得很好的高墙，诸侯有衰墙。"（贲，大的意思，就是说高墙修造得方正气派。疏，就是衰的意思。杼也是墙的意思，衰墙就是显得不方正气派。）

《释名》中说："墙，就是障，所以墙有阻挡、遮蔽的功能。""垣，就是援，人们可以依靠它来作为援卫。""墉，就是容，可以用它来隐蔽形状、面容。""壁，就是辟，因此可以用它来躲避、抵御风雨寒气。"

《博雅》：『墩、隊（音篆）、墉、院（音桓）也。』『廦（音壁），墙垣也。』

《义训》：『尾（音乇），楼墙也。』『穿垣谓之腔（音空）。』『为垣谓之厽③（音累），周谓之墩（音了），墩谓之窦（音垣）。』

注释

① 墉：指城墙。
② 仡仡：高耸的样子。
③ 厽：意思是垒土块为墙。

《博雅》中说：“墩、隊（读篆音）、墉、院（读桓音），指墙垣。”“廦（读壁音），也是指墙垣。”

《义训》中说：“尾（读乇音），就是楼墙。”“穿垣叫作（读空音）。”“为垣叫作厽（读累音），周叫作（读了音），叫作窦（读垣音）。”

宫 墙

原典图说

墙的作用和分类

墙，本意是指房屋或院子、园场周围的障壁，主要起到分隔、围护、承重、隔热、保温、隔声等功能。中国古代的墙主要以土和砖为材料，欧洲古代则大多是用石料作为筑墙的材料。现代，几乎所有重要的建筑材料都可以成为建造墙的材料，比如木材、混凝土、金属材料、高分子材料、玻璃等。

墙的分类有多种方法，比如按照墙在建筑物中的受力情况可以分为承重墙和非承重墙；按照墙在建筑物中的位置可以分为外墙和内墙；按墙体的施工方式分，可以分现场砌筑的砖墙和砌块墙等。另外，墙还可以按照墙体的材料以及构造形式来分类。

原典

《淮南子》：『山云蒸，柱础润。』

《说文》：『櫍，柎也。』『柎，阑足也。』『榰①，柱砥也。古用木，今以石。』

《博雅》：『础、磶（音昔）、磌②（音真），礩也。』『镵（音逸），谓之铍。』『携，谓之錾。』

《义训》：『础谓之碱③。』『碱谓之礩，礩谓之磶，磶谓之磉④（音颡，今谓之石碇）。』

注释

① 榰：指柱子下面的木础或石础。
② 磌：指柱子下边的石礅子。
③ 碱：指柱子下面的石墩。
④ 磉：指柱子底下的石礅。

柱础

译文

《淮南子》中说：“山中的云雾蒸腾，柱子的基石就会润湿。”

《说文解字》中说：“櫍，就是柎。”“柎，就是阑足。”“榰，就是柱砥。古时用木材，现在用石材。”

《博雅》中说：“础、磶（读昔音）、磌（读真音），就是礩。”“镵（读馋音），叫作铍。”“镌，叫作錾。”

《义训》中说：“础叫作碱。”“碱叫作礩，礩叫作磶，磶叫作磉（读颡音，现在叫作石碇）。”

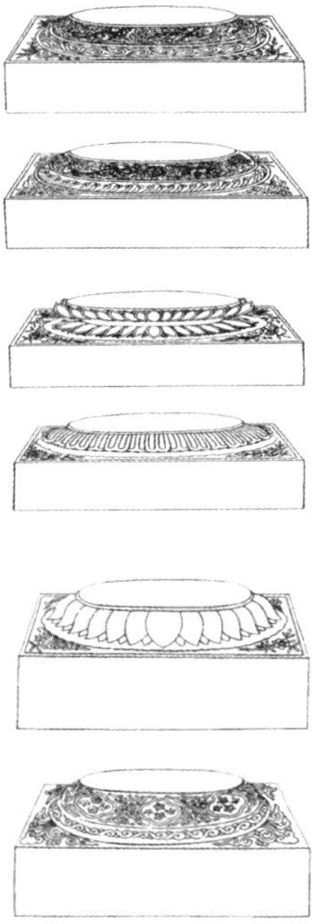

柱　础

原典图说

柱础的样式

柱础也称为柱础石或磉盘，是中国建筑构件的一种，指的是柱脚与地坪之间的一块石墩，其作用一是为了加强柱基的承受力，二是起到防潮的作用。

柱础在先秦时期就已出现，它的样式随着时代的发展而有所改变。从图案上来说，汉代的时候，出现了覆盆式和反斗式的柱础，其图案样式比较简朴；唐宋时期，最流行的是雕有莲瓣的覆盆式柱础；元代则比较流行简洁的素覆盆柱础，上面不加图案雕饰；明清时期，柱础的雕饰大大丰富，有龙凤、狮鹤、云水、琴棋书画以及宗教类装饰图案数百种之多，而且将高浮雕、浅浮雕、透雕与圆雕相结合，使得柱础具有很高的艺术和欣赏价值。而从形状来分，主要有圆柱形、圆鼓形、扁圆形、莲瓣形、方形、瓶形、兽形、六面锤等不同样式。

定平

原典

《周官·考工记》：『匠人建国①，水地以垂（悬）。』（于四角立植而垂，以水望其高下，高下既定，乃为位而平地。）

《庄子》：『水静则平中准②，大匠取法焉。』

《管子》：『夫准，坏险以为平。』

注释

① 建国：指建造城邑。国，指城邑。
② 准：标准。

译文

《周官·考工记》中说："匠人建造城邑，在水平的地中央竖柱，并通过悬绳的方法使它垂直于地面。"（在四个角竖柱并使它垂直于地面，站在水平的位置查看它们的高矮，高矮定下来后，就在水平的地面上确定各个修建的方位。）

《庄子》中说："水面静止就是水平的标准，大匠用这种方式来获取水平的概念。"

《管子》中说："准，除险以持平。"

原典图说

定平和水准测量

古人建造房屋前要进行"定平"，也就相当于现在的"水准测量"，即让地基处于水平位置。古人"定平"时用悬绳的方法，现在水准测量时则是用水准仪、水准尺以及尺垫。测量时，将水准仪安置在高度适中的三脚架上，架头应处于水平位置，脚架要安置稳固；然后进行目镜对光，转动望远镜，用望远镜筒上的照门和准星瞄准水准尺，再转动微动螺旋，使竖丝对准水准尺；接着眼睛通过位于目镜左方的符合气泡观察窗，察看水准管的气泡，如果气泡两端的像吻合了，这时就可以获得一个准确的读数了，然后按尺上的读数推算两点间的高差。最后根据情况进行平面调整。

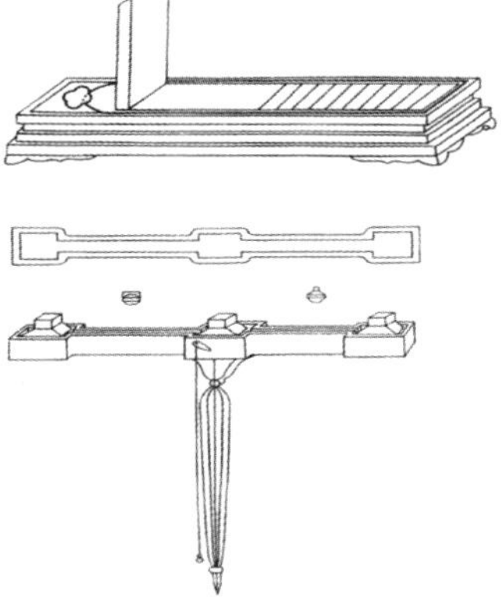

水平直尺

取正

《诗》：『定之方中。』又：『揆①之以日。』（定，营室也；方中，昏正四方也；揆，度也。度日出日入以知东西；『南』视定『北』准极，以正南北。）

《周礼·天官》：『惟王建国，辨方正位。』

《考工记》：『置槷②以垂（悬），视以景。为规，识日出之景与日入之景；夜考之极星，以正朝夕。』（自日出而画其景端，以至日入既则为规。测景两端之内规之，规之交，乃审也。度两交之间，中屈之以指槷，则南北正，日中之景，最短者也。极星，谓北辰。）

《管子》：『夫绳，扶拨以为正。』

《字林》：『[木丢]，垂臬望也。』

《刊（匡）谬证俗》音字：『今山东匠人犹言垂绳视正为也。』

译文

《诗经》中说："定星昏中而正。"又说："测量日影来确定方位。"（定星位于中天的时候，就可以修建房屋；昏中，是指昏正四个方位；揆，就是测量。根据太阳升起和降落即可以判断东西方向；"南"通常被看作确定"北"的标准，这样即可以确定南北方向。）

《周礼·天官》中说："只有国君营建国都的时候，才会明辨四方和端正方位。"

《考工记》中说："垂直放置槷（悬着的），并观察它的影子。"（目的是为了辨识太阳升起过程中与太阳降落过程中的影子；在晚上观察北极星，用这种方式来确定早晚。从太阳刚刚升起到傍晚下山全记录下槷影远端的变化，根据这样的观测，以至于到了晚上就可以形成一定的法则了。观测影子两端之间的距离变化来测量，观测日升日落的变化，就是审。测量两端之间的影线，如果与槷重合，那么南北的方位就是正确的，其中可以看出，到了太阳高挂中天的时候，影子最短。极星，就是北极星。）

《管子》中说："绳，用来扶治倾斜而使其保持垂直。"

《字林》中说："[木丢]，垂直竖立一根标杆以便观测日影。"

《刊谬证俗》中说："如今，山东匠人还常常这样说，垂下一根绳索来观测是否端正就叫作[木丢]。"

注释

① 揆：测量方位。

② 槷：测量日影的标杆。

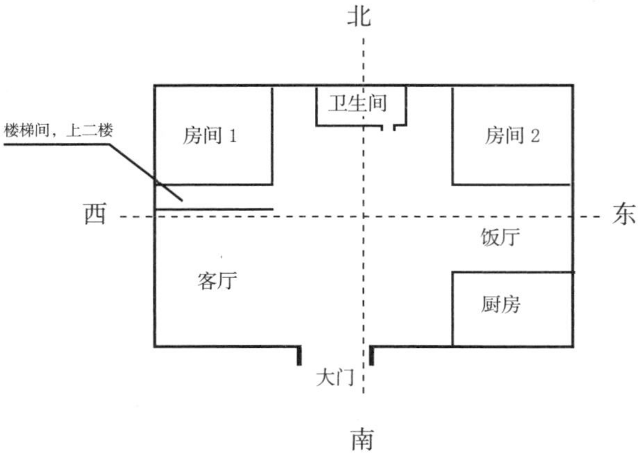

坐北朝南的房屋平面图

原典图说

中国房屋讲究“坐北朝南”

中国古人在建房时所说的“取正”，也就是我们如今的“坐北朝南”，且大多数以正南正北为纵轴线。为什么要这样呢？从文化上来说，古人认为，北为阴，南为阳，风水好的地方就应该阴阳调和；再者受中国道教“北斗崇拜”的影响，凡事都讲求“正”，因此居住的房屋也要不偏不倚，必须“正”。而从科学上来讲，房屋“坐北朝南”也是合乎道理的，因为中国处于地球的北半球、欧亚大陆的东部，大部分陆地位于北归线（北纬）以北，一年四季的阳光都由南方射入，朝南的房屋便于采取阳光，可以保持冬暖夏凉；而且还可以使空气充分流通，避开北风。直到现在，住宅坐北朝南，仍是很多人居家购房的首选。

材

原典

《周礼》：『任工以饬材事。』

《吕氏春秋》：『夫大匠①之为宫室也，景小大而知材木矣。』

《史记》：『山居千章之楸。』（章，材也。）

班固《汉书》：『将作大匠属官有主章长丞。』（旧将作大匠主材，吏名章曹椽。）

又《西都赋》：『因瑰材②而究奇。』

弁兰《许昌宫赋》：『材靡隐而不华。』

《说文》：『栔，刻也。』（栔，音至。）

《傅子》：『构大厦者，先择匠而后简材。』（今或谓之『方桁』，桁音衡。按构屋之法，其规矩制度，皆以章栔为祖。今语，以人举止失措者，谓之『失章失栔』，盖此也。）

译文

《周礼》中说："任命百工来整顿用料方面的事情。"

《吕氏春秋》中说："那些大工匠建造宫室，只要量一量大小就知道要用多少木料。"

《史记》中说："山里出产上千棵楸树大材。"（章，就是材。）

班固《汉书》中说："将作大匠下面还设有下属官吏，官名叫作主章长丞，主管材料。"（古代主管材料的将作大匠，官名叫作章曹椽。）

然后《西都赋》中说："就着瑰异的材料来构建各种奇巧的式样。"

弁兰《许昌宫赋》中说："所选木材细密而不显浮华。"

《说文解字》中说："栔，就是刻的意思。"（栔，读至音。）

《傅子》中说："想要构建大厦的人，一定得先挑选好匠人，然后再选择材料。"（现在有的人把它称为"方桁"，桁读衡音。按照修建房屋的法则，其中的规则制度，都是以章栔为祖例的。今天我们把有的人举止不当称为" 失章失栔"，大概就是根据这里得来的。）

木质结构的房子

注释

① 大匠：指古代主管土木建筑工程的官员。

② 瑰材：指珍奇的栋、梁、材。

原典

《尔雅》：『閞谓之槉①。』（柱上欂也，亦名枅，又曰楮。閞，音弁。槉，音疾。）

《仓颉篇》：『枅②，柱上方木。』

《释名》：『栾，挛也；其体上曲，挛拳然也。』

王延寿《鲁灵光殿赋》：『曲枅要绍而环句。』（曲枅，栱也。）

《博雅》：『欂谓之枅，曲枅谓之栾。』（枅，音古妍切，又音鸡。）

薛综《〈西京赋〉注》：『栾，柱上曲木，两头受栌者。』

左思《吴都赋》：『雕栾镂楶③。』（栾，栱也。）

注释

① 槉：房柱上的弓形承重结构，即栱。
② 枅：柱子上的支承大梁的方木。
③ 楶：指支承大梁的方木。

栱

译文

《尔雅》中说："閞叫作槉。"（閞就是柱上的欂，它另外一个名字是枅，又叫作楮。閞，读弁音。槉，读疾音。）

《仓颉篇》中说："枅，就是柱子上面的方形木料。"

《释名》中说："栾，就是挛；它的形体向上弯曲，就像握紧的拳头一样。"

王延寿《鲁灵光殿赋》中说："曲枅环曲而环环勾连。"（曲枅，就是栱。）

《博雅》中说："欂叫作枅，曲枅叫作栾。"（枅，古代读妍音，又读鸡。）

薛综《〈西京赋〉注》中说："栾，就是柱顶承托大梁的曲木，它的两头都承受着欂栌。"

左思《吴都赋》中说："在栾上雕刻，镂穿斗栱。"（栾，也指栱。）

原典图说

栱的种类和样式

栱属于中国古代建筑斗栱结构中的一种木质构件，是立柱和横梁之间成弓形的承重结构，它与方形木块纵横交错层叠构成斗栱，然后逐层向外挑出形成上大下小的托座。

栱在宋代包括五种，分别是华栱、泥道栱、瓜子栱、慢栱和令栱。到了清代，则按大小可以分为瓜栱、万栱和厢栱，其中瓜栱属于短的、万栱属于中长的、厢栱属于长的。栱在汉代有矩形、曲线形、折线形等不同形状，唐代其样式得到统一，宋代其用材制度有了详细规定。但栱在古代一般用于大式建筑，比如寺庙和殿堂等，民房很少用，而现代建筑一般都不再用栱，只有一些仿古的大型建筑才会偶尔用到。

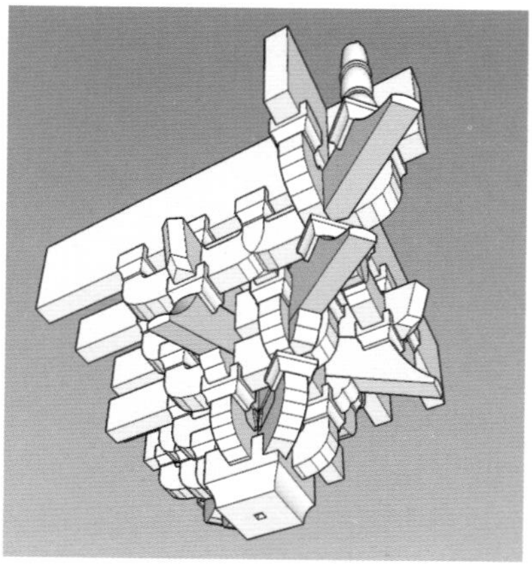

斗 栱

飞昂

原典

《说文》：『欃①，楔也。』

何晏《景福殿赋》：『飞昂②鸟踊。』又：『欃栌各落以相承。』（李善曰：『飞昂之形，类鸟之飞。』今人名屋四阿栱曰『欃昂』，欃即昂也。）

刘梁《七举》：『双覆井菱，荷垂英昂。』

《义训》：『斜角谓之飞棉。』（今谓之下昂者，以昂尖下指故也。下昂尖面下平。又有上昂如昂桯挑斡者，施之于屋内或平坐③之下。昂字又作枊，或作棉者，皆吾郎切。䫜，于交切，俗作凹者，非是。）

译文

《说文解字》中说：“欃，就是楔。”

何晏《景福殿赋》中说：“飞昂的形状就像鸟在飞跃。”又说：“欃栌错落有致，并相互承托。”（李善注释说：“房屋的四隅向外伸出承受屋檐部分的外形，就像鸟儿展翅欲飞一样。”现在的人把房屋的四个斗栱叫作“欃昂”，欃就是昂。）

刘梁《七举》中说：“两个水菱藻井，荷花仿佛就是从昂下垂下来的一样。”

《义训》中说：“斜角就叫作飞棉。”（现在我们把它称作下昂，就是因为昂尖向下指的缘故。下昂尖的表面很平滑。还有上昂像昂桯挑的，可以将其设置在室内或者平座的下面。昂字还可以写成枊字，还可以写成䫜字，都是吾郎切。䫜，于交切，一般认为可作凹，其实并不是这样的。）

注释

① 欃：指木楔。

② 飞昂：指宋式斗栱组合构件名称。

③ 坐：通“座”。

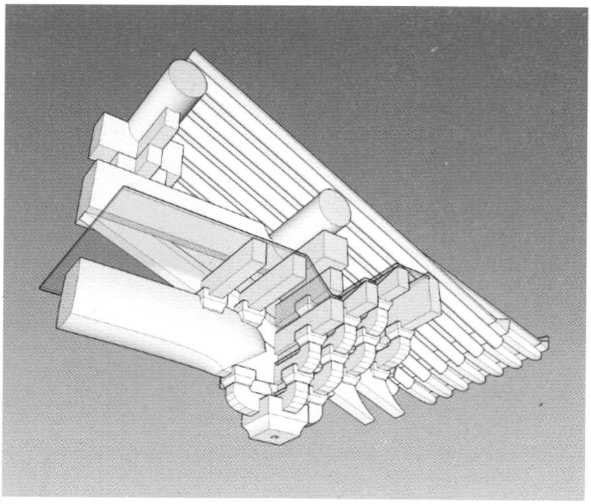

柱头六铺作单抄双下昂

原典图说

昂的构成和作用

昂和栱一样，也是中国古代建筑斗栱中的一种木质构件，位于斗栱前后的中轴线上，位置倾斜，起到一种杠杆的作用，即利用内部屋顶结构的重量平衡出挑部分屋顶的重量。

昂分上昂和下昂，上昂的昂头向外上挑，下昂则顺着屋面坡度由内向外、从上而下斜置。二者之中，下昂使用比较多，上昂仅作用于室内、平坐斗栱或斗栱里跳之上。昂在清代的时候，其作用已名存实亡，变成了假昂，建筑中，只是把外跳华栱头做成昂嘴的形式，没有实用价值。现在的建筑更是不再用这种构件，其只是存在于仿古建筑中。

爵头

原典

《释名》：『上入曰爵头①，形似爵头也。』（今俗谓之『耍头』，又谓之『胡孙头』。）朔方②人谓之『蜉蜙头』。蜉（音勃），蜙（音纵）。

注释

① 爵头：也称为“耍头”“胡孙头”，形状像鸟的头，指的是最上一层栱或昂之上，与令栱相交而向外伸的部分。

② 朔方：意思指北方。

译文

《释名》中说：“上面的叫爵头，外形很像雀鸟的头。”（现在我们通常把它叫作“耍头”，还把它叫作“胡孙头”。）北方人则称它为“蜉蜙头”。蜉，读勃音；蜙，读纵音。

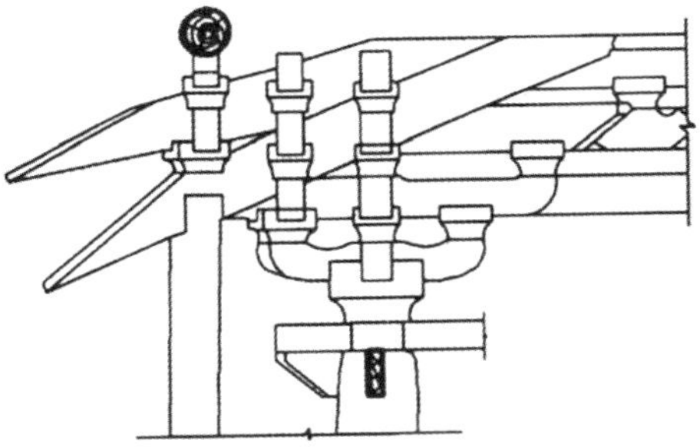

平顺县龙门寺大雄宝殿宋代昂式耍头

原典图说

耍头的重要作用

耍头也称为“爵头”“胡孙头”，是斗栱基本组成构件之一，其位置在最上一层栱或昂的上面，与挑檐桁相交而向外伸出。

耍头和衬枋头都属于铺作的构件，连接着铺作出跳方向的前后令栱，以及橑檐枋与平棊枋。除了起到连接这些构件的作用外，耍头还能起到部分的受力作用，所以是斗栱很重要的部件。

原典

《语》：『山节藻棁①。』（节，栭②也。）

《尔雅》：『栭谓之楶。』（即櫨也。）

《说文》：『栌，柱上柎也。』『栭，枅上标也。』

《释名》：『卢在柱端。』『都卢③，负屋之重也。』『斗（科）在栾两头，如斗，负上檼也。』

《博雅》：『楶谓之栌。』（节、楶，古文通用。）

《鲁灵光殿赋》：『层栌磥④佹⑤以岌峩。』（栌，科也。）

《义训》：『柱斗谓之榙（音沓）。』

注释

① 棁：同“棁”，指梁上的短柱。
② 栭：指柱顶上支承梁的方木。
③ 卢：通栌，柱顶上的栱。
④ 磥：堆砌的意思。古同“垒”。
⑤ 佹：累积、重叠。

枓

译文

《论语》中说：“雕刻成山一样形状的斗栱和雕刻有水草等图案的梁上小立柱。”（节，就是栭。）

《尔雅》中说：“栭叫作楶。”（也就是櫨。）

《说文解字》中说：“栌，就是柱顶上的柎。”“栭，就是枅上的方檩。”

《释名》中说：“栌在柱的顶部位置。”“栌就像杂技表演者耍都栌杂技那样，神奇地承托着屋盖的重量。”“斗（或科）在栾的两端，就像斗一样，上面承担着脊檩。”

《博雅》中说：“楶也就是栌。”（节和楶，在古文中是可以通用的。）

《鲁灵光殿赋》中说：“层层栌科重叠得高高的，显得很高大雄伟。”（栌，也就是科。）

《义训》中说：“柱斗叫作榙（读沓音）。”

原典图说

斗栱的作用演变

太和殿下檐的斗栱

斗栱，也称之为科、斗科、欂栌，是中国木构架建筑结构的关键性部件。西周时期斗栱就已出现，它的作用是承托檩、梁或楼层地面枋，挑梁外端的斗栱则是用来承托檐檩的，各个斗栱之间是互不相连的；到了唐代，斗栱的作用已不仅限于支承架或挑檐的构件作用，而且还成为了水平框架不可分割的一部分，对于保持木构架的整体性起到了关键作用；明清时期，由于柱头间开始使用大、小额枋和随梁枋，斗栱的用料和尺度大为缩小，不再具有维持构架整体性和增加出檐的作用。

可以说，从唐到清，斗栱的结构作用变得越来越小，装饰性则越来越强，它的这种演变是中国传统木构架建筑形制演变的重要标志，也是鉴别中国古代木构架建筑年代的一个重要依据。

铺作

原典

汉《柏梁诗》：『大匠曰：柱榱①欂栌②相支持。』

《景福殿赋》：『桁梧复叠，势合形离。』（桁梧，科栱也，皆重叠而施，其势或合或离。）又：『欃栌各落以相承，栾栱夭矫而交结。』

徐陵《太极殿铭》：『千栌赫奕，万栱崚层。』

李白《明堂赋》：『走栱夤③缘。』

李华《含元殿赋》：『云薄万栱。』又：『千（悬）栌骈凑。』（今以科栱层数相叠出跳多寡次序，谓之『铺作』。）

注释

① 榱：指架屋承瓦的木头，其中方形的称为“榱”，圆形的称为“椽”。

② 欂栌：指柱上承托栋梁的方形短木，也就是斗栱。

③ 夤：指攀附上升。

译文

汉《柏梁诗》中说：“建筑大师说：柱、榱、欂栌相互支撑承托。”

《景福殿赋》中说：“梁上、门框、窗框等上方的横木和屋梁上两头起支架作用的斜柱相互重叠，总体结构完整，但它们各个部分的形体又自相独立。”（桁梧，也就是斗栱，都相互重叠着建造，它们的外形有时候相互结合，有时候又相互独立。）又说：“欃栌错落有致且相互承托，栾栱外形伸展屈曲而又相互交结。”

徐陵《太极殿铭》中说：“柱头承托栋梁的短木成百上千且异常美观显眼，立柱和横梁之间成弓形的承重斗栱更是成千上万且都层层重叠高耸。”

李白《明堂赋》中说：“走栱攀缘着向上叠升。”

李华《含元殿赋》中说：“薄云之中成千上万的斗栱时隐时现。”又说：“成百上千的短柱相互并列并紧紧依靠着。”（如今我们把斗栱层层交叠着向上攀升的这种按照由多到少次序建造的结构叫作“铺作”。）

原典图说

铺作的含义和种类

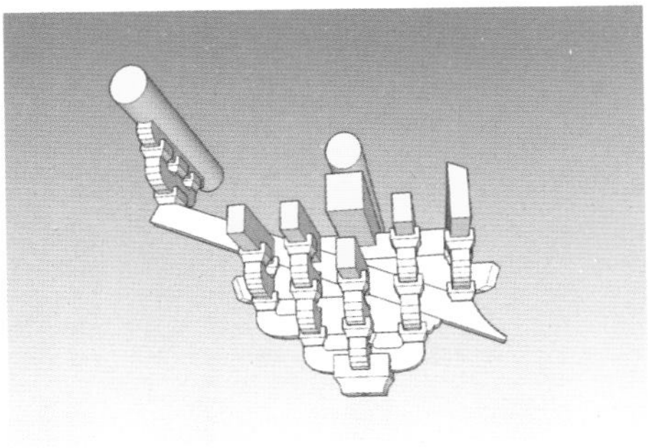

铺 作

铺作从狭义上来说其实指的就是斗栱，从广义上来说则是指斗栱所在的结构层。铺作这种称呼是宋代的，清代才称为“斗栱”。此外，铺作也指斗栱的类型，斗栱出一跳称之为四铺作；出两跳称之为五铺作，出三跳称为六铺作，依此类推。

斗栱的种类很多，形制复杂。按使用部位分，可以分为内檐斗栱、外檐斗栱、平座斗栱。

平坐

原典

张衡《西都（京）赋》：『阁道穹隆。』（阁道，飞陛①也。）又：『隥道逦倚以正东。』（隥道，阁道也。）

《鲁灵光殿赋》：『飞陛揭孽②，缘云上征；中坐垂景，俯视流星。』

《义训》：『阁道谓之飞陛，飞陛谓之墱。』（今俗谓之『平坐』，亦曰『鼓坐』。）

译文

张衡《西京赋》中说：“阁道悠长而曲折。”（阁道，就是飞陛。）又说：“有台阶的登高道路高低曲折向东延伸。”（隥道，也就是阁道。）

《鲁灵光殿赋》中说：“高耸的阶梯就像横卧在高空之间，沿着云彩步步向上攀登；坐在台阶上可以观赏风景，凭着栏杆还可以俯瞰飞逝而过的流星。”

《义训》中说：“阁道称作飞陛，飞陛则称作墱。”（如今我们通常把它叫作“平坐”，还可以称作“鼓坐”。）

注释

① 飞陛：指高耸的台阶。
② 揭孽：非常高的样子。

原典

梁

《尔雅》：『宊廇①谓之梁。』（屋大梁也。宊，武方切；廇，力又切。）

司马相如《长门赋》：『委参差之槺梁。』（槺虚也。）

《西都赋》：『抗应龙之虹梁②。』（梁，曲如虹也。）

《释名》：『梁，强梁也。』

何晏《景福殿赋》：『双枚既修。』（两重，作梁也。）又：『重桴③乃饰。』（重桴，在外作两重，牵也。）

《博雅》：『曲梁谓之罶（音柳）。』

《义训》：『梁谓之欐（音礼）。』

注释

① 宊廇：房屋的大梁。

② 虹梁：指弧形的梁，此处指高架而拱曲的屋梁。

③ 重桴：古代的建筑常有檐檩和挑檐檩，有时可以用两根檩条，这被称为重桴。桴，指房屋的次栋，也就是二栋。

译文

《尔雅》中说："宊廇称作梁。"（就是房屋上面的大梁。宊，武方切；廇，力又切。）

司马相如《长门赋》中说：" 承托着屋顶大大小小、长长短短架构的架空的屋梁。"（就是槺虚。）

《西都赋》中说："横架着形如飞龙、曲如长虹的殿梁。"（梁，屈曲着就像彩虹一样。）

《释名》中说："梁，就是指强梁。"

何晏《景福殿赋》中说："屋内两重作梁又大又长。"（两重，就指作梁。）又说："重叠交互的栋梁上面雕绘着彩饰。"（重桴，搭于外面而作两重作梁，起着牵拉屋顶各种建构的作用。）

《博雅》中说："曲梁叫作罶（读柳音）。"

《义训》中说："梁叫作欐（读礼音）。"

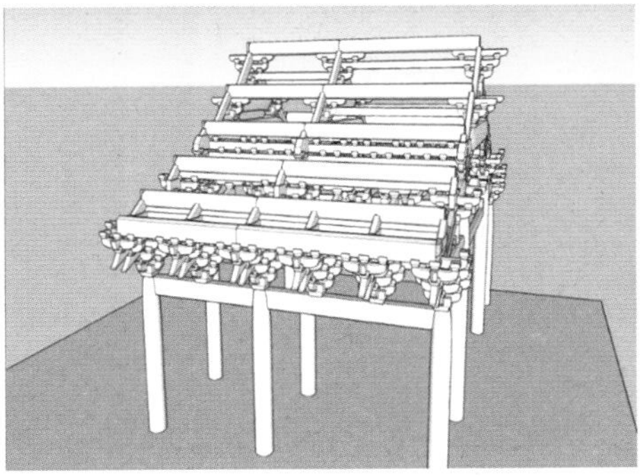

房 梁

原典图说

梁的分类

梁也叫大梁、横梁，指架在大墙上或柱子上支撑房顶的横木，是中国传统木结构建筑中骨架的主件之一。按形状其可分为直梁、月梁，直梁从外观看上去比较平直，而月梁则是经过艺术加工的梁。如果从视线所及来区分，则可分为明栿、草栿。

梁不管在古代建筑还是在现代建筑上，都是不可缺少的承重部件。

原典

《诗》：『有觉其楹①。』

《春秋·庄公》：『丹桓宫楹。』

《礼》：『楹，天子丹，诸侯黝垩②，大夫苍，士黈③。』（黈，黄色也。）又：『三家视桓楹。』（柱曰植，曰桓。）

《西都赋》：『雕玉瑱以居楹。』（瑱，音镇。）

《说文》：『楹，柱也。』

《释名》：『柱，住也。』『楹，亭也；亭亭然孤立，旁无所依也。齐鲁读曰轻：轻，胜也。孤立独处，能胜任上重也。』

何晏《景福殿赋》：『金楹齐列，玉舄承跋。』（玉为矴以承柱下，跋，柱根也。）

注释

① 楹：指堂屋前部的柱子。

② 黝垩：黑柱白壁。

③ 黈：指黄色。

柱

译文

《诗经》中说：“房屋端正高大依靠高大挺拔的柱子。”

《春秋·庄公》中说：“用朱色涂漆了桓表的柱子。”

《礼记》中说：“对于涂漆柱子的颜色，天子宫殿的柱子要用朱色，诸侯官邸要用黑柱白壁，大夫府邸的柱子要用青色，士之类的人其门第的柱子要用黄色。”（黈，就是黄色。）又说：“区分仲孙、叔孙、季孙三家就是用比照四根大柱子的方式。”（柱叫作植，也叫作桓。）

《西都赋》中说：“雕刻美玉来作为础石而承托殿柱。”（瑱，读镇音。）

《说文解字》中说：“楹，就是柱子。”

《释名》中说：“柱，就是住。”“楹，就是亭；亭亭孤立的样子，四周没有什么依托。齐鲁一带把它读作轻；轻，就是胜。孤独地高高矗立着，但却能够承受上面的沉沉重压。”

何晏《景福殿赋》中说：“金柱整齐地排列，下面则是玉制的柱脚石。”（用玉石来作为承托柱子的石墩，跋，就是柱子的根部。）

原典图说

柱的各种名称

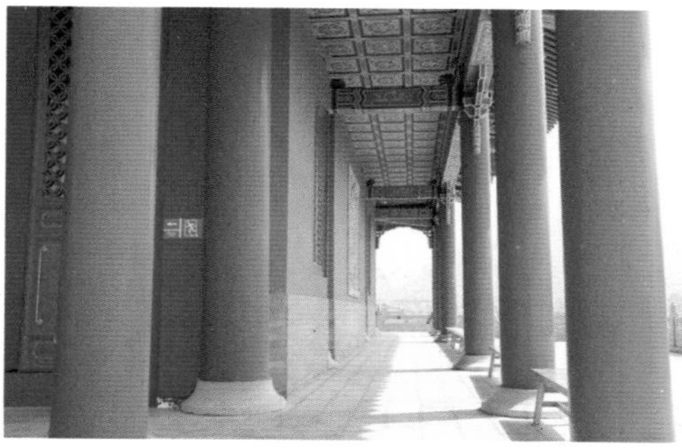

柱

柱是建筑物中用以支承栋梁桁架的长条形构件，因其所在位置的不同而有不同的名称。在建筑物最外边的柱称为檐柱；在前檐的柱叫前檐柱；在后檐的柱称为后檐柱；在转角的柱称为角檐柱；在檐柱以内的柱称为金柱；距离檐柱近的称为外金柱；距离檐柱远的称为里金柱；在建筑中线之上而不在山墙内的称为中柱，也叫作脊柱；在山墙内的称为山柱；立在横梁上、其下端不着地的称为童柱或者瓜柱，不同位置的瓜柱又分为脊瓜柱、金瓜柱、交金瓜柱。

柱在古代建筑中使用较多，现在的一般住宅基本不用，除非是一些大型古式建筑。

阳马

原典

《周官·考工记》：『商（殷）人四阿重屋。』（四阿，若今四注屋也。）

《尔雅》：『直不受檐谓之交。』（谓五架屋际，椽又直上檐，交于檼上。）

《说文》：『柧棱①，殿堂上最高处也。』

《景福殿赋》：『承以阳马②。』（阳马，屋四角引出以承短椽者。）

左思《魏都赋》：『齐龙首以涌溜。』（屋上四角，雨水入龙口中，写（泻）之于地也。）

张景阳《七命》：『阴虬负檐，阳马翼阿。』

《义训》：『阙角谓之柧棱。』（今俗谓之『角梁』。又谓之『梁抹』者，盖语讹也。）

注释

① 柧棱：指宫阙上转角处的瓦脊。

② 阳马：指房屋四角承檐的长桁条。

译文

《周官·考工记》中说："殷商时候的人修建四阿重屋。"（四阿，就像如今四面设栋的房屋。）

《尔雅》中说："桷直而不承受屋檐的称为交。"（称其为五架屋际，椽子笔直连接着上檐，并在屋脊相互交接。）

《说文解字》中说："柧棱，位于殿堂上面最高的地方。"

《景福殿赋》中说："承托着阳马。"（阳马，从房屋四角引出并承托着短椽的架构。）

左思《魏都赋》中说："从龙首所在的地方喷出水流。"（房屋的四角汇聚的雨水流入龙口，并从龙口再流泻到地上。）

张景阳《七命》中说："飞龙托住檐梁，阳马承托四面的栋梁。"

《义训》中说："阙角称为柧棱。"（也就是如今我们通常所说的"角梁"。还可以称作"梁抹"，大概是讹语了。）

阳　马

原典图说

阳马

阳马，也就是角梁，指的是屋顶的正面和侧面相接处，最下面一架斜置并伸出柱子之外的梁。角梁之所以称为阳马，是因为它的顶端刻有马形。角梁一般用于庑殿屋顶、歇山屋顶转角 45° 线上，安在各架椽正侧两面交点上。

角梁一般分上下两层，其中的下层梁在宋代建筑中称为"大角梁"，在清代建筑中则称为"老角梁"。老角梁上面，也就是角梁的上层梁称为"仔角梁"。

原典

《语》：『山节藻棁。』

《尔雅》：『梁上楹谓之棁。』（侏儒柱①也。）

扬雄《甘泉赋》：『抗浮柱之飞榱。』（浮柱，即梁上柱也。）

《释名》：『棳②，棳儒也：梁上短柱也。棳儒犹侏儒，短，故因以名之也。』

《鲁灵光殿赋》：『胡人遥集于上楹。』（今俗谓之『蜀柱』。）

注释

① 侏儒柱：也称蜀柱，指立于梁上的短柱。

② 棳：指梁上的短柱。

侏儒柱

译文

《论语》中说：“古代天子的庙饰，刻成山形的斗栱，画有藻文的梁上短柱，显得豪华奢侈。”

《尔雅》中说：“房梁上的柱子就叫作棁。”（也就是这里所说的侏儒柱。）

扬雄《甘泉赋》中说：“承受浮柱上面高架的椽子。”（这里的浮柱即房梁上短小的柱子。）

《释名》中说：“棳，也叫棳儒，指房梁上的短柱。棳儒就像侏儒一样，因为短小，所以这样给它取名字。”

《鲁灵光殿赋》中说：“边远的胡人形象也成群结队地出现在高柱上的浮雕之中。”（也就是我们今天所说的“蜀柱”。）

侏儒柱

原典图说

侏儒柱的用途

侏儒柱，是中国古代汉族木建筑中使用的一种木构件，在宋代称为蜀柱。早期，侏儒柱只用在平梁上，用来支撑脊柱，而在其他承梁处则用斗栱、矮木和驼峰。明清时期，侏儒柱称为瓜柱，此时各梁都是用瓜柱来支撑，瓜柱下面则用角背。由于侏儒柱属于中国古式建筑构件，现代建筑已不再使用。

斜柱

原典

《长门赋》："离楼梧而相撑（樘①）。"

《说文》："樘（樘），衺②柱也。"

《释名》："迕（牾），在梁上，两头相触迕（牾）也。"

《鲁灵光殿赋》："枝樘（樘）杈枒而斜据。"（枝樘（樘），梁上交木也。杈枒相柱，而斜据其间也。）

《义训》："斜柱谓之梧。"（今俗谓之"叉手"。）

注释

① 樘：长的支柱。

② 衺：长度，特指南北距离的长度。这里指支柱的横长。

译文

《长门赋》中说："把很多木料交叠在一起就做成了支撑的房柱。"

《说文解字》中说："樘，就是纵长的柱子。"

《释名》中说："牾的位置一般处在房梁上面，也就是指两头与房梁相互交接。"

《鲁灵光殿赋》中说："参差不齐的斜柱从旁侧横斜而挺出。"（枝樘也就是指房梁上的交木。斜柱相互支撑，支撑在房梁的各个重要部位。）

《义训》中说："梧就是被称为斜柱的构件。"（也就是我们今天所说的"叉手"，即支撑在侏儒柱两侧的木构件。）

卷二 总释下

栋

原典

《易》：「栋隆吉。」

《尔雅》：「栋谓之桴。」（屋櫋[①]也。）

《仪礼》：「序则物当栋，堂则物当楣。」（是制五架之屋也。正中曰栋，次曰楣，前曰庪[②]，九伪切，又九委切。）

《西都赋》：「列棼[③]橑以布翼，荷栋桴而高骧。」（棼、桴，皆栋也。）

扬雄《方言》：「甍[④]谓之霤[⑤]。」（即屋櫋也。）

《说文》：「极，栋也。」「栋，屋极也。」「櫋，棼也。」「甍，屋栋也。」（徐锴曰：所以承瓦，故从瓦。）

《释名》：「櫋，隐也；所以隐桷也。或谓之望，言高可望也。或谓之栋；栋，中也，居屋之中也。屋脊曰甍；甍，蒙也。在上蒙覆屋也。」

《博雅》：「櫋，栋也。」

《义训》：「屋栋谓之甍。」（今谓之『槫』，亦谓之『檩』，又谓之『榜』。）

译文

《易》中说："栋隆代表吉利。"

《尔雅》中说："栋叫作桴。"（也指屋櫋。）

《仪礼》中说："在州学行射礼，标志画在正对着当栋的地方；在燕寝中学行射礼，标志画在正对着前楣的地方。"（栋是建造五架房屋的重要构件。在这五架构里，位于正中的就叫作栋，稍稍往后的就叫作楣，位于前面的则叫作庪。）

《西都赋》中说："椽桷排列整齐，飞檐就像鸟翼舒张一样，而荷重的栋桴则像骏马奔驰一般气势高昂。"（棼、桴，都指的是栋。）

扬雄《方言》中说："甍就叫作霤。"（也就是指屋櫋。）

《说文解字》中说："极，就是栋。""栋，就是屋极。""櫋，就是棼。""甍，就是屋栋。"（徐锴说：由于主要承受瓦的重量，所以从瓦部。）

《释名》中说："櫋，同隐，所以称为隐桷。或者叫作望，就是指位置高而可以远望的意思。或者叫作栋，栋，带有中间的意思，即位于屋子的中间。屋脊称为甍，甍，同蒙，在其上可以盖屋顶。"

《博雅》中说："櫋，就是栋。"

《义训》中说："屋栋叫作甍。"（如今称之为槫，也叫作檩，还可以称作榜。）

注释

① 櫋：指屋栋、脊檩。
② 庪：指檐口檩条。
③ 棼：阁楼的栋。
④ 甍：指屋脊、屋栋。
⑤ 霤：指屋檐的流水。

两际①

原典

《尔雅》：『桷②直而遂谓之阅。』（谓五架屋际椽正相当。）

《甘泉赋》：『日月才经于柍桭③。』（柍，于两切。桭，音真。）

《义训》：『屋端谓之柍桭。』（今谓之废。）

注释

① 两际：厅堂廊舍的侧面，上面尖起如山。

② 桷：指方形的椽子。

③ 柍桭：半檐。柍，通“央”，指中央。桭，屋檐。

译文

《尔雅》中说：“屋椽，长直而遂达就叫作阅。”（五架、屋的两际、椽子都营造得恰到好处。）

《甘泉赋》中说：“横绝中天的日月刚刚经过屋宇的时候。”（柍，于两切。桭，读真音。）

《义训》中说：“屋端叫作柍桭。”（如今则将其称作废。）

搏风①

原典

《仪礼》：『直于东荣②。』（荣，屋翼也。）

《甘泉赋》：『列宿乃施于上荣。』

《说文》：『屋梠③之两头起者为荣。』

《义训》：『搏风谓之荣。』（今谓之搏风板。）

注释

① 搏风：今称博风，宋时为搏风，所以本书统一称为搏风或搏风板。

② 荣：指飞檐，即屋檐两头翘起的部分。

③ 梠：指屋檐。

译文

《仪礼》中说："安设盥洗用的器皿正对东面的屋翼。"（荣，就是屋翼。）

《甘泉赋》中说："众星宿仿佛延列在高翘的檐翼上一样。"

《说文解字》中说："屋檐两头起始的地方就叫作荣。"

《义训》中说："搏风叫作荣。"（如今将其称作搏风板。）

搏风板

原典图说

搏风板的使用

搏风板用于中国古代的歇山顶和悬山顶建筑，由于这些建筑的屋顶两端伸出山墙之外，为了防止风雪的侵袭，人们用木条钉在檩条的顶端，这样可以起到遮挡桁（檩）头的作用。现在，在一些汉族宫殿、寺庙建筑中，会看到搏风板，它们都比较宽大，宋朝时规定搏风板 2 ~ 3 材宽，3 ~ 4 分厚，清朝时，则规定为板 2 桁径宽，1/3 桁径厚。

柎

原典

《说文》：『棼，复屋栋也。』

《鲁灵光殿赋》：『狡兔跧伏于柎①侧。』（柎，枓上横木，刻兔形，致木于背也。）

《义训》：『复栋谓之棼。』（今俗谓之『替木②』。）

注释

① 柎：本意指足，器物的足。此处指斗栱上面的横木，主要用来支撑设置于其上的短小木构件。

② 替木：指中国古代建筑中起拉接作用的辅助构件，有防止檩、枋拔榫的作用。

译文

《说文解字》中说："棼，就是复屋的正梁。"

《鲁灵光殿赋》中说："狡兔半伏在柎的旁侧。"（柎，也就是斗栱上面的横木，雕刻有兔子形状，主要支撑设置于其上的短小木构件。）

《义训》中说："平行依附的正梁叫作棼。"（如今常常将其称作"替木"。）

椽

《易》：『鸿渐于木，或得其桷。』

《春秋左氏传》：『桓公伐郑，以大宫之椽为卢门之椽。』

《国语》：『天子之室，斲①其椽而砻之，加密石焉。诸侯砻之，大夫斲之，士首之。』（密，细密文理。石，谓砥也。先粗砻之，加以密砥。首之，斲其首也。）

《尔雅》：『桷谓之榱。』（屋椽也。）

《甘泉赋》：『琁题玉英。』（题，头也。榱椽之头，皆以玉饰。）

《说文》：『秦名为屋椽，周谓之榱，齐鲁谓之桷。』又：『椽方曰桷，短椽谓之楝。』（耻绿切。）

《释名》：『桷，确也，其形细而疏确也。或谓之椽；椽，传也，传次而布列之也。或谓之榱，在檼旁下列，衰衰然垂也。』

《博雅》：『榱、橑②（鲁好切）、桷、楝，椽也。』

《景福殿赋》：『爰有禁楄，勒分翼张。』（禁楄，短椽也。楄，蒲沔切。）

陆德明《春秋左氏传》：『圜曰椽。』

译文

《易》中说："鸿鸟渐渐飞到树上，或者落到一个平直的树杈之上。"

《春秋左氏传》中说："齐桓公征伐郑国之后，把郑国宗庙上的椽运回都城作为南门之椽。"

《国语》中说："天子的宫室，将椽子砍削后加以打磨，然后再用密纹石细磨。诸侯的宫室，将椽子砍削后加以打磨，不再用密纹石细磨；大夫的家室，将椽子砍削即可，不加以打磨；士的房舍，只要将椽子的梢头砍去就行了。"（密，即指细密的纹理。石，也被称作砥。先大略地磨砻，接着再细密地加以打磨。最初的环节即是要斩断其端部。）

《尔雅》中说："桷称为榱。"（其实就指屋椽。）

《甘泉赋》中说："椽头用玉加以装饰。"（这里的题就是头。榱椽的端檐，都雕有玉饰。）

《说文解字》中说："椽在秦代称作屋椽，在周代称作榱，而在齐鲁地区则叫作桷。"又："椽方叫作桷，短椽称为栋。"

《释名》中说："桷，也就是确，其形状细小而疏确。或者称为椽，椽，也就是传，依次排列开来。或者称为榱，在檼的下列衰衰地低垂下来。"

《博雅》中说："榱、橑、桷、栋，都是指椽。"

《景福殿赋》中说："于是有禁楄，如兽勒之分，鸟翼之张。"（禁楄，也就是短椽。）

陆德明《春秋左氏传》中说："圜就叫作椽。"

注释

① 斲：古同"斫"，指砍、削。
② 橑：指古代建筑中的屋椽。

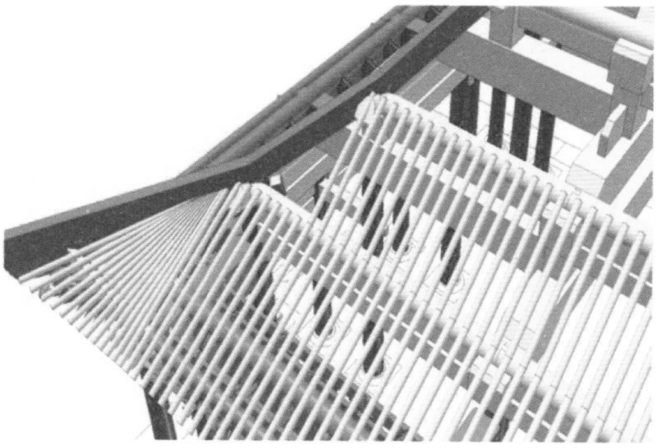

木 椽

原典图说

木椽

木椽，也称椽子，指的是垂直安放在檩木之上的木构件，主要作用是承托望板以上的屋面重量。按照木椽的不同安放位置，其名称也有所不同，比如安放在金檩上的木椽称为花架椽，而安放在脊檩与上金檩之间的木椽在清代则被称为脑椽。木椽一般都是圆形的，但也有一些是方形或扁方形。但现代建筑都是混凝土坡屋面，用的是水泥瓦，木椽只是在传统的木构建筑中才会用到。

原典

檐

《易·系辞》：『上栋下宇，以待风雨。』

《诗》：『如跂斯翼，如矢斯棘，如鸟斯革，如翚斯飞。』（疏云：言檐阿之势，似鸟飞也。翼言其体，飞言其势也。）

《尔雅》：『檐谓之樀①。』（屋梠也。）

《礼记·明堂位》：『复廇重檐，天子之庙饰也。』

《仪礼》：『宾升，主人阼阶上，当楣。』（楣，前梁也。）

《淮南子》：『橑檐榱题。』（檐，屋垂也。）

《方言》：『屋梠谓之棂。』（即屋檐也。）

《说文》：『秦谓屋联櫋曰楣，齐谓之檐，楚谓之梠。』『橝（徒含切），屋梠前也。』『庌（音雅），庑②也。』『宇，屋边也。』

《释名》：『楣，眉也，近前若面之有眉也。又曰梠，梠旅也，连旅旅也。或谓之櫋，櫋，绵也，绵连榱头使齐平也。宇，羽也，如鸟羽自蔽覆者也。』

《西京赋》：『飞檐。』又：『镂槛文槐。』（槐，连檐也。）

《景福殿赋》：『槐梠椽櫋。』（连檐木，以承瓦也。）

《博雅》：『楣，檐棂梠也。』

《义训》：『屋垂谓之宇，宇下谓之庑，步檐谓之廊，峻廊谓之岩，檐槐谓之庮③。』（音由。）

译文

《易·系辞》中说："上面有脊檩，下面有屋檐，就可以躲避风雨了。"

《诗经》中说："宫室像人恭立端正，屋角如同箭头有棱，像鸟儿飞翔一样展开翅膀，又像锦鸡展翅飞翔。"（有疏说：屋檐飞举，就像鸟儿飞翔一样。鸟儿的翅膀讲的是其体式，飞翔讲的则是气势。）

《尔雅》中说："檐称为樀。"（也就是屋梠。）

《礼记·明堂位》中说："重檐之屋，为天子宗庙所特有。"

《仪礼》中说："宾客升席，主人从东面的台阶上席，正对着楣。"（楣，也就是前梁。）

《淮南子》中说："屋檐以及屋霤。"（檐，屋顶下垂的边沿。）

《方言》中说："屋梠称为棂。"（这里就是指屋檐。）

《说文解字》中说："秦国称屋联櫋为楣，齐国称为檐，楚国称为梠。""橝，在屋梠之前。""庌（读音雅），庑也。""宇，屋边。"

《释名》中说："楣，眉也，走近看，就像脸上有眉毛一样。楣又叫作梠，梠，旅也，即连旅旅。或称为櫋，櫋，绵也，榱头绵连使之齐平。宇，即指羽毛，像鸟儿的羽毛遮盖在上面。"

《西京赋》中说："飞檐高耸。"又："雕镂栏杆，彩文檐梠。"（槐，也就是连檐。）

《景福殿赋》中说："连绵到梠椽的边沿。"（连檐木，主要是用来承受瓦片的。）

《博雅》中说："楣，即檐棂梠。"

《义训》中说："屋垂称为宇，宇下称为庑，步檐称为廊，峻廊称为岩，檐槐称为庮（读为由）。"

注释

① 樀：指古代建筑的屋檐。
② 庑：指堂下周围的走廊和廊屋。
③ 庮：古建筑的屋檐。

古代飞檐

原典图说

飞檐

飞檐是中国传统建筑中屋顶造型的重要组成部分，它指的是屋檐，特别是屋角的檐部向上翘起部分，古代的宫殿、庙宇、亭、台、楼、阁等建筑的屋顶转角处都是飞檐的形式。飞檐分许多类型，有的低垂，有的平直，有的上挑，而这种飞翘的设计，既扩大了屋子的采光面，还有利于屋顶排泄雨水，最重要的是还增添了建筑物向上的动感，就像有一种气将屋檐向上托举起来一样，有一种飞动轻快的韵味。

举折

原典

《周官·考工记》：『匠人为沟洫①，葺屋三分，瓦屋四分。』

《通俗文》：『屋上平曰陠。』

《刊（匡）谬证俗》：『陠，今犹言陠峻也。』

唐柳宗元《梓人传》：『画宫于堵，盈尺而曲尽其制；计其毫厘而构大厦，无进退焉。』

皇朝景文公宋祁《笔录》：『今造屋有曲折者，谓之庯峻②。齐魏间，以人有仪矩可喜者，谓之庯峭，盖庯峻也。』

（今谓之『举折』。）

注释

① 沟洫：指田间水道、井田、水利工程等。
② 庯峻：也称为庯峭，意思是屋势倾斜曲折的样子。

译文

《周官·考工记》中说："匠人规划井田，设计水利工程、仓库及有关附属建筑，草屋举高为跨度的三分之一，瓦屋举高为跨度的四分之一。"

《通俗文》中说："屋势倾斜曲折就称作陠。"

《刊（匡）谬证俗》中说："陠，就是现在我们所说的陠峻。"

唐柳宗元《梓人传》中说："把房舍的图样画在墙上，全部按照尺寸详尽地将其形制和做法表示出来。依照绘制的图样精确计算出每一个细小环节，并在此基础上建造高大房屋，这样就可以做到精确无误。"

皇朝景文公宋祁《笔录》中说："现在建造的屋势倾斜曲折的房屋，称为庯峻。在齐魏时期，仪表堂堂而有风致的人叫作庯哨，这里的庯峻也即是这样的意思。"（如今把它叫作"举折"。）

原典图说

举折和举架

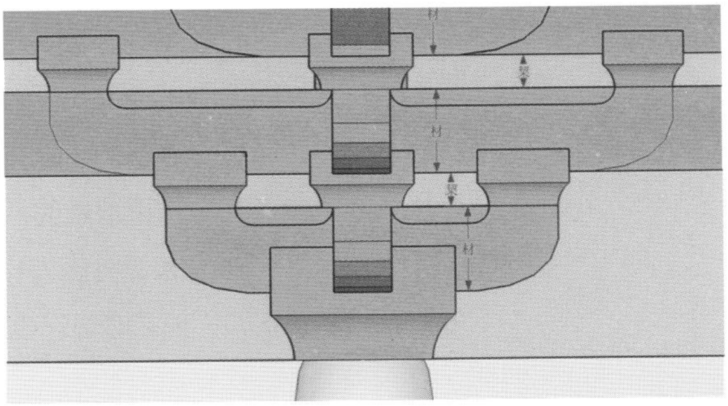

唐宋建筑的材和栔

中国古代建筑的屋面是一个凹曲面形状，而屋面上这种曲面曲度的做法在清代就叫作"举架"，在宋代则称为"举折"。因此，举折和举架在建筑中的作用和目的是相同的，只是由于时代或地区的不同，在具体的称谓以及计算方法方面有一定差异。

举折与举架的主要差别在于：举架是先确定步架的距离，而举折则是先确定步架距离和整个举架的高度；举架是先从檐檩开始，自下而上，举折则是从脊檩开始，自上而下；举架是每个步架高跨比为整数或整数加 0.5，但整个高跨比一般不是整数，而举折是每个步架高跨比不是整数，而整个高跨比一定是整数；举架折线一次就可以完成，举折则不能一次完成。

原典

《易》：『重门击柝，以待暴客。』

《诗》：『衡门之下，可以栖迟。』又：『乃立皋门，皋门有闶①；乃立应门，应门锵锵。』

《诗义》：『横一木作门，而上无屋，谓之衡门。』

《春秋左氏传》：『高其闬闳②。』

《公羊传》：『齿着于门阖。』（何休云：阖，扇也。）

《尔雅》：『閍谓之门，正门谓之应门。』『柣谓之阈。』（阈，门限也。疏云：俗谓之地柣，千结切。）『枨谓之楔。』（门两旁木。李巡曰：捆上两旁木。）『楣谓之梁。』（门户上横木。）『枢谓之椳③。』（门户扉枢。）『枢达北方，谓之落时。』『落时谓之戺。』『橛谓之闑。』（门阃④。）『阖谓之扉。所以止扉谓之闳。』（门辟旁长橛也。长杙即门橛也。）『植谓之传；传谓之突。』（户持鐻（锁）植也，见《埤苍》。）

《说文》：『，门旁户也。』『闺，特立之门，上圜下方，有似圭。』

《风俗通义》：『门户铺首，昔公输班之水，见蠡曰，见汝形。蠡适出头，般以足画图之，蠡引闭其户，终不可得开，遂施之于门户云，人闭藏如是，固周密矣。』

门

译文

《易》中说："设置重重门户，敲击木梆巡夜，以防备盗贼。"

《诗经》中说："架起一根横木做门，就可以在简陋的房屋里居住歇息。"又说："于是修建外城门，城门高高耸入云天。于是修建宫殿正门，正门高大而又严整。"

《诗义》中说："架起一根横木做门，上方没有屋盖，这叫作衡门。"

《春秋左氏传》中说："使其高过里巷的大门。"

《公羊传》中说："牙齿镶嵌在门扇上面。"（何休说：阖，就是门扇。）

《尔雅》中说：" 称作门，正门称作应门。""柣称作阈。"（阈，就是门限。有疏文说：一般称之为地柣。柣，千结切，音窃。）"枨称作楔。"（也指门两旁的木料。李巡说：就像两边捆上了木件一样。）"楣称作梁。"（门户上的横木。）"枢称作椳。"（门户上的门扇转轴）"在北方地区，枢达称作落时。""落时称作戺 。""橛称作闑。"（也就是门槛。）"阖称作扉，所以止扉称作闳。"（这里指门辟旁边的长橛。长杙就是门橛。）"植称作传；传称作突。"（也就是户持锁植，详见《埤苍》。）

《说文解字》中说："阁，就是旁门的意思。""闺，特立的门，上圆下方，形状与上圆下方的圭器相似。"

《风俗通义》中说："关于门上叩门、门环做成的兽面形铺首，还有一段神奇的传说：昔日公输班看见水蠡说，现出你的形迹。于是水蠡伸出头来，公输班用脚将其形状画出来，水蠡又缩回壳中再也不出来了。公输班就用水蠡的形状做铺首安设在门户之上，人要闭藏自己也是如此，取其牢固严密的意思。"

《博雅》：『闳谓之门。』『闬（呼计切）、扇，扉也。』『限谓之丞，柣櫱（巨月切）机，闑朱（苦木切）也。』

《释名》：『门，扪也；为扪幕障卫也。』『户，护也，所以谨护闭塞也。』

《声类》曰：『庑，堂下周屋也。』

《义训》：『门饰金谓之铺，铺谓之鏂（音欧）。』（今俗谓之『浮沤钉』也。）『门持关谓之梿（音连）。』『户板谓之筩䉛（上音牵，下音先）。』『门上木谓之枅。』『扉谓之户；户谓之闬。』『臬谓之柣。』『限谓之阃；阃谓之阅。』『闳谓之扊扅（上音琰，下音移）；扊扅谓之闾（音坦）。』『门上梁谓之楣（音冒）。』『楣谓之阘（音沓）。』『键谓之扊（音及）。』『开谓之闱（音伟）。』『阖谓之闺（音蛭）。』『外关谓之扃⑤（扃）。』『外启谓之闼（音挺）。』『门次谓之闍。』『高门谓之闛（音唐）。』『闛谓之阆。』『荆门谓之荜，石门谓之庯（音孚）。』

注释

① 闳：指高大。
② 闬闳：指里巷的大门或住宅的大门。
③ 棖：指门臼，即承托门转轴的臼状物。
④ 阃：指门槛。
⑤ 扃：指上闩，关门。

《博雅》中说："闳称为门。""闬、扇，就是扉。""限称为丞，櫱机，就是闑朱。"

《释名》中说："门，就是扪；在外为扪，隐蔽深幽，掩饰内里，并兼有保护作用。""户，就是护，用来防护和隔离。"

《声类》中说："庑，就是堂下四周的廊屋。"

《义训》中说："门上装饰有金属的叫作铺，铺则称为（读欧音）。"（也就是我们今天所说的"浮沤钉"。）"门持关称为梿（读连音）。""户板称为筩䉛（前读牵音，后读先音）。""门上的木条称为枅。""扉称为户；户称为闬。""臬称为柣。""限称为阃；阃称为阅。""闳称为扊扅（前读琰音，后读移音）；扊扅称为（读坦音）。""门上梁称为楣（读冒音）。""楣称为阘（读沓音）。""键称为扊（读及音）。""开称为闱（读伟音）。""阖称为闺（读蛭音）。""外关称为扃（或扃）。""外启称为闼（读挺音）。""门次称为闍。""高门称为闛（读唐音）。""闛称为阆。""荆门称为荜，石门称为庯（读孚音）。"

大 门

原典图说

门的功能发展史

门指的是建筑物的出入口或安装在出入口能开关的装置，它是分割有限空间的一种实体。门在中国有着悠久的历史，但具体什么时候出现的，则无法考证。大概早在我们的祖先穴居于岩洞那个年代，门的雏形就产生了。只不过当时的门是放在洞口的石块、树干之类的东西，其作用是为了防止野兽偷袭，并且用来御寒，但门发展到现在，其制作水平在提高的同时，功能也有了转化和发展，比如防盗门，就是用来防止盗贼和小偷的。

乌头门

原典

《唐六典》：『六品以上，仍通用乌头①大门。』

唐上官仪《投壶经》：『第一箭入谓之初箭，再入谓之乌头，取门双表之义。』

《义训》：『表楬、阀阅也。』（楬音竭，今呼为『棂星门②』。）

注释

① 乌头：指门的柱头为黑色。乌，黑色的。

② 棂星门：古时学宫、孔庙的外门。“棂星”即灵星，又名天田星，古代天文学上的文星。

译文

《唐六典》中说：“六品以上官员的住宅通用乌头门。”

唐上官仪《投壶经》中说：“第一箭人们称之为初箭，第二箭人们称之为乌头，这是取门上双表的意思。”

《义训》中说：“乌头门即表楬、阀阅。”（这里的楬读竭音，如今将其称作“棂星门”。）

乌头门

原典图说

乌头门和棂星门

乌头门其实就是棂星门，但乌头门这个名称是最先出现的，据说其是由远古母系社会群居的“衡门”演变而来。远古的先民在自己家族的土寨子门口竖起两根圆木立柱，立柱上端加固横梁，形成一个大门，并将立柱超出横梁的柱头部分涂成黑色，于是称为“乌头门”。应该说，乌头门这一称谓是一种古老的叫法，后来随着时代的变迁，乌头门的形制在原来两根柱子加横梁的简单式样基础上，演化出了多柱多间、体量高大、施以斗栱屋盖的牌楼形式，比如唐代的华表柱。到了宋代，“乌头门”在民间逐渐被“棂星门”这一名称取代，但官方仍沿用“乌头门”这一称呼。

华表

原典

《说文》：『桓①，亭邮表也。』

《前汉书注》：『旧亭传于四角，面百步，筑土四方；上有屋，屋上有柱，出高丈余，有大板，贯柱四出，名曰「桓表」。县所治，夹两边各一桓。陈宋之俗，言「桓」声如「和」，今人犹谓之和表。颜师古云，即华表也。』

崔豹②《古今注》：『程雅问曰：「尧设诽谤之木，何也？」答曰：「今之华表，以横木交柱头，状如华，形似桔槔；大路交衢悉施焉。」或谓之「表木」，以表王者纳谏，亦以表识衢路。秦乃除之，汉始复焉。今西京谓之「交午柱」。』

注释

①桓：指表柱，即古代立在驿站、官署等建筑物旁作标志的木柱。

②崔豹：字正雄，西晋时期渔阳郡（今北京市密云县西南）人，官至太子太傅丞。撰有《古今注》三卷。

译文

《说文解字》中说："桓，即沿途馆舍用于供人歇宿的柱子标识。"

《前汉书注》中说："旧时的亭传有四个角，每个角相距有百步，其四方垒筑泥土；上面有屋，屋中设有柱子，每根柱子高出屋顶一丈有余，柱子上还设有大的木板，从四角贯柱而出，这叫作'桓表'。县府所在的地方，道路两边各有一桓。依照陈宋之地的习惯，'桓'读来像'和'音，于是现在的人称之为和表。依照颜师古的说法，和表就是华表。"

崔豹《古今注》中说："程雅问：'尧帝为什么设立诽谤之木？'答：'现在的华表，用横木搭上柱头，形状像花，又像桔槔，在四通八达的大路上普遍安设。'或者称之为'表木'，以表示帝王纳谏，也可以用来指示道路的方向。秦代将其取缔，到了汉代才开始恢复。现在西京地区则将其称为'交午柱'。"

原典图说

华表的产生和作用

天安门前的华表

华表是中国一种传统的建筑形式，指的是古代宫殿、陵墓等大型建筑物前面做装饰用的巨大石柱。相传华表在原始社会的尧舜时代就出现了，那个时候，人们在交通要道设立一个木柱，用来作为识别道路的标志，这就是华表的雏形。

一开始，华表被称为"桓木"或"表木"，后来统称为"桓木"，由于古代的"桓"与"华"音相近，所以慢慢读成了"华表"。华表不但有道路标志的作用，还有供过路行人留言的作用，在这根木柱上，行人可以在上面刻写意见，而天安门前的华表上因为有一个蹲兽，它还寓意着提醒帝王勤政为民的意思。

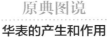

原典

《周官·考工记》：『四旁两夹窗。』（窗，助户为明，每室四户八窗也。）

《尔雅》：『牖[1]户之闲谓之扆。』（窗东户西也。）

《说文》：『窗穿壁，以木为交窗。向北出牖也。在墙曰牖，在屋曰窗。』『棂，楯间子也；栊[2]，房室之处也。』

《释名》：『窗，聪也，于内窥见外为聪明也。』

《博雅》：『窗、牖，闳也。』

《义训》：『交窗谓之牖，棂窗谓之疏，牖牍谓之篰（音部）。』『绮窗谓之廲[3]（音黎）。』『瘻（音娄），房疏谓之栊。』

窗

译文

《周官·考工记》中说：“四门的旁边分别设有两扇窗子。”（窗，目的是为了使室内光线明朗，每一居室都设有四户和八窗。）

《尔雅》中说：“门和窗之间的屏风叫作扆。”（在建造过程中，窗子一般建在东面，门户一般建造在西面。）

《说文解字》中说：“窗子穿过墙壁，用木条横竖交叉构成。朝北开的就是窗。开在墙上的叫作牖，开在屋顶上的叫作窗。”“棂，就是栏杆横木；栊，窗棂木，借指房舍。”

《释名》中说：“窗，就是聪，从里面可以窥见外面的就称为聪明。”

《博雅》中说：“窗、牖，就是闳。”

《义训》中说：“交窗称为牖，棂窗称为疏，牖牍称为篰（读部音）。”“绮窗称为廲（读黎音）。”“瘻（读娄音），房疏称为栊。”

注释

① 牖：上古时代所谓的“窗”，是专指开在屋顶上的天窗，而开在墙壁上的窗则称为“牖”。后来，牖泛指窗户。

② 栊：指窗棂木或窗。

③ 廲：雕饰美丽明亮的窗户。

槛 窗

窗

原典图说

古今窗户之比较

古代的窗户和现代的是不同的，因为古代的建筑主要为木质的，所以窗户也基本是木窗户，窗棂内或糊纸或夹纱。南北朝至隋唐时期，多使用不可开启的直棂窗；宋代到辽金时期则有了可以开启的槅扇、阑槛窗等；明清时期比较流行槛窗、支摘窗、漏明窗等。而现代的窗户由窗框、玻璃和活动构件三部分组成，材料主要为塑钢、铝合金、木质，但以铝合金的为多，窗框安装的为玻璃。

原典

《史记》：『汉武帝建章后阁，平机中有骆牙出焉。』（今本作『平栎』者，误。）

《山海经图》：『作平橑，云今之平棊①也。』（古谓之承尘。今宫殿中，其上悉用草架梁栿承屋盖之重，如攀额樘柱敦㮇方槫之类，及纵横固济之物，皆不施斤斧。于明栿②背上，架算程方，以方椽施板，谓之『平闇』；以平板贴华，谓之『平棊』；俗亦呼为『平起』者，语讹也。）

注释

① 平棊：宋代的名称，也称为承尘，指大的方木格网上置板，并施彩画的一种天花。今天称为天花板。

② 明栿：指的是天花板以下的梁，宋代的明栿其形状像弯月，非常精致

平棊

译文

《史记》中说："在汉武帝建章宫的后阁里面，重栎中有骆牙这样的动物出没。"（如今的典籍中记作"平栎"，这是不对的。）

《山海经图》中说："制作的平橑，就是现在所说的平棊。"（平棊在古代还称为承尘。如今的宫殿，上面设有承受草栿、架构、房梁、斗栱重量的构件，诸如攀额樘柱敦方槫之类，以及纵横交错起固定作用的架构，都不施用斤斧等利器。在明栿的背上，架算程方，用不雕凿的椽木施板，就叫作"平闇"；用平板贴华，叫作"平棊"；我们一般讲"平起"，这样的说法是错误的。）

现代天花板

原典图说

平棊和天花板

平棊就是现在的天花板，古时候也叫平机、平橑、平起、承尘，清代才开始称为"天花"，并一直沿用至今。古代，设置平棊的主要目的是为了遮蔽梁上面的木构顶棚，从而到隔尘、调节室内温度的作用，也起到装饰的作用。现在，天花板的装饰在建筑装修中有更重要的作用，在上面还可以安装吊灯、光管、吊扇，以改变室内的照明效用。

斗八藻井

原典

《西京赋》：『蔕（蒂）倒茄于藻井①、披红葩之狎猎。』（藻井当栋中，交木如井，画以藻文，饰以莲茎，缀其根于井中，其华下垂，故云倒也。）

《鲁灵光殿赋》：『圜渊②方井，反植荷蕖。』（为方井，图以圜渊及芙蓉。华叶向下，故云反植。）

《风俗通义》：『殿堂象东井形，刻作荷菱。菱，水物也，所以厌火。』

沈约《宋书》：『殿屋之为圜泉方井兼荷华者，以厌火祥。』（今以四方造者谓之斗四。）

注释

① 藻井：指中国传统建筑中覆斗形的窟顶装饰，呈伞盖形，上面一般绘有彩画、浮雕，多用在宫殿或寺庙中的宝座、佛坛上方最重要部位。

② 圜渊：指旋涡状环绕的图案。圜，围绕、旋转。

译文

《西京赋》中说："天花板上绿荷倒垂，红花反披重接相依。"（藻井正对着栋，栋木相交形状就像井一样，以水藻为画，用莲茎装饰，将其根部置于井中，其花朵下垂，所以称为倒。）

《鲁灵光殿赋》中说："圆圆的池塘和方形的水井，水中倒栽着鲜艳的荷蕖。"

《风俗通义》中说："殿堂像东井的样子，雕刻有荷菱的形状。菱，水生之物，所以可以避火。"

沈约《宋书》中说："雕刻有圆形的泉眼、方形的水井以及荷花等图样的殿堂，希望用厌火的手段，镇住火灾隐患以求吉祥。"（现在修建的四方藻井就称作斗四藻井。）

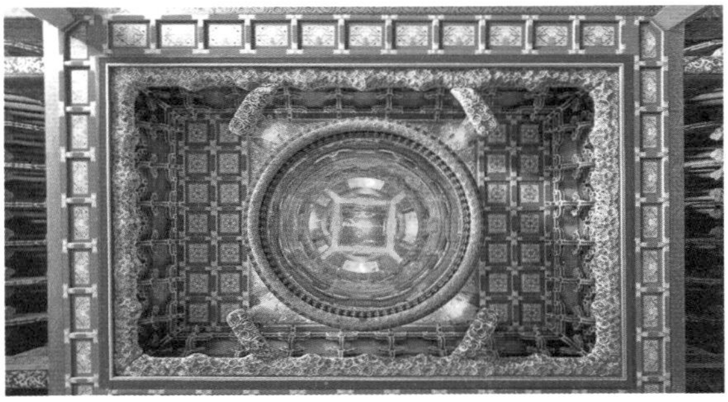

藻　井

原典图说

藻井

藻井是中国古代宫殿、寺庙建筑中室内顶棚的独特装饰部分，通常做成向上隆起的井状，有方形、多边形或圆形凹面，周围绘有花藻井纹、浮雕等。藻井的装饰内容主要为莲花、云龙、蟠龙等象征宗教或天子的图案，所以它只能在宗教或帝王的建筑中应用。现在遗留下来的年代最早的木构藻井，是建于984年的蓟县独乐寺观音阁上的藻井，其形状为方形抹去四角，上加斗八。斗八即八根角梁组成的八棱锥顶。

原典

《西都赋》：『舍棂槛而却倚，若颠坠而复稽。』

《鲁灵光殿赋》：『长涂升降，轩槛曼延。』（轩槛①，钩阑也。）

《博雅》：『阑、槛、栊、梐，牢也。』

《景福殿赋》：『棂槛披张，钩错矩成；楯类螣蛇，槢似琼英；如螭之蟠，如虬之停。』（棂槛，钩阑也，言钩阑中错为方斜之文。楯，钩阑上横木也。）

《汉书》：『朱云忠谏攀槛，槛折。及治槛，上曰：勿易，因而辑之，以旌直臣。』（今殿钩阑，当中两栱不施寻杖；谓之『折槛』，亦谓之『龙池』。）

《义训》：『阑楯②谓之柃，阶槛谓之阑。』

注释

① 轩槛：即栏板。

② 阑楯：指栏杆。楯，栏杆上面的横木。

钩阑

译文

《西都赋》中说："离开栏杆靠身向后与栏杆相持又相依，就像下坠一半又中途得救一样。"

《鲁灵光殿赋》中说："重楼之间有高高低低的复道，长廊两旁有曲折绵长的栏杆。"（轩槛，也就是钩阑。）

《博雅》中说："阑、槛、栊、梐，这些都指牢圈。"

《景福殿赋》中说："台上的栏杆盛大张设，勾连交错，斜方有度；屋楣如同螣蛇，槛下横木好似琼英；如螭龙盘踞，如虬龙停留。"（棂槛，即钩阑，也就是说在钩阑中交错为斜方的小栏杆。楯，即指钩阑上的横木。）

《汉书》中说："朱云忠心进谏却被下令处死，被捉拿时，朱云紧紧攀住殿堂上的栏杆，奋力挣扎，结果将栏杆折断了。事后，要修补折断的栏杆，汉成帝说：'不要更换新的，我要保留这根栏杆的原样，以便用它来表彰直言敢谏的臣子'。"（今天我们看到宫殿上的钩阑，其中两栱没有设置寻杖，常常把它叫作"折槛"，也可以称作"龙池"。）

《义训》中说："阑楯称为柃，阶槛称为阑。

现代栏杆

古代钩阑

原典图说

钩阑与栏杆

钩阑即我们现在的栏杆，在古代也称阑干、勾阑，一般建在建筑物的楼、台、廊、梯等边沿处，作为一种围护构件存在，同时还可以起到装饰作用。古代建造钩栏的材料主要为木和石，现在的材料则多种多样，有木制的、石制的、不锈钢的、铸铁的、铸造石的、水泥的，等等。

拒马叉子

原典

《周礼·天官》：『掌舍设梐枑①再重。』（故书枑为拒。郑司农云：梐，榱梐也；拒，受居溜水②涑橐者也。行马再重者，以周卫有内外列。杜子读为梐枑，谓行马（者）也。

《义训》：『梐枑，行马也。』（今谓之『拒马叉子』。）

注释

① 梐枑：指古代官署前拦挡行人的栅栏，用木条交叉制成。
② 溜水：指屋檐的水。

译文

《周礼·天官》中说："掌舍在四周安设内外两重栅栏。"（所以也常常把枑写成拒。郑司农说：梐，就是榱梐；拒，即指受居溜水涑橐的构件。行马还可重叠，诸如周卫之所内外并举。杜子将其读作梐枑，也就是行马。）

《义训》中说："梐枑，就是拒马叉子。"（现在我们通常称其为"拒马叉子"。）

山西运城关帝庙四龙壁前的梐枑，也叫拒马叉子

原典图说

拒马叉子和梐枑

拒马叉子，也称为梐枑或行马，是放在城门、衙署门前的一种可移动障碍物。其形状为在一根横木上十字交叉穿棂子，棂下端着地为足，上端尖头斜伸，以阻止车马通过。后来这种木制的拒马叉子又演变成石刻的下马碑，意思是告诉文官到这里要落轿，武官到这里应下马。拒马叉子的材质，除了木质、石制的，还有铁制的。

屏风

原典

《周礼》：『掌次设皇邸。』（邸，后板也，其屏风邸染羽象凤皇以为饰。）

《礼记》：『天子当扆①而立。』又：『天子负斧扆南乡而立。』（扆，屏风也。斧扆为斧文屏风，于户牖之间。）

《尔雅》：『牖户之间谓之扆，其内谓之家。』（今人称家，义出于此。）

《释名》：『屏风，可以障风也。』『扆，倚也，在后所依倚也。』

注释

① 扆：指古代宫殿内设在门和窗之间的大屏风。屏风上绣有斧形的称为斧扆。

译文

《周礼》中说："掌次布置屏风。"（邸，就是后板，它的屏风上雕饰漆染着诸如凤凰之类的珍稀禽兽，并以此来作为相应的饰物。）

《礼记》中说："天子在屏风前临朝听政。"又说："天子背后是绣有斧纹的屏风，面朝南方临朝听政。"（扆，就是屏风。雕绘有斧纹的屏风安置在门和窗子之间。）

《尔雅》中说："门和窗之间的屏风叫作扆，里面就叫作家。"（我们今天所说的家，含义就是出自于此。）

《释名》中说："屏风，可以障风蔽物。""扆，可以理解为倚，指在身后可以凭依。"

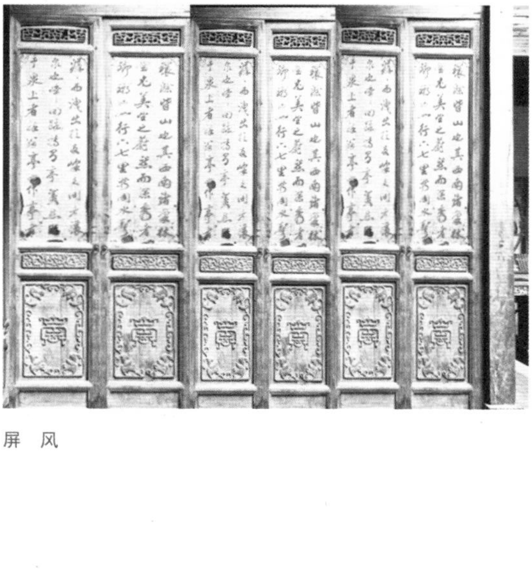

屏　风

原典

《义训》：『牖边柱谓之様①。』（苦减切，今梁或槫②及额之下，施柱以安门窗者，谓之柱，盖语讹也。痣，俗音蘸，字书不载。）

注释

① 様：窗户旁的柱子。
② 槫：指梁上面横向的构件，现在称为檩条。

様柱

译文

《义训》："窗户旁的柱子就叫作様。"（我们现在所称的梁、槫以及房檐下面，设立柱子以便安设门窗的构件，就叫作痣柱，大概有些出入。痣，一般读作蘸，书上很少记载。）

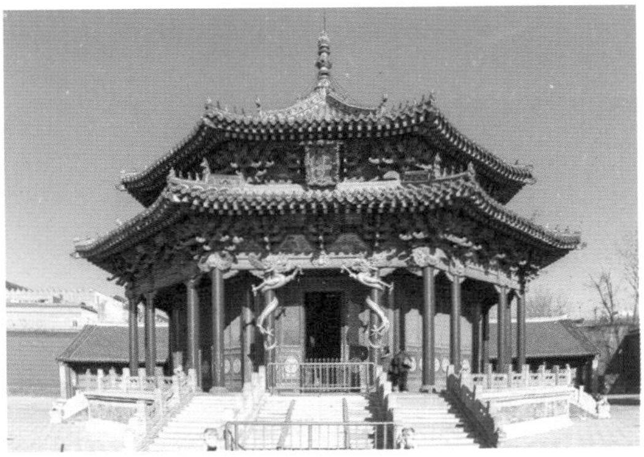

沈阳故宫大政殿的抱柱，即様柱

原典图说

様柱和抱柱

様柱，即抱柱，也称为抱框柱，指的是窗旁的柱子，或用于分隔板壁、墙面的柱子。《建筑大辞典》对様柱的解释是："依附在壁体凸出一半的方形柱子叫倚柱，平柱则为梭形，四边门洞边的柱子就叫作様柱。"这种柱子只出现在古代传统建筑中。

露篱

原典

《释名》：『樆，离也，以柴竹①作之。』『踈离离也。』『青徐曰裾。』『裾，居也，居其中也。』『栅，迹也，以木作之，上平，迹然也。又谓之撤；撤，紧也，诜诜然紧也。』

《博雅》：『据、栫②、藩、筚③、椤、落、杝，篱也。栅谓之棚（音朔）。』

《义训》：『篱谓之藩。』（今谓之『露篱』。）

注释

① 柴竹：竹的一种。
② 栫：指篱笆。
③ 筚：指用荆条、竹子等编成的篱笆或其他遮拦物。

译文

《释名》中说："樆，就是离，用柴竹制作。""也叫踈离离。""青州、徐州地区称作裾。""裾，就是居，位于中间。""栅，就是迹，用木头制作而成，上面平，沿着道路或者房屋而建。又称为撤，撤，就是紧，密密麻麻地紧束在一起。"

《博雅》中说："据、栫、藩、筚、椤、落、杝，都指篱。栅则称为棚（读朔音）。"

《义训》中说："篱称为藩。"（如今叫作"露篱"。）

篱 笆

原典图说

露篱和篱笆

露篱就是我们现在的篱笆，也称为栅栏、护栏、藩篱等，作用与院墙相同，都是为了阻拦人或阻止动物通行。古代的露篱一般由木棍、竹子、芦苇、灌木等构成，在中国北方农村比较常见。现在的篱笆除了木、竹、芦苇等传统材料，还有铁、塑料等材料的，样式也更加多样。

营造法式

原典

《汉纪》：『柏梁殿灾后，越巫言海中有鱼虬，尾似鸱①，激浪即降雨。遂作其像于屋，以厌火祥②。时人或谓之鸱吻，非也。』

《谭宾录》：『东海有鱼虬，尾似鸱，鼓浪即降雨，遂设象于屋脊。』

鸱尾

译文

《汉纪》中说："柏梁殿发生火灾之后，越地巫师说大海中有一种龙形的鱼，尾部与鸱相似，喜欢激浪成雨。于是人们就在屋顶制作这种龙形鱼的像，希望通过这种方式来避免火灾。现在有人把鸱尾叫作鸱吻，这是不对的。"

《谭宾录》中说："东海有一种龙形的鱼，尾部与鸱相似，当它鼓浪的时候就会下雨，于是人们就在屋脊上安设了它的像。"

鸱　尾

注释

① 鸱：古书上指鹞鹰。
② 火祥：指火灾。

原典图说

鸱尾和鸱吻

鸱尾即鸱吻，它们是不同时代的两种称呼。由于早期鸱尾的背鳍适于鸟类停落，因此为了防止鸟雀栖息筑巢，在建造屋宇时人们就在此处插入了铁针，后来鸱尾的背部逐渐做得比较光滑，不需要再用铁针防鸟雀，于是铁针就演变成了三五根一束的铁叉状的拒鹊子。到了明清时代，拒鹊子又慢慢演化成一把宝剑，之所以变成宝剑，据说是仙人为防止能降雨消灾的鸱吻逃走而将剑插入龙身的。现代人看来，不管是鸱尾、鸱吻，还是其身上的宝剑，都更像精美的装饰物。

原典

《诗》：『乃生女子，载弄之瓦。』

《说文》：『瓦，土器已烧之总名也。』『瓬①，周家抟埴之工也。』

《古史考》：『昆吾氏②作瓦。』

《释名》：『瓦，踝也。踝，确坚貌也。亦言腂也，在外腂见之也。』

《博物志》：『桀作瓦。』

《义训》：『瓦谓之㲄（音毂）。』『半瓦谓之㼵（音浃），㼵谓之𤬛（音爽）。』『牝瓦谓之瓪（音敢）。』『瓪谓之㼽（音还）。』『牡瓦谓之㼌（音皆），㼌谓之𤗼（音雷）。』『小瓦谓之甋（音横）。』

注释

① 瓬：古代制作瓦器的工人。

② 昆吾氏：昆吾，本名樊，居住在昆吾（大约在今山西安邑一带），古代传说其为陶器制造业的发明者，氏族被赐姓为“己”，后以地名氏，称为“昆吾氏”。

瓦

译文

《诗经》中说：“生下女孩，就让她睡在地上，让她玩瓦片，希望她日后能够胜任女工，纺纱织布，操持家务。”

《说文解字》中说：“瓦，即烧制的陶器的总称。”“瓬，周朝百工中拍击黏土制作瓦器的工人。”

《古史考》中说：“颛顼的后裔昆吾氏制作瓦。”

《释名》中说：“瓦，就是踝。踝，指凸起的样子。也有腂一说，显露在外的是红色。”

《博物志》中说：“（夏）桀制作了瓦。”

《义训》中说：“瓦称为㲄（读縠音）。”“半瓦称为㼵（读浃音），㼵称为𤬛（读爽音。）”“牝瓦称为瓪（读敢音）。”“瓪称为㼽（读还音）。”“牡瓦称为㼌（读皆音）。”“㼌称为𤗼（读雷音）。”“小瓦称为甋（读横音）。”

原典图说

中国瓦的发展史

瓦是用泥土做坯子，然后焙烧而成的。在中国，早在西周前期就已开始使用瓦；东周春秋时期瓦得到普遍使用；到了秦汉时期，独立的制陶业形成，使得瓦的生产工艺有了很大改进，如改用瓦榫头，使瓦间相接更为吻合，从而取代了瓦钉和瓦鼻；西汉时期，瓦的制作工艺取得更加明显的进步，使带有圆形瓦当的筒瓦，由三道工序简化成一道工序，瓦的质量也得到较大提高，因此称为“秦砖汉瓦”。

瓦从西周到现在，一直被使用着，未有间断，只是青瓦和琉璃瓦在如今主要用于仿古建筑上。现代人经常使用的是石棉瓦、水泥彩瓦、彩钢瓦、合成树脂瓦等。

琉璃瓦

《尚书·梓材篇》：『若作室家，既勤垣墉，惟其涂塈茨。』

《周官·守祧》：『职其祧，则守祧黝垩之。』

《诗》：『塞向墐①户。』（墐，涂也。）

《论语》：『粪土之墙，不可杇②也。』

《尔雅》：『镘谓之杇，地谓之黝，墙谓之垩。』（泥镘也，一名杇，涂工之作具也。以黑饰地谓之『黝』，以白饰墙谓之『垩』。）

《说文》：『垷、墐，涂也。杇，所以涂也。秦谓之杇；关东谓之槾。』

《释名》：『泥，迩近也，以水沃土，使相黏近也。』『塈犹煟；煟，细泽貌也。』

《博雅》：『黝、垩（乌故切）、垷（岘又乎典切）、墐、墀、塈③、懮、塗、䊞、塓、培（音裴）、封，涂也。』

《义训》：『涂谓之塓④（音觅）。塓谓之塗（音垄）。仰涂谓之塈。』

涂

译文

《尚书·梓材篇》中说："就像建造房屋一样，如果已经辛勤地筑好了高墙矮壁，就要考虑用茅草或苇来覆盖屋顶，并涂抹好空隙。"

《周官·守祧》中说："掌守先王先公的祖庙，则用黑色和白色来作修整和涂饰。"

《诗经》中说："冬天到了，就要赶快塞上北向的窗户，用泥巴糊上篱笆编的门，以便度过寒冷的冬天。"（墐，就是涂。）

《论语》中说："用加入马粪的草泥涂墙，不要使用杇这样的涂墙工具。"

《尔雅》中说："镘称为杇，地称为黝，墙称为垩。"（泥镘，另一个名字叫作杇，就是涂饰用的工具。用黑色涂饰地面叫作"黝"，用白色涂饰墙壁叫作"垩"。）

《说文解字》中说："垷、墐，就是涂抹的意思。杇，用其来涂抹。秦代称为杇；关东地区则把它称为槾。"

《释名》中说："泥，就是迩近，用水调润泥土，以便使其相粘黏。""塈和煟相似；煟，指细腻湿润的样子。"

《博雅》中说："黝、垩、垷、墐、墀、塈、懮、塗、䊞、塓、培（读裴音）、封，这些都指涂。"

《义训》中说："涂称为塓（读觅音）。塓称为塗（读垄音）。仰涂称为塈。"

注释

①墐：指用泥涂塞。
②杇：同圬，泥瓦工人用的抹子。
③塈：指用泥涂抹屋顶。
④塓：涂抹、涂刷。

《周官》：『以猷鬼神祇①。』（猷，谓图画也。）

《世本》：『史皇作图。』（宋衷②曰：史皇，黄帝臣。图，谓图画形象也。）

《尔雅》：『猷，图也，画形也。』

《西京赋》：『绣栭云楣，镂槛文梍（五臣曰：画为绣云之饰。梍，连檐也。皆饰为文彩）。故其馆室次舍，彩饰纤缛，裛以藻绣，文以朱绿。』（馆室之上，缠饰藻绣朱绿之文。）

《吴都赋》：『青琐丹楹，图以云气，画以仙灵。』（青琐③，画为琐文，染以青色，及画云气神仙灵奇之物。）

谢赫《画品》：『夫图者，画之权舆；缋者，画之末迹。总而名之为画。仓颉造文字，其体有六：一曰鸟书，书端象鸟头，此即图画之类，尚标书称，未受画名。逮史皇作图，犹略体物，有虞作缋，始备象形。今画之法，盖兴于重华之世也。穷神测幽，于用甚博。』（今以施之于缣素之类者，谓之『画』；布彩于梁栋科栱或素象什物之类者，俗谓之『装銮』；以粉朱丹三色为屋宇门窗之饰者，谓之『刷染』。）

彩画

译文

《周官》中说："描画鬼神的像。"（猷，就是图画。）

《世本》中说："黄帝的大臣史皇开始创造绘画。"（宋衷说：史皇是黄帝的大臣。图，就是指描绘事物的形象。）

《尔雅》中说："猷，指图，即描画形状。"

《西京赋》中说："斗栱横梁上的藻绘就像织云蒸霞蔚一般，栏杆连檐也都精工雕刻（五臣说：图画就是云蒸霞蔚的点饰。梍，就是连檐。这些构件都绘有精美的图案）。所以，那里的闲馆宫殿，彩饰精致繁缛，藻绣环绕，红红绿绿，很是漂亮。"（馆室的墙表之上都刻有精美的图案，而且也都颜色艳丽。）

《吴都赋》中说："在青色连环花纹的门窗和红色的柱子上，描画云气、仙灵图案。"（青琐，描绘为琐文，并在表面染上青色，这样还可以推及描画其他神仙灵异的事物。）

谢赫《画品》中说："图，是画的基础；缋，是次要的方面。它们总括起来就称为画。仓颉创造了文字，字体共有六种。其中有一种是鸟书，上端像鸟儿的头，这就是图画的类别，统称为书，而不叫作画。到史皇作图的时候，大概与物体的形态相同，到有虞氏作缋的时候，这才开始朝象形的方向发展。如今的画法，原来都是从虞舜时期兴起的。穷其神变，测其幽微，用途很宽广。"（如今描绘在缣素等上面的就叫作"画"，雕饰在梁栋、斗栱或者素象等实物上的一般叫作"装銮"，而用粉色、朱色、红色三种颜色来装饰点缀门窗的则叫作"刷染"。）

注释

① 祇：古代对地神的称呼。

② 宋衷：字仲子，也称宋忠或宋仲子。三国时期南阳章陵人，著有《周易注》、《太玄经注》、《法言注》。

③ 青琐：指装饰皇宫门窗的青色连环花纹。

旋子彩画

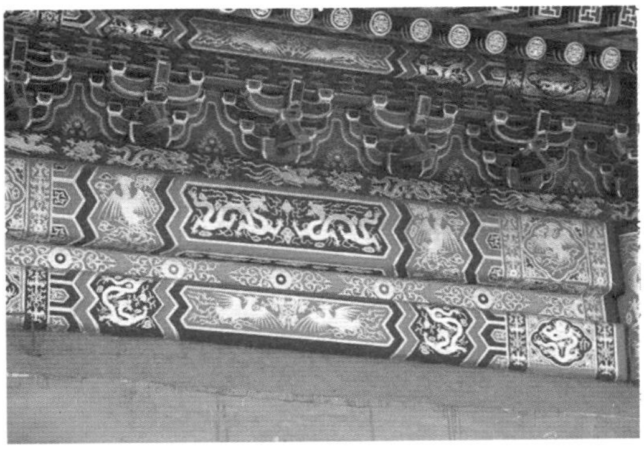
和玺彩画

苏式彩画

原典图说

古建彩画的分类

古建彩画中，宋式彩画和清式彩画都是比较成熟的，其中宋式彩画主要分为五彩遍装、碾玉装、青绿叠晕棱间装、解绿装饰、丹粉刷饰、杂间装六种，五彩遍装是等级最高的。清式彩画大体分为和玺彩画、旋子彩画和苏式彩画三种，其中和玺彩画的等级最高，主要用于宫殿、寺庙、园林等正殿及重要门殿的梁枋上，以龙凤为装饰题材，青、绿色调为主，饰以贴金。

原典

《说文》：『除，殿陛也。』『阶，陛也。』『阼①，主阶也。』『陛，升高阶也。』『陔②，阶次也。』

《释名》：『阶，陛也。』『陛，卑也，有高卑也。天子殿谓之纳陛，以纳人之言也。』『阶，梯也，如梯有等差也。』

《博雅》：『戺、橉，砌也。』

《义训》：『殿基谓之隚（音堂）；殿阶次序谓之陔。除谓之阶；阶谓之墒（音的）。阶下齿谓之城。东阶谓之阼。霤外砌谓之戺。』

注释

① 阼：指大堂前东西的台阶，是主阶。
② 陔：指台阶的层次。

阶

译文

《说文解字》中说："除，就是指御殿前的石阶。""阶，宫殿的台阶。""阼，大堂前面最主要的台阶。""陛，高高的皇宫台阶。""陔，台阶的层次。"

《释名》中说："阶，就是陛。""陛，即卑，有高下尊卑的意思。天子的宫殿叫作纳陛，是说纳人之言的意思。""阶，即阶梯，如同梯子有高下等级的差别一样。"

《博雅》中说："戺、橉，都是砌的意思。"

《义训》中说："殿基称为隚（读堂音）；殿阶的次序叫作陔。除称为阶；阶称为墒（读的音）。阶下齿称为城。东阶称为阼。霤外砌称为戺。"

台　阶

原典图说

台阶

古代的阶即现在的台阶，是供人上下行走的建筑物，因为一阶一阶的，所以称为台阶。分阶级的台阶在宋代被称为踏道，在清代被称为踏跺。台阶的材料在古代为砖、石，现代则除此之外，还有混凝土筑成的，并且对于台阶的设计有规定，比如公共建筑室内外踏步宽度不宜小于 0.3m，踏步高度不宜大于 0.15m，不宜小于 0.1m，踏步要防滑；室内台阶踏步数不应少于 2 级，当高差不足 2 级时，应按坡道设置等。

砖

原典

《诗》：『中唐有甓①。』

《尔雅》：『瓴甋谓之甓。』（甗，砖也。今江东呼为『瓴甓②』。）

《博雅》：『（音潘）、瓳（音胡）、瓨（音亭）、治、甄（音真）、瓶、瓯、瓴（音零）、甋（音的）、甓、甗，砖也。』

《义训》：『井甓谓之甐（音侗）。』『涂甓谓之毂（音哭）。』『大砖谓之「瓳」。』

注释

① 甓：古代指砖。
② 瓴甓：指砖块。

译文

《诗经》中说："从大门到厅堂的路都用砖来铺砌。"

《尔雅》中说："瓴甋称为甓。"（砖也叫甗砖。如今在长江中下游南岸地区则把它叫作"瓴甓"。）

《博雅》中说："甂（读潘音）、瓳（读胡音）、瓨（读亭音）、治、甄（读真音）、瓶、瓯、瓴（读零音）、甋（读的音）、甓、甗，都是砖。"

《义训》中说："井甓称为甐（读侗音）。""涂甓称为毂（读哭音）。""大砖称作「甐瓳」。"

原典图说

空心砖

提起空心砖，可能有人认为它是现代才出现的，但事实上，空心砖在战国时期就已用于宫殿、官署或陵园建筑上，这时的空心砖形状为一端留有长方形孔，一端留有一个或两个圆形孔或椭圆形孔。到了西汉时期，空心砖的制作又有了新的发展，其砖面上的纹饰图案，题材广泛、内容丰富、构图简练、形象生动，而这一时期的空心砖形状相比于战国时期的有了变化，它是一面留口，一面封死，在封口端的宽面上留下相互对称的小方孔。

空心砖的使用从战国一直延续到东汉中期，之后，随着小型砖的大范围使用，逐渐消失。如今，空心砖再次出现在人们生活中，但其与古代空心砖是完全不同的。

古 砖

原典

《周书》：『黄帝穿井。』

《世本》：『化益作井。』（宋衷曰：化益，伯益也，尧臣。）

《易·传》：『井，通也，物所通用也。』

《说文》：『甃①，井壁也。』

《释名》：『井，清也，泉之清洁者也。』

《风俗通义》：『井者，法也，节也；言法制居人，令节其饮食，无穷竭也。久不渫②涤为井泥。』（《易》云：井泥不食。）『不停污曰井渫。涤井曰浚。井水清曰冽。』（《易》曰：井渫不食。又曰：井冽寒泉。）

注释

① 甃：指砖砌的井壁。

② 渫：指除去或淘去污泥。

井

译文

《周书》中说："黄帝凿井。"

《世本》中说："尧的大臣化益凿井取水。"（宋衷说：化益，也就是伯益，是尧的大臣。）

《易·传》中说："井，就是通，也就是可以被大家通用的事物。"

《说文解字》中说："甃，就是井壁。"

《释名》中说："井，代指清澈，泉水在井中经过过滤，使水质变得更加清冽。"

《风俗通义》中说："井，有法度、有条理和有节制的意思，就是要用法度来保证人们安居，使他们的饮食有规律，这样就没有穷竭的时候。如果长久不洗涤井中的泥污，就会使水井淤泥沉积。"（《易》上说：井下的淤泥是不能食用的。）"不停被污染的叫作井渫。洗涤井叫作浚。井水清澈叫作冽。"（《易》上说：井虽然浚治，洁净清澈，但不被饮用。又说：只有在井很洁净、泉水清冷明澈的情况下才喝水。）

原典图说

井和自来水

井是一种用来从地表下取水的装置。古代人们都是喝从井里打上来的地下水，这样的水既清澈又清凉，如今这种井仍存在，只是数量越来越少，现代人更多的是用自来水取水。自来水是指通过自来水处理厂净化、消毒后生产出来的符合相应标准的供人们生活、生产使用的水，这些水同样来自于江河湖泊及地下水、地表水，只是需要按照国家相关标准，通过沉淀、消毒、过滤等处理，输送到每家每户。

古 井

卷三 壕寨制度

原典

取正

取正①之制：先于基址中央，日内置圜板，径一尺三寸六分。当心立表，高四寸，径一分。画表景之端，记日中最短之景。次施望筒②于其上，望日星以正四方。望筒长一尺八寸，方三寸（用板合造）。两罨头开圜眼，径五分。筒身当中，两壁用轴安于两立颊之内。其立颊自轴至地高三尺，广三寸，厚二寸。昼望以筒指南，令日景透北；夜望以筒指北，于筒南望，令前后两窍内正见北辰极星。然后各垂绳坠下，记望筒两窍心于地，以为南，则四方正。

若地势偏衺，既以景表③、望筒取正四方，或有可疑处，则更以水池景表较之。其立表高八尺，广八寸，厚四寸，上齐（后斜向下三寸），安于池板之上。其池板长一丈三尺，中广一尺。于一尺之内，随表之广，刻线两道；一尺之外，开水道环四周，广深各八分。用水定平，令日景两边不出刻线，以池板所指及立表心为南，则四方正。（安置令立表在南，池板在北。其景夏至顺线长三尺，冬至长一丈二尺。其立表内向池板处，用曲尺较令方正。）

译文

取正的制度：首先，白天在基址的中间地方安置一个景表板，这个景表板的直径为一尺三寸六分。接着在它的正中心的位置上竖立起一根高为四寸、直径为一分的标杆。然后标示出阳光下标杆影子的末端，并记下一天当中标杆影子最短的地方。最后在这个位置上安放一个望筒，以便通过观察太阳的影子来辨正营造方位。望筒的长度为一尺八寸，方为三寸，用木板制作。在望筒的两端凿出两个直径为五分的圆孔，筒身上通过两壁上的轴居中安放在两根立颊的上面。立颊的高度从轴到地面为三尺，宽度为三寸，厚度为二寸。白天用望筒的筒身指向南方，让日影穿过圆孔向北；夜晚用望筒的筒身指向北方而向南方观察，但始终要让两端的圆孔正对北极星。然后将系有锤子的线绳放下，把两个圆孔的圆心位置在地上做出记号，以这个方向为南方，那么营造的四个方位就可以确定了。

如果遇到地势不周正，即便是在用景表板、望筒确定了方位之后仍然不能确定方位，那么就可以更换水池景表来进行校正。水池景表的立表柱高度为八尺，宽度为八寸，厚度为四寸，上端平齐（后来上端变为斜向下三寸），安放在池板的上面。池板的长度为一丈三尺，中间宽一尺。在一尺的宽度中，根据立表的宽度画出两道刻线；在刻线的外侧，开出水道环绕四周，水的深度和宽度均为八分。通过水来确保池板处于水平位置，让日影两边不超出刻线的位置，用池板所对的立表的中心方向为南方，那么方位就能够确定下来了。（安放的时候，一定要注意将立表设立在南方，将池板设立在北方。日影在夏至的时候长度为三尺，冬至的时候长度为一丈二。确定方位的时候时刻要用曲尺来确保立表垂直于池板。）

注释

① 取正：确定建筑的四方朝向。

② 望筒：望日星而正四方的仪器，其形制为木架上夹一个可以上下旋转的方木筒，白天望日影，晚上望北极星，以确定正北或正南方向。

③ 景表：测日影而正四方的木制仪器。

原典

定平[①]之制：既正四方，据其位置，于四角各立一表，当心安水平[②]。其水平长二尺四寸，广二寸五分，高二寸；下施立桩，长四尺（安镶在内）；上面横坐水平，两头各开池，方一寸七分，深一寸三分（或中心更开池者，方深同）。身内开槽子，广深各五分，令水通过。于两头池子内，各用水浮子一枚（用三池者，水浮子或亦用三枚），方一寸五分，高一寸二分；刻上头令侧薄，其厚一分，浮于池内。望两头水浮子之首，遥对立表处，于表身内画记，即知地之高下。（若槽内如有不可用水处，即于桩子当心施墨线一道，上垂绳坠下，令统对墨线心，则上槽自平，与用水同。其槽底与墨线两边，用曲尺较令方正。）

凡定柱础取平，须更用真尺较之。其真尺长一丈八尺，广四寸，厚二寸五分；当心上立表，高四尺（广厚同上）。于立表当心，自上至下施墨线一道，垂绳坠下，令绳对墨线心，则其下地面自平。（其真尺身上平处，与立表上墨线两边，亦用曲尺校令方正。）

定平

译文

定平的制度：在确定了营造基址的方位之后，根据它所处的位置，在四个角上各放置一根标杆，而在中心位置则安放水平仪。这个水平仪的水平横杆长度为二尺四寸，宽度为二寸五分，高二寸；水平横杆下垂直安置一根长度为四尺的竖桩（桩内要安置镶）；水平横杆的两端则各凿出一个正方形小池，小池边长为一寸七分，深度为一寸三分（有时还可以在中间部位凿开一个小池，大小与两端的相同）。在水平横杆上开挖一条宽度和深度都为五分的槽沟，让水能够通过就行。在两端的小池子里面各自放置一枚长宽为一寸五分，高为一寸二分的水浮子（如果有三个小池子的，有时也可适当放置三枚）。水浮子镂刻中空，薄壁，其壁的厚度为一分，这样有利于漂浮在水池上。观察两个水浮子的上端，对准四个角上的标杆，然后在标杆上刻画水平位置，这样就可以确定地面的高低情况了。（如果水槽里面没有水，那么可以在竖桩的中心位置画一道墨线，从上面垂直放下一根绳子，让绳子对准墨线，水平横杆上的槽沟自然就可以保持水平，这与用水的效果是一样的。在具体过程中还应用曲尺校正槽与墨线垂直情况。）

要确定柱础之间的水平位置，还需要用水平真尺来校正。水平真尺的长度为长一丈八尺，宽为四寸，厚度为二寸五分。在其中间的地方竖立一标杆，标杆的高度为四尺，宽度为四寸，厚度为二寸五分。在设立标杆的中间位置，从上往下画一道墨线，然后用绳子垂直放下，如果绳子与墨线对齐，则说明地面是水平的。（在真尺保持水平的地方，标杆和墨线两边保持稳定，就可以用曲尺来确定真尺底座与立表的垂直关系。）

注释

① 定平：确定建筑的水平。
② 水平：指水平仪，一种测量工具。

立基

原典

立基[①]之制：其高与材五倍（材分[②]，在《大木作制度》内）。如东西广者，又加五分至十分。若殿堂中庭修广者，量其位置，随宜加高。所加虽高，不过与材六倍。

译文

立基的制度：基的高度等于材的五倍（关于材的划分，在“大木作制度”里面有详细介绍）。如果东西向比较宽，那么高度可以再加上五分到十分。如果殿堂的中庭部分长而宽，则可以根据其位置相应增加高度，但是最终的高度不得超过材的六倍。

注释

① 立基：建造殿堂等的台基、阶基。
② 材分：指对木材的划分。

筑基

原典

筑基[①]之制：每方一尺，用土二担；隔层用碎砖瓦及石札等，亦二担。每次布土厚五寸，先打六杵（二人相对，每窝子内各打三杵），次打四杵（二人相对，每窝子内各打二杵），次打两杵（二人相对，每窝子内各打一杵）。以上并各打平土头，然后碎用杵辗蹑令平；再攛杵扇扑，重细辗蹑。每布土厚五寸，筑实厚三寸。每布碎砖瓦及石札等厚三寸，筑实厚一寸五分。

凡开基址，须相视地脉虚实。其深不过一丈，浅止于五尺或四尺，并用碎砖瓦石札等，每土三分内添碎砖瓦等一分。

注释

① 筑基：用土、碎砖瓦等打筑殿堂等建筑的台基、阶基。

译文

筑基的制度：每一方按尺来计算，每尺用土二担；间隔层使用碎砖、碎瓦以及碎石等，也用二担。每次铺土的厚度为五寸，先打六杵（两人相对，每个窝子各打三杵），接着打四杵（两人相对，每个窝子各打二杵），再打二杵（两人相对，每个窝子各打一杵）。把土头打平之后，根据情况用杵再进行压踏，使其平整；然后再用杵把夯过的土层完全地打一遍，直到其光滑平整为止。每次铺的土层厚度要达到五寸，夯实后厚度要达到三寸。每次铺的碎砖、碎瓦以及碎石厚度为三寸，夯实后厚度要达到一寸五分。

凡是要开挖基址的，都要先检查土质的松紧虚实情况。开挖的深度不要超过一丈，最浅不低于四尺到五尺，要使用碎砖、碎瓦以及碎石，它们与土混合使用的比例为 1：3。

原典

筑城之制：每高四十尺，则厚加高二十尺；其上斜收减高之半。若高增一尺，则其下厚亦加一尺；其上斜收亦减高之半，或高减者亦如之。城基开地深五尺，其广随城之厚。每城身长七尺五寸，栽永定柱（长视城高，径一尺至一尺二寸）、夜叉木（径同上，其长比上减四尺），各二条。每筑高五尺，横用纴木①一条（长一丈至一丈二尺，径五寸至七寸，护门瓮城及马面之类准此）。每膊椽②长三尺，用草萋一条（长五尺，径一寸，重四两），木橛子一枚（头径一寸，长一尺）。

注释

① 纴木：古代夯土城墙时使用的水平方向的木椽。
② 膊椽：古代筑墙用的侧模板。

城

译文

筑城的制度：城高每增加四十尺，那么城墙的厚度相应增加二十尺；城墙上方两面斜收共为高的一半。如果高度增加一尺，那么下面的厚度也应增加一尺；城墙上方两面斜收也共为高的一半，当高度降低的时候也按此比例计算。城墙的地基深度为五尺，其宽度与城墙的厚度相同。城身每隔七尺五寸就要竖栽永定柱（永定柱的长度根据城墙的高度而定，直径为一尺至一尺二寸）、夜叉木两根（其直径同永定柱，长度比永定柱少四尺）。城高每增加五尺，就要横铺一条纴木（长度为一丈至一丈二尺，直径为五寸至七寸。护门瓮城及马面之类的也以此为标准）。每个筑墙的侧模板长度为三尺，还要使用到一条草萋（其长度为五尺，粗一寸，四两重），一枚木橛子（其头部的直径为一寸，长度为一尺）。

城

墙

原典

筑墙之制：每墙厚三尺，则高九尺；其上斜收，比厚减半。若高增三尺，则厚加一尺，减亦如之。

凡露墙：每墙高一丈，则厚减高之半；其上收面之广，比高五分之一。若高增一尺，其厚加三寸；减亦如之。（其用葽[1]、橛[2]，并准筑城制度。）

凡抽纴墙：高厚同上；其上收面之广，比高四分之一。若高增一尺，其厚加二寸五分（如在屋下，只加二寸。刬削并准筑城制度）。

注释

① 葽：古书上说的一种草。
② 橛：指小木桩。

译文

筑墙的制度：墙身的厚度与墙高的比例为 1 ∶ 3，如墙厚度为三尺，那么其高度可到九尺。墙的上端斜收的宽度，是其厚度的一半。如果高度增加三尺，那么厚度相应增加一尺，降低的情况也如此。

所有的露墙：墙的高度为一丈，那么其厚度是高度的一半。墙上端斜收的宽度是墙高度的五分之一。如果墙的高度增加一尺，其厚度增加三寸，降低的情况也是如此。（露墙采用草葽、木橛子的时候，要遵循筑城的制度。）

所有的抽纴墙：墙的高度与其厚度相同；墙上端斜收的宽度是墙高度的四分之一。如果墙的高度增加一尺，其厚度增加二寸五分（如果是在屋下，只增加二寸，其设置和建造也应当遵循筑城的制度）。

原典图说

古代城墙的高度和厚度

中国古代为了抵御敌人的入侵，一般都会建造高大的城墙，其高度随着朝代的更替和地区的不同而有所不同，比如唐朝的都城长安城的城墙高 6 m，而明朝的南京城墙则有 12 m高。一般情况下，每个朝代的都城的城墙都是最高的，其他城的城墙要比都城的矮。但边关要塞则不一样，这里的城墙既高又坚固，比如雁门关的城墙有 10 m高，长城城墙的高度平均为 7.8 m。

古代城墙厚而结实，厚度一般都在 20 m以上，有的甚至可达到 50 m，所以在中国古代的攻城战术中，一般都是采用登城而不是轰城，原因就在于此，基于城墙的厚度，以古代的兵器很难将其轰倒。

长安城的安定门，原为顺义门，明朝改为安定门

筑临水基①

原典

凡开临流岸口修筑屋基之制：开深一丈八尺，广随屋间数之广。其外分作两摆手，斜随马头②，布柴梢，令厚一丈五尺。每岸长五尺，钉桩一条（长一丈七尺，径五寸至六寸皆可用）。梢上用胶土打筑令实（若造桥两岸马头准此）。

注释

① 筑临水基：在靠近水的地方建筑房屋的基础。
② 马头：即码头。

译文

临水修筑屋基的制度：开挖的深度为一丈八尺，其宽度根据屋间数量和宽度而定。在屋基斜至两侧岸边的地方做墙，斜收依照码头，放置柴梢，厚度为一丈五尺。根据岸的长度，每隔五尺距离即钉桩一根（桩的长度为一丈七尺，直径五寸至六寸均可），以此来固定柴梢。然后在柴梢上面铺设黏土夯实（如果建造桥梁，其两岸的码头修建也照此制度）。

水边的建筑

原典图说

水边房屋的建筑要求

临水而建房屋是很多人向往的，但这样的房屋在修建时也有着一些特殊要求，比如地基的处理，由于临水地基基本以淤泥质的土层为主，这种土层比较软弱，因此不能使用普通的条形基础作为房屋的基础，而应该考虑桩基础和筏板基础。在建造这种房屋时，适合采用框架式结构，不适合采用砖混结构，这是因为砖混结构的整体稳定性比较差，稍有不均匀沉降就会造成致命的结构性破坏，使生命安全受到威胁。

石作制度

造作次序

原典

造石作次序之制有六：一曰打剥（用錾[①]揭剥高处）；二曰粗搏（稀布錾凿，令深浅齐匀）；三曰细漉[②]（密布錾凿，渐令就平）；四曰褊棱[③]（用褊錾镌棱角，令四边周正）；五曰斫砟[④]（用斧刃斫砟，令面平正）；六曰磨砻（用砂石水磨去其斫文）。

其雕镌制度有四等：一曰剔地起突；二曰压地隐起华；三曰减地平钑；四曰素平（如素平及减地平钑，并斫砟三遍，然后磨砻；压地隐起两遍；剔地起突一遍；并随所用抽华文）。如减地平钑，磨砻毕，先用墨蜡，后描华文钑造。若压地隐起及剔地起突，造毕并用翎刷细砂刷之，令华文之内石色青润。

其所造华文制度有十一品：一曰海石榴华；二曰宝相华；三曰牡丹华；四曰蕙草；五曰云文；六曰水浪；七曰宝山；八曰宝阶（以上并通用）；九曰铺地莲华；十曰仰覆莲华；十一曰宝装莲华（以上并施之于柱础），或于华文之内，间以龙凤狮兽及化生之类者，随其所宜，分布用之。

译文

修造石作次序的制度一共有六条：一是打剥（即用錾凿掉大的突出部分）；二是粗搏（即凿掉小的突出部分，使深浅一直匀称）；三是细漉（即凿平表面）；四是褊棱（即是将边棱凿整齐方正）；五是斫砟（即用斧錾平，使表面平正）；六是磨砻（即用水砂磨去斫痕）。

雕镌制度有四个等级：一是剔地起突，即制作浮雕；二是压地隐起，也就是沿着花纹四周斜着凿去一圈，但花纹不能高出表面；三是减地平钑，即把除花纹以外的底子均匀凿低一层；四是素平，即不在石面上做任何雕饰处理（在素平和减地平钑的时候，先用斧錾三遍，压地隐起需要用斧錾二遍，剔地起突用斧錾一遍，然后用水砂磨去斫痕，在錾的同时描绘出花纹）。在减地平钑中，用水砂磨去斫痕后，先用黑蜡涂抹，然后镌刻所描花纹。在压地隐起和剔地起突的时候，镌刻好花纹之后再用翎毛刷、细砂子刷掉黑蜡，以便让花纹的线条清晰。

制作石作上面的花纹的制度有十一个：一是海石榴花，二是宝相花，三是牡丹花，四是蕙草，五是云文，六是水浪，七是宝山，八是宝阶（这些可以同时使用），九是铺地莲花，十是仰覆莲花，十一是宝装莲花（这三个可以同时用在柱础上面），还可将这三者中的一种放置在花纹之中，间杂龙凤狮兽以及人物的图案，根据情况选择使用。

注释

① 錾：雕凿金石的工具。
② 细漉：将石的表面凿平。
③ 褊棱：将石的边棱凿整齐。
④ 斫砟：用刀斧凿，使石面更加趋于平整。

石　雕

原典图说

石作和石雕

石作是古代汉族建筑中建造石建筑物、制作和安装石构件和石部件的专业，它包括对石料的粗材加工、雕饰，以及对柱础、台基、坛、地面、台阶、栏杆、门砧限、水槽、上马石、夹杆石、碑碣拱门、石墩、石狮、花盆座等的制作和安装。石作发展到现在，一般也就是指石雕工作，因为现在的建筑基本为砖制，石制的并不多，所以石雕多是出于装饰、观赏或纪念而制作的，比如广场上的石雕人物，或纪念性的石碑、石柱等。

柱础

原典

造柱础之制：其方倍柱之径（谓柱径二尺，即础方四尺之类）。方一尺四寸以下者，每方一尺，厚八寸；方三尺以上者，厚减方之半；方四尺以上者，以厚三尺为率。若造覆盆①（铺地莲华同），每方一尺，覆盆高一寸；每覆盆高一寸，盆唇厚一分。如仰覆莲华，其高加覆盆一倍。如素平及覆盆用减地平钑②、压地隐起华、剔地起突；亦有施减地平钑及压地隐起莲华瓣上者，谓之『宝装莲华』。

注释

① 覆盆：古代建筑构件柱础的一种样式。因其呈盘状隆起，看上去就像倒置的盆，所以称为“覆盆”。

② 减地平钑：也称为平雕或平花，是宋代一种印刻的线雕。其做法为使图案部分凹下去，而原应作为底部的部分则凸出来；且凹下去的图案部分都在一个平面上，凸出来的部分也在一个平面上。

译文

修造柱础的制度：柱础的方形边长为柱子直径的两倍（也就是说如果柱子的直径为二尺，那么柱础的方形边长就要修造为四尺）。方形边长在一尺四寸以下的柱础，边长一尺，那么柱础的厚度为八寸；方形边长在三尺以上的柱础，其厚度为边长长度的一半；方形边长在四尺以上的柱础，其厚度以三尺为限。如果造覆盆莲花样式（铺地莲花相同）的柱础，方形边长一尺，那么覆盆的高为一寸；覆盆高为一寸，那么盆唇的厚度则为一分。如果是仰覆莲花柱础，那么其高度就是覆盆莲花的一倍。如果不做任何雕饰处理以及在覆盆上采用减地平钑、压地隐起花、剔地起突，另外也有在莲花瓣上采用减地平钑及压地隐起手法的，这就叫作“宝装莲花”。

原典图说

莲花柱础

莲花柱础

东汉时期，由于受到佛教装饰艺术的影响，莲花被广泛运用到柱础，一般都为覆盆式的铺地莲花。这种类似佛教“莲花座”的古式覆盆莲花造形，即宋代所谓的“宝装莲华”。到了唐代，其柱础仍以覆盆莲花式的为主，但莲瓣较六朝初期的略为肥短。宋朝的时候，虽然柱础的式样变化更多了，但莲花瓣覆盆式仍为主要的通行式样。清代，特别是在光绪之后，莲花瓣覆盆式柱础已成为主流，而且此时的外形可明显地区分为顶、肚、腰、脚等四部分。

原典

造角石[1]之制：方二尺[2]。每方一尺，则厚四寸。角石之下，别用角柱（厅堂之类或不用）。

注释

① 角石：殿堂阶基四角上的石雕，常为云龙、盘凤、狮子等形象。
② 方二尺：指边长为二尺的正方形。

角石

译文

制造角石的制度：角石通常是边长为二尺的正方形。其边长每增加一尺，它的厚度则相应增加四寸。在角石的下面，则要用角柱卡住角石以固定其位置（厅堂这些地方通常不使用角石）。

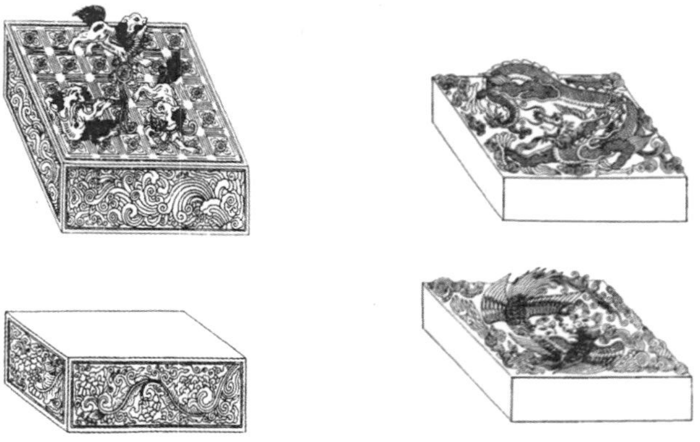

角　石

原典图说

宋式角石

之所以称为宋式角石，是因为它是宋式台基中所用的构件，到了清代，台基上就不再有这种构件。角石位于角柱石的上面、压阑石的下面，比角柱石大，略呈正方形。它的上面经常雕刻有龙、凤、狮子等形象。

角柱

原典

造角柱①之制：其长视阶高；每长一尺，则方四寸。柱虽加长，至方一尺六寸止。其柱首接角石处，合缝令与角石通平。若殿宇阶基用砖作叠涩②坐者，其角柱以长五尺为率；每长一尺，则方三寸五分。其上下叠涩，并随砖坐逐层出入制度造。内板柱上，造剔地起突云。皆随两面转角。

注释

① 角柱：指阶基四周，角石之下的石柱。
② 叠涩：指古代一种砖石结构建筑的砌法。

译文

修造角柱的制度：角柱的长度根据台阶的高度而定；长度每增加一尺，其方增加四寸。如果角柱很长，其方最大值也就一尺六寸。角柱的柱头与角石相接，向外的两面要和角石合缝对齐。如果殿宇之中的阶基用砖采用叠涩的做法，那么角柱的长度以五尺为标准；每增加一尺，方则增加三寸五分。角柱采用上下叠涩，每一层都要按照逐层叠加的制度来建造。在内板柱上雕刻浮雕，都要顺着两个面一起转角。

角 柱

原典

造殿阶基①之制：长随间广，其广随间深。阶头随柱心外阶之广。以石段长三尺，广二尺，厚六寸，四周并叠涩坐数，令高五尺；下施土衬石。其叠涩每层露棱五寸；束腰露身一尺，用隔身板柱；柱内平面作起突壶门造②。

阶　基

殿阶基

译文

修造殿阶基的制度：阶基长度根据屋间的宽度而定，而屋间的宽度则要根据屋间的深度而定。阶基的外缘宽度根据柱中线以外部分的阶基的宽度而定。使用长度为三尺，宽度为二尺，厚度为六寸的石段，阶基四周做数层叠涩座式样，总体高度为五尺；下面铺设土层来托衬石阶。殿阶基的叠涩每层露棱的尺寸为五寸，束腰，露出基体一尺；并采用隔身板柱，在柱上平面做浮雕壶门的造型。

注释

① 殿阶基：指古代建筑物与室外地面间的台基。
② 起突壶门造：指浮雕壶门样的造型。

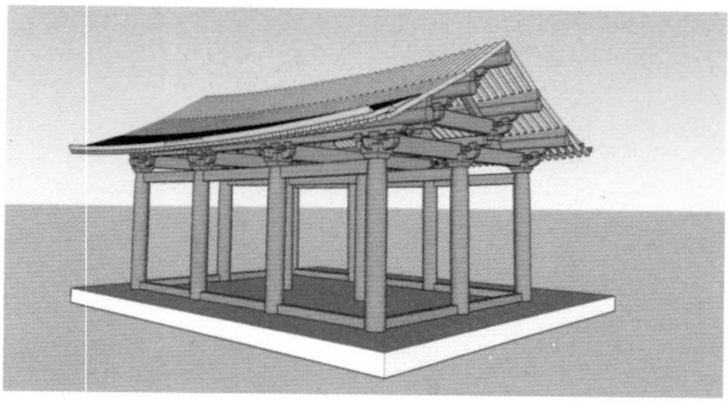

地基上建筑模型图

原典图说

阶基

阶基，即台阶、台基。由于建筑具有一定的自身重量，因此为了保证建成后的建筑物不向下沉降塌陷，于是古人就在建造房屋前先制作一个平整坚硬的基础，这就是阶基。比较讲究的阶基会全部用石包砌，一般情况下是在阶条石和好头石之间不用陡板石而改为砌砖，这就是砖阶基。有的建筑在阶基的前面接砌一个稍微低一些和小一些的平台，这在清代被称为“月台”，其做法与阶基是相同的。

营造法式

原典

压阑石

造压阑石[1]之制：长三尺，广二尺，厚六寸（地面石同）。

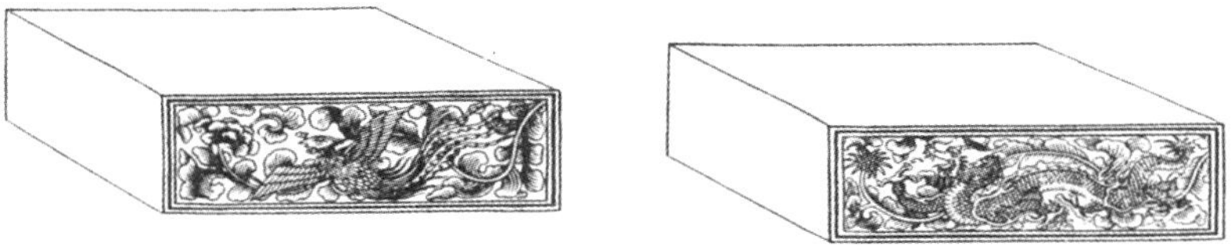

压阑石

译文

修造压阑石的制度：压阑石的长度为三尺，宽度为二尺，厚度为六寸（地面的石头和它一样）。

注释

① 压阑石：指建筑台基四周外缘铺墁的长方形条石。

原典图说

压阑石和压檐石

压阑石即压檐石，宋代称为压阑石，清代称为压檐石，指的建筑台基四周外缘铺墁的长方形条石，也就是阶条石。宋代对压阑石的尺寸有规定，即“长三尺，广二尺，厚六寸”。

原典

造殿阶螭首①之制：施之于殿阶，对柱②；及四角，随阶斜出。其长七尺；每长一尺，则广二寸六分，厚一寸七分。其长以十分为率，头长四分，身长六分。其螭首令举向上二分。

注释

① 螭首：也称为螭头，指古代彝器、碑额、庭柱、殿阶及印章等上面的螭龙头像。螭，古代传说中一种没有角的龙。
② 对柱：正对着角柱。

殿阶螭首

译文

修造殿阶螭首的制度：殿阶螭首安置在殿阶的地方，其下方正对着角柱；位于台基的四个角上，在殿阶的走向上倾斜伸出来。整个长度为七尺；每增加一尺，那么宽度就相应增加二寸六分，厚度则增加一寸七分。如果按整个长度为十分来计算，那么头部长度为四分，身部长度则为六分。头部比身部要高出二分。

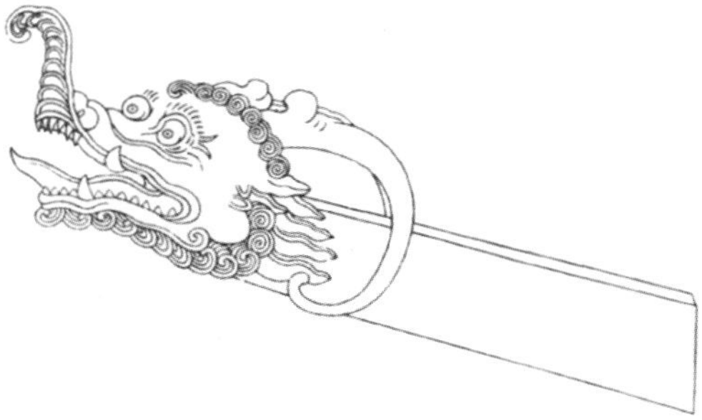

螭　首

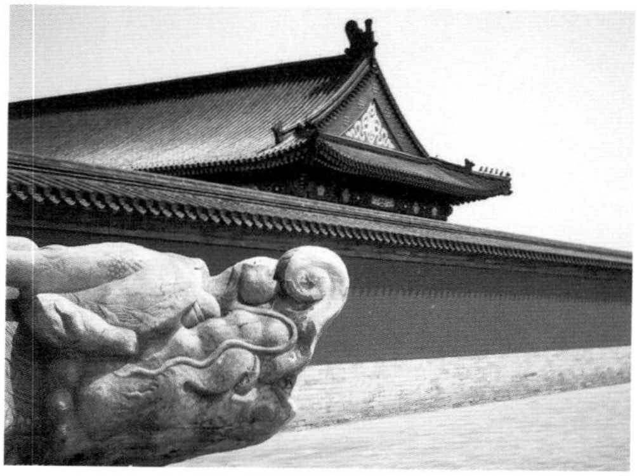

螭　首

原典图说

螭首

首先说什么是“螭”，所谓“螭”，古时候同“魑”，即魑魅，是古代传说中的一种动物，其色黄、无角、兽形，属于蛟龙类。龙是炎黄子孙最崇拜的神兽，更是中华民族的精神象征，所以在古代它是皇家建筑上的专用构件，代表了皇家的高贵尊崇，普通人家的建筑绝对不允许出现，特别在明清时代，更是地位的象征。

殿内斗八

原典

造殿堂内地面心石斗八[1]之制：方一丈二尺，匀分作二十九窠[2]。当心施云卷，卷内用单盘或双盘龙凤，或作水地飞鱼、牙鱼，或作莲荷等华。诸窠内并以诸华间杂。其制作或用压地隐起华或剔地起突华。

注释

① 斗八：指中国传统建筑天花板上的一种装饰处理。
② 窠：指框格。

译文

修造殿堂内地面心石斗八的制度：方形边长为一丈二尺，斗八平均分为二十九个框格。正中间做云卷造型，云卷里面做单盘或者双盘的龙凤图案，或者做飞鱼、牙鱼的造型，或者做莲花造型。所有的框格内都有多种花形间杂，其制作采用浮雕或者高浮雕手法。

斗　八

原典图说

斗八

斗八，也称为“鬬八”，即藻井，是中国传统建筑天花板上的一种装饰处理。其形状有方形、多边形或圆形凹面，其中方格形偏多，且多为彩色图案。宋代沈括在《梦溪笔谈·器用》中说：“屋上覆橑，古人谓之‘绮井’，亦曰‘藻井’，又谓之‘覆海’，今令文中谓之‘鬬八’，吴人谓之‘罳顶’，唯宫室祠观为之。”清代方以智在《通雅·宫室》中也提到了“鬬八”：“盖鬬八谓承仰板之栱斗也，其形似之。”

踏道

原典

造踏道①之制：长随间之广。每阶高一尺作二踏；每踏厚五寸，广一尺。两边副子，各广一尺八寸（厚与第一层象眼同）。两头象眼，如阶高四尺五寸至五尺者，三层（第一层与副子平，厚五寸；第二层厚四寸半；第三层厚四寸）；高六尺至八尺者，五层（第一层厚六寸；每一层各递减一寸）；或六层（第一层、第二层厚同上，第三层以下，每一层各递减半寸），皆以外周为第一层，其内深二寸又为一层（逐层准此）。至平地施土衬石，其广同踏（两头安望柱石坐）。

注释

① 踏道：即台阶，宋代称踏道。

译文

修造踏道的制度：踏道的长度根据屋间的宽度而定。每级台阶高为一尺，须安设两个踏道；每单个踏道的厚度为五寸，宽度为一尺。踏道的两边是副子，其宽度为一尺八寸（厚度与第一层的象眼相同）。踏道的两头是象眼，如果台阶高度在四尺五寸至五尺之间，那么象眼的线脚就做成三层（第一层和副子齐平，厚度为五寸；第二层厚度为四寸半；第三层厚度为四寸）。如果台阶高度在六尺至八尺之间，那么做成五层（第一层厚度为六寸；每一层各减少一寸），或者做成六层（第一、二层厚度也为六寸，第三层以下，每一层减少半寸）。都以最外面一层为第一层，向内深二寸为第二层（逐层类推）。到平地作平头土衬，其宽度与踏道的宽度相同（在两头设置望柱石座）。

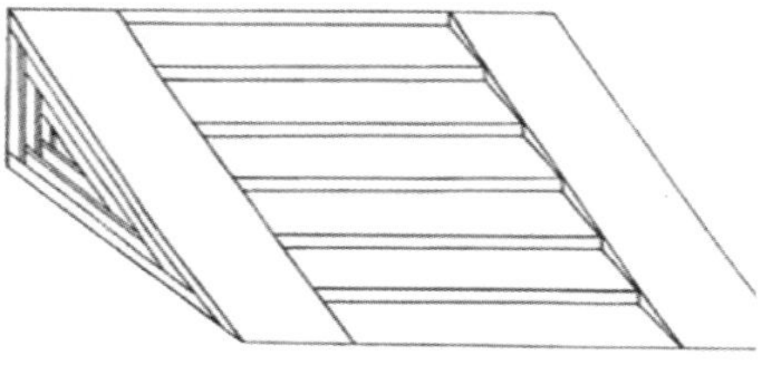

踏 道

原典图说

踏道和踏跺

踏道和踏跺都指的是古建筑中的分阶级的台阶，踏道是宋代的称呼，踏跺是清代的称呼。有防滑坡道的台阶在宋代称为墁道，在清代称为礓，但宋代的墁道没有石砌的。踏道一般用砖或石条砌造，置于台基与室外地面之间。

踏道，也叫踏跺

重台钩阑

造钩阑[①]之制：重台钩阑每段高四尺，长七尺。寻杖下用云栱[②]瘿项[③]，次用盆唇，中用束腰，下施地栿。其盆唇之下，束腰之上，内作剔地起突华板。束腰之下，地栿之上，亦如之。单钩阑每段高三尺五寸，长六尺。上用寻杖[④]，中用盆唇，下用地栿。其盆唇、地栿之内作万字（或透空，或不透空），或作压地隐起诸华（如寻杖远，皆于每间当中，施单托神或相背双托神），若施之于墁道，皆随其拽脚，令斜高与正钩阑身齐。其名件广厚，皆以钩阑每尺之高，积而为法。

望柱：长视高，每高一尺，则加三寸（径一尺，作八瓣。柱头上狮子高一尺五寸。柱下石（坐）作覆盆莲华。其方倍柱之径）。

蜀柱：长同上，广二寸，厚一寸。其盆唇之上，方一寸六分，刻为瘿项以承云栱（其项，下细比上减半，下留尖高十分之二；两肩各留十分中四分。如单钩阑，即撮项造）。

云栱：长二寸七分，广一寸三分五厘，厚八分（单钩阑，长三寸二分，广一寸六分，厚一寸）。

译文

制作钩阑的制度：重台钩阑每段栏板的高度为四尺，长度为七尺。寻杖下是云栱以及瘿项，然后是盆唇，中间采用束腰，最下面设置地栿。在盆唇与束腰之间做高浮雕大华板。在束腰与地栿之间同样做高浮雕，叫小华板。单钩阑每段栏板的高度为三尺五寸，长度为六尺。上面做寻杖，中间做盆唇，最下面设置地栿。在盆唇与地栿之间做万字板（镂空或者不镂空），或者做高浮雕花纹（如果寻杖的位置设置较高，可在其与盆唇之间设置单个托神或者两个相背的托神）。如果钩阑设置在较缓的斜坡道上，那么修造也要沿着拽脚方向，这时斜线高度与钩阑的高度更要保持一致。钩阑的构件很多，根据钩阑一尺的高度来换算，规定其他构件的标准。

修造望柱的制度：其长度根据钩阑的高度而定，钩阑高度每增加一尺，望柱的长度就增加三寸（望柱的内切圆直径为一尺，为八角柱。柱头上的石狮子高度为一尺五寸。柱子的底座做成覆盆莲花样式。望柱的方形边长是其直径的一倍）。

蜀柱：其长度同样根据钩阑的高度而定，宽度为二寸，厚度为一寸。在其盆唇的上面雕刻瘿项来承托云栱（瘿项的下部比上部细一半，留有瘼项脚，其高度为瘿项高度的十分之二；瘿项的两肩宽度是其高度的十分之四。在单钩阑中，这部分称为撮项）。

云栱：长度为二寸七分，宽度为一寸三分五厘，厚度为八分（单钩阑的长度为三寸二分，宽度为一寸六分，厚度为一寸）。

寻杖：长随片广，方八分（单钩阑，方一寸）。

盆唇：长同上，广一寸八分，厚六分（单钩阑，广二寸）。

束腰：长同上，广一寸，厚九分（及华盆大小华板皆同，单钩阑不用）。

华盆地霞：长六寸五分，广一寸五分，厚三分。

大华板：长随蜀柱内，其广一寸九分，厚同上。

小华板：长随华盆内，长一寸三分五厘，广一寸五分，厚同上。

万字板：长随蜀柱内，其广三寸四分，厚同上（重台钩阑不用）。

地栿：长同寻杖，其广一寸八分，厚一寸六分（单钩阑，厚一寸）。

凡石钩阑，每段两边云栱、蜀柱，各作一半，令逐段相接。

注释

①钩阑：也称为勾阑，即现在的栏杆。

②云栱：指雕饰有云状花纹的斗栱。

③瘿项：指直接承着云栱的一个上下小、中间扁圆的鼓状构件。

④寻杖：也称巡杖，指栏杆上部横向放置的构件。

寻杖：长度和两柱之间的宽度相同，为八分的方形（单钩阑，为一寸）。

盆唇：长度同上，宽度为一寸八分，厚度为六分（单钩阑的宽度为二寸）。

束腰：长度同上，宽度为一寸，厚度为九分（盆唇、大小华板都相同，单钩阑中不采用）。

华盆地霞：长度为六寸五分，宽度为一寸五分，厚度为三分。

大华板：长度与蜀柱长度相同，其宽度为一寸九分，厚度同蜀柱的厚度。

小华板：长度一寸三分五厘，宽度为一寸五分，厚度同上。

万字板：长度与蜀柱长度相同，其宽度为三寸四分，厚度同上（重台钩阑没有万字板）。

地栿：长度与寻杖的长度相同，其宽度为一寸八分，厚度为一寸六分（单钩阑的厚度为一寸）。

对于石作钩阑，每段两边的云栱和蜀柱各作一半，然后将其逐段衔接起来。

钩阑门砧

原典图说

重台钩阑和单钩阑

故宫的栏杆

栏杆，宋代称为钩阑或勾阑，分单钩阑和重台钩阑两种。其中重台钩阑的规格比较高，一般高大的殿宇都用重台钩阑。而矮小的殿宇则用单钩阑。重台钩阑的主要特点是有上下两层，都有华板，所以称为“重台钩阑”，它与单钩阑的区别就在于华板，因为重台钩阑用的是两层华板，而单钩阑用的是一层华板，或者不用华板而用勾片造、卧棂造等简洁的形式。

螭子石

原典

造螭子石[1]之制：施之于阶棱钩阑蜀柱卯[2]之下，其长一尺，广四寸，厚七寸。上开方口，其广随钩阑卯。

译文

修造螭子石的制度：建造在钩阑蜀柱卯的下面，其长度为一尺，宽度为四寸，厚度为七寸。上面开一方形的口子，其宽度和钩阑卯的宽度相同。

注释

① 螭子石：指台阶栏杆蜀柱下的石构件。
② 卯：指木器上安榫头的孔眼。

门砧限

原典

造门砧[1]之制：长三尺五寸；每长一尺，则广四寸四分，厚三寸八分。

门限[2]：长随间广（用三段相接），其方二寸（如砧长三尺五寸，即方七寸之类）。若阶断砌，即卧柣长二尺，广一尺，厚六寸（凿卯口与立柣合角造）。其立柣长三尺，广厚同上（侧面分心凿金口一道），如相连一段造者，谓之曲柣。

城门心将军石：方直混棱造，其长三尺，方一尺（上露一尺，下栽二尺入地）。

止扉石：其长二尺，方八寸（上露一尺，下栽一尺入地）。

注释

①门砧：指古代承放门扇立轴的石台。
②门限：指门槛。

译文

修造门砧的制度：长度为三尺五寸；每增加一尺长度，宽度就增加四寸四分，厚度则增加三寸八分。

门限：长度根据开间的宽度而定（采用三段相接的方式），门限的方长为二寸（如果门砧长为三尺五寸，那么方长为七寸，依此类推）。如果台阶分上下段砌筑，那么卧柣长为二尺，宽度为一尺，厚度为六寸（雕凿卯口与立柣拼合）。立柣长度为三尺，宽度和厚度与卧柣的相同（在侧面雕凿一道金口），如果立柣与其他造作相连，则称为曲柣。

城门心将军石：抹圆了棱角的长方体造型，长度为三尺，方长为一尺（上端露出一尺于地面，下端栽入地下二尺）。

止扉石：其长度为二尺，方长为八寸（上端露出一尺于地面，下端栽入地下一尺）。

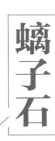

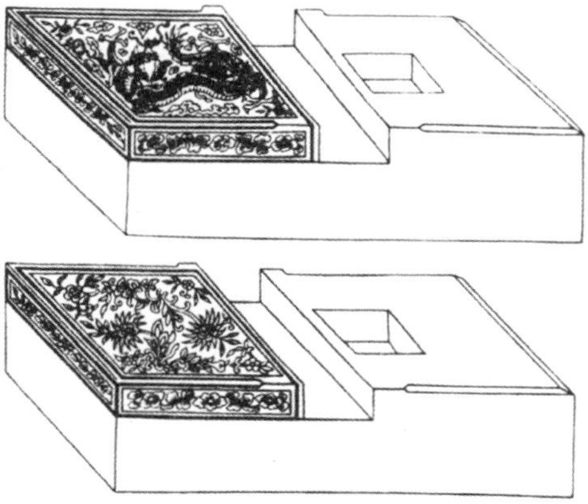

门　砧

青石门砧

原典图说

门砧

门砧指的是古代门下面的垫基，上面带有凹槽，凹槽是用来支撑门的转轴的。门砧的材料一般为石制，其露出地表的部分可以雕刻成狮子等形状。宋代《营造法式》中规定了制造门砧的尺寸："长三尺五寸。"现在，随着住宅的变化，门砧也消失于人们的生活中。

地栿

原典

造城门石地栿①之制：先于地面上安土衬石（以长三尺，广二尺，厚六寸为率），上面露棱广五寸，下高四寸。其上施地栿，每段长五尺，广一尺五寸，厚一尺一寸；上外棱混二寸；混内一寸凿眼立排叉柱。

注释

① 地栿：指栏杆的阑板或房屋的墙面底部与地面相交处的长板，即望柱和栏板的基座。

译文

修造城门石地栿的制度：先在地面上安置土衬石（以长度三尺，宽度二尺，厚度六寸为标准），地面之上的露棱部分宽度为五寸，埋深部分的高度为四寸。在土衬石上面安放地栿，每一段长度为五尺，宽度为一尺五寸，厚度为一尺一寸；面上露棱的外沿倒边，宽度为二寸，在倒边朝内一寸的地方凿出卯眼安立排叉柱。

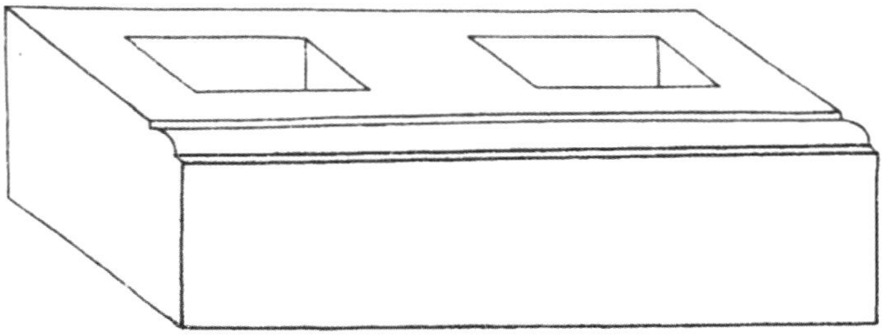

地　栿

原典

造流杯石渠[①]之制[②]：方一丈五尺（用方三尺石二十五段造），其石厚一尺二寸。剜凿渠道广一尺，深九寸（其渠道盘屈，或作『风』字，或作『国』字。若用底板垒造，则心内施看盘一段，长四尺，广三尺五寸；外盘渠道石并长三尺，广二尺，厚一尺。底板长广同上，厚六寸。余并同剜凿之制），出入水项子石二段，各长三尺，广二尺，厚一尺二寸（剜凿与身内同，若垒造，则厚一尺，其下又用底板石，厚六寸），出入水斗子二枚，各方二尺五寸，厚一尺二寸；其内凿池，方一尺八寸，深一尺（垒造同）。

注释

① 流杯石渠：指石制的流杯渠。流杯渠，指地面上修建的专门用于“曲水流觞”的渠道，其形状类似于“风”字或“国”字，水从一端流入，然后经过曲渠再从另一端流出。

② 制：制度、标准。

流杯渠

译文

修造流杯石渠的制度：流杯石渠方长为一丈五尺（用二十五段三尺见方的石块制作），所选石块的厚度为一尺二寸。剜凿流杯渠道宽度为一尺，深度为九寸（其渠道屈曲，形似“风”字或“国”字。如果其底板采用垒造的方式，那么在中心位置设置一段看盘，长度为四尺，宽度为三尺五寸；盘外的渠道并行，长度为三尺，宽度为二尺，厚度为一尺。底板的长宽同前，厚度为六寸。其他地方的制作方法和剜凿流杯渠道相同）。出水和入水的项子石二段，各长三尺，宽度为二尺，厚度为一尺二寸（剜凿流杯渠道的主体部分和它相同，如果是垒造流杯渠道，那么其厚度为一尺，下面铺设底板石，厚度为六寸）。出水和入水斗子二枚，方二尺五寸，厚度为一尺二寸；斗子里面开凿池子，方长一尺八寸，深度为一尺。（垒造流杯渠道与之相同。）

原典图说

流杯渠雕饰图案的寓意

流杯渠也称为九曲流觞渠，取自于“曲水流觞”的意思。它的渠道弯曲，看上去就像“风”字和“国字”，而之所以雕刻成这种图案，有其深层的寓意：首先表达了曲水流觞这种文雅的活动源自于“祓禊”的古老习俗；其次，“国”形“风”形取自于中国传统文化《诗经·国风》，在《诗经·国风》中，人们将因“祓禊”习俗而男女结识，互诉爱慕的美好诗文用文字记录在其中，并剜凿出“国”字和“风”字流杯渠，从而表达了对传统文化的传承和颂扬。

流杯渠

坛

原典

造坛之制：共三层，高广以石段层数，自土衬上至平面为高。每头子各露明五寸。束腰露一尺，格身板柱造，作平面或起突作壶门①造（石段里用砖填后，心内用土填筑）。

注释

① 壶门：既是一种佛教建筑中门的型制，也是一种镂空的装饰样式。

译文

修造坛的制度：坛分为三层，高度和宽度根据石段的层数而定，以土衬到平面的距离为高度。叠涩部分露出来五寸，束腰的长度为一尺，采用格身板柱，作浮雕壶门或者高浮雕壶门（石段里面砖砌，砖下用土填充夯实）。

北京天坛

原典图说

中国的祭祀地——坛

坛是中国古代用来祭祀天、地、社稷等活动的台型建筑，但最初的祭祀活动并不是在坛上进行，而是在土丘上，后来才发展成为用土筑坛。此外，早期的坛除了用于祭祀，还用于誓师、会盟、封禅、拜相等一些重大的仪式。但随着时代的前进，其最终发展成为封建社会最高统治者专用的祭祀建筑，做法也更加复杂、讲究，由原来的土台变为砖石包砌的。比如清代的天坛、地坛、月坛等。

原典

造卷輂水窗①之制：用长三尺，广二尺，厚六寸石造。随渠河之广。如单眼卷輂②，自下两壁开掘至硬地，各用地钉（木橛也），打筑入地（留出镶卯）。上铺衬石方三路，用碎砖瓦打筑空处，令与衬石方平；方上并二横砌石涩一重；涩上随岸顺砌并二厢壁板，铺垒令与岸平（如骑河者，每段用熟铁鼓卯二枚，仍以锡灌。如并三以上厢壁板者，每二层铺铁叶一重），于水窗当心，平铺石地面一重；于上下出入水处，侧砌线道三重，其前密钉擗石桩二路。于两边厢上相对卷輂（随渠河之广，取半圜为卷輂捲内圜势）。用斧刃石斗卷合；又于斧刃石上用缴背一重；其背上又平铺石段二重；两边用石随捲势补填令平（若双卷眼造，则于渠河心依两岸用地钉打筑二渠之间，补填同上），若当河道卷輂，其当心平铺地面石一重。用连二厚六寸石（其缝上用熟铁鼓卯与厢壁同），及于卷輂之外，上下水随河岸斜分四摆手，亦砌地面，令与厢壁平（摆手内亦砌地面一重，亦用熟铁鼓卯），地面之外，侧砌线道石三重，其前密钉擗石桩三路。

卷輂水窗

译文

制作卷輂水窗的制度：用长度为三尺，宽度为二尺，厚度为六寸的石段制作。起宽度依水渠或者河流的宽度而定。如果建造单孔卷輂，从下水处的两岸壁开掘，直到挖到硬质地面，两边各自使用地钉（即木橛），打入地下（将镶卯留出）。在上面铺设三路衬石方，用碎砖瓦石填满石缝，确保衬石方平坦；在衬石方上横向砌两排并列的石段，石段做一层涩。在涩的上方顺着水岸砌两排并列的厢壁板，铺垒层与水岸齐平（如果是跨河的卷輂，每段使用二枚熟铁鼓卯，仍然用锡水灌注。如果是三排并列的厢壁板，每二层之间铺设铁叶一重）。在涵洞的中间铺设一层地面石；在出水和入水的两侧砌三重线道，前面密集钉二路护桩。在两边的厢壁板上对齐卷輂（根据渠道或者河道的宽度，卷輂作半圆形）。用斧刃石将卷拼合；然后在斧刃石安置一层缴背石，其背面之上再平铺二层石段；两侧用石头根据卷的走势填补平整（如果是双孔卷輂，则在渠道或河道中心依照在两岸的施工方式打入地钉；两渠之间的填补方式同前）。如果是河道上的卷輂，共正中处平铺一层地面石。用厚度为六寸的连二石（其缝隙的处理与厢壁相同，都是使用熟铁鼓卯），在卷輂的外围砌筑，在上下水方向上，根据河岸走势修筑四道摆手，同时修整地面，使其与厢壁平齐（摆手内地面的石段之间也用熟铁鼓卯）。地面之外，砌筑三重线道石，线道石前面钉三路护桩。

注释

① 卷輂水窗：古代控制水流的开关闸门。

② 单眼卷輂：即单孔水门。

水槽子

原典

造水槽[1]之制：长七尺，方二尺。每广一尺，唇厚二寸；每高一尺，底厚二寸五分。唇内底上并为槽内广深。

石水槽

注释

① 水槽：指古代供饮马或存水用的石槽。

译文

制作水槽的制度：长度为七尺，方长为二尺。长度每增加一尺，唇的厚度增加二寸；高度每增加一尺，底部厚度增加二寸五分。水槽的宽度从唇内壁计算，水槽的深度按底板至上面的距离计算。

井口石

原典

造井口石[1]之制：每方二尺五寸，则厚一尺。心内开凿井口，径一尺；或素平面，或作素覆盆，或作起突莲华瓣造。盖子径一尺二寸（下作子口，径同井口），上凿二窍，每窍径五分（两窍之间开渠子，深五分，安讹角铁手把）。

译文

制作井口石的制度：二尺五寸见方，厚度为一尺。中间开凿井口，直径一尺；井口或者是素净的平面，或者是不带文饰的覆盆，或者是高浮雕莲花瓣。井盖直径一尺二寸（下面做一个子口，直径与井口相同）。井盖上开凿两个小孔，每个小孔的直径为五分（两个小孔之间凿一条小沟，深度为五分，以安装转角铁手把）。

注释

① 井口石：指古代位于井口的石构件。

营造法式

原典

造马台①之制：高二尺二寸，长三尺八寸，广二尺二寸。其面方，外余一尺八寸，下面分作两踏。身内或通素，或叠涩造；随宜雕镌华文。

注释

① 马台：古时高门大户前供上下马的石台，也称为上马石。

马台

译文

制作马台的制度：高度为二尺二寸，长度为三尺八寸，宽度为二尺二寸。正面为方形（正立方体），剩下一尺八寸的部分，分作两踏。正面或者通面素净，或者作叠涩工艺。根据情况雕刻花纹。

上马石

原典图说

上马石

上马石在宋代称为马台，它是古代大户人家在宅门前设置的巨石。其一般为汉白玉或大青石质地，一石分两级踏步，第一级为长方形，高约一尺三寸，长约二尺半；第二级高约二尺一寸，宽一尺八寸，长三尺左右，周边雕塑出繁缛精美的纹饰的锦缎和金钱，其寓意为“锦绣前程”“福在马前（钱）”或“马上前（钱）程”，总之都是美好的意思；侧面呈 L 形，底为须弥座，边框雕饰有祥云之类的纹饰。

山棚锃脚石

原典

造山棚锃脚石[①]之制：方二尺，厚七寸；中心凿窍，方一尺二寸。

译文

制作山棚锃脚石的制度：方长为二尺，厚度为七寸；中间开凿小孔，方长为一尺二寸。

注释

① 山棚锃脚石：古代搭山棚时系绳用的方形石框。

幡竿颊

原典

造幡竿颊[①]之制：两颊各长一丈五尺，广二尺，厚一尺二寸（笋[②]在内）。下埋四尺五寸。其石颊下出笋，以穿锃脚。其锃脚长四尺，广二尺，厚六寸。

注释

① 幡竿颊：指夹住旗杆的两片石，清代称为夹杆石。
② 笋：通“榫”，下同。

译文

制作幡竿颊的制度：两片石头长度为一丈五尺，宽度为二尺，厚度为一尺二寸（榫头包括在内）。地面之下埋入四尺五寸，在片石的下面出榫，用来穿镯脚。镯脚长度为四尺，宽度为二尺，厚度为六寸。

原典

造赑屃鳌坐碑①之制：其首为赑屃盘龙，下施鳌坐。于土衬之外，自坐至首，共高一丈八尺。其名件广厚，皆以碑身每尺之长，积而为法。

碑身：每长一尺，则广四寸，厚一寸五分（上下有卯，随身棱并破办）。

鳌坐：长倍碑身之广，其高四寸四分；驼峰广三分（余作龟文造）。

碑首：方四寸四分，厚一寸八分；下为云盘（每碑广一尺，则高一寸半），上作盘龙六条相交；其心内刻出篆额天宫（其长广计字数随宜造）。

土衬：二段，各长六寸，广三寸，厚一寸；心内刻出鳌坐板（长五尺，广四尺），外周四侧作起突宝山，面上作出没水地。

注释

① 赑屃鳌坐碑：古代石碑的一种形式，上面为盘龙石碑，下面为神龟底座。赑屃，传说中的动物，像龟。又传说赑屃是龙的九子之一，性好负重，所以用来负石碑。

赑屃鳌坐碑

译文

修造赑屃鳌坐碑的制度：碑头为盘起的赑屃，下面设置鳌坐。不包括土衬，从鳌坐到碑头的高度为一丈八尺。赑屃鳌坐碑构件较多，都是用碑身每尺的长度为标准进行换算，规定这些构件的尺寸。

碑身：长度每增加一尺，那么宽度增加四寸，厚度增加一寸五分。（如果上下有卯口，顺着碑身棱边分瓣。）

鳌坐：长度是碑身宽度的一倍，其高度为四寸四分；驼峰的宽度为三分。其余的地方作龟背的纹理。

碑首：方形的边长为四寸四分，厚度为一寸八分；碑首的底部是云盘（碑身宽度每增加一尺，其高度增加一寸半），上面六条盘龙相互交缠；碑首中心位置雕刻篆额天宫（其长宽根据字数而定）。

土衬：二段，长度为六寸，宽度为三寸，厚度为一寸；中心位置刻出鳌坐板（长度为五尺，宽度为四尺），外面四周作起突宝山，其平面高出水平之地。

神龟驮碑

原典图说

赑屃坐碑

赑屃是古代汉族神话传说中龙之九子之一，形似龟，好负重，长年累月地驮载着石碑，比如上面提到的赑屃鳌坐碑，鳌就是传说中海里的一种大龟。之所以将赑屃做碑座，还有其重要的文化意义，它象征着权利地位，象征着长寿吉祥，并带有图腾崇拜、巫术崇拜等方面的涵义。

笏头碣

原典

造笏头碣①之制：上为笏首，下为方坐，共高九尺六寸。碑身广厚并准石碑制度（笏首在内）。其坐，每碑身高一尺，则长阙五寸，高二寸。坐身之内，或作方直，或作叠涩，随宜雕镌华文。

注释

① 笏头碣：赑屃鳌坐碑的一种简化形式，只有碑身和碑坐。笏，古代君臣在朝廷上相见议事时手中拿的狭长板子，上面可以记事，笏头碣的形制像笏的头部。

译文

修造笏头碣的制度：上面是笏首，下面是方座，总的高度为九尺六寸。碑身的宽度和厚度都按照石碑的制度执行（包括笏首在内）。碑身高度增加一尺，笏头碣的底座的长度就要增加五寸，高度则相应增加二寸。座身或者为方正平直，或者为叠涩，根据情况雕刻上花纹。

卷四

大木作制度一

材

原典

凡构屋之制，皆以材为祖。材有八等，度屋之大小，因而用之。

第一等：广九寸，厚六寸（以六分为一分）。右殿身九间至十一间则用之（若副阶并殿挟屋，材分减殿身一等；廊屋减挟屋一等。馀准此）。

第二等：广八寸二分五厘，厚五寸五分（以五分五厘为一分）。右殿身五间至七间则用之。

第三等：广七寸五分，厚五寸（以五分为一分）。右殿身三间至殿五间或堂七间则用之。

第四等：广七寸二分，厚四寸八分（以四分八厘为一分）。右殿三间厅堂五间则用之。

第五等：广六寸六分，厚四寸四分（以四分四厘为一分）。右殿小三间厅堂

译文

所有构造房屋的制度都以材为根本。材分为八个等级，根据房屋的类型和级别而采用相应之材。

一等材：高度为九寸，宽度为六寸（以六分为一分）。九间至十一间殿适用（如果副阶包含殿的挟屋，那么其材分比殿身降低一个等级；回廊的材分比挟屋降低一个等级。其余的遵循这个原则）。

二等材：高度为八寸二分五厘，宽度为五寸五分（以五分五厘为一分）。五间至七间殿适用。

三等材：高度为七寸五分，宽度为五寸（以五分为一分）。三间至五间殿或者七间堂适用。

四等材：高度为七寸二分，宽度为四寸八分（以四分八厘为一分）。三间殿五间堂适用。

五等材：高度为六寸六分，宽度为四寸四分（以四分四厘为一分）。小三间殿大三间厅堂适用。

六等材：高度为六寸，宽度为四寸（以四分为一分）。亭榭或小厅堂适用。

七等材：高度为五寸二分五厘，宽度为三寸五分（以二分五厘为一分）。小殿以及亭榭适用。

八等材：高度为四寸五分，宽度为三寸（以三分为一分）。殿内藻井或小亭榭适用。

栔的高度为六分，宽度为四分。材的高度为一材一栔，那么就称之为足材（栱眼内两枓之间的高度，称为“闇栔”）。

各个等级的材的高度均分为十五分，其宽度为十分。根据屋宇的高度深度、各个构件的长短、屋顶坡度曲面的形式、圆方平直的情况，都有相应的材分作为其制度规定（凡是“分寸”的“分”都如字，“材分”的“分”读四声。其余都如此）。

大三间则用之。

第六等：广六寸，厚四寸（以四分为一分）。右亭榭或小厅堂皆用之。

第七等：广五寸二分五厘，厚三寸五分（以二分五厘为一分）。右小殿及亭榭等用之。

第八等：广四寸五分，厚三寸（以三分为一分）。右殿内藻井或小亭榭施铺作多则用之。

栔①广六分、厚四分。材上加栔者，谓之『足材』（施之栱眼内两枓之间者，谓之『闇栔』）。

各以其材之广，分为十五分，以十分为其厚。凡屋宇之高深，名物之短长，曲直举折之势，规矩绳墨之宜，皆以所用材之分，以为制度焉（凡分寸之『分』皆如字，材分之『分』音符问切。馀准此）。

注释

① 栔：指的是上下栱之间填充的断面尺寸。

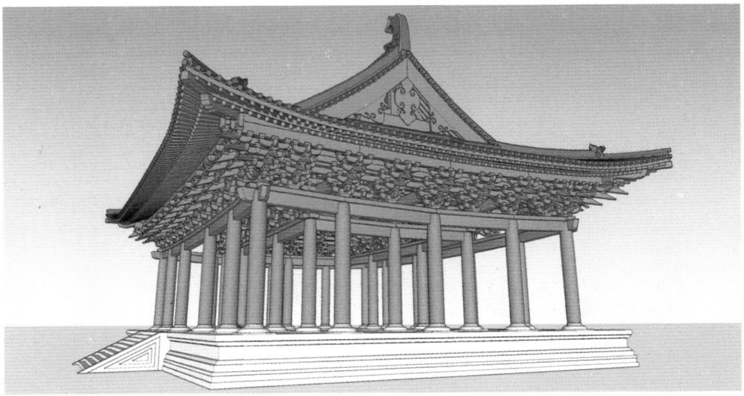

殿堂型大木结构

造栱[1]之制有五：

一曰华栱[2]。（或谓之『杪栱』，又谓之『卷头』，亦谓之『跳头』。）足材栱也（若补间铺作，则用单材）。两卷头者，其长七十二分（若铺作多者，里跳减长二分。七铺作以上，即第二里外跳各减四分。六铺作以下不减。若八铺作下两跳偷心，则减第三跳，令上下跳上交互枓畔相对。若平坐出跳，杪栱并不减。其第一跳于栌枓口外，添令与上跳相应），每头以四瓣卷杀，每瓣长四分（如里跳减多，不及四瓣者，只用三瓣，每瓣长四分），与泥道栱相交，安于栌枓口内，若累铺作数多，或内外俱匀，或里跳减一铺至两铺。其骑槽檐栱，皆随所出之跳加之。每跳之长，心不过三十分；传跳虽多，不过一百五十分（若造厅堂，里跳承梁出楷头者，长更加一跳。其楷头或谓之压跳）。交角内外，皆随铺作之数，斜出跳一缝（栱谓之『角栱』，昂谓之『角昂』），其华栱则以斜长加之（假如跳头长五寸，则加二寸五厘之类。后称斜长者准此），若丁头栱，其长三十三分，出卯长五分（若只里跳转角者，谓之『虾须栱』，用股卯到心，以斜长加之。若入柱者，用双卯，长六分至七分）。

栱

译文

造栱的制度有五条：

一是华栱的制度。（华栱或者称为“杪栱”，或者称为“卷头”，或者称为“跳头”。）它是足材栱（如果是补间铺作，则用单材）。两个卷头的华栱，其长度为七十二分（如果出跳较多，那么里跳的长度减少二分。七铺作以上的，其第二里跳和第二外跳的长度各减少四分。六铺作以下的，其长度不减少。如果八铺作第一跳和第二跳都不用横栱，那么就减少第三跳的长度，使上下跳在枓沿处相对齐平。如果平坐斗栱出跳，杪栱里跳长度不减少）。每头作四瓣卷杀，每一瓣的长度为四分（如果里跳长度减少得较多而不够四瓣，则只用三瓣，每瓣的长度仍然为四分）。华栱与泥道栱相交，安装在栌枓口里面，如果累计铺作数较多，或者里跳和外跳层数均匀，或者里跳减少一二铺。华栱骑槽而承托枓栱重量，都是通过出跳来承担。每一出跳，中心不超过三十分；层层出跳，其中心也不超过一百五十分（如果建造厅堂，里跳承托梁出楷头，其长度要加一倍。这里的楷头也称为压跳）。在转角朝内和朝外的地方，都要根据铺作的数量斜向出跳，出跳部分相交于角中线（对于栱来说，称为“角栱”，对于昂来说，则称为“角昂”）。华栱则根据斜长来增加材分（假如跳头增加五寸，那么华栱增加二寸五厘，以此类推。其后的斜长也照此原则）。比如丁头栱，长度为三十三分，出卯的长度为五分，则到相交栱的中线位置（如果只是里跳转角，则称之为“虾须栱”，用股出卯到中心部位，根据斜长增加。如果要接入柱头，则需采用双卯，长度为六分至七分）。

二曰泥道栱[3]。其长六十二分（若料口跳及铺作全用单栱造者，只用令栱），每头以四瓣卷杀，每瓣长三分半。与华栱相交，安于栌料口内。

三曰瓜子栱[4]。施之于跳头。若五铺作以上重栱造，即于令栱内，泥道栱外用之（四铺作以下不用），其长六十二分；每头以四瓣卷杀，每瓣长四分。

四曰令栱[5]（或谓之『单栱』）。施之于里外跳头之上（外在橑檐方之下，内在算程方之下），与耍头相交（亦有不用耍头者），及屋内槫缝之下。其长七十二分。每头以五瓣卷杀，每瓣长四分。若里跳骑栿，则用足材。

五曰慢栱[6]（或谓之『肾栱』）。施之于泥道、瓜子栱之上。其长九十二分；每头以四瓣卷杀，每瓣长三分。骑栿及至角，则用足材。

凡栱之广厚并如材。栱头上留六分，下杀九分；其九分匀分为四大分；又从栱头顺身量为四瓣（瓣又谓之胥，亦谓之枨，或谓之生），各以逐分之首（自下而至上），与逐瓣之末（自内而至外），以直尺对斜画定，然后斫造（用五瓣及分数不司者准此），栱两头及中心，各留坐料处，馀并为栱眼，深三分。如造足材栱，则更加一架，隐出心料及栱眼。

二是泥道栱的制度：泥道栱的长度为六十二分（如果料口跳以及铺作都是采用单栱造，那么只用令栱）。每头作四瓣卷杀，每瓣的长度为三分半。泥道栱和华栱相交，安装在栌料口的里面。

三是瓜子栱的制度：瓜子栱设置在各跳跳头之上。如果是五层铺作以上的重栱造，那么在柱心泥道栱和外跳令栱之间使用（四铺作以下不使用瓜子栱）。瓜子栱长度为六十二分；每头作四瓣卷杀，每瓣卷杀的长度为四分。

四是令栱的制度：（令栱也叫作“单栱”。）设置在华栱里跳或者外跳的最外一跳跳头上面（其外侧在橑檐方的下面，其内侧在算程方的下），与耍头正交（也可不使用耍头），延伸到屋内槫缝的下面。令栱长度为长七十二分。每头作五瓣卷杀，每一瓣的长度为四分。如果令栱里跳横跨在梁上，则用足材。

五是慢栱的制度：（慢栱也叫作“肾栱”。）设置在泥道栱、瓜子栱的上面。其长度为九十二分；每头作四瓣卷杀，每一瓣的长度为三分。如果横跨过梁，那么慢栱用足材。

所有栱都使用十五分的材。栱头部分为六分，栱身为九分，这九分均匀分为四份；栱头部分沿栱身作四瓣卷杀（这个瓣又叫作“胥”，也叫作“枨”，或者叫作“生”）。从每一份的顶部（从下到上）和每一瓣的底部（从内到外），用直尺沿对角的斜线方向画出墨线，然后砍削雕刻（作五瓣以及不分份数的也按照此标准）。在栱的两头和中心位置，留出承托料的地方，其余的部分凿栱眼，深度为三分。如果是足材栱，那么要多增加一架，雕凿出心料栱眼。

凡栱至角相交出跳，则谓之『列栱』（其过角栱或角昂处，栱眼外长内小，自心向外量出一材分，又栱头量一枓底，馀并为小眼）。

泥道栱与华栱出跳相列。

瓜子栱与小栱头出跳相列（小栱头从心出，其长二十三分；以三瓣卷杀，每瓣

凡栱至角相连长两跳者，则当心施枓，枓底两面相交，隐出栱头（如令栱只用四瓣），谓之『鸳鸯交手栱』（里跳上栱，同）。长三分；上施散枓。若平坐铺作，即不用小栱头，却与华栱头相列。其华栱之上，皆累跳至令栱，于每跳当心上施耍头）。

慢栱与切几头相列（切几头微刻材下，作两卷瓣）。如角内足材下昂造，即与华头子出跳相列（华头子承昂者，在昂制度内）。

令栱与瓜子栱出跳相列（承替木头或橑檐方头）。

凡开栱口之法：华栱于底面开口，深五分（角华栱深十分），广二十分（包栌枓耳在内）。口上当心两面，各开子荫通栱身，各广十分（若角华栱连隐枓通开），深一分。馀栱（谓泥道栱、瓜子栱、令栱、慢栱也），上开口，深十分，广八分（其骑栿，绞昂栿者，各随所用）。若角内足材列栱，则上下各开口，上开口深十分（连栔），下开口深五分。

凡栱至角相连长两跳者，则当心施枓，枓底两面相交，隐出栱头（如令栱只用四瓣），谓之『鸳鸯交手栱』（里跳上栱，同）。

在转交铺作中，一头出跳，一头是横栱，这称为“列栱”（在角栱或角昂中，靠外的栱眼大，靠里的栱眼小，从中心向外留出一材分的宽度，在栱头留出枓底宽度的位置，其余的雕凿为小的卯眼）。

泥道栱与华栱的出跳正交。

瓜子栱与小栱头的出跳正交（小栱头在华栱的中心，其长度为二十三分，作三瓣卷杀，每一瓣的长度为三分；上面是散枓。在平坐铺作中，不使用小栱头，瓜子栱与华栱正交。瓜子栱在华栱的上面，经多次出跳到令栱，在每一出跳的中心位置设置耍头）。

慢栱与切几头正交（切几头较小材料时，做成两卷瓣的形式）。如果角内大木材制作昂，就和华头子出跳正交。（华头子搭昂，不超过昂的长度。）

令栱与瓜子栱的出跳正交（承托外檐的栱檐方和檐天花的算程方）。

开栱口的通用原则：华栱是在底面开口，深度为五分（转角华栱的栱口深度为十分），宽度为二十分（包括栌枓耳在内）。在栱口上面正对中心两个面上，凿出一个贯通栱身的凹槽，宽度为十分（如果是转角华栱则将隐枓一起凿通），深度为一分。其他的栱（包括泥道栱、瓜子栱、令栱、慢栱等）的栱口，深度为十分，宽度为八分（跨梁或者与昂正交的那些栱，其栱口的开法根据情况而定）。如果转角铺作中是足材列栱，那么上下都开栱口，上面的栱口深度为十分（包括栔），下面的栱口深度为五分。

对于连续两次出跳到转角的栱，在中间部位设置枓，枓底两面相交，雕刻出栱头（如令栱只用四瓣），叫作“鸳鸯交手栱”（里跳上栱也是如此）。

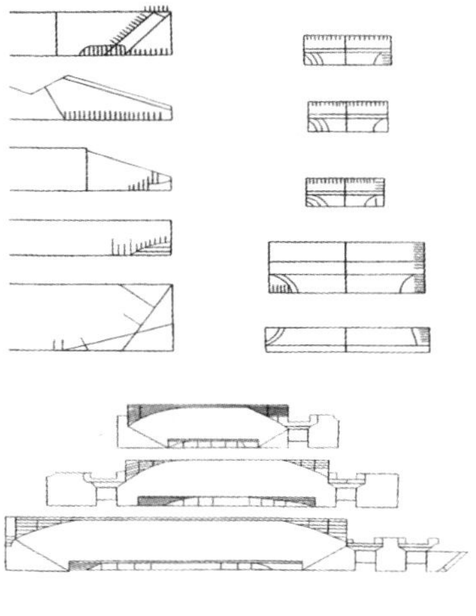

大木作制度图样

注释

① 栱：位于屋檐下和梁柱交接处的弓形木构件。
② 华栱：宋代栱的一种，也称杪栱、卷头、跳头等，用于出跳，相当于清代的翘。
③ 泥道栱：宋代栱的一种，用于铺作的横向中心线上，相当于清代的正心瓜栱。
④ 瓜子栱：宋代栱的一种，用于跳头。
⑤ 令栱：宋代栱的一种，用于铺作里外最上一跳的跳头之上和屋檐榑下，有时还用于单栱造之扶壁栱上。
⑥ 慢栱：宋代栱的一种，又称泥道重栱，位于泥道栱、瓜子栱的上面。

造昂[1]之制有二：

一曰下昂[2]。自上一材，垂尖向下，从枓底心下取直，其长二十三分（其昂身上彻屋内）。自枓外斜杀向下，留厚二分；昂面中⿰幽页二分，令⿰幽页势圜和（亦有于昂面上随⿰幽页加一分，讹杀至两棱者，谓之『琴面昂』；亦有自枓外斜杀至尖者，其昂面平直，谓之『批竹昂』）。

凡昂安枓处，高下及远近皆准一跳。若从下第一昂，自上一材下出，斜垂向下，枓口内以华头子承之（华头子自枓口外长九分；将昂势尽处匀分。刻作两卷瓣，每瓣长四分）。如至第二昂以上，只于枓口内出昂，其承昂枓口及昂身下，皆斜开镫口，令上大下小，与昂身相衔。

凡昂上坐枓，四铺作、五铺作并归平；六铺作以上，自五铺作外，昂上枓并再向下二分至五分。如逐跳计心造，即于昂身开方斜口，深二分；两面各开子荫，深一分。

若角昂，以斜长加之。角昂之上，别施由昂（长同角昂，广或加一分至二分。所坐枓上安角神，若宝藏神或宝瓶）。

译文

造昂的制度有两条：

一是下昂的制度。下昂为单材，昂尖斜垂向下，从枓底面的中心位置向下的垂直距离即下昂的长度，为二十三分（下昂的昂身通于屋内）。从枓外向下斜杀，剩余的厚度为二分；下杀昂面二分，使凹入的曲面弧度缓和（也有在昂面上根据下杀的凹入曲面增加一分高度，杀成凸起的曲面到两棱，这叫作“琴面昂”；也有从枓外斜杀到昂尖的，其昂面平直，叫作“批竹昂”）。

凡是安置在枓面的下昂，其位置高低和距离远近都是一跳。如果从比其高一层且里一跳的枋子斜垂向下，那么枓口就由同层的华头子承托（华头子从枓口外算起长度为九分；它将昂势尽量处理得均匀。雕刻得有两瓣卷杀，每一瓣卷杀的长度为四分）。如果到高二层昂的上面，只在枓口的里面出昂，那么承托昂的枓口以及昂身的下方都斜向开一镫口，使其上面大下面小，与昂身相互衔接。

凡是昂上有枓，四铺作、五铺作都可归平；六铺作以上的，从五铺作处昂上枓的位置都要再向下调整二分至五分。如果是多跳计心造，在昂身上开一个方形的斜口，深度为二分，两个面上开浅槽，深度为一分。

如果是角昂，根据斜边的长度增加下昂之材。角昂背上的耍头做成昂的形式其长度与角昂相同，宽度增加一分至二分。（在承托的枓上面安置角神，如宝藏神或宝瓶）。

若昂身于屋内上出，即皆至下平槫。若四铺作用插昂，即其长斜随跳头（『插昂』又谓之『挣昂』，亦谓之『矮昂』）。

凡昂栓，广四分至五分，厚二分。若四铺作，即于第一跳上用之；五铺作至八铺作，并于第二跳上用之。并上彻昂背（自一昂至三昂，只用一栓，彻上面昂之背），下入栱身之半或三分之一。

若屋内彻上明造，即用挑斡，或只挑一料，或挑一材两栔（谓一栱上下皆有料也。若不出昂而用挑斡者，即骑束阑方下昂桯），如用平棊，即自槫安蜀柱以叉昂尾；如当柱头，即以草栿或丁栿压之。

二曰上昂[3]。头向外留六分。其昂头外出，昂身斜收向里，并通过柱心。

如五铺作单杪上用者，自栌料心出，第一跳华栱心长二十五分；第二跳上昂心长二十二分（其第一跳上，料口内用鞾楔[4]），其平棊方至栌料口内，共高五材四栔（其第一跳重栱计心造）。

如六铺作重杪上用者，自栌料心出，第一跳华栱心长二十七分；第二跳华栱心及上昂心共长二十八分（华栱上用连珠料，其料口内用鞾楔。七铺作、八铺作同），其平棊方至栌料口内，共高六材五栔。于两跳之内，当中施骑料栱。

昂身在屋内向上伸出，也就是伸到平槫。四铺作中采用插昂，其长度根据斜向而出的跳头而定（插昂又称为“挣昂”，也叫作“矮昂”）。

昂栓的高度为四分到五分，厚度为二分。如果是四铺作，则在第一跳上使用；五铺作至八铺作，都是在第二跳上使用。昂栓向上到达昂背之上（一昂到三昂，只用一个昂栓，通到上面的昂背上面），向下嵌入栱身一半或者三分之一的深度。

如果屋内不用天花板，那就采用昂身后半部分向斜上方延伸，或者只挑过一料，或者挑过一材两栔（这就是一栱上下皆有料。如果不出昂而采用挑斡，那就跨过束阑方下面的昂桯）。如果屋内用天花板，那么在平槫处安置蜀柱顶住昂尾；如果挡住了柱头，则用草栿或者丁栿将其压住。

二是上昂的制度。上昂的昂头上挑，昂身向内斜收进来，并且通过柱心位置。

如果在五铺作的单杪上安装上昂，其从栌料的中心位置挑出，第一跳华栱的中线长度为二十五分，第二跳上昂的中线长度为二十二分（在第一跳上，料口里面使用鞾楔）。其平棊方子接入栌料口，总高度为五材四栔（其第一跳采用重栱计心造）。

如果在六铺作的重杪上安装上昂，其从栌料的中心位置挑出，第一跳华栱的中线长度为二十七分，第二跳华栱的中线及上昂的中线长度为二十八分（如果华栱上用连珠料，其料口使用鞾楔。七铺作、八铺作与之相同）。其平棊方子接入栌料口，总高度为六材五栔。在两跳之间作骑料栱。

如七铺作于重杪上用上昂两重者，自栌枓心出，第一跳华栱心长二十三分，第二跳华栱心长十五分（华栱上用连珠枓），第三跳上昂心（两重上昂共此一跳），长三十五分。其平棊方至栌枓口内，共高七材六栔（其骑枓栱与六铺作同）。

如八铺作于三杪上用上昂两重者，自栌枓心出，第一跳华栱心长二十六分；第二跳、第三跳并华栱心各长十六分（于第三跳华栱上用连珠枓）；第四跳上昂心（两重上昂共此一跳），长二十六分。其平棊方至栌枓口内，共高八材七栔（其骑枓栱与七铺作同）。

凡昂之广厚并如材。其下昂施之于外跳，或单栱或重栱，或偷心或计心造。上昂施之里跳之上及平坐铺作之内；昂背斜尖，皆至下枓底外；昂底于跳头枓口内出，其枓口外用鞾楔（刻作三卷瓣）。

凡骑枓栱，宜单用；其下跳并偷心造（凡铺作计心、偷心，并在『总铺作次序制度』之内）。

如果在七铺作的重杪上安装两重上昂，从栌枓的中心位置挑出，第一跳华栱中线长度为二十三分，第二跳华栱中线长度为一十五分（华栱上用连珠枓），第三跳上昂心（两重上昂都在此跳之上），中线长度为三十五分。其平棊方子接入栌枓口，总高度为七材六栔（骑枓栱与六铺作相同）。

如果在八铺作的三重华栱上安装两重上昂，从栌枓的中心位置挑出，第一跳华栱中线长度为二十六分，第二跳和第三跳的华栱中线长度为一十六分（在第三跳华栱上用连珠枓）；第四跳上昂心中线（两重上昂都在此跳之上），长度为二十六分。其平棊方子接入栌枓口，总高度为八材七栔（骑枓栱与七铺作相同）。

所有昂的高度和厚度都遵循以上材的规定。下昂用于外跳，在单栱或者重栱，偷心或者计心等做法中均可。上昂用于里跳以及平坐铺作之内；昂背狭斜尖细，伸至于下方的枓底外；昂底从跳头的枓口之中伸出，枓口外使用鞾楔（刻三瓣卷杀）。

骑枓栱适宜单独使用，采用下跳和偷心的做法（铺作的计心、偷心做法见“总铺作次序制度”）。

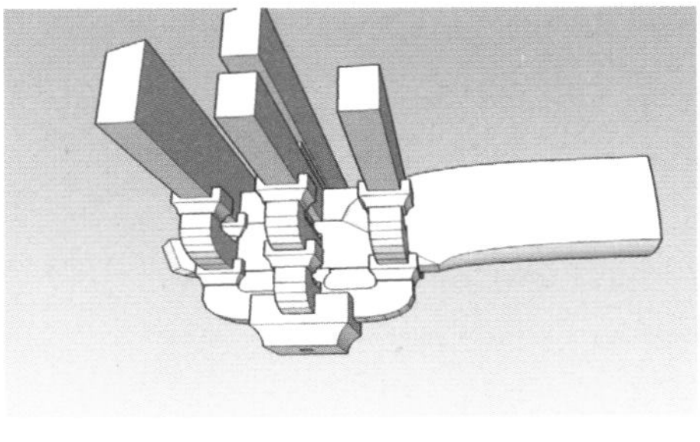

转角四铺作插昂后

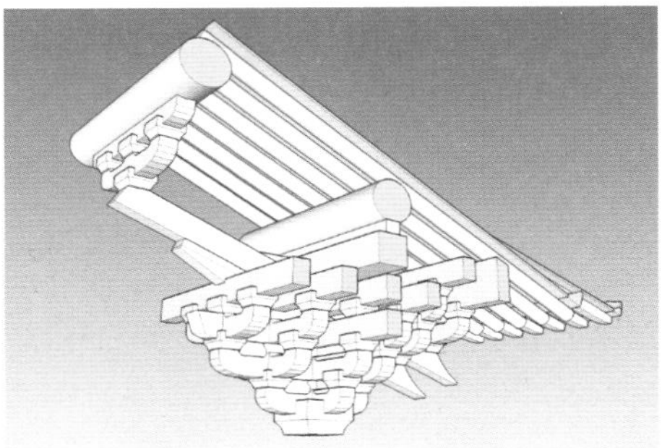

下　昂

注释

① 昂：中国古代建筑中斗栱中斜置的木构件，主要起斜撑的作用。昂分上昂和下昂。

② 下昂：斜向出挑，主要作为承受出挑重量的构件。

③ 上昂：专门用于殿身槽内里跳及平座外檐外跳。

④ 鞾楔：指嵌入上昂昂头或下昂昂尾与华栱间的楔形构件。

原典

造耍头①之制：用足材自枓心出，长二十五分，自上棱斜杀向下六分，自头上量五分，斜杀向下二分（谓之『鹊台』），两面留心，各斜抹五分，下随尖各斜杀向上二分，长五分。下大棱上，两面开龙牙口，广半分，斜稍向尖（又谓之『锥眼』），开口与华栱同，与令栱相交，安于齐心枓下。

若累铺作数多，皆随所出之跳加长（若角内用，则以斜长加之），于里外令栱两出安之。如上下有碍昂处，即随昂势斜杀，放过昂身。或有不出耍头者，皆于里外令栱之内，安到心股卯（只用单材）。

爵头

译文

耍头的制度：耍头使用足材，从枓的中间出头，长度为二十五分，从上棱向下斜杀六分，头部留五分并向下斜杀二分（叫作“鹊台”），两面留心，各自斜抹五分，底部随尖端方向各向上斜杀二分，长度为五分。在下部的大棱上，两面各开一个龙牙口，宽度为半分，斜稍朝着尖端的方向（又叫作“锥眼”）。耍头的开口与华栱相同，与令栱相交，安置在齐心枓的下面。

如果是多层铺作，随着铺作出跳增加而增加长度（如果在转交铺作中使用，那么根据斜长的增加而增加长度）。在多层铺作中，耍头与里面和外面的令栱相交出头。如果上下方向有阻碍昂的安装，则根据昂的走势斜杀，从而跳过昂身。也有的耍头不出头，在内外令栱之间，安装到跳心处作股卯（只用单材）。

云纹耍头（爵头）

注释

① 耍头：即爵头，也称为胡孙头，指最上一层栱或昂之上，与令栱相交而向外伸出的部分。

造料[1]之制有四：

一曰栌料[2]。施之于柱头。其长与广皆三十二分。若施于角柱之上者，方三十六分（如造圜料，则面径三十六分，底径二十八分），高二十分。上八分为耳，中四分为平，下八分为敧（今俗谓之『溪』者，非）。开口广十分，深八分（出跳则十字开口，四耳；如不出跳，则顺身开口，两耳），底四面各杀四分，敧顱一分（如柱头用圜料，即补间铺作用讹角料）。

二曰交互料[3]（亦谓之『长开料』）。施之于华栱出跳之上（十字开口，四耳；如施之于替木下者，顺身开口，两耳），其长十八分，广十六分（若屋内梁栿下用者，其长二十四分，广十八分，厚十二分半，谓之『交栿料』，于梁栿头横用之。如梁栿项归一材之厚者，只用交互料。如柱大小不等，其料量柱材随宜加减）。

三曰齐心料[4]（亦谓之『华心料』）。施之于栱心之上（顺身开口，两耳；若施之于平坐出头木之下，则十字开口，四耳）。其长与广皆十六分（如施由

译文

料

造料的制度有四条：

一是栌料。栌料安装在柱头，其长度和宽度都为三十二分。如果安装在角柱上面，方长为三十六分（如果制作的是圜料，那么其顶部圆面的直径为三十六分，底部圆面的直径为二十八分），高度为二十分。上面八分长度的部分为料耳，中部四分长度的部分为料平，下部八分长度的部分为料敧（现在俗称其为“溪”，是不对的）。开口宽度为十分，深度为八分（如果是出跳则采用十字开口，四个料耳；如果不出跳，那么顺着料身开口，两个料耳），底部的四个面各自下杀四分的深度，斜凹一分（如果柱头处采用圜料，那么在补间铺作中用圆角料）。

二是交互料（也叫作“长开料”）。交互料安装在华栱的出跳上面（开十字口，四个料耳；如果安装在替木下面，则顺着料身开口，两个料耳）。其长度为十八分，宽度为十六分（如果用在屋内梁栿的下面，交互料的长度为二十四分，宽十八分，厚度为十二分半，叫作“交栿料”，横向安装在梁栿头部。如果梁栿厚度为一材，那么只用交互料。如果柱大小不等，交互料则根据柱材的情况进行增减）。

三是齐心料（也叫作“华心料”）。华心料安装在华栱的跳心上面（顺着料身开口，两个料耳；如果安装在平坐出头木的下面，那么开十字口，四个料耳），其长度和宽度都为十六分（如果安装在飞昂以及内外转角的出跳上，那么就不用料耳，叫作“平盘料”，高度为六分）。

昂及内外转角出跳之上，则不用耳，谓之『平盘枓』，其高六分）。

四曰散枓⑤（亦谓之『小枓』，或谓之『顺桁枓』，又谓之『骑互枓』）。施之于栱两头（横开口，两耳，以广为面。如铺作偷心，则施之于华栱出跳之上）。其长十六分，广十四分。

凡交互枓、齐心枓、散枓，皆高十分；上四分为耳，中二分为平，下四分为欹。开口皆广十分，深四分，底四面各杀二分，欹半分。

凡四耳枓，于顺跳口内前后里壁，各留隔口包耳，高二分，厚一分半。栌枓则倍之（角内栌枓，于出角栱口内留隔口包耳，其高随耳。抹角内荫入半分）。

注释

① 枓：栱下面垫的方形木块，主要起支承荷载的作用。
② 栌枓：也称为栌斗，指斗栱的最下层，重量集中处最大的枓。
③ 交互枓：施于跳头，十字开口的枓。
④ 齐心枓：指用于栱中心的枓。
⑤ 散枓：指施于横向栱的两头或偷心造的跳头上的枓。

四是散枓（也叫作“小枓”，或者叫作“顺桁枓”，又叫作“骑互枓”）。散枓安装在华栱的两头之上（横向开口，两个枓耳，以宽为面；如果铺作偷心设计，那么安装在华栱出跳的上面）。其长度为十六分，宽度为十四分。

交互枓、齐心枓、散枓的高度都为十分，上面四分长度的部分为枓耳，中部二分长度的部分为枓平，下部四分长度的部分为枓欹。开口宽度都为十分，深度为四分，底部的四个面各自下杀二分的深度，斜凹半分。

四耳枓在跳口的前后壁上留隔口包耳，高度为二分，宽度为一分半。栌枓则加倍（转角铺作中的栌枓，在出角的栱口内留隔口包耳，其高度和枓耳一致。在转角处凿入半分）。

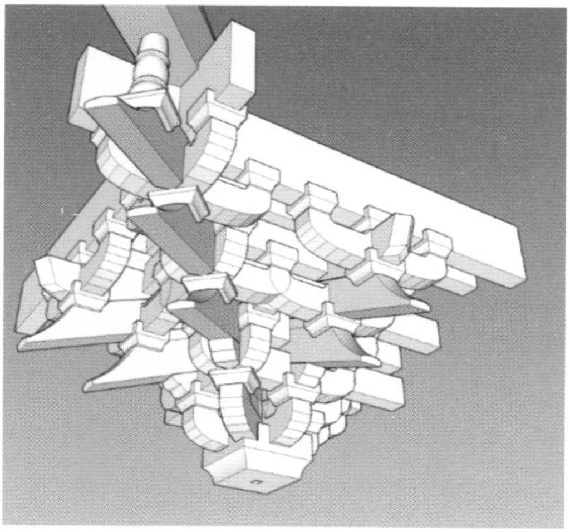

栌枓简图

总铺作次序

总铺作[1]次序之制：凡铺作自柱头上栌枓口内出一栱或一昂，皆谓之一跳；传至五跳止。

出一跳谓之四铺作（或用华头子，上出一昂），出二跳谓之五铺作（下出一卷头，上施一昂），出三跳谓之六铺作（下出一卷头，上施两昂），出四跳谓之七铺作（下出两卷头，上施两昂），出五跳谓之八铺作（下出两卷头，上施三昂）。

自四铺作至八铺作，皆于上跳之上，横施令栱与耍头相交，以承橑檐方[2]；至角，各于角昂之上，别施一昂，谓之『由昂』，以坐角神。

凡于阑额上坐栌枓安铺作者，谓之『补间铺作』。当心间须用补间铺作两朵，次间及梢间各用一朵。其铺作分布，令远近皆匀（若逐间皆用双补间，则每间之广，丈尺皆同。如只心间用双补间者，假如心间用一丈五尺，则次间用一丈之类。或间广不匀，即每补间铺作一朵，不得过一尺）。

凡铺作逐跳上（下昂之上亦同），安栱，谓之『计心』；若逐跳上不安栱，而再出跳或出昂者，谓之『偷心』（凡出一跳，南中谓之出一枝；计心谓之转叶，偷心谓之不转叶，其实一也）。

凡铺作逐跳计心，每跳令栱上，只用素方[3]一重，谓之单栱（素方在泥道栱上

译文

总铺作次序的制度：凡是铺作自柱头的栌枓口内出一栱或者一昂，都叫作一跳，可以连续五跳。

出一跳叫作四铺作（或者华头子内华栱加下昂），出二跳叫作五铺作（向下作一卷头出头，上面设置一个飞昂），出三跳叫作六铺作（向下作一卷头出头，上面设置两个飞昂），出四跳叫作七铺作（向下作两卷头出头，上面设置两个飞昂），出五跳叫作八铺作（向下作两卷头出头，上面设置三个飞昂）。

从四铺作到八铺作，都在上跳的上面，令栱与耍头相交，以承托橑檐方的重量；在转角处，在角昂的上面再设置一昂，叫作“由昂”，用来放置角神像。

在阑额上承托栌枓安装铺作，叫作“补间铺作”。当中一间需要使用两朵补间铺作，次间和梢间各用一朵补间铺作，使距离均等（如果每间都使用两朵补间铺作，那么每一间的宽度要相同。如果只是心间用两朵补间铺作，如心间用一丈五尺的类别，那么次间用一丈的类别。如果每间的宽度不一致，那么每间用一朵补间铺作，其距离不得超过一尺）。

铺作连续跳出（下昂上也如此），在每跳上安置横栱，叫作“计心”；如果连续出跳，在每跳上不安置横栱，而接着出跳或者出昂，叫作“偷心”（对于出一跳，南中叫作出一枝；计心叫作转叶，偷心叫作不转叶，其实是一样的）。

铺作出跳采用计心做法，每一跳令栱上面只施用一重素方，叫作单栱（在泥道栱上的素方叫作“柱头方”；在跳上的素方叫作“罗汉方”；素方上斜安遮椽板）。也就是单栱每跳上安置两材一契（令栱和素方为两材，令栱上的枓为一契）。

如果每一跳的瓜子栱上（到橑檐方之下用令栱）安置慢栱，慢栱上施用素方，叫作重栱（在素方的上面斜施遮椽板），即重栱每跳上安置三材两栔（瓜子栱、

者，谓之『柱头方』；在跳上者，谓之『罗汉方』；方上斜安遮椽板）。即每跳上安两材一栔（令栱、素方为两材，令栱上枓为一栔）。

若每跳瓜子栱上（至橑檐方下，用令栱），施慢栱，慢栱上用素方，谓之重栱（方上斜施遮椽板）。即每跳上安三材两栔（瓜子栱、慢栱、素方为三材；瓜子栱上枓、慢栱上枓为两栔）。

凡铺作，并外跳出昂；里跳及平坐，只用卷头。若铺作数多，里跳恐太远，即里跳减一铺或两铺；或平棊低，即于平棊方下更加慢栱。

凡转角铺作，须与补间铺作勿令相犯；或梢间近者，须连栱交隐（补间铺作不可移远，恐间内不匀）；或于次角补间近角处，从上减一跳。

凡铺作当柱头壁栱，谓之『影栱』（又谓之『扶壁栱』）。

如铺作重栱全计心造，则于泥道重栱上施素方（方上斜安遮椽板）。

五铺作一杪一昂，若下一杪偷心，则泥道重栱上施素方，方上又施令栱，栱上施承椽方。

单栱七铺作两杪两昂及六铺作一杪两昂或两杪一昂，若下一杪偷心，则于栌枓之上施两令栱两素方（方上平铺遮椽板），或只于泥道重栱上施素方。

单栱八铺作两杪三昂，若下两杪偷心，则泥道栱上施素方，方上又施重栱、素方（方上平铺遮椽板）。

凡楼阁上屋铺作，或减下屋一铺。其副阶缠腰铺作，不得过殿身，或减殿身一铺。

慢栱、素方为三材；瓜子栱上的枓和慢栱上的枓为两栔）。

铺作外跳出昂，里跳和平坐中只施用卷头。如果铺作数较多，里跳的距离可能太远，那么里跳减少一铺或者两铺；如果平棊的位置较低，即在平棊方之下增加慢栱。

转角铺作必须要和补间铺作避免冲突，如果梢间很近，必须使连续的栱相互错开（补间铺作位置不能移得过远，否则容易造成间内距离不均匀），或者在次角补间的近角地方，从上面减少一跳。

柱头缝上的栱叫作“影栱”（又叫作“扶壁栱”）。

重栱凡是逐跳计心的，那么则在泥道重栱的上面加素方（方上斜着安设遮椽板）。

五层铺作有一杪一昂，如果下一杪是偷心的，那么则在泥道重栱上加素方，素方的上面又安设令栱，令栱的上面再安置承椽方。

单栱七铺作两杪两昂，单栱六铺作一杪两昂或两杪一昂，如果下一杪是偷心的，则在栌枓的上面安设两个令栱和两重素方（素方的上面平铺遮椽板），或者只在泥道重栱上安设素方。

单栱八铺作两杪三昂，如果下两杪是偷心的，那么在泥道栱上面安设素方，素方之上再安设重栱和素方（素方的上面平铺遮椽板）。

楼阁上屋中的铺作可以比下屋中的少一铺。副阶中的缠腰铺作不得超过殿身的铺作数，或者比殿身铺作数少一铺。

注释

① 铺作：即斗栱，主要由水平放置的方形斗，弓形的栱、翘，以及斜伸的昂和矩形断面的枋组合而成。

② 橑檐方：指铺作最外跳上承托的方。

③ 素方：指在水平方向置有的横向的连系构件。

原典

造平坐[①]之制：其铺作减上屋一跳或两跳。其铺作宜用重栱及逐跳计心造作。

凡平坐铺作，若叉柱造，即每角用栌料一枚，其柱根叉于栌料之上。若缠柱造，即每角于柱外普拍方[②]上安栌料三枚（每面互见两料，于附角料上，各别加铺作一缝）。

凡平坐铺作下用普拍方，厚随材广，或更加一栔；其广尽所用方木（若缠柱造，即于普拍方里用柱脚方，广三材，厚二材，上坐柱脚卯）。凡平坐先自地立柱，谓之『永定柱』；柱上安搭头木，木上安普拍方，方上坐料栱。

凡平坐四角生起，比角柱减半（生角柱法在『柱制度』内）。平坐之内，逐间下草栿，前后安地面方，以拘前后铺作。铺作之上安铺板方，用一材。四周安雁翅板，广加材一倍，厚四分至五分。

平坐

译文

平座的制度：平座的铺作比上屋的铺作少一跳或者两跳。其铺作适宜采用重栱以及逐级出跳的计心制作手法。

平座铺作如果采用叉柱造，即在每根角柱上使用一枚栌料，柱子下端叉在下层栌料中。如果采用缠柱造，即在每根角柱外边的普拍方上安装三枚栌料（正、侧两面都可以看到两个栌料，在附角料上分别另外增加一层铺作）。

在平座铺作下使用普拍方，厚度为材的宽度，或者再增加一栔；其宽度依照所用的方木（如果采用缠柱造，即在普拍方的里面使用柱脚方，宽度为三材，厚度为二材，上面是柱脚的卯口）。平座先从地平立柱，这个柱子就叫作“永定柱”；柱上安装搭头木，搭头木上安装普拍方，普拍方承托料栱。

平座的四角生起，比角柱的生起幅度减少一半（角柱生起的方法在“柱制度”内）。在平座内，逐间降低到草栿，前后安装在地面方上，以固定前后铺作。铺作的上面安装铺板方，使用一材。四周安装雁翅板，宽度是材的一倍，厚度为四分至五分。

注释

① 平坐：指楼阁、塔等多层建筑的挑台。

② 普拍方：指铺作层里柱子之间带有过渡性质的连系构件。

大木作制度二

梁

原典

造梁①之制有五：

一曰檐栿。如四椽及五椽栿；若四铺作以上至八铺作，并广两材两栔；草栿广三材。如六椽至八椽以上栿，若四铺作至八铺作，广四材；草栿同。

二曰乳栿②（若对大梁用者，与大梁广同）。三椽栿，若四铺作、五铺作，广两材一栔；草栿广两材。六铺作以上，广两材两栔。草栿同。

三曰札牵③。若四铺作至八铺作出跳，广两材；如不出跳，并不过一材一栔（草牵梁准此）。

四曰平梁④。若四铺作、五铺作，广加材一倍。六铺作以上，广两材一栔。

五曰厅堂梁栿。五椽、四椽，广不过两材一栔；三椽广两材。馀屋量椽数，准此法加减。

凡梁之大小，各随其广分为三分，以二分为厚（凡方木小，须缴贴令大；如方木大，不得裁减，即于广厚加之。如碍槫及替木，即于梁上角开抱传口。若直梁狭，即两面安槫栿板。如月梁狭，即上架

译文

造梁的制度有五条：

一是檐栿的制度。长度为四椽以及五椽栿的檐栿，如果采用四铺作以上直至八铺作，那么其宽度都为两材两栔；草栿的宽度为三材。长度为六椽至八椽以上的檐栿，如果采用四铺作到八铺作，那么其宽度为四材；草栿的宽度也同为四材。

二是乳栿的制度（如果放在大梁上使用，与大梁的宽度相同）。长度为三椽栿的乳栿，如果采用四铺作、五铺作，那么其宽度为两材一栔；草栿的宽度为两材。如果采用六铺作以上，那么其宽度为两材两栔。草栿的宽度与之相同。

三是札牵的制度。如果采用四铺作至八铺并且出跳，那么札牵的宽度为两材；如果不出跳，那么其宽度不超过一材一栔（草牵梁照此规定）。

四是平梁的制度。如果平梁采用四铺作、五铺作，其宽度是梁的一倍。平梁采用六铺作以上的，其宽度为两材一栔。

五是厅堂梁栿的制度。厅堂梁栿的长度为五椽、四椽，其宽度不超过两材一栔，长度为三椽，其宽度为两材。其他屋内根据椽的数量，参照这条标准增加或者减少其宽度。

梁的大小根据来料的尺寸而定，梁的厚度为来料方木宽度的三分之二（如果来料方木尺寸小，必须按构件规定尺寸把所缺部分补足；如果来料方木大于规定尺寸，不允许裁减。如果梁与槫或者替木相犯，那么则在梁的上角开一个抱传槫口。如果直梁宽度偏狭，则在梁的两面贴槫栿板。如果月梁宽度偏狭，那么则在上架作缴背，在下架上贴起两颊；不得剜刻梁面）。

缴背，下贴两颊不得剜刻梁面）。

造月梁⑤之制：明栿，其广四十二分（如彻上明造，其乳栿、三椽栿各广四十二分；四椽栿广五十分；五椽栿广五十五分；六椽栿以上，其广并至六十分止）。梁首（谓出跳者）不以大小从，下高二十一分。其上馀材，自枓里平之上，随其高匀分作六分；其上以六瓣卷杀，每瓣长十分。其梁下当中䫜六分。自枓心下量三十八分为斜项（如下两跳者长六十八分）。斜项外，其下起䫜，以六瓣卷杀，每瓣长十分；第六瓣尽处下䫜五分（去三分，留二分作琴面。自第六瓣尽处渐起至心，又加高一分，令䫜势圜和）。梁尾（谓入柱者）。上背下䫜，皆以五瓣卷杀。馀并同梁首之制。梁底面厚二十五分。其项（入枓口处）厚十分。枓口外两肩各以四瓣卷杀，每瓣长十分。

若平梁，四椽至六椽上用者，其广三十五分；如八椽至十椽上用者，其广四十二分。不以大小从，下高二十五分。其上背下䫜皆以四瓣卷杀（两头并同）。其下第四瓣尽处䫜四分（去二分，留一分作琴面。自第四瓣尽处渐起至心，又加高一分），馀并同月梁之制。

若札牵，其广三十五分。不以大小，从下高一十五分（上至枓底）。牵首上以六瓣卷杀，每瓣长八分（下同）；牵尾上以五瓣。其下䫜，前后各以三瓣（斜项同月梁法。䫜内去留同平梁法）。

凡屋内彻上明造者，梁头相叠处须随

造月梁的制度：明栿的宽度为四十二分（如果室内不使用平棊，乳栿、三椽栿的宽度为四十二分，四椽栿的宽度为五十分，五椽栿的宽度为五十五分，六椽栿及其以上的宽度最大可达六十分）。梁首（对出跳部分的称谓）不以明栿的大小而变化，下高二十一分。其上面部分从枓内平直而上，均匀分成六份；梁首作六瓣卷杀，每一瓣的长度为十分。月梁底面中部位置凹进六分。从枓的中心位置向下量出三十八分的长度作为斜项（如果是向下两跳的，那么这个长度为六十八分）。在斜项外侧杀凹，作六瓣卷杀，每一瓣的长度为十分；第六瓣的末端杀凹进去五分（去三分，另外二分做琴面。从第六瓣的末端的地方逐渐升起到中线，再增加一分的高度，使凹入部分弧度缓和）。梁尾（对入柱部分的称谓）的上面缴背，下面杀凹，都作成五瓣卷杀。其他部分都按照梁首的规定。梁的底面厚度为二十五分。其项（入枓口的地方）厚度为十分。枓口外的两肩各自作四瓣卷杀，每一瓣的长度为十分。

如果是月梁形制中的平梁，长度为四椽至六椽的，其宽度为三十五分；如果长度为八椽至十椽，其宽度为四十二分。不分平梁大小，其下端高度都为二十五分。上面缴背，下面杀凹，都做四瓣卷杀（上下两头都如此）。下端第四瓣卷杀的末端杀凹四分（去二分，留下一分做琴面。从第四瓣末端的地方逐渐升起到中线，再增加一分的高度）。其余的构件制作按照月梁的制度执行。

如果是月梁形制中的札牵，其宽度为三十五分。不分札牵大小，其下端高度为十五分（上面到枓的底部位置）。牵首上作六瓣卷杀，每一瓣的长度为八分（其下端相同）。牵尾上作五瓣卷杀。札牵下面杀凹，前后各作三瓣卷杀（量取斜项的方法遵循造月梁的制度。杀凹内去留部位与造平梁的制度规定的一样）。

举势高下用驼峰。其驼峰长加高一倍，厚一材。枓下两肩或作入瓣，或作出瓣，或圜讹两肩，两头卷尖。梁头安替木处并作隐枓；两头造耍头或切几头（切几头刻梁上角作一入瓣），与令栱或襻间相交。

凡屋内若施平棊（平闇亦同），在大梁之上。平棊之上，又施草栿；乳栿之上亦施草栿，并在压槽方之上（压槽方在柱头方之上），其草栿长同下梁，直至橑檐方止。若在两面，则安丁栿。丁栿之上，别安抹角栿，与草栿相交。

凡角梁下，又施檼衬角栿，在明梁之上，外至橑檐方，内至角后栿项；长以两椽斜长加之。

凡衬方头，施之于梁背耍头之上，其广厚同材。前至橑檐方，后至昂背或平棊方（如无铺作，即至托脚木止）。若骑槽，即前后各随跳，与方、栱相交。开子荫以压枓上。

凡平棊之上，须随槫栿用方木及矮柱敦桥，随宜枝樘固济，并在草栿之上（凡明梁只阁平棊，草栿在上承屋盖之重）。

凡平棊方在梁背上，其广厚并如材，长随间广。每架下平棊方一道（平闇同。又随架安椽以遮板缝。其椽，若殿宇，广二寸五分，厚一寸五分；馀屋广二寸二分，厚一寸三分。如材小，即随宜加减）。绞井口并随补间（令纵横分布方正。若用峻脚，即于四阑内安板贴华。如平闇，即安峻脚椽，广厚并与平闇椽同）。

没有采用平棊的屋内，在其梁头相叠的地方根据举折的走势和位置的高低而使用驼峰。驼峰的长度是高的一倍，厚度为一材。枓下的两肩或者做成入瓣样式，或者做成出瓣样式，或者是两肩成圆形，两头的卷杀成尖形。在梁头安置替木的地方同时做一隐枓；两头造耍头或切几头（切几头刻凿在梁的上角，做成入瓣样式），与令栱或襻间相交。

屋内采用平棊（平闇也一样），位置在大梁之上。在平棊的上面，施设草栿；乳栿的上面施设草栿，它们并列安置在压槽方的上面（压槽方在柱头方的上面）。其草栿的长度和下梁的长度相同，一直到橑檐方。如果在山面之上，则安置丁栿。然后在丁栿的上面另外安置抹角栿，与草栿相交。

在角梁的下面施设檼衬角栿。檼衬角栿在明梁之上，向外一直到橑檐方处为止，向内一直到角后栿项处；其长度是两椽的斜长之和。

衬方头施设在梁背的耍头上面，其宽度与厚度相同。向前到橑檐方，向后到昂背或者平棊方（如果没有铺作，则到托脚木）。如果衬方头骑槽，即前后随着出跳与方和栱相交。开浅槽以压在枓的上面。

在平棊的上面要顺着槫栿用方木以及矮柱填实，这些方木以及矮柱都是用在草栿之上的，用来支撑并且固定这些草栿（明梁上只放置平棊，草栿在平棊的上面承托屋盖的重量）。

梁背上的平棊方，其宽度和厚度都是根据梁的尺寸而定，长度根据间广而定。每一架下面施设一道平棊方（平闇相同。而且顺着架安置椽方来遮盖板缝。比如殿宇的椽方，其宽度为二寸五分，厚度为一寸五分；其余屋内椽方的宽度为二寸二分，厚度为一寸三分。如来料尺寸不够，则根据情况增加或者减少）。在补间内将桯与平棊方相交形成“井口”（横向和纵向分布方正。如果使用峻脚，则在四栏内安置板材并作花纹。如是平闇，则安置峻脚椽，宽度和厚度都与平闇椽的相同）

注释

①梁：木结构屋架中架在柱子上的长木。
②乳栿：长两椽的梁。
③札牵：指长一椽的梁。
④平梁：位于脊槫下的梁，长二椽。
⑤月梁：梁栿做成新月形式，梁肩成弧形，梁底略向上凸的梁。

阑额

造阑额①之制：广加材一倍，厚减广三分之一，长随间广，两头至柱心。入柱卯减厚之半。两肩各以四瓣卷杀，每瓣长八分。如不用补间铺作②，即厚取广之半。

凡檐额，两头并出柱口；其广两材一栔至三材；如殿阁即广三材一栔或加至三材三栔。檐额下绰幕方，广减檐额三分之一；出柱长至补间；相对作楷头或三瓣头（如角梁）。

凡由额③，施之于阑额之下。广减阑额二分至三分（出卯，卷杀并同阑额法），如有副阶，即于峻脚椽下安之。如无副阶，即随宜加减，令高下得中（若副阶额下，即不须用）。

凡屋内额，广一材三分至一材一栔；厚取广三分之一；长随间广，两头至柱心或驼峰心。

凡地栿，广加材二分至三分；厚取广三分之二；至角出柱一材（上角或卷杀作梁切几头）。

译文

造阑额的制度：阑额的宽度是材的一倍，厚度比宽度少三分之一，长度则根据间宽而定，两头出榫到柱子的中心线。榫头卯入柱内的深度为宽度的一半。阑额的两肩用四瓣卷杀，每瓣的长度为八分。如果不用补间铺作，其厚度可以取宽度的一半。

檐额的两端都超过柱口；其宽度为两材一栔到三材；如果是位于殿阁之中，那么其宽度为三材一栔，或者增加到三材三栔。檐额之下是绰幕方，其宽度比檐额的宽度少三分之一；绰幕方两端超出柱口延伸到补间；做楷头或者三瓣头相对（与角梁上的做法相似）。

由额安置在阑额的下面。宽度比阑额少二分至三分（其出卯和卷杀都和阑额的规定一致）。如果有副阶，则在峻脚椽的下面安置。如果没有副阶，则根据情况增加或者减少，使位置高低适当（如果副阶在阑额之下，则不必如此）。

屋内额宽度为一材三分至一材一栔，厚度是宽度的三分之一，长度根据架间宽度而定，两头到柱子中心或者驼峰的中心。

地栿的宽度加材二分至三分，厚度是宽度的三分之二；在转角处出柱一材（上角或者卷杀做成梁的切几头）。

注释

①阑额：檐柱间联络与承重的水平构件，两头出榫入柱，额背与柱头平。
②补间铺作：指在两柱之间的斗栱，下面接着的是平板枋和额枋。
③由额：即清代的小额枋，宋代称由额。

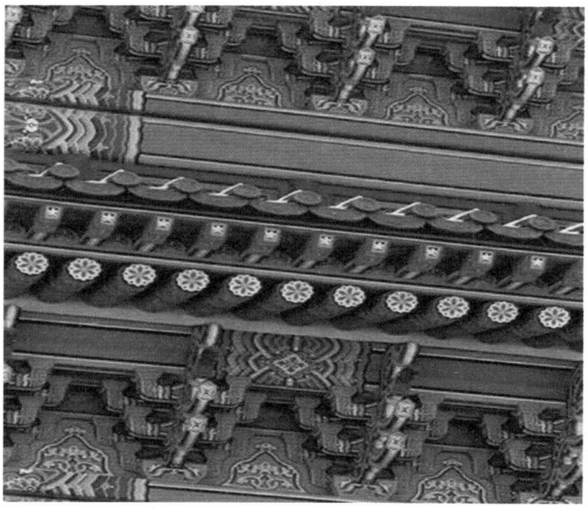

额　枋

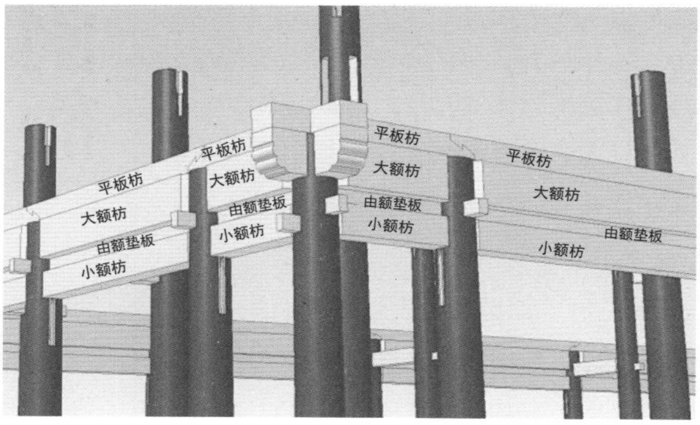

额枋位置图

原典图说

阑额与额枋

阑额即额枋，宋代称为阑额，清代称为额枋，指的是建筑中柱子上端联络与承重的水平构件。南北朝及之前，阑额一般放置在柱顶上面，隋唐以后才开始移动到柱子之间。清代的有些额枋是上下两层重叠的，上面的称为大额枋，下面的称为小额枋，两者之间填上垫板。

原典

凡用柱①之制：若殿阁，即径两材两栔至三材；若厅堂柱即径两材一栔，馀屋即径一材一栔至两材。若厅堂等屋内柱，皆随举势定其短长，以下檐柱②为则（若副阶廊舍，下檐柱虽长，不越间之广）。至角则随间数生起角柱。若十三间殿堂，则角柱比平柱生高一尺二寸（『平柱』谓当心间两柱也。自平柱叠进向角渐次生起，令势圜和；如逐间大小不同，即随宜加减，他皆仿此）。十一间生高一尺；九间生高八寸；七间生高六寸；五间生高四寸；三间生高二寸。

凡杀梭柱之法：随柱之长，分为三分，上一分又分为三分，如栱卷杀，渐收至上径比栌枓底四周各出四分；又量柱头四分，紧杀如覆盆样，令柱项与栌枓底相副。其柱身下一分，杀令径围与中一分同。

凡造柱下櫍，径周各出柱三分，厚十分，下三分为平，其上并为敧；上径四周各杀三分，令与柱身通上匀平。

凡立柱，并令柱首微收向内，柱脚微出向外，谓之侧脚。每屋正面（谓柱首东西相向者），随柱之长，每一尺即侧脚一分；若侧面（谓柱首南北相向者），每长一尺，即侧脚八厘。至角柱，其柱首相向各依本法（如长短不定，随此加减）。

凡下侧脚墨，于柱十字墨心里再下直墨，然后截柱脚柱首，各令平正。

若楼阁柱侧脚，只以柱上为则，侧脚上更加侧脚，逐层仿此（塔同）。

柱

译文

用柱的制度：如果是殿阁柱，直径为两材两栔至三材，如果是厅堂柱，直径为两材一栔，在其他屋里的柱子，其直径为一材一栔至两材。如果是厅堂柱这种屋内柱，应随着举折的高低程度确定其长短，以下檐柱为标准（如果是副阶廊舍，下檐柱即使很长，也不超过开间的宽度）。在转角处，应随着间数逐渐增加角柱的高度。如果是十三间的殿堂，那么角柱比平柱高一尺二寸（"平柱"就是当中间的两根柱子。从平柱开始到转角处结束，逐渐增加高度，升高的幅度保持缓和；如果相邻开间大小不同，则根据情况增加或者降低高度，其他的也照此规定），十一间的，则高一尺，九间的高八寸，七间的高六寸，五间的高四寸，三间的高二寸。

石　柱

杀梭柱的制度：根据柱子的长度，将其分为三大段，最上一大段又分为三小段，如果栱作卷杀，柱身直径逐渐上收，直到比栌枓底面的四周多出四分；然后在柱头量取四分的长度作紧杀，其形状如覆盆，使柱项与栌枓的底面相吻合。杀柱身的下一大段，使其与上方中间一小段的直径相同。

柱下面的櫍，其直径比柱身直径大三分，厚度为十分，除下面三分是平的，其余的厚度做成倾斜面；倾斜面部分的四周各杀三分，使其与柱身连接均匀平顺。

竖立柱子的时候，使柱首向里面稍微收一点，柱脚稍微朝外一点，这叫作侧脚。在每间屋子的正面（即柱首东西向相对的那面），根据柱的长度，每长一尺侧脚一分；如果是在屋的侧面（即柱首南北向相对的那面），柱子每长一尺，侧脚八厘。角柱柱首的朝向各自依照本条规定（如果长度不确定，根据此条规定增加或者减少）。

在侧脚使用墨线时，在柱上的十字墨心里再吊一次垂直墨线，使柱脚和柱首与水平面保持完全垂直。

如果楼阁柱侧脚，以每层的柱首为标准，逐层侧脚（塔也如此）。

注释

① 柱：支立起支撑作用的木构件。

② 檐柱：也称为外柱，指建筑的檐下最外一列支撑屋檐的柱子。

造角梁①之制：大角梁②，其广二十八分至加材一倍；厚十八分至二十分。头下斜杀长三分之二（或于斜面上留二分，外馀直，卷为三瓣）。

子角梁③，广十八分至二十分，厚减大角梁三分，头杀四分，上折深七分。

隐角梁④，上下广十四分至十六分，厚同大角梁，或减二分。上两面隐广各三分，深各一椽分（馀随逐架接续，隐法皆仿此）。

凡角梁之长，大角梁自下平槫至下架檐头；子角梁随飞檐头外至小连檐下，斜至柱心（安于大角梁内）。隐角梁随架之广，自下平槫至子角梁尾（安于大角梁中），皆以斜长加之。

凡造四阿殿阁，若四椽、六椽五间及八椽七间，或十椽九间以上，其角梁相续，直至脊槫，各以逐架斜长加之。如八椽五间至十椽七间，并两头增出即槫各三尺（随所加脊槫尽处，别施角梁一重。俗谓之『吴殿』，亦曰『五脊殿』）。

凡厅堂若厦两头造，则两梢间用角梁转过两椽（亭榭之类转一椽。今亦用此制为殿阁者，俗谓之『曹殿』，又曰『汉殿』，亦曰『九脊殿』。按《唐六典》及《营缮令》云：『王公以下居第并厅厦两头者，此制也。』）

阳马

译文

造角梁的制度：大角梁的宽度为二十八分到加材一倍，厚度为十八分到二十分。从头下斜杀三分之二的长度（或者在斜面上留出二分的位置，其余为直，卷杀三瓣）。

子角梁的宽度为十八分至二十分，厚度比大角梁的厚度少三分，头部杀四分，上折深七分。

隐角梁上下的宽度为十四分至十六分，厚度与大角梁的相同，或者比其少二分。上边的两个“凸”字形断宽度各为三分，深度足够接入椽枋（其余的根据各架的情况接续，隐法都仿照于此）。

至于角梁的长度，大角梁从下平槫到下架的檐头；子角梁随飞檐头向外到小连檐的下方，斜向到角柱的中心处（安在大角梁的上面）。隐角梁的长度和屋架的宽度一致，从下平槫到子角梁的尾部（安在大角梁的上面），都根据斜长增加。

对于四阿殿阁，如果是四椽、六椽五间及八椽七间，或者十椽九间以上的，其角梁前后相接，一直到脊槫，各自根据其屋架的斜长增加。如果是八椽五间至十椽七间的四阿殿阁，角梁两端各增加三尺的出头长度到槫（在所增加的脊槫的尽头，另外安一重角梁，俗称“吴殿”，也叫作“五脊殿”）。

如果厅堂采用厦两头造，则两梢之间用角梁转过两椽（亭榭之类转一椽。现在也用此条制度规定殿阁的造法，俗称“曹殿”，又叫“汉殿”或者叫“九脊殿”。根据《唐六典》及《营缮令》的说法，“王公以下居第并厅厦两头者，遵照此条制度”。）

角梁实景

注释

① 角梁：即阳马，斜置于相交的转角檩上的梁。
② 大角梁：角梁一般有上下两层，其中下层梁在宋式建筑中称为大角梁。
③ 子角梁：角梁的上层梁称为子角梁。
④ 隐角梁：在大角梁或子角梁尾部。

侏儒柱

造蜀柱之制：于平梁上，长随举势高下。殿阁径一材半，馀屋量栿厚加减，两面各顺平栿，随举势斜安叉手。

造叉手①之制：若殿阁，广一材一栔；馀屋，广随材或加二分至三分；厚取广三分之一（蜀柱下安合楮者，长不过梁之半）。

凡中下平槫缝，并于梁首向里斜安托脚，其广随材，厚三分之一，从上梁角过抱槫，出卯以托向上槫缝。

凡屋如彻上明造，即于蜀柱之上安枓（若叉手上角内安栱，两面出耍头者，谓之『丁华抹颏栱』），枓上安随间襻间，或一材，或两材；襻间广厚并如材，长随间广，出半栱在外，半栱连身对隐。若两材造，即每间各用一材，隔间上下相闪，令慢栱在上，瓜子栱在下。若一材造，只用令栱，隔间一材，如屋内遍用襻间一材或两材，并与梁头相交（或于两际随槫作楮头以乘替木）。凡襻间如在平棊上者，谓之『草襻间』，并用全条方。

凡蜀柱量所用长短，于中心安顺脊串；广厚如材，或加三分至四分；长随间；隔间用之（若梁上用短柱者，径随相对之柱；其长随举势高下）。

凡顺栿串，并出柱作丁头栱，其广一足材；或不及，即作楮头；厚如材。在牵梁或乳栿下。

译文

造蜀柱的制度：蜀柱安设在平梁的上面，长度根据举折的高低程度而定。殿阁之上的蜀柱直径为一材半，其余屋内的蜀柱直径根据平梁的厚度相应增加或者减少。蜀柱的两个面各自顺着平梁的方向，根据举折的形势斜向安设叉手。

造叉手的制度：安设在殿阁内的叉手宽度为一材一栔；安设在其余屋内的叉手宽度随材或者加二分至三分，厚度为宽度的三分之一（如果在蜀柱之下安设合，楮，那么叉手的厚度不超过梁厚度的一半）。

中下平槫缝并列在梁首之上，并且向内斜向安设托脚，其宽度随材，厚度为材的三分之一，从上梁角出头超过抱槫，出卯以承托上面的槫缝。

如果屋内采用平棊，则在蜀柱的上面安设枓（如果是在叉手的上角里面安设栱，两面耍头出头，那么这就叫作“丁华抹颏栱”）。在每个开间的枓上面安设襻间，或者一材，或者两材；襻间的宽度和厚度都和材一致，长度和房屋开间的宽度一致，向外挑出半个拱的位置，这半栱的栱身相对凿出“凸”字形断面。如果是两材，那么每个开间各用一材，隔间的上下相互错过，使慢栱在上面，瓜子栱在下面。如果是一材，只采用令栱，隔间一材，如屋内普遍采用一材或两材的襻间，那么都与梁头相交（或在两际之上顺着槫的方向作楮头来支撑替木）。襻间位于平棊之上，叫作“草襻间”，其全部采用全条方。

根据蜀柱的长短，在其中心位置安设顺脊串；宽度和厚度根据它的材料而定，或者加三分至四分；长度根据间广而定；在隔间也使用它（如果在梁上使用短柱，其直径与相对的柱子相同；其长度根据举折的高低而定）。

顺栿串全部出柱作丁头栱，其宽度为一足材；或者不一足材，即作楮头，其厚度与材相同。在牵梁或乳栿之下。

注释

① 叉手：也称斜柱，斜置在平梁梁头之上，直至脊槫，防止其位移的构件。。

原典

用槫①之制：若殿阁，槫径一材一栔或加材一倍；厅堂，槫径加材三分至一栔；馀屋，槫径加材一分至二分。长随间广。

凡正屋用椽，若心间及西间者，皆头东而尾西；如东间者，头西而尾东。其廊屋面东西者皆头南而尾北。

凡出际之制：槫至两梢间，两际各出柱头（又谓之『屋废』），如两椽屋，出二尺至二尺五寸；四椽屋，出三尺至三尺五寸；六椽屋，出三尺五寸至四尺；八椽至十椽屋，出四尺五寸至五尺。若殿阁转角造，即出际长随架（于丁栿上随架立夹际柱子，以柱槫梢；或更于丁栿背上，添关头栿）。

凡橑檐方（更不用橑风槫②及替木），当心间之广加材一倍，厚十分；至角随宜取圜，贴生头木，令里外齐平。

凡两头梢间，槫背上并安生头木，广厚并如材，长随梢间。斜杀向里，令生势圜和，与前后橑檐方相应。其转角者，高与角梁背平，或随宜加高，令椽头背低角梁头背一椽分。

凡下昂作第一跳心之上，用槫承椽（以代承椽方），谓之『牛脊槫』；安于草栿之上，至角即抱角梁；下用矮柱敦桥。如七铺作以上，其牛脊槫于前跳内更加一缝。

栋

译文

用槫的制度：在殿阁内，槫的直径为一材一栔或者加材一倍；在厅堂内，槫的直径加材三分至一栔；在其余的屋内，槫的直径加材一分至二分。其长度根据开间的宽度而定。

在正屋内使用槫，如果是在中间屋内和西屋内，槫头朝东，槫尾朝西；如果是在东屋，槫头朝西，槫尾朝东。不管是东边或者是西边回廊的屋面，都是槫头朝南，槫尾朝北。

出际的制度：槫到两个梢间之上，两际要伸出柱头外（又叫作"屋废"）。如果是两椽屋，伸出二尺至二尺五寸，如果是四椽屋，伸出三尺至三尺五寸，如果上六椽屋，伸出三尺五寸至四尺，如果是八椽至十椽屋，伸出四尺五寸至五尺。如果殿阁采用转角制法，那么出际的长度根据步架而定（在丁栿上顺着步架竖立夹着出际部分的柱子，用柱承托槫梢；或者再在丁栿的背上添加关头栿）。

橑檐方（更迭不使用橑风槫及替木）在心间之上，其宽度加材一倍，厚度为十分；在转角则根据形势使其缓和，方上粘贴生头木，使里外齐平。

在两头的梢间内，槫背上都安设生头木，宽度和厚度都同材，长度和梢间宽度一致。向内斜杀，使生头木走势缓和，与前后的橑檐方相合。转角处的橑檐方，上与角梁的背面相平，或者根据具体情况增加高度，使椽头的背部比角梁头的背部低一椽分。

如果下昂位于第一跳心的上面，用槫来承托椽的重量（以代承椽方），这叫作"牛脊槫"；橑檐方安设在草栿的上面，在转角的地方抱住角梁，用矮柱在下面填塞密实。如果是七铺作以上，其牛脊槫在前跳内再加一缝。

注释

① 槫：位于草栿之上用以承椽。其中位于三架梁上的正中、蜀柱叉手上的称为脊槫；位于三架梁两端的称为上平槫；位于四椽栿两端的称为中平槫。

② 橑风槫：指铺作最外跳上承托的槫，它是整个屋架结构中最下面的槫。

搏风板

原典

造搏风板①之制：于屋两际出槫头之外安搏风板，广两材至三材；厚三分至四分；长随架道。中、上架两面各斜出搭掌，长二尺五寸至三尺。下架随椽与瓦头齐（转角者至曲脊内）。

注释

① 搏风板：即搏风，又称搏缝板、封山板，常用于古代歇山顶和悬山顶建筑。

译文

造搏风板的制度：在屋两际槫头出露的地方安设搏风板，宽度为两材至三材，厚度为三分至四分，长度根据架道的长度而定。中架和上架的两面各自斜向伸出搭掌，长度为二尺五寸至三尺。下架和椽一起与瓦头平齐（转角内的搏风板一直延伸到曲脊之内）。

图中屋顶边缘红色的“人”字形为搏风板

柎

原典

造替木①之制：其厚十分，高十二分。单料上用者，其长九十六分；令栱上用者，其长一百四分；重栱上用者，其长一百二十六分。

凡替木两头，各下杀四分，上留八分，以三瓣卷杀，每瓣长四分。若至出际，长与槫齐（随槫齐处更不卷杀。其栱上替木，如补间铺作相近者，即相连用之）。

栱上面的短横木为替木，也叫柎

注释

① 替木：又称柎，用于对接的檩子、枋子之下，起拉接作用的辅助构件。

译文

造替木的制度：替木的厚度为十分，高度为十二分。位于单料上的替木，其长度为九十六分；位于令栱上的替木，其长度为一百零四分；位于重栱上的替木，其长度为一百二十六分。

替木的两头各下杀四分，上面留出八分的位置，作三瓣卷杀，每一瓣的长度为四分。如果出际，其长度与槫一致（与槫齐平处不作卷杀。其栱上的替木类似于在补间铺作上的做法，即相互连接使用）。

用椽①之制：椽每架平不过六尺。若殿阁，或加五寸至一尺五寸，径九分至十分；若厅堂，椽径七分至八分，馀屋，径六分至七分。长随架斜；至下架，即加长出檐。每槫上为缝，斜批相搭钉之（凡用椽，皆令椽头向下而尾在上）。

凡布椽，令一间当间心；若有补间铺作者，令一间当耍头心。若四裴回转角者，并随角梁分布，令椽头疏密得所，过角归间②（至次角补间铺作心），并随上中架取直。其稀密以两椽心相去之广为法。殿阁，广九寸五分至九寸；副阶，广九寸至八寸五分；厅堂，广八寸五分至八寸；廊库屋，广八寸至七寸五分。若屋内有平棊者，即随椽长短，令一头取齐，一头放过上架，当槫钉之，不用裁截（谓之『雁脚钉』）。

椽

译文

用椽的制度：每架椽水平长度不超过六尺。如果是在殿阁，其长度可增加五寸至一尺五寸，直径为九分至十分；如果是在厅堂，椽的直径为七分至八分，其余房屋椽的直径为六分至七分。椽顺着步架斜向安设，伸展到下架则加长出檐。在槫上设缝，斜着相互搭连用钉子固定（只要安设椽，都使椽头向下而椽尾在上）。

在布置椽的时候，让左右两椽间的中线正对每间的中间；如果有补间铺作的房间，让左右两椽间的中线正对耍头的中心。如果是四裴回转角，将椽与角梁一起布置，椽的安排疏密得当，确保其绕过转角收入房间之中（到次角的补间铺作中心），再根据上架和中架保持水平。其稀密的程度以两椽心之间的距离为准则。如果在殿阁，宽度为九寸五分至九寸；如果在副阶，宽度为九寸至八寸五分；如果在厅堂，宽度为八寸五分至八寸；如果在廊库屋，宽度为八寸至七寸五分。如果屋内安设有平棊，则根据椽的长度，使其一头取齐，一头放过上架，在槫上用钉固定，不用裁截（叫作“雁脚钉”）。

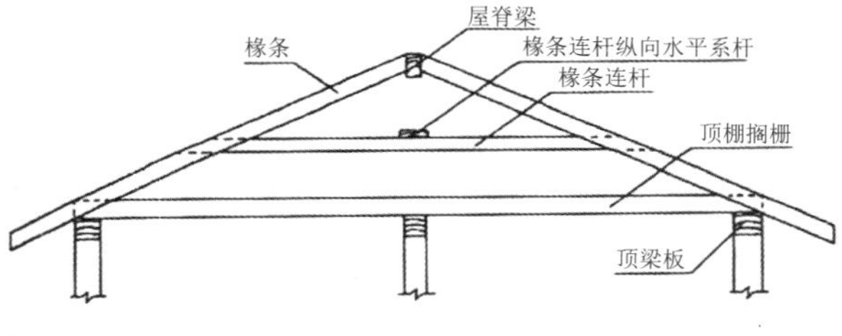

椽条连杆加设通长纵向水平系杆做法示意

注释

① 椽：指排列于檩上，与檩垂直布置，其上置瓦的木构件。
② 过角归间：指椽应绕过转角收入房间中。

造檐①之制：皆从橑檐方心出，如椽径三寸，即檐出三尺五寸；椽径五寸，即檐出四尺至四尺五寸。檐外别加飞檐②。每檐一尺，出飞子六寸。其檐自次角柱补间铺作心，椽头皆生出向外，渐至角梁：若一间生四寸；三间生五寸；五间生七寸（五间以上，约度随宜加减），其角柱之内，檐身亦令微杀向里（不尔，恐檐圜而不直）。

凡飞子，如椽径十分，则广八分，厚七分（大小不同，约此法量宜加减），各以其广厚分为五分，两边各斜杀一分，底面上留三分，下杀二分；皆以三瓣卷杀，上一瓣长五分，次二瓣各长四分（此瓣分谓广厚所得之分）。尾长斜随檐，（凡飞子须两条通造，先除去两头于飞魁内出者，后量身内，令随檐长结角解开。若近角飞子，随势上曲，令背与小连檐平）。广厚并不越材。小连檐广加栔二分至三分，厚不得越栔之厚（并交斜解造）。

檐

译文

造檐的制度：出檐的宽度一律从橑檐方的中线量出来，如椽的直径为三寸，那么出檐三尺五寸；椽的直径为五寸，那么出檐四尺至四尺五寸。檐的外面还有飞檐。出檐一尺，那么出飞子为六寸。檐跨过次角柱的补间铺作中线，椽头都向外生出，逐渐到达角梁的位置：如是一间则生四寸，三间则生五寸，五间则生七寸（五间以上的，估计幅度随情况而加减）。在其角柱之内，檐身稍微杀向里面一点（如果不这样，檐有可能不顺直）。

如果椽的直径为十分，那么飞子的宽度为八分，厚度为七分（椽的大小不同，根据此条视情况而增加或者减少）。根据飞子宽度和厚度将其分为五分，两边各斜杀一分，底面上留三分，下杀二分；都作三瓣卷杀，上面一瓣的长度为五分，另外两瓣的长度为四分（这瓣按宽厚的不同而不同）。飞子的尾部顺檐斜出，所有的飞子两条一起制作，先除去两头在飞魁内出的部分，之后量身内长度，让它随檐长结角解开。如是近角飞子，随势向上弯曲，让背与小连檐齐平。其宽度和厚度都不超过材。小连檐的宽度加架二分至三分，厚度不超过架的厚度（采用交斜的方式制作）。

屋檐

注释

① 檐：指房顶伸出墙壁的部分。
② 飞檐：多指屋角的檐部向上翘起部分，常用在亭、台、楼、阁、宫殿、庙宇等建筑的屋顶转角处，四角翘伸。

举折①之制：先以尺为丈，以寸为尺，以分为寸，以厘为分，以毫为厘，侧画所建之屋于平正壁上，定其举之峻慢，折之圜和，然后可见屋内梁柱之高下，卯眼之远近（今俗谓之『定侧样』，亦曰『点草架』）。

举屋之法：如殿阁楼台，先量前后榱檐方心相去远近，分为三分（若馀屋柱头作或不出跳者，则用前后檐柱心），从榱檐方背至脊槫背举起一分（如屋深三丈，即举起一丈之类），如甋瓦厅堂，即四分中举起一分，又通以四分所得丈尺，每一尺加八分。若甋瓦廊屋及瓪瓦厅堂，每一尺加五分；或瓪瓦廊屋之类，每一尺加三分（若两椽屋，不加；其副阶或缠腰，并二分中举一分）。

折屋之法：以举高尺丈，每尺折一寸，每架自上递减半为法。如举高二丈，即先从脊槫背上取平，下至榱檐方背（其上第一缝折二尺；又从上第一缝槫背取平，下至榱檐方背），于第二缝折一尺；若椽数多，即逐缝取平，皆下至榱檐方背，每缝并减上缝之半（如第一缝二尺，第二缝一尺，第三缝五寸，第四缝二寸五

举折

译文

举折的制度：先按 1 ： 10 的比例在平正的墙壁上画出所建之屋的草图，测定出该屋上举和下折的程度，然后标出屋内梁柱的高低，卯眼的远近（现在通俗的说法是“定侧样”，或者叫作“点草架”）。

举屋的方法：如果是殿阁楼台，先量取前后榱檐方中线之间的距离，将其等分为三份（如果其他屋内是用的柱头作或者不出跳，那么就用前后檐柱中线的距离）。从榱檐方背到脊槫背举起一份（如屋的进深为三丈，则举起一丈，依此类推）。如果是甋瓦厅堂，即四份中举起一份，又统一取前后的榱檐方间距的四分之一，每一尺加八分。如果是甋瓦廊屋及瓪瓦厅堂，那么每一尺加五分；如果是瓪瓦廊屋这样的类型，每一尺加三分（如果是两椽屋，那么不加；其副阶或缠腰是二份中举一份）。

折屋的方法：按照举高的尺寸，每一尺折一寸，每架从上递减一半。如举高二丈，那么先从脊槫背上取平，向下到榱檐方的背面（在这上面的第一缝下折二尺；又从上第一缝槫背取平，向下到榱檐方的背面），在第二缝下折一尺；如果椽数较多，就将每个缝逐一取平，最后都下到榱檐方的背面，每缝都减上一缝的一半（如第一缝为二尺，第二缝为一尺，第三缝为五寸，第四缝为二寸五分，依此

注释

① 举折：调整屋面坡度的方法。举，指屋架的高度，按照建筑进深和屋面材料而定。折，因屋架各檩升高的幅度不一致，所以屋面横断面坡度由若干折线所组成。

分之类）。如取平，皆从槫心抨绳令紧为则。如架道不匀，即约度远近，随宜加减（以脊槫及橑檐方为准）。

若八角或四角斗尖亭榭，自橑檐方背举至角梁底，五分中举一分，至上簇角梁，即两分中举一分（若亭榭只用瓪瓦者，即十分中举四分）。

簇角梁之法：用三折，先从大角背自橑檐方心，量向上至枨杆卯心，取大角梁背一半，立上折簇梁，斜向枨杆举分尽处（其簇角梁上下并出卯，中下折簇梁同）；次从上折簇梁尽处，量至橑檐方心，取大角梁背一半，立中折簇梁，斜向上折簇梁当心之下；又次从橑檐方心立下折簇梁，斜向中折簇梁当心近下（令中折簇角梁上一半与上折簇梁一半之长同），其折分并同折屋之制（唯量折以曲尺于弦上取方量之，用瓪瓦者同）。

类推）。如取平，都以从槫心拉出直线为准。如果架道不均匀，即估计距离，根据情况增加或者减少（以脊槫和橑檐方为准）。

如果是八角或四角的斗尖亭榭，从橑檐方背举高到角梁的底部，五份中举一份，到上簇角梁的地方，则两份中举高一份（如果亭榭使用瓪瓦，则是十份中举高四份）。

簇角梁的方法：采用三次下折，先从大角背的橑檐方的中线位置向上量到枨杆的卯心，量出大角梁背一半的位置，立起上折簇梁，斜对着枨杆上举的最末位置（簇角梁上下都出卯，中折簇梁和下折簇梁相同）。然后从上折簇梁的最末位置量到橑檐方的中线，量出大角梁背一半的位置，立起中折簇梁，斜对着上折簇梁中心以下的位置；再从橑檐方的中线位置立起下折簇梁，斜对着中折簇梁中心靠下的位置（使中折簇角梁上一半与上折簇梁一半的长度相同）。其折分都和折屋的方法相同（只是量折的时候用曲尺在弦上取方测量，使用瓪瓦的也相同）。

小木作制度一

板门

原典

造板门①之制：高七尺至二丈四尺，广与高方（谓门高一丈，则每扇之广不得过五尺之类）。如减广者，不得过五分之一（谓门扇合广五尺，如减不得过四尺之类）。其名件广厚，皆取门每尺之高，积而为法（独扇用者，高不过七尺，馀准此法）。

肘板：长视门高（别留出上下两镶；如用铁桶子或鞾臼，即下不镶用）。每门高一尺，则广一寸，厚三分（谓门高一丈，则肘板广一尺，厚三寸。尺丈不等。依此加减。下同）。

副肘板：长广同上，厚二分五厘（高一丈二尺以上用，其肘板与副肘板，皆加至一尺五寸止）。

身口板：长同上，广随材，通肘板与副肘板合缝计数，令足一扇之广（如牙缝造者，每一板广加五分为定法），厚二分。

译文

造板门的制度：板门的高度为七尺至二丈四尺，两门扇的宽度与高度一样（例如门的高度为一丈，每一门扇的宽度不得超过五尺）。如果要缩减门扇宽度，那么宽度减少部分不得超过五分之一（例如门扇的宽度为五尺，如减少其宽度不得少于四尺）。板门构件的宽厚尺寸，以每尺门高为一百，用这个百分比来确定各部分的比例尺寸（独扇门的高度不超过七尺，其余的遵照此规定）。

肘板：肘板的长度根据门的高度而定（另外留出上、下两个镶；如果使用铁桶子或者鞾臼，那么下边就不使用镶）。门的高度每增加一尺，肘板的宽度增加一寸，厚度增加三分（例如门的高度为一丈，那么肘板的宽度为一尺，厚度为三寸。门的尺寸不一，都依据这条规定增减。下同）。

副肘板：长度和宽度与肘板相同，厚度为二分五厘（高度在一丈二尺以上的门，其肘板与副肘板的宽度最多为一尺五寸）。

身口板：长度与副肘板的长度相同，宽度根据材料而定，连同肘板与副肘板的合缝，使其有一门扇的宽度（如是采用压缝，那么每一板的宽度增加五分），厚度为二分。

板　门

楅：每门广一尺，则长九寸二分，广八分，厚五分（衬关楅同。用楅之数，若门高七尺以下，用五楅；高八尺至一丈三尺，用七楅；高一丈四尺至一丈九尺，用九楅；高二丈至二丈二尺，用十一楅；高二丈三尺至二丈四尺，用十三楅）。

额：长随间之广，其广八分，厚三分（双卯入柱）。

鸡栖木：长厚同额，广六分。

门簪②：长一寸八分，方四分，头长四分半（馀分为三分，上下各去一分，留中心为卯）。颊、内额上，两壁各留半分，外匀作三分，安簪四枚。

立颊：长同肘板，广七分，厚同额（三分中取一分为心卯，下同。如颊外有馀空，即里外用难子安泥道板）。

地栿：长厚同额，广同颊（若断砌门，则不用地栿，于两颊下安卧柣、立柣）。

门砧：长二寸一分，广九分，厚六分（地栿内外各留二分，馀并挑肩破瓣）。

凡板门如高一丈，所用门关径四寸（关上用柱门拐）。搕锁柱长五尺，广六寸四分，厚二寸六分（如高一丈以下者，只用伏兔、手栓。伏兔广厚同楅，长令上下至楅。手栓长二尺至一尺五寸，广二寸五分至二寸，厚二寸至一寸五分）。缝内透栓及札，并间楅用。透栓广二寸，厚七

楅：一尺的门宽，对应楅的长度九寸二分，宽度为八分，厚度为五分（衬关楅相同。用楅的数量：如果门的高度在七尺以下，用五楅；高度为八尺至一丈三尺，用七楅；高度为一丈四尺至一丈九尺，用九楅；高度为二丈至二丈二尺，用十一楅；高度为二丈三尺至二丈四尺，用十三楅）。

额：长度和开间宽度一样，其宽度为八分，厚度为三分（双卯入柱）。

鸡栖木：长度和厚度与额相同，宽度为六分。

门簪：长度为一寸八分，方四分，头部的长度为四分半（其余的分为三份，上、下各一份，中心一份就是门簪的卯）。将两颊之间的额的长度均匀分成四份，两端各留半份，中间均匀分为三份，安四枚门簪。

立颊：长度与肘板相同，宽度为七分，厚度与额相同（按立颊的厚度，将其均匀分为三份，中间一份留作卯，下同。如果立颊与柱子之间有空隙，则在门内和门外用难子安设泥道板）。

地栿：长度和厚度与额相同，宽度和立颊相同（如果是断砌门，则不用地栿，在两立颊之下安设卧柣和立柣）。

门砧：长度为二寸一分，宽度为九分，厚度为六分（地栿内、外各留二分，其余挑肩破瓣）。

如果板门的高度为一丈，所用门关直径为四寸（门关上安设柱门拐）。搕锁柱的长度为五尺，宽度为六寸四分，厚度为二寸六分（如果板门的高度在一丈以下，只使用伏兔和手栓。伏兔的宽度和厚度与楅相同，长度根据到楅的距离而定。手栓的长度为二尺至一尺五寸，宽度为二寸五分至二寸，厚度为二寸至一寸五分）。合缝里安设透栓和劄，都有楅的作用。透栓宽度为二寸，厚度为七分。门每增高一尺，门关直径增加一分五厘；搕锁柱的长度增加一寸，宽度增加四分，厚度增加一分，透栓的宽度增加一分，厚度增加三厘（透栓减小和其增加的规律相同。一丈以上的用四栓，一丈以下的用二栓。其札，如果门的高度为二丈以上，长度为四寸，宽度为三寸二分，厚度为九分；门的高度为一丈五尺以上，长度为四寸，宽度为二寸七分，厚度为八分；门的高度为一丈以上，长度为三寸五分，宽度为二寸二分，厚度

分。每门增高一尺，则关径加一分五厘；搕锁柱长加一寸，广加四分，厚加一分，透栓广加一分，厚加三厘（透栓若减，亦同加法。一丈以上用四栓，一丈以下用二栓。其札，若门高二丈以上，长四寸，广三寸二分，厚九分；一丈五尺以上，长同上，广二寸七分，厚八分；一丈以上，长三寸五分，广二寸二分，厚七分；高七尺以上，长三寸，广一寸八分，厚六分）。若门高七尺以上，则上用鸡栖木，下用门砧（若七尺以下，则上下并用伏兔）。高一丈二尺以上者，或用铁桶子鹅台石砧。高二丈以上者，门上镶安铁锏，鸡栖木安铁钏，下镶安铁鞾臼，用石地栿、门砧及铁鹅台（如断砌，即卧柣，立柣并用石造）。地栿板长随立柣之广，其广同阶之高，厚量长广取宜；每长一尺五寸用福一枚。

注释

① 板门：由若干块木板拼成一大块板的木门，是一种不通透的实门。

② 门簪：中国传统建筑的大门构件，安在街门的中槛的上面。有方形、菱形、六角形、八角形等，正面或雕刻，或描绘，饰以花纹图案。

为七分；门的高度为七尺以上，长度为三寸，宽度为一寸八分，厚度为六分）。如果门的高度为七尺以上，那么门的上边用鸡栖木，下边用门砧（如果门的高度在七尺以下，那么上下都用伏兔）。门的高度为一丈二尺以上，或者用铁桶子鹅台石砧。门的高度为二丈以上者，上镶安铁锏，鸡栖木安铁钏，下镶安铁鞾臼，使用石地栿、门砧和铁鹅台（如果断砌，那么卧柣、立柣都用石造）。地栿的长度与立柣的宽度相符，其宽度和台阶的高度一致，厚度根据长度和宽度而定。地栿长度每增加一尺五寸用福一枚。

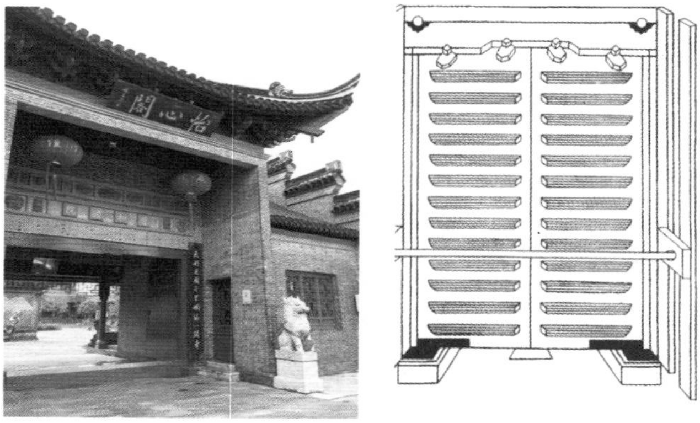

板　门

原典图说

古代板门

板门以板为门扇，是不通透的实门，大多为木质。板门经常用于城门、宫殿、寺庙、衙、署的大门或住宅的外门，偶有用为殿门或殿内隔墙上的门。一般为两扇，用竖向木板拼成。战国秦汉时代，板门就已产生，是所有门出现时间最早的，同时也是门中最牢固的。

乌头门

造乌头门之制：（俗谓之『棂星门』。）高八尺至二丈二尺，广与高方。若高一丈五尺以上，如减广者不过五分之一。用双腰串（七尺以下或用单腰串；如高一丈五尺以上，用夹腰华板，板心内用桩子）。每扇各随其长，于上腰串中心分作两分，腰上安子桯、棂子（棂子之数须双用）。腰华以下，并安障水板。或下安锃脚，则于下桯上施串一条。其板内外并施牙头护缝（下牙头或用如意头造）。门后用罗文楅（左右结角斜安，当心绞口）。其名件广厚，皆取门每尺之高，积而为法。

肘：长视高。每门高一尺，广五分，厚三分三厘。

桯①：长同上，方三分三厘。

腰串：铃随扇之广，其广四分，厚同肘。

腰华板②：长随两桯之内，广六分，厚六厘。

锃脚板：长厚同上，其广四分。

子桯：广二分二厘，厚三分。

承棂串：穿棂当中，广厚同子桯（于子桯之内横用一条或二条）。

棂子：厚一分（长入子桯之内三分之

译文

造乌头门的制度：（乌头门俗称“棂星门”。）高为八尺至二丈二尺，宽是高的一半。高度为一丈五尺以上的，如果要减少宽度，不得超过其五分之一。用双腰串（七尺以下的可以用单腰串；如果高度在一丈五尺以上，用夹腰华板，在其中心内用桩子），门扇和腰串长度一致，从上腰串的中心将其分作两份，腰上安设子桯和棂子（棂子数必须为双数）。在腰华的下面安设障水板。或者在其下面安设锃脚，那么则在下桯上安一条串。在华板的内外都做牙头护缝（下牙头用如意头）。门后用罗文楅（左右结角斜安，当中绞口）。乌头门构件的宽厚尺寸，以每尺门高为一百，用这个百分比来确定各部分的比例尺寸。

肘：长度根据高度而定。门的高度增加一尺，其宽度增加五分，厚度增加三分三厘。

桯：长度与肘相同，方长为三分三厘。

腰串：长随扇之广，其广四分，厚同肘。

腰华板：长度在两桯之间，宽度为六分，厚度为六厘。

锃脚板：长度和厚度与腰华板相同，其宽度为四分。

子桯：宽度为二分二厘，厚度为三分。

承棂串：穿过棂子，宽度和厚度与子桯相同（在子桯之间横着安设一条或者二条）。

棂子：厚度为一分（穿入子桯里面三分之一。如果门的高度为一丈，那么其宽度为一寸八分。如果高度增加一尺，那么其宽度增加一分；减少也按此比例）。

一。若门高一丈，则广一寸八分；如高增一尺，则加一分，减亦如之）。
障水板：广随两桯之内，厚七厘。
障水板及锃脚、腰华内难子：长随桯内四周，方七厘。
牙头板：长同腰华板，广六分，厚同障水板。
腰华板及锃脚内牙头板：长视广，其广亦如之，厚同上。
护缝：厚同上（广同桯子）。
罗文楅：长对角，广二分五厘，厚二分。
额：广八分，厚三分（其长每门高一尺，则加六寸）。
立颊：长视门高（上下各别出卯）。广七分，厚同额（颊下安卧柣、立柣）。
挟门柱：方八分（其长每门高一尺，则加八寸。柱下栽入地内，上施乌头）。
日月板：长四寸，广一寸二分，厚一分五厘。
抢柱：方四分（其长每门高一尺，则加二寸）。
凡乌头门所用鸡栖木、门簪、门砧、门关、搕锁柱、石砧、铁鞾臼、鹅台之类，并准板门之制。

障水板：宽度在两桯之间，厚度为七厘。

障水板及锃脚、腰华内难子：长度随桯内四周，方长为七厘。

牙头板：长度和腰华板相同，宽度为六分，厚度与障水板相同。

腰华板及锃脚内牙头板：长度与肘和桯之间的宽度相同，其宽度视两道腰串之间的宽度或者障水板下面所加的那道串和下桯之间的空挡距离而定，厚度与牙头板相同。

护缝：厚度同上（宽度与桯子相同）。

罗文楅：长度等于障水板的斜对角线的长度，宽度为二分五厘，厚度为二分。

额：宽度为八分，厚度为三分。（门高增加一尺，其长度则增加六寸。）

立颊：长度根据门的高度而定（上下另外出卯）。宽度为七分，厚度与额相同（颊下安设卧柣、立柣）。

挟门柱：方长为八分（门的高度增加一尺，其长度则增加八寸。柱的下端栽入地内，上端安乌头）。

日月板：长度为四寸，宽度为一寸二分，厚度为一分五厘。

抢柱：方长为四分（门的高度增加一尺，其长度则增加二寸）。

乌头门所用的鸡栖木、门簪、门砧、门关、搕锁柱、石砧、铁鞾臼、鹅台等构件，都遵照板门的制度。

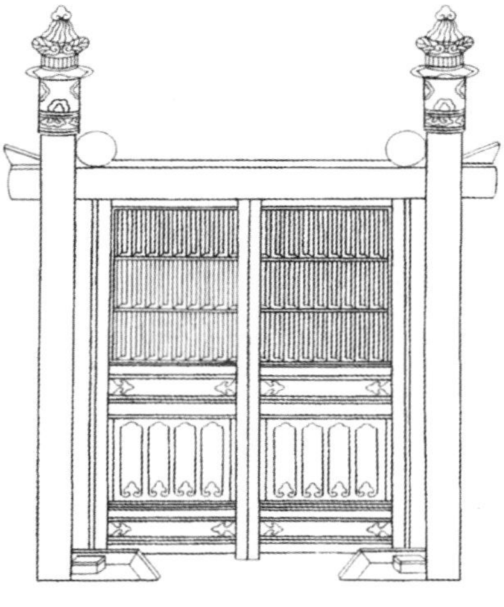

乌头门

注释

① 桯：指横木。

② 腰华板：指槅扇中裙板上部和下部安装的一种扁长池板。

造软门[1]之制：广与高方；若高一丈五尺以上，如减广者不过五分之一。用双腰串造（或用单腰串）。每扇各随其长，除桯及腰串外，分作三分，腰上留二分，腰下留一分，上下并安板，内外皆施牙头护缝（其身内板及牙头护缝所用板，如门高七尺至一丈二尺，并厚六分；高一丈三尺至一丈六尺，并厚八分；高七尺以下，并厚五分，皆为定法。腰华板厚同。下牙头或用如意头）。其名件广厚，皆取门每尺之高，积而为法。

拢桯内外用牙头护缝软门：高六尺至一丈六尺。（额、栿内上下施伏兔用立标。）

肘：长视门高，每门高一尺，则广五分，厚二分八厘。

桯：长同上（上下各出二分），方二分八厘。

腰串：长随每扇之广，其广四分，厚二分八厘（随其厚三分，以一分为卯）。

腰华板：长同上，广五分。

合板软门：高八尺至一丈三尺，并用七楅，八尺以下用五楅（上下牙头，通身护缝，皆厚六分。如门高一丈，即牙头广五

译文

造软门的制度：软门的宽度是其高度的一半；高度在一丈五尺以上的软门，如果减少其宽度不得超过五分之一。采用双腰串（或者采用单腰串）。门扇与其长度相同，除了桯和腰串以外，分为三份，腰上留两份，腰下留一份，上下都安板，内外板上都安牙头护缝（如果软门的高度为七尺至一丈二尺，那么其身内板和牙头护缝所用的板都厚六分；如果软门高度为一丈三尺至一丈六尺，那么厚度都为八分；高度在七尺以下的，厚度为五分，这一规定都是固定的。腰华板的厚度与其一样。下牙头也可以做成如意头形状）。软门构件的宽厚尺寸，以每尺软门的高度为一百，用这个百分比来确定各部分的比例尺寸。

拢桯内外用牙头护缝软门：高度为六尺至一丈六尺。（在额和地栿的上下安设伏兔、立标。）

肘：长度根据门的高度而定，门的高度增加一尺，那么宽度则增加五分，厚度增加二分八厘。

桯：长度与肘相同（上下各出头二分），方长为二分八厘。

腰串：长度和每个门扇的宽度相同，其宽度为四分，厚度为二分八厘（根据其厚度分为三份，用一份来作卯）。

腰华板：长度与腰串相同，宽度为五分。

合板软门：高度为八尺至一丈三尺的，都用七条楅，高度在八尺以下的用五

寸，护缝广二寸，每增高一尺，则牙头加五分，护缝加一分，减亦如之）。

肘板②：长视高，广一寸，厚二分五厘。

身口板：长同上，广随材（通肘板合缝计数，令足一扇之广），厚一分五厘。

楅：每门广一尺，则长九寸二分。广七分，厚四分。

凡软门内或用手栓、伏兔，或用承拐楅，其额、立颊、地栿、鸡栖木、门簪、门砧、石砧、铁桶子、鹅台之类，并准板门之制。

注释

① 软门：构造和用材上都比较轻巧的木门。

② 肘板：指连接两个以上构件的连接件。

条楅（上下安设牙头，全部板身都作护缝，其厚度为六分。如果门的高度为一丈，牙头宽度为五寸，护缝的宽度为二寸，门的高度增加一尺，牙头增加五分，护缝增加一分，减少也按此比例）。

肘板：长度根据门的高度而定，宽度为一寸，厚度为二分五厘。

身口板：长度与肘板相同，宽度根据所用木材而定（计算整个肘板上合缝的数量，使其足够一个门扇的宽度），厚度为一分五厘。

楅：门的宽度增加一尺，那么楅的长度增加九寸二分，宽度增加七分，厚度增加四分。

软门内或者用手栓、伏兔，或者用承拐楅，其额、立颊、地栿、鸡栖木、门簪、门砧、石砧、铁桶子、鹅台等均遵照板门的制度。

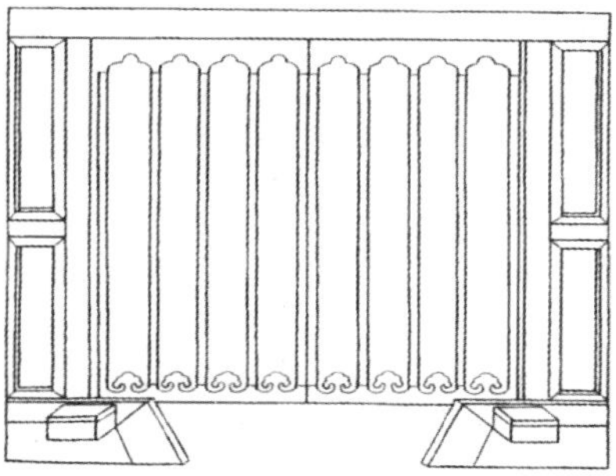

合板软门

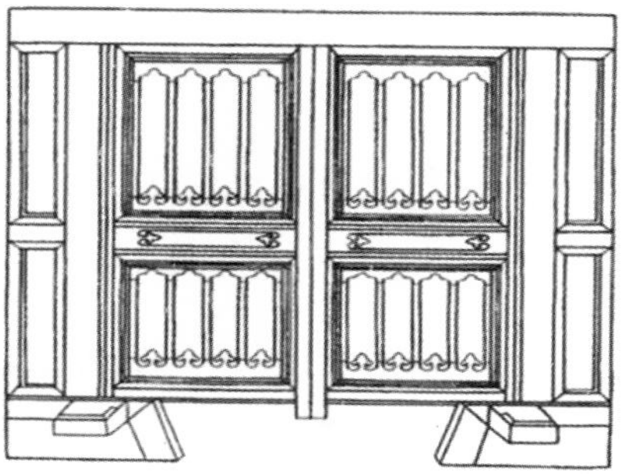

牙头护缝软门

破子棂窗

造破子棂窗[1]之制：高四尺至八尺。如间广一丈，用十七棂。若广增一尺，即更加二棂。相去空一寸（不以棂之广狭，只以空一寸为定法）。其名件广厚，皆以窗每尺之高，积而为法。

破子棂：每窗高一尺，则长九寸八分（令上下入子桯内，深三分之二）。广五分六厘，厚二分八厘（每用一条，方四分，结角解作两条，则自得上项广厚也）。每间以五棂出卯透子桯。

子桯：长随棂空。上下并合角斜叉立颊。广五分，厚四分。

额及腰串：长随间广，广一寸二分，厚随子桯之广。

立颊：长随窗之高，广、厚同额（两壁内隐出子桯）。

地栿：长厚同额，广一寸。

凡破子窗，于腰串下，地栿上，安心柱，槫颊。柱内或用障水板、牙脚、牙头填心难子造，或用心柱编竹造，或于腰串下用隔减窗坐造（凡安窗，于腰串下高四尺至三尺，仍令窗额与门额齐平）。

译文

造破子棂窗的制度：破子棂窗的高度为四尺至八尺。如果开间宽度为一丈，那么用十七道子棂。如果宽度增加一尺，则增加两道子棂。破子棂窗之间相隔一寸的宽度（和子棂的宽窄无关，只以空一寸为准则）。破子棂窗构件的宽厚尺寸，以每尺窗的高度为一百，用这个百分比来确定各部分的比例尺寸。

破子棂：窗每增高一尺，其长度增加九寸八分（使其上下都接入子桯中，深度为子桯厚度的三分之二），宽度增加五分六厘，厚度增加二分八厘（用一条方长为四分的木条对角破为两条，那么自然得到宽度和厚度）。每一间有五道子棂出卯穿过子桯。

子桯：长度按全部棂子和它们之间的空当的尺寸总和而定。水平的子桯和垂直的子桯在转角成 45° 相交。宽度为五分，厚度为四分。

额及腰串：长度根据间宽而定，宽度为一寸二分，厚度根据子桯的宽度而定。

立颊：长度和窗高一致，宽度和厚度与额相同（两面内壁隐出子桯）。

地栿：长度和厚度与额相同，厚度为一寸。

制作破子棂窗时，在腰串之下地栿之上安设心柱和槫颊。在心柱内可以用障水板、牙脚和牙头作填心难子，或者心柱用竹笆，或者在腰串下面砌砖墙（腰串的高度在地面上四尺到三尺，但让窗额与门额齐平）。

注释

① 破子棂窗：棂窗的一种，其棂子是断面为三角形的木条。

破子棂窗

原典图说

破子棂窗的特点

破子棂窗最大的特点就在于“破”字，与其他窗棂不同的是，它的窗棂是将方形断面的木料沿着对角线斜破而成，也就是将一根方形的棂条破分成两根三角形的棂条，因此它的截面为三角形。安置棂条时，三角形断面的尖端要朝外，而平的一面则朝内，这样比较方便在窗内贴窗纸，以便更好地遮挡风沙和冷空气等。

造睒电窗[1]之制：高二尺至三尺。每间广一丈，用二十一棂。若广增一尺，则增加二棂，相去空一寸。其棂实广二寸，曲广二寸七分，厚七分（谓以广二寸七分直棂，左右剜刻取曲势，造成实广二寸也。此广厚皆为定法）。其名件广厚，皆取窗每尺之高，积而为法。

棂子[2]：每窗高一尺，则长八寸七分（广厚已见上项）。

上下串：长随间广，其广一寸（如窗高二尺，厚一寸七分；每增高一尺，加一分五厘；减亦如之）。

两立颊：长视高，其广厚同串。

凡睒电窗，刻作四曲或三曲；若水波文造，亦如之。施之于殿堂后壁之上，或山壁高处。如作看窗，则下用横钤、立旌，其广厚并准板棂窗所用制度。

睒电窗

译文

造睒电窗的制度：睒电窗高度为二尺至三尺。每间的宽度为一丈，用二十一道子棂。如果宽度每增加一尺，则再增加两道子棂，相隔一寸的宽度。子棂实宽二寸，曲宽二寸七分，厚度为七分（直棂本来的宽度为二寸七分，左右剜刻成曲面，所以造成实宽为二寸。这样的宽度和厚度都是固定的）。睒电窗构件的宽厚尺寸，以每尺窗的高度为一百，用这个百分比来确定各部分的比例尺寸。

棂子：窗的高度每增加一尺，那么长度增加八寸七分（宽度和厚度的规定同前）。

上下串：长度根据间广而定，宽度为一寸（例如窗的高度为二尺，厚度为一寸七分，窗每增高一尺，则厚度增加一分五厘；减少的比例也如此）。

两立颊：长度根据窗的高度而定，其宽度和厚度与串相同。

睒电窗的棂子是弯曲形状，剜刻成四道曲或三道曲；如果刻水波纹的样式，也是如此。睒电窗开在殿堂后壁上，或者山墙的高处。如果将睒电窗作为看窗，则下面施用横钤和立旌，其宽度和厚度都同板棂窗的制度规定。

注释

① 睒电窗：指开在后墙或山墙高处的棂窗，其棂子为波浪状的木条。一般位于柱间阑额下。历史上，睒电窗在宫殿、佛寺建筑上广泛应用，但因过于费工费料，元明之后很少再见到。

② 棂子：指窗棂或窗格，即窗里面的横的或竖的格。

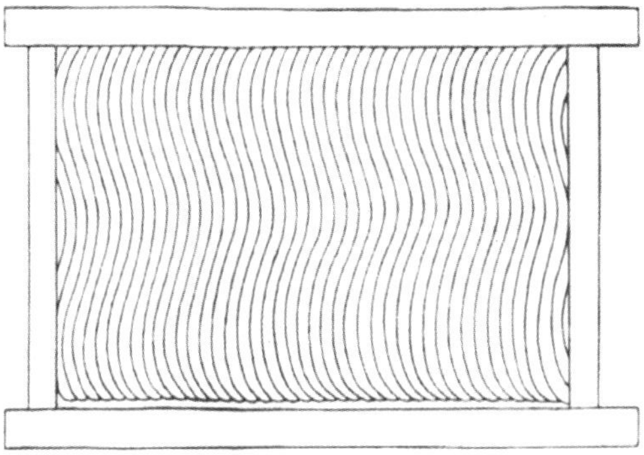

睒电窗

造板棂窗[1]之制：高二尺至六尺。如间广一丈，用二十一棂。若广增一尺，即增加二棂。其棂相去空一寸，广二寸，厚七分（并为定法）。其余名件长及广厚，皆以窗每尺之高，积而为法。

板棂：每窗高一尺，则长八寸七分。

上下串：长随间广，其广一寸（如窗高五尺，则厚二寸；若增高一尺，加一分五厘；减亦如之）。

立颊：长视窗之高，广同串（厚亦如之）。

地栿：长同串（每间广一尺，则广四分五厘，厚二分）。

立旌：长视高（每间广一尺，则广三分五厘，厚同上）。

横钤：长随立旌内（广厚同上）。

凡板棂窗，于串下地栿上安心柱编竹造，或用隔减窗坐造。若高三尺以下，只安于墙上（令上串与门额齐平）。

板棂窗

译文

造板棂窗的制度：板棂窗的高度为二尺至六尺。每间的宽度为一丈，用二十一道子棂。如果宽度每增加一尺，则再增加两道子棂。其子棂之间相隔一寸的宽度，宽度为二寸，厚度为七分（都为固定尺寸）。板棂窗构件的宽厚尺寸，以每尺窗的高度为一百，用这个百分比来确定各部分的比例尺寸。

板棂：窗每增高一尺，则长度增加八寸七分。

上下串：长度根据间广而定，其宽度为一寸（例如窗的高度为五尺，那么其厚度则为二寸；如果每增高一尺，那么其厚度就增加一分五厘；减少的比例也如此）。

立颊：长度根据窗高度而定，宽度与串相同（厚度也如此）。

地栿：长度与串相同（间宽每增加一尺，地栿宽度则增加四分五厘，厚度增加二分）。

板棂窗

立旌：长视高（每间广一尺，则广三分五厘，厚同上）。

横钤：长度根据立旌内的长度而定（宽度和厚度与立旌相同）。

制作板棂窗时，在串之下地栿之上安设竹笆心柱，或者砌砖墙。若高三尺以下，只安于墙上（使上串与门额齐平）。

注释

① 板棂窗：属于棂窗的一种，棂子为直的木板条。

截间板帐

造截间板帐[1]之制：高六尺至一丈，广随间之广。内外并施牙头护缝。如高七尺以上者，用额、栿、槫柱，当中用腰串造。若间远则立槏柱。其名件广厚，皆取板帐每尺之广，积而为法。

槏柱[2]：长视高，每间广一尺，则方四分。

额：长随间广，其广五分，厚二分五厘。

腰串、地栿：长及广厚皆同额。

槫柱：长视额、栿内广，其广厚同额。

板：长同槫柱，其广量宜分布（板及牙头、护缝、难子，皆以厚六分为定法）。

牙头：长随槫柱内广，其广五分。

护缝：长视牙头内高，其广二分。

难子：长随四周之广，其广一分。

凡截间板帐，如安于梁外乳栿、札牵之下，与全间相对者，其名件广厚，亦用全间之法。

译文

造截间板帐的制度：截间板帐的高度为六尺至一丈，宽度与开间的宽度一致。里面和外面都作牙头护缝。如果截间板帐的高度在七尺以上，那么使用额、栿和槫柱，在中间作腰串。如果两柱之间的距离过大，那么就安立槏柱。截间板帐构件的宽厚尺寸，都以每尺板帐的宽度为一百，用这个百分比来确定各部分的比例尺寸。

槏柱：长度根据其高度而定，间宽每增加一尺，槏柱的方长增加四分。

额：长度与间宽相同，其宽度为五分，厚度为二分五厘。

腰串、地栿：长度、宽度和厚度都与额相同。

槫柱：长度根据额与地栿内的宽度而定，其宽度和厚度与额相同。

板：长度与槫柱相同，其宽度根据情况量取合适的尺寸（板以及牙头、护缝、难子，都是以六分厚度为统一规定）。

牙头：长度根据槫柱里面的宽度而定，其宽度为五分。

护缝：长度根据牙头内的高度而定，其宽度为二分。

难子：长度根据其四周的宽度而定，其宽度为一分。

安设在梁外的乳栿、劄牵下面，且正对室内柱子之间中线位置的截间板帐，其构件较多，也遵照全间的规定。

注释

① 截间板帐：安于柱与柱之间，用于分隔室内空间的隔断墙。

② 槏柱：指隔断、窗户等旁边的中柱。

造照壁屏风骨[1]之制：用四直大方格眼。若每间分作四扇者，高七尺至一丈二尺。如只作一段截间造者，高八尺至一丈二尺。其名件广厚，皆取屏风每尺之高，积而为法。

截间屏风骨：

桯：长视高，其广四分，厚一分六厘。

条桱：长随桯内四周之广，方一分六厘。

额：长随间广，其广一寸，厚三分五厘。

槫柱：长同桯，其广六分，厚同额。

地栿：长厚同额，其广八分。

难子：广一分二厘，厚八厘。

四扇屏风骨：

桯：长视高，其广二分五厘，厚一分二厘。

条桱：长同上法，方一分二厘。

额：长随间之广，其广七分，厚二分五厘。

槫柱：长同桯，其广五分，厚同额。

地栿：长厚同额，其广六分。

难子：广一分，厚八厘。

凡照壁屏风骨，如作四扇开闭者，其所用立㮇、搏肘，若屏风高一丈，则搏肘方一寸四分；立㮇广二寸，厚一寸六分；如高增一尺，即方及广厚各加一分；减亦如之。

照壁屏风骨

译文

造照壁屏风骨的制度：用条桱做成四个大方格眼。如果每一房间安设四扇，其高度为七尺至一丈二尺。如果只有一段屏风，则高八尺至一丈二尺。照壁屏风骨构件的宽厚尺寸，都以每尺高度为一百，用这个百分比来确定各部分的比例尺寸。

截间屏风骨：

桯：长度根据其高度而定，其宽度为四分，厚度为一分六厘。

条桱：长度根据桯内四周的长度而定，方长为一分六厘。

额：长度和开间的宽度一致，其宽度为一寸，厚度为三分五厘。

槫柱：长度与桯相同，其宽度为六分，厚度与额相同。

地栿：长度和厚度与额相同，其宽度为八分。

难子：宽度为一分二厘，厚度为八厘。

四扇屏风骨：

桯：长度根据其高度而定，其宽度为二分五厘，厚度为一分二厘。

条桱：长度根据桯内四周的长度而定，方长为一分二厘。

额：长度和开间的宽度一致，其宽度为七分，厚度为二分五厘。

槫柱：长度与桯相同，其宽度为五分，厚度与额相同。

地栿：长度和厚度与额相同，其宽度为六分。

难子：宽度为一分，厚度为八厘。

对于四扇开闭的照壁屏风所使用的立㮇、搏肘，如果屏风的高度为一丈，则搏肘的方长为一寸四分，立㮇的宽度为二寸，厚度为一寸六分；如果屏风的高度增加一尺，那么搏肘的方长以及立㮇的宽度和厚度各自增加一分，减少时也按此比例。

注释

① 照壁屏风骨：构成照壁屏风的骨架子。照壁屏风，厅堂等内部的隔断屏风。照壁，也称影壁或屏风墙，指大门内的屏蔽物。

原典

造隔截横钤、立旌①之制：高四尺至八尺，广一丈至一丈二尺。每间随其广，分作三小间，用立旌，上下视其高，量所宜分布，施横钤。其名件广厚，皆取每间一尺之广，积而为法。

额及地栿：长随间广，其广五分，厚三分。

槫柱及立旌：长视高，其广三分五厘，厚二分五厘。

横钤：长同额，广厚并同立旌。

凡隔截所用横钤、立旌，施之于照壁、门、窗或墙之上；及中缝截间者亦用之，或不用额、栿、槫柱。

隔截横钤、立旌

译文

造隔截所用横钤和立旌的制度：高度为四尺至八尺，宽度为一丈至一丈二尺。每一隔截根据其宽度分作三个小间，根据隔截的高度量取合适的尺寸使用立旌，安设横钤。隔截所用横钤和立旌构件的宽厚尺寸，以每间一尺的宽度为一百，用这个百分比来确定各部分的比例尺寸。

额及地栿：长度和间宽一致，其宽度为五分，厚度为三分。

槫柱及立旌：长度根据高度而定，其宽度为三分五厘，厚度为二分五厘。

横钤：长度与额相同，宽度和厚度都和立旌相同。

隔截所用的横钤、立旌安设在照壁、门、窗或者墙的上面，连接到中缝的截间也使用这些，也可不用额、栿、槫柱。

注释

① 隔截横钤、立旌：隔截是指厅堂等的隔断或隔断墙。造隔截需要用横钤和立旌，其中横钤用在水平方向，立旌用在竖直方向，两者和其他一些部件一起组成隔截的框架。

原典

造露篱①之制：高六尺至一丈，广八尺至一丈二尺。下用地栿、横钤、立旌；上用榻头木施板屋造。每一间分作三小间。立旌长视高，栽入地；每高一尺，则广四分，厚二分五厘。曲枨长一寸五分，曲广三分，厚一分。其余名件广厚，皆取每间一尺之广，积而为法。

地栿、横钤：每间广一尺，则长二寸八分，其广厚并同立旌。

榻头木：长随间广，其广五分，厚三分。

山子板：长一寸六分，厚二分。

屋子板：长同榻头木，广一寸二分，厚一分。

沥水板：长同上，广二分五厘，厚六厘。

压脊、垂脊木：长广同上，厚二分。

凡露篱若相连造，则每间减立旌一条（谓如五间，只用立旌十六条之类）。其横钤、地栿之长，各减一分三厘。板屋两头施搏风板及垂鱼、惹草，并量宜造。

露篱

译文

造露篱的制度：露篱的高度为六尺至一丈，每一间的宽度为八尺至一丈二尺。地面使用地栿、横钤、立旌，顶上用榻头木造板屋。每一间露篱分作三个小间。立旌的长度根据露篱的高度而定，栽入地下；每增高一尺，其宽度增加四分，厚度增加二分五厘。曲枨的长度为一寸五分，曲面宽三分，厚度为一分。露篱构件的宽厚尺寸，以每间一尺的宽度为一百，用这个百分比来确定各部分的比例尺寸。

地栿、横钤：每间宽度增加一尺，则长度增加二寸八分，其宽度和厚度都与立旌相同。

榻头木：长度根据开间的宽度而定，其宽度为五分，厚度为三分。

山子板：长度为一寸六分，厚度为二分。

屋子板：长度与榻头木相同，宽度为一寸二分，厚度为一分。

沥水板：长度与山子板相同，宽度为二分五厘，厚度为六厘。

压脊、垂脊木：长度和宽度同上，厚度为二分。

如果露篱是采用相连造的方法，则每间少安设一条立旌（比如五间，只用立旌十六条），其横钤、地栿的长度各减去一分三厘。板屋两头安设搏风板以及垂鱼、惹草，根据情况确定尺寸。

篱笆，即露篱

注释

① 露篱：即现在的篱笆或栅栏，但古代的露篱顶部有遮挡设施。

原典

板引檐

造屋垂前板引檐[1]之制：广一丈至一丈四尺（如间太广者，每间作两段），长三尺至五尺。内外并施护缝。垂前用沥水板。其名件广厚，皆以每尺之广，积而为法。

桯：长随间广，每间广一尺，则广三分，厚二分。

檐板[2]：长随引檐之长，其广量宜分擘（以厚六分为定法）。

护缝：长同上，其广二分（厚同上定法）。

沥水板：长广随桯（厚同上定法）。

跳椽：广厚随桯，其长量宜用之。

凡板引檐施之于屋垂之外。跳椽上安阑头木、挑斡，引檐与小连檐相续。

译文

造屋垂前板引檐的制度：宽度为一丈至一丈四尺（如果开间太宽，每一间分作两段），长度为三尺至五尺。里外都做护缝。在屋垂的前面安设沥水板。屋垂前板引檐构件的宽厚尺寸，以每尺宽度为一百，用这个百分比来确定各部分的比例尺寸。

桯：长度与开间的宽度一致，开间的宽度增加一尺，那么其宽度增加三分，厚度增加二分。

檐板：长和引檐的长度一致，其宽度根据情况分开量取（厚度以六分为统一规定）。

护缝：长度与檐板相同，其宽度为二分（厚度按上面的统一规定）。

沥水板：长度和宽度根据桯的情况而定（厚度按上面的统一规定）。

跳椽：宽度和厚度根据桯的情况而定，其长度根据情况裁量使用。

板引檐安设在屋垂的外面。跳椽上安阑头木、挑斡，引檐与小连檐相互连接。

注释

① 板引檐：在屋檐之外另加的木板檐。

② 檐板：指贴挂在屋檐或楼层平座下的板状构件，用于封挡梁、椽或望板的前部。

原典

造水槽①之制：直高一尺，口广一尺四寸。其名件广厚，皆以每尺之高，积而为法②。

厢壁板：长随间广，其广视高，每一尺加六分，厚一寸二分。

底板：长厚同上（每口广一尺，则广六寸）。

罨头板：长随厢壁板内，厚同上。

口襻：长随口广，其方一寸五分。

跳椽：长随所用，广二寸，厚一寸八分。

凡水槽施之于屋檐之下，以跳椽襻拽。若厅堂前后檐用者，每间相接；令中间者最高，两次间以外，逐间各低一板，两头出水。如廊屋或挟屋偏用者，并一头安罨头板。其槽缝并包底荫牙缝造。

水槽

译文

造水槽的制度：垂直高度为一尺，口径为一尺四寸。水槽构件的宽厚尺寸，以每尺高度为一百，用这个百分比来确定各部分的比例尺寸。

厢壁板：长度和水槽间广一致，其宽度根据水槽的高度而定，水槽的高度每增加一尺，宽度则增加六分，厚度为一寸二分。

底板：长度、厚度与厢壁板相同（水槽口径每增加一尺，则宽度增加六寸）。

罨头板：长度根据厢壁板内的情况而定，厚度与上面的相同。

口襻：长度根据口径大小而定，其方长为一寸五分。

跳椽：长度根据使用情况而定，宽度为二寸，厚度为一寸八分。

水槽造在屋檐的下面，用跳椽来支撑固定。如果在厅堂前后的屋檐之下安设水槽，使每间的水槽相互连接。位于中心开间的水槽最高，两个次间以外的水槽逐间降低一板，两头出水。如果是在廊屋或挟屋等地方使用，那么在其一头安设罨头板。其槽缝都是采用包底荫牙缝的做法。

注释

①水槽：设置于屋檐下，引排屋面雨水的沟槽。

②法：比例尺寸。

井屋子

造井屋子[1]之制：自地至脊共高八尺。四柱，其柱外方五尺（垂檐及两际皆在外）。柱头高五尺八寸。下施井匮，高一尺二寸。上用厦瓦板，内外护缝；上安压脊、垂脊；两际施垂鱼、惹草。其名件广厚，皆以每尺之高，积而为法。

柱：每高一尺，则长七寸五分（镶、耳在内），方五分。

额：长随柱内，其广五分，厚二分五厘。

栿[2]：长随方（每壁每长一尺加二寸，跳头在内），其广五分，厚四分。

蜀柱：长一寸三分，广厚同上。

叉手：长三寸，广四分，厚二分。

槫：长随方（每壁每长一尺加四寸，出际在内），广厚同蜀柱。

串：长同上（加亦同上，出头在内），广三分，厚二分。

厦瓦板：长随方，每方一尺，则长八寸，斜长随檐在内。其广随材合缝。以厚六分为定法。

上下护缝：长厚同上，广二分五厘。

压脊：长及广厚并同槫。其广取槽在内。

译文

造井屋子的制度：从井口上的石板到屋脊高度为八尺。四根柱子所构成的正方形平面的方长为五尺（垂檐和两际都在外边）。柱头的高度为五尺八寸。下面安设井栏杆，高度为一尺二寸。上面使用厦瓦板，里外都做护缝，并安设压脊、垂脊；在两个出际部分上面做垂鱼、惹草。井屋子构件的宽厚尺寸，以每尺高度为一百，用这个百分比来确定各部分的比例尺寸。

柱：井屋子的高度每增加一尺，那么柱的长度增加七寸五分（镶、耳在内），方长增加五分。

额：长度根据柱内宽度而定，其宽度为五分，厚度为二分五厘。

栿：长度根据方长而定（井屋子每面的长度增加一尺，那么栿的长度增加二寸，跳头包括在内）。其宽度为五分，厚度为四分。

蜀柱：长度为一寸三分，宽度和厚度与栿相同。

叉手：长度为三寸，广度为四分，厚度为二分。

槫：长度根据方长而定（井屋子每面的长度增加一尺，那么槫的长度增加四寸，出际包括在内）。宽度和厚度与蜀柱相同。

串：长度与槫相同（增加的情况也与槫相同，出头包括在内），宽度为三分，厚度为二分。

厦瓦板：长度根据方长而定，方长每增加一尺，则长度增加八寸，斜长随檐在内。其宽度随材合缝。厚度以六分为统一规定。

上下护缝：长度、厚度与厦瓦板相同，宽度为二分五厘。

压脊：长度、宽度和厚度与槫相同。其宽度包括两侧的槽在内。

垂脊③：长三寸八分，广四分，厚三分。

搏风板：长五寸五分，广五分（厚同厦瓦板）。

沥水牙子：长同槫，广四分（厚同上）。

垂鱼：长二寸，广一寸二分（厚同上）。

惹草：长一寸五分，广一寸（厚同上）。

井口木：长同额，广五分，厚三分。

地栿：长随柱外，广厚同上。

井匮板：长同井口木，其广九分，厚一分二厘。

井匮内外难子：长同上（以方七分为定法）。

凡井屋子，其井匮与柱下齐，安于井阶之上，其举分准大木作之制。

注释

① 井屋子：即井亭，建在井口上用来保持井水清洁的亭子。

② 栿：指房梁。

③ 垂脊：指庑殿顶的正脊两端至屋檐四角的屋脊。

垂脊：长度为三寸八分，宽度为四分，厚度为三分。

搏风板：长度为五寸五分，宽度为五分（厚度与厦瓦板相同）。

沥水牙子：长度与槫相同，宽度为四分（厚度与搏风板相同）。

垂鱼：长度为二寸，宽度为一寸二分（厚度与沥水牙子相同）。

惹草：长度为一寸五分，宽度为一寸（厚度与垂鱼相同）。

井口木：长度与额相同，宽度为五分，厚度为三分。

地栿：长度根据柱外情况而定，宽度和厚度同上。

井匮板：长度与井口木相同，其宽度为九分，厚度为一分二厘。

井匮内外难子：长度同上（方长以七分为统一规定）。

井屋子下的栏杆与柱的下端齐平，安设在井阶的上面，屋脊举高的比例按照大木作制度的规定。

井屋子

地棚

造地棚①之制：长随间之广，其广随间之深。高一尺二寸至一尺五寸。下安敦桥，中施方子，上铺地面板。其名件广厚，皆以每尺之高，积而为法。

敦桥：（每高一尺，长加三寸。）广八寸，厚四寸七分（每方子长五尺用一枚）。

方子：长随间深（接搭用桥），广四寸，厚三寸四分（每间用三路）。

地面板：长随间广（其广随材，合贴用），厚一寸三分。

遮羞板：长随门道间广，其广五寸三分，厚一寸。

凡地棚施之于仓库屋内。其遮羞板安于门道之外，或露地棚处皆用之。

译文

造地棚的制度：长度与开间的宽度一致，其宽度与开间的进深一致。高度一尺二寸至一尺五寸。下部安设敦桥，中间使用方子，上面铺地面板。地棚构件的宽厚尺寸，以每尺高度为一百，用这个百分比来确定各部分的比例尺寸。

敦桥：（高度每增加一尺，长度增加三寸。）宽度为八寸，厚度为四寸七分（每个方子的长度为五尺，用一枚）。

方子：长度根据间深而定，不一定要用贯通整个开间的整条方子（如果用较短的，可以在敦桥上接搭）。宽度为四寸，厚度为三寸四分（每一间用三路方子）。

地面板：长度根据间广而定，其宽度与材相同，合贴则可使用。厚度为一寸三分。

遮羞板：长度根据门道的间广而定，其宽度为五寸三分，厚度为一寸。

地棚建造在仓库屋内。其遮羞板安于门道的外面，或者地棚出露的地方都可使用。

注释

① 地棚：安装在仓库内，使储存物不直接接触地面的木地板。

卷七

小木作制度二

格子门

原典

造格子门①之制有六等：一曰四混，中心出双线，入混内出单线（或混内不出线）。二曰破瓣双混，平地出双线（或单混出单线）。三曰通混出双线（或单线）。四曰通混压边线。五曰素通混。（以上并攛尖入卯。）六曰方直破瓣（或攛尖或叉瓣造）。高六尺至一丈二尺，每间分作四扇（如梢间狭促者，只分作二扇）。如担额及梁栿下用者，或分作六扇造，用双腰串（或单腰串造）。每扇各随其长，除桯及腰串外，分作三分；腰上留二分安格眼（或用四斜毬文格眼，或用四直方格眼，如就毬文者，长短随宜加减），腰下留一分安障水板（腰华板及障水板皆厚六分；桯四角外，上下各出卯，长一寸五分，并为定法）。其名件广厚，皆取门桯每尺之高，积而为法。

四斜毬文格眼：其条桱厚一分二厘（毬文桱三寸至六寸。每毬文圜径一寸，则每瓣长

译文

造格子门的制度有六个等级：一是四混，中心出双线，进入混内则出单线（或者混内不出线）。二是破瓣双混，平地出双线（或者单混出单线）。三是通混出双线（或者出单线）。四是通混压边线。五是素通混（以上都以斜角相交入卯）。六是方直破瓣（或者以斜角相交，或者以正角相交）。高度为六尺至一丈二尺，每一间分成四扇（如果梢间比较狭窄，只分成二扇）。如果在担额以及梁栿的下面安设格子门，也可分成六扇，使用双腰串或单腰串。每扇根据其长度，除桯和腰串在外，分为三份；腰上留两份安设格眼（或者采用四斜毬文格眼，或者采用四直方格眼，如果要将就毬文的位置，其长短根据情况增减）。腰下留下一份安设障水板（腰华板以及障水板的厚度都为六分；子桯的四角外，上下都出卯，长度为一寸五分，都是统一规定）。格子门构件的宽厚尺寸，以门桯的高度为一百，用这个百分比来确定各部分的比例尺寸。

四斜毬文格眼：其条桱的厚度为一分二厘（毬文桱的厚度为三寸至六寸。每一毬文的圆径为一寸，则每瓣的长度为七分，宽度为三分，绞口宽一分；四周为压边线。其条桱的瓣数必须为双数，四角必须使一瓣正对着角线）。

七分，广三分，绞口广一分；四周压边线。其条桱瓣数须双用，四角各令一瓣入角）。

桯：长视高，广三分五厘，厚二分七厘（腰串广厚同桯。横卯随桯三分中存向里二分为广；腰串卯随其广。如门高一丈，桯卯及腰串卯皆厚六分；每高增一尺，即加二厘；减亦如之。后同）。

子桯：广一分五厘，厚一分四厘（斜合四角，破瓣单混造。后同）。

腰华板：长随扇内之广，厚四分（施之于双腰串之内；板外别安雕华）。

障水板：长广各随桯（令四面各入池槽）。

额：长随间之广，广八分，厚三分（用双卯）。

槫柱、颊：长同桯，广五分（量摊擘扇数，随宜加减），厚同额（二分中取一分为心卯）。

地栿：长厚同额，广七分。

四斜毬文上出条桱重格眼：其条桱之厚，每毬文圜径二寸，则加毬文格眼之厚二分（每毬文圜径加一寸，则厚又加一分；桯及子桯亦如之。其毬文上採出条桱，四撺尖，四混出双线或单线造。如毬文圜径二寸，则採出条桱方三分，若毬文圜径加一寸，则条桱方又加一分。其对格眼子桯，则安撺尖，其尖外入桯，内对格眼，合尖令线混转过。其对毬文子桯，每毬文圜

桯：长度根据高而定，宽度为三分五厘，厚度为二分七厘（腰串的宽度和厚度与桯相同。横卯的宽度是桯的三分之二，腰串卯的宽度和其一致。如门的高度为一丈，桯卯和腰串卯的厚度都为六分；格子门每增高一尺，其厚度增加二厘；减少的比例也如此。后同）。

子桯：宽度为一分五厘，厚度为一分四厘（斜向合贴四角，破瓣为单混。后同）。

腰华板：长度根据扇内的宽度而定，厚度为四分（安设在双腰串之内；板外另外做雕花）。

障水板：长度和宽度各自根据桯而定（使四面都嵌入池槽）。

额：长度根据间宽而定，宽度为八分，厚度为三分（采用双卯）。

槫柱、颊：长度与桯相同，宽度为五分（根据张开的扇面数量增减），厚度与额相同（两份中取一份作心卯）。

地栿：长度和厚度与额相同，宽度为七分。

四斜毬文上出条桱重格眼：毬文的圆径每增加二寸，则毬文格眼条桱的厚度增加二分（毬文的圆径每增加一寸，则条桱的厚度增加一分；桯及子桯也是如此。在毬文上刻出条桱，四面斜角相交，四混出双线或者单线。如毬文的圆径为二寸，则刻出的条桱方长为三分，若毬文的圆径增加一寸，则条桱的方长增加一分。其正对格眼的子桯，则作斜角相交，其尖卯入桯内，里面正对格眼，合尖令线混转过。对于毬文的子桯，毬文的圆径每增加一寸，那么子桯的宽度增加五厘；如毬文的圆径增加一寸，则子桯的宽度增加五厘。如是四直格眼毬文，那么在子桯的下面刻出毬文，其宽度与身内的毬文相合贴）。

四直方格眼：其制度有七个等级：一是四混绞双线（或单线）。二是通混压边线，心内绞双线（或单线）。三是丽口绞瓣双混（或单混出线）。四是丽口素绞瓣。五是一混四撺尖。六是平出线。七是方绞眼。其条桱的宽度都为一分，厚度为八厘（格眼里面的方长为二寸至三寸）。

径一寸，则子桯广五厘；若毬文圜径加一寸，则子桯之广又加五厘。或以毬文随四直格眼者，则子桯之下採出毬文，其广与身内毬文相应）。

四直方格眼：其制度有七等：一曰四混绞双线（或单线）。二曰通混压边线，心内绞双线（或单线）。三曰丽口绞瓣双混（或单混出线）。四曰丽口素绞瓣。五曰一混四撺尖。六曰平出线。七曰方绞眼。其条桱皆广一分，厚八厘（眼内方三寸至二寸）。

桯：长视高，广三分，厚二分五厘（腰串同）。

子桯：广一分二厘，厚一分。

腰华板及障水板：并准四斜毬文法。

额：长随间之广，广七分，厚二分八厘。

槫柱、颊：长随门高，广四分（量摊擘扇数，随宜加减），厚同额。

地栿：长厚同额，广六分。

板壁②：（上二分不安格眼，亦用障水板者。）名件并准前法，唯桯厚减一分。

两明格子门：其腰华、障水板、格眼皆用两重。桯厚更加二分一厘。子桯及条桱之厚各减二厘。额、颊、地栿之厚，各加二分四厘（其格眼两重，外面者安定；其内者，上开池槽深五分，下深二分）。

凡格子门所用搏肘、立㮓，如门高一丈，即搏肘方一寸四分，立㮓广二寸，厚一寸六分，如高增一尺，即方及广厚各加一分；减亦如之。

桯：长度根据高度而定，宽度为三分，厚度为二分五厘（腰串相同）。

子桯：宽度为一分二厘，厚度为一分。

腰华板及障水板：都遵照四斜毬文的规定。

额：长度与间广一致，宽度为七分，厚度为二分八厘。

槫柱、颊：长度与门的高度一致，宽度为四分（根据张开的扇面数量增减），厚度与额相同。

地栿：长度和厚度与额相同，宽度为六分。

板壁：（上面的二分不安格眼，也用障水板。）用此名称的构件的尺寸都遵循前面的规定，只是桯的厚度减少一分。

两明格子门：其腰华、障水板、格眼都是两重。桯的厚度多加二分一厘。子桯和条桱的厚度各自减少二厘。额、颊、地栿的厚度各加二分四厘（其格眼有两重，外面的一重固定，里面的一重在开池槽，上面深五分，下面深二分）。

格子门所使用的搏肘、立㮓，如果门的高度为一丈，那么搏肘的方长为一寸四分，立㮓的宽度为二寸，厚度为一寸六分。如果门的高度增加一尺，那么搏肘的方长以及立㮓的宽度和厚度各增加一分；减少也按这种比例。

注释

① 格子门：周围为框架，上半部用木条做成格子或格眼，里面糊纸的木门，一般为四扇、六扇、八扇。

② 板壁：门上的木隔板。

原典图说

古今格子门

古代格子门

格子门，清代称为格扇，是中国传统建筑中在殿阁和民居房屋安装的带有格眼、可以采光的木门。格子门下实上空，下方为木板，上半部分则做成格子形状，用糊纸或安装牡蛎壳片的方法，使格眼既透光又挡风。格子门虽称为门，实质却是门窗合一的产物。

格子门的影响深远，日本的格子户就源于中国的格子门，此外在朝鲜半岛、越南等国也有格子门。现代中国建筑中，格子门仍被广泛使用，只是格眼里的东西由以前的糊纸或安装牡蛎壳片改成了配玻璃，这种门如今叫玻璃格子门。

阑槛钩窗①

造钩窗阑槛之制：共高七尺至一丈，每间分作三扇，用四直方格眼。槛面外施云栱鹅项钩阑，内用托柱（各四枚）。其名件广厚，各取窗槛每尺之高，积而为法（其格眼出线，并准格子门四直方格眼制度）。

钩窗②：高五尺至八尺。

子桯：长视窗高，广随逐扇之广，每窗高一尺，则广三分，厚一分四厘。

条桱：广一分四厘，厚一分二厘。

心柱、槫柱：长视子桯，广四分五厘，厚三分。

额：长随间广，其广一寸一分，厚三分五厘。

槛：面高一尺八寸至二尺（每槛面高一尺，鹅项至寻杖共加九寸）。

槛面板：长随间心。每槛面高一尺，则广七寸，厚一寸五分（如柱径或有大小，则量宜加减）。

鹅项：长视高，其广四寸二分，厚一寸五分（或加减同上）。

云栱：长六寸，广三寸，厚一寸七分。

译文

造钩窗阑槛的制度：总共的高度为七尺至一丈，每间分作三扇，使用四直方格眼。在槛面的外面安设云栱鹅项钩阑，朝里的部分使用托柱（外施云栱鹅项钩阑四枚，内用托柱四枚）。钩窗阑槛构件的宽厚尺寸，以窗和槛的高度为一百，用这个百分比来确定各部分的比例尺寸（钩窗阑槛的格眼以及出线，都遵照格子门四直方格眼的制度）。

钩窗：高度为五尺至八尺。

子桯：长度根据窗的高度而定，宽度根据各扇的宽度而定，窗每增高一尺，那么子桯的宽度增加三分，厚度增加一分四厘。

条桱：宽度为一分四厘，厚度为一分二厘。

心柱、槫柱：长度根据子桯而定，宽度为四分五厘，厚度为三分。

额：长度根据间广而定，宽度为一寸一分，厚度为三分五厘。

槛：槛面的高度为一尺八寸至二尺（槛面每增高一尺，从鹅项到寻杖位置的高度一共增加九寸）。

槛面板：长度根据间心而定。槛面的高度每增加一尺，其宽度增加七寸，厚度增加一寸五分（如果柱子的直径大小不同，则根据情况进行增减）。

鹅项：长度根据高度而定，其曲面的宽度为四寸二分，厚度为一寸五分（增减的情况同上）。

云栱：长度为六寸，宽度为三寸，厚度为一寸七分。

注释

① 阑槛钩窗：古代建筑中一种栏与窗的结合体，推开窗就可以坐下凭栏眺望。

② 钩窗：古代一种内有托柱、外有钩阑的方格眼扇窗。

寻杖：长随槛面，其方一寸七分。

心柱及槫柱：长自槛面板下至栿上，其广二寸，厚一寸三分。

托柱：长自槛面下至地，其广五寸，厚一寸五分。

地栿：长同窗额，广二寸五分，厚一寸三分。

障水板：广六寸（以厚六分为定法）。

凡钩窗所用搏肘，如高五尺，则方一寸；卧关如长一丈，即广二寸，厚一寸六分。每高与长增一尺，则各加一分，减亦如之。

寻杖：长度与槛面的长度一致，其方长为一寸七分。

心柱及槫柱：长度是从槛面板的下面到地栿的上面，其宽度为二寸，厚度为一寸三分。

托柱：长度是从槛面的下端至地面，其宽度为五寸，厚度为一寸五分。

地栿：长度与窗额相同，宽度为二寸五分，厚度为一寸三分。

障水板：宽度为六寸（以六分厚度为统一规定）。

钩窗所用的搏肘，如高度为五尺，那么方长则为一寸；卧关的长度如果为一丈，那么搏肘宽度则为二寸，厚度为一寸六分。搏肘的高度与卧关的长度每增加一尺，那么搏肘的宽度与厚度各增加一分，减小的比例也如此。

原典图说

阑槛钩窗的构造

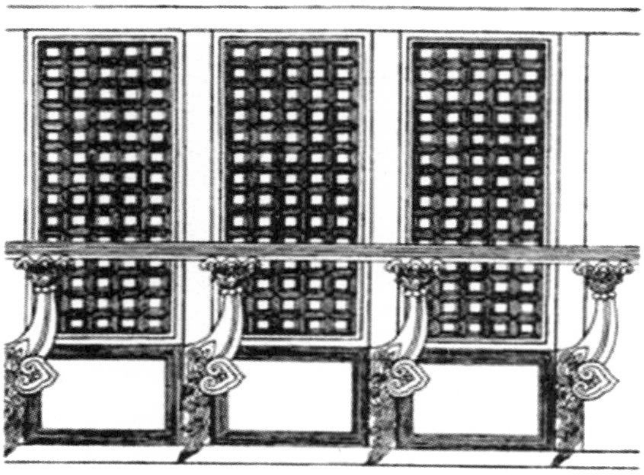

阑槛钩窗

阑槛钩窗一词应是由钩阑和槛窗合并而成，所以它的组成包括钩阑、坐槛和窗，指的是古代建筑中一种内有托柱、外有钩阑的方格眼扇窗。当将窗完全卸下时，剩下的坐槛和钩阑仍是组合状态，在这种组合方式中，钩阑的寻杖部分充当了普通座椅的靠背功能。但将窗装上时，槛就失去了坐具的功能，寻杖只是人在户外经过窗下时偶尔用到。宋代，阑槛钩窗中槛的高度有着特殊规定："槛面高一尺八寸至二尺"，大约与人的坐高相当，低于一般窗台的高度。

造殿堂内截间格子①之制：高一丈四尺至一丈七尺。用单腰串，每间各视其长，除桯及腰串外，分作三分。腰上二分安格眼，用心柱、槫柱分作二间。腰下一分为障水板，其板亦用心柱、槫柱分作三间（内一间或作开闭门子）。用牙脚、牙头填心，内或合板拢桯（上下四周并缠难子）。其名件广厚，皆取格子上下每尺之通高，积而为法。

上子桯：长视格眼之高，广三分五厘，厚一分六厘。

条桱：广厚并准格子门法。

障水子桯：长随心柱、槫柱内，其广一分八厘，厚二分。

上下难子：长随子桯，其广一分二厘，厚一分。

搏肘：长视子桯及障水板，方八厘。出镶在外。

额及腰串：长随间广，其广九分，厚三分二厘。

地栿：长厚同额，其广七分。

上槫柱及心柱：长视搏肘，广六分，厚同额。

下槫柱及心柱：长视障水板，其广五分，厚同上。

凡截间格子，上二分子桯内所用四斜毬文格眼，圜径七寸至九寸，其广厚皆准格子门之制。

殿内截间格子

译文

造殿堂内截间格子的制度：高度为一丈四尺至一丈七尺。使用单腰串，根据每一间的长度，除去桯和腰串，将其分作三份。在腰上的两份中安设格眼，使用心柱和槫柱将其分成二间。腰下的一份为障水板，障水板也用心柱、槫柱分成三间（可以在最里一间做门关）。使用牙脚、牙头填满中间部位，或者拼合板材，四面用桯拢住（上下四周都用难子缠绕）。殿堂内截间格子构件的宽厚尺寸，都以上下格子之间的高度为一百，用这个百分比来确定各部分的比例尺寸。

上子桯：长度根据格眼的高度而定，宽度为三分五厘，厚度为一分六厘。

条桱：宽度和厚度都遵照格子门的规定。

障水子桯：长度为心柱和槫柱之间的距离，其宽度为一分八厘，厚度为二分。

上下难子：长度根据子桯而定，其宽度为一分二厘，厚度为一分。

搏肘：长度根据子桯以及障水板而定，方长八厘。出镬镶在外。

额及腰串：长度根据间广而定，其宽度为九分，厚度为三分二厘。

地栿：长度和厚度与额相同，其宽度为七分。

上槫柱及心柱：长度根据搏肘而定，宽度为六分，厚度与额相同。

下槫柱及心柱：长度根据障水板而定，其宽度为五分，厚度同上。

截间格子的上两份子桯内所用的四斜毬文格眼，其圆径为七寸至九寸，子桯的宽度和厚度都遵照格子门中的规定。

截间格子

注释

① 截间格子：殿堂、堂阁内部的槅扇，上半部有糊纸的格子。

堂阁内截间格子

原典

造堂阁内截间格子之制：皆高一丈，广一丈一尺。其桯制度有三等：一曰面上出心线，两边压线；二曰瓣内双混（或单混）；三曰方直破瓣撺尖。其名件广厚，皆取每尺之高，积而为法。

截间格子：当心及四周皆用桯，其外上用额，下用地栿；两边安槫柱（格眼毬文径五寸）。双腰串造。

桯：长视高（卯在内）。广五分，厚三分七厘（上下者，每间广一尺，即长九寸二分）。

腰串：（每间广一尺，即长四寸六分。）广三分五厘，厚同上。

腰华板：长随两桯内，广同上（以厚六分为定法）。

障水板：长视腰串及下桯，广随腰华板之长（厚同腰华板）。

子桯：长随格眼四周之广，其广一分六厘，厚一分四厘。

额：长随间广，其广八分，厚三分五厘。

地栿：长厚同额，其广七分。

槫柱：长同桯，其广五分（厚同地栿）。

难子：长随桯四周，其广一分，厚七厘。

截间开门格子：四周用额、栿、槫柱。其内四周用桯，桯内上用门额（额上作两间，施毬文，其子桯高一尺六寸）；两边留泥道施立颊（泥道施毬文，其子桯广一尺二寸）；中安毬文格子门两扇（格眼毬文径四寸），单腰串造。

译文

造堂阁内截间格子的制度：其高度都为一丈，宽度为一丈一尺。关于桯的制度有三个等级：一是从面上中心出线，两边压线；二是瓣内双混（或者单混）；三是方直破瓣斜向相交。堂阁内截间格子构件的宽厚尺寸，以每尺高度为一百，用这个百分比来确定各部分的比例尺寸。

截间格子：中心部位以及四周都用桯，在截间格子的外部上方安设额，下面安设地栿，两边安设槫柱（格眼毬文的圆径为五寸）。采用双腰串的做法。

桯：长度根据高度而定（卯在其内），宽度为五分，厚度为三分七厘（位于上方和下方的桯，宽度每增加一尺，其长度增加九寸二分）。

腰串：（宽度每增加一尺，其长度增加四寸六分。）宽度为三分五厘，厚度同上。

腰华板：长度根据两桯之间的距离而定，宽度同上（厚度以六分为统一规定）。

障水板：长度根据腰串和下桯之间的距离而定，宽度和腰华板的长度一致。厚度与腰华板相同。

子桯：长度根据格眼四周的长度而定，其宽度为一分六厘，厚度为一分四厘。

额：长度与间广一致，其宽度为八分，厚度为三分五厘。

地栿：长度、厚度与额相同，其宽度为七分。

槫柱：长度与桯相同，其宽度为五分（厚度与地栿相同）。

难子：长根据桯四周长度而定，其宽度为一分，厚度为七厘。

截间开门格子：四周用额、栿、槫柱。其里面四周用桯，桯内的上方用门额（额上分为两间，安设毬文，其子桯的高度为一尺六寸）；门额的两边留出泥道安设立颊（泥道上安设毬文，其子桯的长度为一尺二寸）；中间位置安设两扇毬文格子门（格眼毬文的圆径为四寸），采用单腰串造的做法。

桯：长度以及宽度和厚度与前面的规定相同（上下桯的宽度相同）。

门额：长度根据桯内宽度而定，其宽度为四分，厚度为二分七厘。

桯：长及广厚同前法（上下桯广同）。

门额：长随桯内，其广四分，厚二分七厘。

立颊：长视门额下桯内，广厚同上。

门额上心柱：长一寸六分，广厚同上。

泥道内腰串：长随槫柱、立颊内，广厚同上。

障水板：同前法。

门额上子桯：长随额内四周之广，其广二分，厚一分二厘（泥道内所用广厚同）。

门肘：长视扇高，鑲在外。方二分五厘。

门桯①：长同上（出头在外），广二分，厚二分五厘（上下桯亦同）。

门障水板：长视腰串及下桯内，其广随扇之广（以厚六分为定法）。

门桯内子桯：长随四周之广，其广厚同额上子桯。

小难子：长随子桯及障水板四周之广（以方五分为定法）。

额：长随间广，其广八分，厚三分五厘。

地栿：长厚同上，其广七分。

槫柱：长视高，其广四分五厘，厚同上。

大难子：长随桯四周，其广一分，厚七厘。

上下伏兔：长一寸，广四分，厚二分。

手栓伏兔：长同上，广三分五厘，厚一分五厘。

手栓：长一寸五分，广一分五厘，厚一分二厘。

凡堂阁内截间格子，所用四斜毬文格眼及障水板等分数，其长径并准格子门之制。

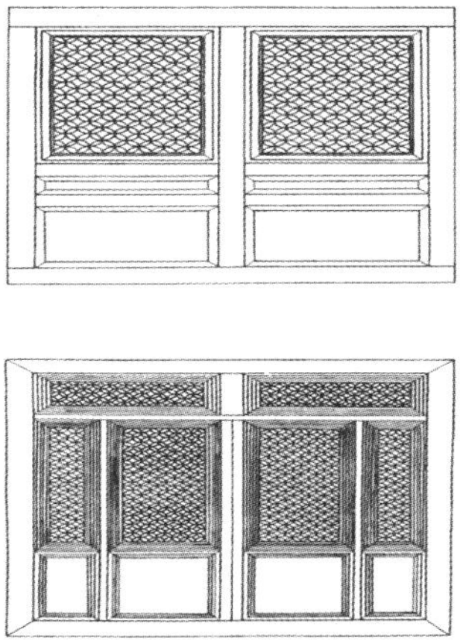

截间带门格子

立颊：长度根据门额之下的桯内宽度而定，宽度和厚度同上。

门额上心柱：长度为一寸六分，宽度和厚度同上。

泥道内腰串：长度在槫柱和立颊之内，宽度和厚度同上。

障水板：同上一条规定。

门额上子桯：长度根据额内四周的长度而定，其宽度为二分，厚度为一分二厘（泥道里面安设的子桯宽度和厚度相同）。

门肘：长度根据扇面的高度而定，鑲在外。方长为二分五厘。

门桯：长度同上（不包括出头在内），宽度为二分，厚度为二分五厘（上下桯也相同）。

门障水板：长度根据腰串以及下桯之间的距离而定，其宽度根据扇面的宽度而定（厚度以六分为统一规定）。

门桯内子桯：长度根据四周的长度而定，其宽度和厚度与额上子桯相同。

小难子：长度根据子桯以及障水板四周的边长而定（以方长五分为统一规定）。

额：长度与间广一致，其宽度为八分，厚度为三分五厘。

地栿：长度和厚度同上，其宽度为七分。

槫柱：长度根据截间格子的高度而定，其宽度为四分五厘，厚度同上。

大难子：长度根据桯四周的长度而定，其宽度为一分，厚度为七厘。

上下伏兔：长度为一寸，宽度为四分，厚度为二分。

手栓伏兔：长度同上，宽度为三分五厘，厚度为一分五厘。

手栓：长度为一寸五分，宽度为一分五厘，厚度为一分二厘。

造堂阁内截间格子所用的四斜毬文格眼及障水板等，长度和圆径都遵循格子门的制度。

注释

①门桯：门槛。

殿阁照壁板

原典

造殿阁照壁板[1]之制：广一丈至一丈四尺，高五尺至一丈一尺。外面缠贴，内外皆施难子，合板造。其名件广厚，皆取每尺之高，积而为法。

额：长随间广，每高一尺，则广七分，厚四分。

槫柱：长视高，广五分，厚同额。

板：长同槫柱，其广随槫柱之内，厚二分。

贴：长随桯内四周之广，其广三分，厚一分。

难子：长厚同贴，其广二分。

凡殿阁照壁板，施之于殿阁槽内，及照壁门窗之上者皆用之。

注释

① 照壁板：殿阁、廊屋内部的隔板，其木框架内不用格眼而用木板封闭。

译文

造殿阁照壁板的制度：宽度为一丈至一丈四尺，高度为五尺至一丈一尺。外面缠绕贴，里外都钉难子，拼合壁板。殿阁照壁板构件的宽厚尺寸，以每尺高度为一百，用这个百分比来确定各部分的比例尺寸。

额：长度根据间广而定，高度每增加一尺，则宽度增加七分，厚度增加四分。

槫柱：长度根据照壁板的高度而定，宽度为五分，厚度与额相同。

板：长度与槫柱相同，其宽度根据槫柱之内的大小而定，厚度为二分。

贴：长度根据桯内四周的边长而定，其宽度为三分，厚度为一分。

难子：长度、厚度与贴相同，其宽度为二分。

殿阁照壁板安设在殿阁槽内，以及在照壁门窗上使用。

原典图说

照壁的构成和分类

照壁，也称影壁、照墙或屏墙等，是古代庭院建筑中的一种附属建筑物，由照面、壁座和壁顶三部分组成，多为砖石垒砌。照壁按照形状可分为方形、长方形、扇面形；按照材料可分为土筑的、砖砌的、石砌的，及砖中镶琉璃的；按照装饰可分为简单素面的、精雕细刻的；按照大小可分为高宽2～3m的，也有7～8 m的，长30～40 m的；按照龙的装饰可分为一龙壁、二龙壁、五龙壁、九龙壁。

山西大同九龙照壁

障日板

原典

造障日板①之制：广一丈一尺，高三尺至五尺。用心柱、槫柱，内外皆施难子，合板或用牙头护缝造。其名件广厚，皆以每尺之广，积而为法。

额：长随间之广，其广六分，厚三分。

心柱、槫柱：长视高，其广四分，厚三分。

板：长视高，其广随心柱、槫柱之内（板及牙头、护缝，皆以厚六分为定法）。

牙头板：长随广，其广五分。

护缝：长视牙头之内，其广二分。

难子：长随桯内四周之广，其广一分，厚八厘。

凡障日板，施之于格子门及门、窗之上，其上或更不用额。

注释

① 障日板：设置于门窗之上，遮挡阳光的木板。

译文

造障日板的制度：宽度为一丈一尺，高度为三尺至五尺。做心柱、槫柱，里外都使用难子，合板或者用牙头护缝。障日板构件的宽厚尺寸，以每尺宽度为一百，用这个百分比来确定各部分的比例尺寸。

额：长度根据间的宽度而定，其宽度为六分，厚度为三分。

心柱、槫柱：长度根据高度而定，其宽度为四分，厚度与额相同。

板：长度根据高度而定，其宽度根据心柱和槫柱之间的距离而定（板以及牙头、护缝都以六分厚度为统一规定）。

牙头板：长度根据宽度而定，其宽度为五分。

护缝：长度根据牙头里面的大小而定，其宽度为二分。

难子：长度根据桯内四周的边长而定，其宽度为一分，厚度为八厘。

障日板安设在格子门及门、窗的上面，其上也可不使用额。

原典

造廊屋①照壁板之制：广一丈至一丈一尺，高一尺五寸至二尺五寸。每间分作三段，于心柱、槫柱之内。内外皆施难子，合板造。其名件广厚，皆以每尺之广，积而为法。

心柱、槫柱：长视高，其广四分，厚三分。

板：长随心柱、槫柱内之广，其广视高，厚一分。

难子：长随桯内四周之广，方一分。

凡廊屋照壁板，施之于殿廊由额之内。如安于半间之内与全间相对者，其名件广厚亦用全间之法。

廊 屋

廊屋照壁板

译文

造廊屋照壁板的制度：宽度为一丈至一丈一尺，高度为一尺五寸至二尺五寸。每一间分作三段，安设在心柱与槫柱之间。里外都用难子钉住，做合板。廊屋照壁板构件的宽厚尺寸，以每尺宽度为一百，用这个百分比来确定各部分的比例尺寸。

心柱、槫柱：长度根据高度而定，其宽度为四分，厚度为三分。

板：长度根据心柱与槫柱之间的宽度而定，其宽度根据高度而定，厚度为一分。

难子：长度根据桯内四周的边长而定，方长为一分。

廊屋照壁板安设在殿廊由额的里面。如果安半间之内与全间相对的地方，其构件的尺寸也按照全间的规定。

注释

① 廊屋：宋代房屋名称，指主体房屋外，或一个建筑组群中正屋以外环绕院落的房屋，是次要的房屋，屋前附有走廊可通行。

原典图说

廊屋

廊屋指的是主体房屋外，或一个建筑组群中正屋以外环绕院落的房屋，这种房屋为次要的房屋，屋前附有走廊可以通行。宋代的廊屋包括厢房、配房以及与厢房相连接的耳房和廊房等。耳房指殿宇或正房两端、体量较小的附属建筑，由于其形状像双耳，所以称耳房。到了明清时期，廊屋这一名称改为了廊庑。

廊屋内部

胡梯

造胡梯①之制：高一丈，拽脚长随高，广三尺，分作十二级；拢颊榥施促踏板（侧立者谓之促板，平者谓之踏板），上下并安望柱。两颊随身各用钩阑，斜高三尺五寸，分作四间（每间内安卧棂三条）。其名件广厚，皆以每尺之高，积而为法（钩阑名件广厚，皆以钩阑每尺之高，积而为法）。

两颊：长视梯高，每高一尺，则长加六寸（拽脚镫口在内），广一寸二分，厚二分一厘。

榥：长随两颊内（卯透外，用抱寨），其方三分（每颊长五尺用榥一条）。

促、踏板：长同上，广七分四厘，厚一分。

钩阑望柱：（每钩阑高一尺，则长加四寸五分，卯在内。）方一寸五分（破瓣、仰覆莲华，单胡桃子造）。

蜀柱：长随钩阑之高（卯在内），广一寸二分，厚六分。

寻杖：长随上下望柱内，径七分。

盆唇②：长同上，广一寸五分，厚五分。

卧棂：长随两蜀柱内，其方三分。

凡胡梯，施之于楼阁上下道内，其钩阑安于两颊之上（更不用地栿）。如楼阁高远者，作两盘至三盘造。

译文

造胡梯的制度：高度为一丈，拽脚的长度根据高度而定，宽度为三尺，分作十二级；用榥把两颊拢住，施设促板和踏板（侧立的叫促板，平的叫踏板）。上下都安设望柱。两立颊随着胡梯的走向各自施用钩阑，斜高三尺五寸，分作四间（每间里面安放三条卧棂）。其构件的宽厚尺寸，都以每尺高度为一百，用这个百分比来确定各部分比例尺寸（钩阑构件的宽厚尺寸，都以钩阑每尺高度为一百，用这个百分比来确定各部分比例尺寸）。

两颊：长度根据梯的高度而定，梯高每增加一尺，长度增加六寸（拽脚和蹬口包括在内）。宽度为一寸二分，厚度为二分一厘。

榥：长度根据两立颊之间的大小而定（卯穿透而过，使用抱寨），其方长为三分（立颊每长五尺用榥一条）。

促、踏板：长度同上，宽度为七分四厘，厚度为一分。

钩阑望柱：（钩阑的高度每增加一尺，则长度增加四寸五分，卯包括在内。）方长一寸五分（破瓣、做仰覆的莲花盆，采用单胡桃子做法）。

蜀柱：长度依据钩阑的高度而定（卯包括在内）。宽度为一寸二分，厚度为六分。

寻杖：长度根据上下望柱之间的大小而定，直径为七分。

盆唇：长度同上，宽度为一寸五分，厚度为五分。

卧棂：长度根据两蜀柱内的大小而定，其方长为三分。

胡梯安设在楼阁上下道内，其钩阑安在两立颊的上面（可以不使用地栿）。如楼阁高远，做两盘至三盘。

注释

①胡梯：即楼梯，古代用踏步供垂直交通的构件，一般为木制。

②盆唇：在瘿项的下方、花板的上方，是一个枋形构件，与寻杖平行，并与寻杖形象相仿。

现代楼梯

原典图说

胡梯和楼梯

胡梯是宋代对楼梯的称呼，指用踏步供垂直交通的构件，一般为木制的，坡度为45°，每高一丈分十二级。建造时，以两块厚板为斜梁，内侧相对开槽，其间嵌入促板或踢板、踏板，使其构成梯级。然后再在两板之间加几个木枋，出榫透过板身加抱寨，把板和梯级拉紧，构成整体梯段，称一盘。高楼的楼梯可用二至三盘。胡梯这种叫法一直沿用到清代。

而现代楼梯是由连续梯级的梯段、平台和围护结构等组成，其材料以实木、钢木、钢与玻璃，钢筋混凝土等或多种混合材质为主，造型多样化，比如直梯、旋转梯、曲折梯、对折梯、圆形梯、半圆形梯、弧形梯等，不但具有实用性，更具有美观性。

垂鱼、惹草

原典

造垂鱼[1]、惹草[2]之制：或用华瓣，或用云头造。垂鱼长三尺至一丈，惹草长三尺至七尺。其广厚皆取每尺之长，积而为法。

垂鱼板：每长一尺，则广六寸，厚二分五厘。

惹草板：每长一尺，则广七寸，厚同垂鱼。

凡垂鱼，施之于屋山搏风板合尖之下。惹草施之于搏风板之下、榑之外。每长二尺，则于后面施楅一枚。

注释

① 垂鱼：也称悬鱼，外形似鱼，悬挂在房屋山面中央搏风板上的一个装饰构件。

② 惹草：钉在搏风板接头处的一个构件，多为木质，外轮廓如三角形，上面刻有云纹之类的图案。

译文

造垂鱼、惹草的制度：或者做花瓣，或者做云头。垂鱼的长度为三尺至一丈，惹草的长度为三尺至七尺。其构件的宽厚尺寸都以每尺长度为一百，用这个百分比来确定各部分比例尺寸。

垂鱼板：长度每增加一尺，则宽度增加六寸，厚度增加二分五厘。

惹草板：长度每增加一尺，则宽度增加七寸，厚度与垂鱼相同。

垂鱼安设在屋山搏风板合尖的下面。惹草安设在搏风板的下面榑的外面。长度每增加二尺，则在后面安设一枚楅。

古建筑中的垂鱼和惹草

原典图说

垂鱼和惹草的作用

垂鱼，也叫悬鱼，因形似鱼的图案而称为垂鱼，它是悬挂在房屋山面中央搏风板上的一个装饰构件；惹草则是钉在搏风板接头处的一个构件，多为木质，外轮廓如三角形，上面刻以云纹之类的图案。垂鱼主要用来遮挡缝隙、加强搏风板整体强度的；而惹草则是为了防止脊檩端头部被雨水侵蚀设置的，这样可以加强搏风板的韧性和整体性，使之更牢固、耐用。除了实用功能外，垂鱼和惹草还起到装饰的作用。

原典

造栱眼板之制：于材下、额上、两栱头相对处凿池槽，随其曲直，安板于池槽之内。其长广皆以枓栱材分为法（枓、栱、材、分，在『大木作制度』内）。

重栱眼壁板：长随补间铺作，其广五寸四分。厚一寸二分。

单栱眼壁板：长同上，其广三十三分（厚同上）。

凡栱眼壁板，施之于铺作檐额之上。其板如随材合缝，则缝内用札造

栱眼壁板①

注释

① 栱眼壁板：填补斗栱之间空隙的遮挡板。栱眼壁，指古建筑房檐下斗栱和斗栱之间的部分。

译文

造栱眼板的制度：在材下、额上和两个栱头相对的位置雕凿池槽，不论其曲直，安置板在池槽之内。其长度和宽度都以枓栱材分为准（枓、栱、材、分见“大木作制度”）。

重栱眼壁板：长度根据补间铺作而定，其宽度为五十四分。以十二分的厚度为统一规定。

单栱眼壁板：长度同上，其宽度为三十三分（厚度同上）。

栱眼壁板安设在铺作檐额的上面。其板与材合缝，缝内要缠绕结实。

山西五台山佛光寺东大殿的栱眼壁

原典图说

栱眼壁板和垫栱板

栱眼壁指的是古建筑房檐下斗栱和斗栱之间的部分；而栱眼壁板则是填补斗栱之间空隙的遮挡板，从而形成整个斗栱的整体性。栱眼壁板的主要作用是将室内外分开，特别是在北方地区，安装栱眼壁板很有必要，它可以遮挡外面的冷空气。清代改称栱眼壁板为垫栱板，其作用是为了防止雀鸟进入。

裹栿板

原典

造裹栿板[1]之制：于栿两侧各用厢壁板，栿下安底板，其广厚皆以梁栿每尺之广，积而为法。

两侧厢壁板：长广皆随梁栿，每长一尺，则厚二分五厘。

底板：长厚同上，其广随梁栿之厚，每厚一尺，则广加三寸。

凡裹栿板，施之于殿槽内梁栿。其下底板合缝，令承两厢壁板，其两厢壁板及底板皆造雕华（雕华等次序，在『雕作制度』内）。

注释

① 裹栿板：梁栿外表上包裹的纯装饰性木板，上面有雕花和彩绘。

译文

造裹栿板的制度：在栿的两侧各自施用厢壁板，栿的下方安设底板，其宽厚尺寸都以梁栿每尺高度为一百，用这个百分比来确定各部分比例尺寸。

两侧厢壁板：长度和宽度都根据梁栿的尺寸而定，长度每增加一尺，则厚度增加二分五厘。

底板：长度和厚度与两侧厢壁板相同，其宽度根据梁栿的厚度而定，梁栿的厚度每增加一尺，则宽度增加三寸。

裹栿板安设在殿槽内的梁栿之上。其下底板合缝，使其承托两侧厢壁板的重量，两侧厢壁板以及底板都做雕花工艺（雕花的等第次序见“雕作制度”）。

搠帘竿

原典

造搠帘竿①之制有三等：一曰八混，二曰破瓣，三曰方直。长一丈至一丈五尺。其广厚皆以每尺之高，积而为法。

搠帘竿：长视高，每高一尺，则方三分。

腰串：长随间广，其广三分，厚二分。只方直造。

凡搠帘竿，施之于殿堂等出跳栱之下。如无出跳者，则于椽头下安之。

注释

① 搠帘竿：支在殿堂外檐斗栱或者檐椽下，以作为悬挂、支撑竹帘的依托。

译文

造搠帘竿的制度有三个等级：一是八混，二是破瓣，三是方直。搠帘竿的长度为一丈至一丈五尺。其宽厚都以每尺的高度为一百，用这个百分比来确定各部分比例尺寸。

搠帘竿：长根据高度而定，高度每增加一尺，方长增加三分。

腰串：长度与间广一致，其宽度为三分，厚度为二分。只能做方直的形式。

搠帘竿安设在殿堂等出跳栱的下方。如果没有出跳，那么就在椽头之下安设。

护殿阁檐竹网木贴①

原典

造安护殿阁檐枓栱竹雀眼网上下木贴之制：长随所用逐间之广，其广二寸，厚六分（为定法），皆方直造（地衣簟贴同）。上于椽头，下于担额之上。压雀眼网安钉（地衣簟贴，若至柱或碇之类，并随四周，或圜或曲，压簟安钉）。

译文

造安护殿阁檐枓栱竹雀眼网上下木贴的制度：长度根据所用开间的宽度而定，其宽度为二寸，厚度为六分（为统一规定），都做方直的形式（地衣簟贴与其相同）。上木贴安设在椽头之上，下木贴安设在担额之上。压住雀眼网钉牢（地衣簟贴如果安设在柱或者碇上，都随着四周状况，或圆或曲，压着簟用钉钉牢）。

注释

① 护殿阁檐竹网木贴：钉檐下竹网的小木条。

卷八 小木作制度三

平棊

原典

造殿内平棊①之制：于背板之上，四边用桯，桯内用贴，贴内留转道，缠难子。分布隔截，或长或方，其中贴络华文，有十三品：一曰盘毬。二曰斗八。三曰叠胜。四曰琐子。五曰簇六毬文。六曰罗文。七曰柿蒂。八曰龟背。九曰斗二十四。十曰簇三簇四毬文。十一曰六入圜华。十二曰簇六雪华。十三曰车钏毬文。其华文皆间杂互用（华品或更随宜用之）。或于云盘华盘内施明镜，或施隐起龙凤及雕华。每段以长一丈四尺、广五尺五寸为率。其名件广厚，若间架虽长广，更不加减。唯盝顶攲斜处，其桯量所宜减之。

背板：长随间广，其广随材合缝计数，令足一架之广，厚六分。

桯：长随背板四周之广，其广四寸，厚二寸。

译文

造殿内平棊的制度：平棊在背板的上面，四边使用桯；桯内用木贴，木贴内留出转道的位置，用难子缠绕。分隔成或长或方的格子，其中贴络的花纹有十三个种类：一是盘毬。二是斗八。三是叠胜。四是琐子。五是簇六毬文。六是罗文。七是柿蒂。八是龟背。九是斗二十四。十是簇三簇四毬文。十一是六入圜华。十二是簇六雪华。十三是车钏毬文。这些花纹都间杂使用（根据情况使用各类花纹），或者在云盘华盘里面安设明镜，或者做龙凤的浮雕以及雕花。每段以长度一丈四尺，宽度五尺五寸为标准。其构件的尺寸与间架的长宽一致，不得加减。只有在盝顶的攲斜之处，根据相应的情况减少桯的尺寸。

背板：长度根据间广而定，其宽度根据材的合缝数而定，使其达到一架的宽度，厚度为六分。

桯：长度根据背板四周的长度而定，其宽度为四寸，厚度为二寸。

平 棊

贴：长随桯四周之内，其广二寸，厚同背板。

难子并贴华：厚同贴。每方一尺用华子十六枚（华子先用胶贴，候干，划削令平，乃用钉）。

凡平綦，施之于殿内铺作算桯方之上。其背板后皆施护缝及楅。护缝广二寸，厚六分。楅广三寸五分，厚二寸五分，长皆随其所用。

注释

① 平綦：即顶棚、天花板，室内上部用木条交安为方格，上面有图案装饰。

贴：长度根据桯四周的范围而定，其宽度为二寸，厚度与背板相同。

难子并贴华：厚度与贴相同。方长每增加一尺用十六枚华子（华子先用胶贴，等其干透，刮削使其平整，然后用钉钉牢）。

平綦安置在殿内铺作算桯方的上面。其背板的后面都做护缝并安设楅条。护缝的宽度为二寸，厚度为六分。楅的宽度为三寸五分，厚度为二寸五分，长度根据具体情况而定。

造斗八藻井①之制：共高五尺三寸。其下曰『方井』，方八尺，高一尺六寸；其中曰『八角井』，径六尺四寸，高二尺二寸；其上曰『斗八』，径四尺二寸，高一尺五寸。于顶心之下施垂莲，或雕华云卷，皆内安明镜。其名件广厚，皆以每尺之径，积而为法。

方井②：于算程方之上，施六铺作下昂重栱（材广一寸八分，厚一寸二分。其枓栱等分数制度，并准大木作法）。四入角。每面用补间铺作五朵（凡所用枓栱并立旌，枓槽板随瓣方枓栱之上，用压厦板。八角井同此）。

枓槽板：长随方面之广，每面广一尺，则广一寸七分，厚二分五厘。压厦板，长厚同上，其广一寸五分。

八角井③：于方井铺作之上，施随瓣方，抹角勒作八角（八角之外四角，谓之『角蝉』）。于随瓣方之上，施七铺作上昂重栱（材分等，并同方井法）。八入角，每瓣用补间铺作一朵。

随瓣方：每直径一尺，则长四寸，广四分，厚三分。

枓槽板：长随瓣，广二寸，厚二分

斗八藻井

译文

造斗八藻井的制度：斗八藻井总共的高度为五尺三寸。下面部分叫作“方井”，方长为八尺，高度为一尺六寸；中间部分叫作“八角井”，直径为六尺四寸，高度为二尺二寸；上面部分叫作“斗八”，直径为四尺二寸，高度为一尺五寸。在顶心做垂莲，或者雕刻花纹以及云卷，里面都安设明镜。斗八藻井的宽厚尺寸，都以每尺直径长度为一百，用这个百分比来确定各部分比例尺寸。

方井：位于算程方的上面，施六铺作的下昂重栱（材料的宽度为一寸八分，厚度为一寸二分。关于枓栱的制度都遵照“大木作法”里面的规定）。四个内角。每面使用五朵补间铺作（使用枓栱都要安设立旌，枓槽板安置在瓣方枓栱的上面，采用压厦板。八角井同此）。

枓槽板：长度根据方井面的宽度而定，方井面的宽度每增加一尺，则枓槽板的宽度增加一寸七分，厚度增加二分五厘。压厦板的长度与厚度同上，其宽度为一寸五分。

八角井：位于方井铺作的上面，随瓣方安设，抹掉方形四角的边缘成为八角（在这八个角中，位于外面的四个角叫作“角蝉”）。在瓣方的上面安设七铺作上昂重栱（材分等都与方井中的规定相同）。八个内角，每瓣使用一朵补间铺作。

随瓣方：直径每增加一尺，则长度增加四寸，宽度增加四分，厚度增加三分。

注释

① 斗八藻井：多用于室内天花的中央部位或重点部位，做法是分为上中下三段：下段为方形、中段为八角形、上段圆顶八瓣称为斗八。
② 方井：指位于斗八藻井下段的方形部位。
③ 八角井：即斗八藻井中位于中段的八角形。

五厘。

压厦板：长随瓣，斜广二寸五分，厚二分七厘。

斗八：于八角井铺作之上，用随瓣方。方上施斗八阳马（『阳马』，今俗谓之『梁抹』）。阳马之内施背板，贴络华文。

阳马：每斗八径一尺，则长七寸，曲广一寸五分，厚五分。

随瓣方：长随每瓣之广，其广五分，厚二分五厘。

背板：长视瓣高，广随阳马之内。其用贴并难子，并准平棊之法（华子每方一尺用十六枚或二十五枚）。

凡藻井，施之于殿内照壁屏风之前。或殿身内、前门之前、平棊之内。

枓槽板：长度根据瓣方而定，宽度为二寸，厚度为二分五厘。

压厦板：长度根据瓣方而定，斜面宽度为二寸五分，厚度为二分七厘。

斗八：位于八角井铺作之上，使用随瓣方。随瓣方上安设斗八阳马（“阳马”就是现在俗称的“梁抹”），阳马的里面安设背板，做贴络花纹。

阳马：斗八直径每增加一尺，长度增加七寸，曲面宽度为一寸五分，厚度为五分。

随瓣方：长度根据每瓣的宽度而定，其宽度为五分，厚度为二分五厘。

背板：长度根据瓣高的情况而定，宽度根据阳马里面的大小而定。背板上用贴和难子缠绕，都遵照平棊的规定（方长每增加一尺，则用十六枚或二十五枚华子）。

藻井造于殿内照壁屏风的前面，或者造于殿内、前门的前面、平棊的里面。

藻 井

原典

小斗八藻井①

造小藻井之制：共高二尺二寸。其下曰八角井，径四尺八寸；其上曰斗八，高八寸。于顶心之下，施垂莲或雕华云卷。皆内安明镜。其名件广厚，各以每尺之径及高，积而为法。

八角井：抹角勒算桯方作八瓣。于算桯方之上，用普拍方。方上施五铺作卷头重栱（材广六分，厚四分；其枓栱等分数制度，皆准大木作法）。枓栱之内，用枓槽板，上用压厦板，上施板壁贴络门窗，钩阑，其上又用普拍方。方上施五铺作一杪一昂重栱，上下并八入角，每瓣用补间铺作两朵。

枓槽板：每径一尺，则长九寸；每高一尺，则广六寸（以厚八分为定法）。

普拍方：长同上，每高一尺，则方三分。

随瓣方：每径一尺，则长四寸五分；每高一尺，则广八分，厚五分。

阳马：每径一尺，则长五寸；每高一尺，则曲广一寸五分，厚七分。

背板：长视瓣高，广随阳马之内（以厚五分为定法）。其用贴并难子，并准殿内斗八藻井之法（贴络华数亦如之）。

凡小藻井，施之于殿宇副阶之内。其腰内所用贴络门窗，钩阑，钩阑上施雁翅板。其大小广厚，并随高下量宜用之。

译文

造小藻井的制度：小藻井总共的高度为二尺二寸。下面部分叫八角井，直径为四尺八寸；上面部分叫斗八，高度为八寸。在顶部中心的下面，做垂莲或者雕刻花纹、云卷。上下部分都内设明镜。小藻井的宽厚尺寸，都以每尺直径长度为一百，用这个百分比来确定各部分比例尺寸。

八角井：抹去算桯方的四角，做成八瓣。在算桯方的上面安设普拍方。在普拍方的上面做五铺作卷头重栱（材的宽度为六分，厚度为四分；枓栱的制度见“大木作法”）。枓栱之内用枓槽板，上面用压厦板，在压厦板的上面安设板壁贴络门窗和钩阑，其上再安设普拍方。在普拍方的上面做五铺作一杪一昂重栱，上下都是八个阴角，每一瓣用两朵补间铺作。

枓槽板：八角井直径每增加一尺，枓槽板的长度增加九寸；高度每增加一尺，则宽度增加六寸（以八分厚度为统一规定）。

普拍方：长度与上相同，高度每增加一尺，则方长增加三分。

随瓣方：八角井直径每增加一尺，则长度增加四寸五分；高度每增加一尺，则宽度增加八分，厚度增加五分。

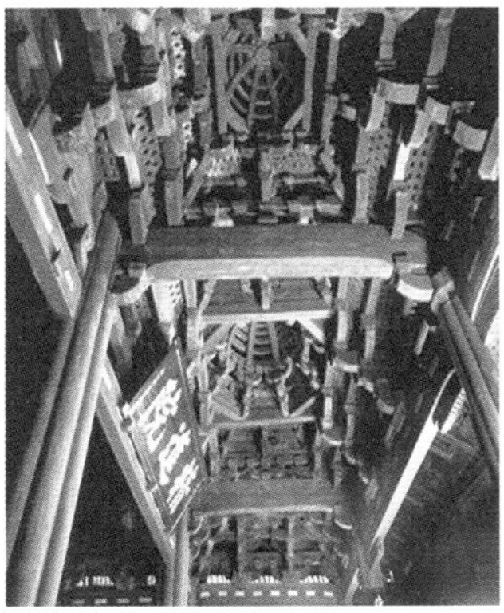
宁波保国寺大殿小斗八藻井

阳马：直径每增加一尺，则长度增加五寸；高度每增加一尺，则曲面宽度增加一寸五分，厚度增加七分。

背板：长度根据瓣的高度而定（宽度根据阳马内的大小而定），以五分厚度为统一规定。使用贴和难子，两者都遵照殿内斗八藻井的制度（贴络华的数量也如此）。

小藻井造于殿宇副阶内。腰内做贴络门窗和钩阑（钩阑上安设雁翅板），其大小都是根据高低位置酌情使用。

注释

① 小斗八藻井：古代天花板的一种，多用于室内不重要的地方，分为上下两段：下段为八角井，上段为斗八。

原典

造拒马叉子①之制：高四尺至六尺。如间广一丈者，用二十一棂；每广增一尺，则加二棂，减亦如之。两边用马衔木，上用穿心串，下用拢桯连梯。广三尺五寸，其卯广减桯之半，厚三分，中留一分，其名件广厚，皆以高五尺为祖，随其大小而加减之。

棂子：其首制度有二：一曰五瓣云头桃瓣，二曰素讹角。（叉子首于上串上出者，每高一尺，出二寸四分；桃瓣处下留三分。）斜长五尺五寸，广二寸，厚一寸二分。每高增一尺，则长加一尺一寸，广加二分，厚加一分。

马衔木：（其首破瓣同棂，减四分。）长视高，每叉子高五尺，则广四寸半，厚二寸半。每高增一尺，则广加四分，厚加二分，减亦如之。

上串：长随间广，其广五寸五分，厚四寸。每高增一尺，则广加三分，厚一加二分。

连梯：长同上串，广五寸，厚二寸五分。每高增一尺，则广加一寸，厚加五分（两头者广厚同，长随下广）。

凡拒马叉子，其棂子自连梯上，皆左右隔间分布于上串内，出首交斜相向。

拒马叉子

译文

造拒马叉子的制度：拒马叉子的高度为四尺至六尺。如开间宽度为一丈，使用二十一条棂子；宽度每增加一尺，则增加两条棂子，减少的情况也如此。两边安设马衔木，上面使用穿心串，下面用拢桯连梯。拒马叉子的宽度为三尺五寸，卯榫的宽度是桯的一半，厚度为三分，中间留出一分的位置。拒马叉子构件的宽厚尺寸，都是以高度的五尺为基本尺度，根据其大小增加或者减少。

棂子：棂子首制度有二：一是五瓣云头桃瓣，二是素讹角。（叉子头从上串的上面伸出，每高一尺，那么伸出二寸四分；桃瓣的下面留出三分距离。）斜边的长度为五尺五寸，宽度为二寸，厚度为一寸二分。高度每增加一尺，那么长度增加一尺一寸，宽度增加二分，厚度增加一分。

马衔木：（马衔木首的破瓣与棂子相同，少四分。）长度根据高度而定，叉子的高度为五尺，那么其宽度为四寸半，厚度为二寸半。高度每增加一尺，宽度增加四分，厚度增加二分，减少的比例也如此。

上串：长度根据间广而定，其宽度为五寸五分，厚度为四寸。高度每增加一尺，那么宽度增加三分，厚度增加一寸二分。

连梯：长度与上串相同，宽度为五寸，厚度为二寸五分。高度每增加一尺，那么宽度增加一寸，厚度增加五分（两头的宽度和厚度相同，长度根据下面的宽度而定）。

拒马叉子从其棂子到连梯的上面，都是左右隔间着分布在上串之内，伸出叉子头斜向相对。

注释

① 拒马叉子：古代一种置于宫殿、衙署门前可移动的障碍物，其棂子相互斜交，形成立体的空间结构，用来防止人马闯入。

叉子

造叉子①之制：高二尺至七尺，如广一丈，用二十七棂。若广增一尺，即增加二棂。减亦如之。两壁用马衔木，上下用串。或于下串之下用地栿、地霞造。其名件广厚，皆以高五尺为祖，随其大小而加减之。

望柱②：如叉子高五尺，即长五尺六寸，方四寸。每高增一尺，则加一尺一寸，方加四分。减亦如之。

棂子：其首制度有三：一曰海石榴头；二曰挑瓣云头；三曰方直笏头。（叉子首于上串上出者，每高一尺，出一寸五分。内挑瓣处下留三分。）其身制度有四：一曰一混，心出单线，压边线；二曰瓣内单混，面上出心线；三曰方直出线，压边线或压白；四曰方直不出线。其长四尺四寸（透下串者长四尺五寸，每间三条），广二寸，厚一寸二分。每高增一尺，则长加九寸，广加二分，厚加一分。减亦如之。

上下串：其制度有三：一曰侧面上出心线、压边线或压白；二曰瓣内单混出线；三曰破瓣不出线。长随间广，其广三寸，厚二寸。如高增一尺，则广加三分，厚加二分。减亦如之。

马衔木：（破瓣同棂。）长随高（上

译文

造叉子的制度：高度为二尺至七尺，如宽度为一丈，使用二十七条棂子。如果宽度增加一尺，则再增加两条棂子。减亦如之。在两壁之上使用马衔木，上下用串。也可在下串的下面做地栿和地霞。叉子构件的宽厚尺寸，都是以高度的五尺为基本尺度，根据其大小而增加或者减少。

望柱：如叉子的高度为五尺，则长度为五尺六寸，方长为四寸。高度每增加一尺，则长度增加一尺一寸，方长增加四分。减少的情况也如此。

棂子：其首制度有三：一是海石榴头；二是挑瓣云头；三是方直笏头。（叉子头从上串的上面伸出，每高一尺，那么伸出一寸五分；在内挑瓣的下面留出三分距离）。其身制度有四：一是一混，心出单线，压边线；二是瓣内单混，面上出心线；三是方直出线，压边线或压白；四是方直不出线。其长度为四尺四寸（穿透下串的棂子长度为四尺五寸，每间三条），宽度为二寸，厚度为一寸二分。高度每增加一尺，那么长度增加九寸，宽度增加二分，厚度增加一分。减少的情况也如此。

上下串：其制度有三：一是侧面上出心线、压边线或压白；二是瓣内单混出线；三是破瓣不出线。长度根据间广而定，其宽度为三寸，厚度为二寸。如果高度增加一尺，那么宽度增加三分，厚度增加二分。减少的情况也如此。

马衔木：（破瓣与棂子相同。）长度根据高度而定（上面与棂子平齐，下面接

注释

① 叉子：用垂直的木板条或棂子排列组成的栅栏，防止人越过。

② 望柱：也称栏杆柱，是栏板和栏板之间的短柱，分柱身和柱头两部分。

随栿齐，下至地栿上），制度随栿。其广三寸五分，厚二寸。每高增一尺，则广加四分，厚加二分。减亦如之。

地霞：长一尺五寸，广五寸，厚一寸二分。每高增一尺，则长加三寸，广加一寸，厚加二分。减亦如之。

地栿：皆连梯混，或侧面出线（或不出线）。长随间广（或出绞头在外），其广六寸，厚四寸五分。每高增一尺，则广加六分，厚加五分。减亦如之。

凡叉子，若相连或转角，皆施望柱，或栽入地，或安于地栿上，或下用衮砧托柱。如施于屋柱间之内及壁帐之间者，皆不用望柱。

至地栿之上）。与栿子的制度相同。其宽度为三寸五分，厚度为二寸。高度每增加一尺，则宽度增加四分，厚度增加二分。减少的情况也如此。

地霞：长度为一尺五寸，宽度为五寸，厚度为一寸二分。高度每增加一尺，则长度增加三寸，宽度增加一寸，厚度增加二分。减少的情况也如此。

地栿：都为连梯混，或者侧面出线（或不出线）。长度根据间广而定（或不包括绞头在内）。其宽度为六寸，厚度为四寸五分。高度每增加一尺，则宽度增加六分，厚度增加五分。减少的情况也如此。

叉子如果相连或者转处，都要安设望柱，望柱或者栽入地下，或者安置在地栿之上，或者下面使用衮砧承托。如果是在屋内柱子之间以及壁帐之间，都不用望柱。

造楼阁殿亭钩阑[1]之制有二：一曰重台钩阑，高四尺至四尺五寸；二曰单钩阑，高三尺至三尺六寸。若转角则用望柱（或不用望柱，即以寻杖绞角。如单钩阑科子蜀柱者，寻杖或合角）。其望柱头破瓣仰覆莲。当中用单胡桃子，或作海石榴头。如有慢道，即计阶之高下，随其峻势，令斜高与钩阑身齐（不得令高，其地栿之类，广厚准此）。其名件广厚，皆取钩阑每尺之高（谓自寻杖上至地栿下），积而为法。

重台钩阑

望柱：长视高，每高一尺，则加二寸，方一寸八分。

蜀柱：长同上（上下出卯在内），广二寸，厚一寸，其上方一寸六分，刻为瘿项（其项下细处比上减半，其下桃心尖，留十分之二；两肩各留十分中四分；其上出卯以穿云栱，寻杖。其下卯穿地栿）。

云栱：长二寸七分，广减长之半，荫一分二厘（在寻杖下），厚八分。

地霞：（或用花盆亦同。）长六寸五分，广一寸五分，荫一分五厘（在束腰下），厚一寸三分。

寻杖：长随间，方八分（或圜混或四

译文

钩阑

造楼阁殿亭钩阑的制度有二：一是重台钩阑，高度为四尺至四尺五寸；二是单钩阑，高度为三尺至三尺六寸。如果钩阑转角则使用望柱（也可不使用望柱，寻杖绞角也可。如单钩阑科子蜀柱者，寻杖或合角）。望柱柱头破瓣，在上面做仰覆莲花（中间用单胡桃子，或者做海石榴头）。如果有慢道，那么计算台阶的高低，随着其抬升的形势，使斜高与钩阑身相互平齐（不得高过钩阑身，其地栿等构件的尺寸也照此而定）。楼阁殿亭钩阑构件的宽厚尺寸，都以钩阑每尺高度（即从寻杖的上端到地栿的底部）为一百，用这个百分比来确定各部分比例尺寸。

重台钩阑

望柱：长度根据高度而定，高度每增加一尺，长度则增加二寸，方长为一寸八分。

蜀柱：长度与望柱相同（上下出卯包括在内），宽度为二寸，厚度为一寸，其上端的方长为一寸六分，雕刻成瘿项（瘿项项下较细的地方比上端的尺寸少一半，项下挑出心尖，留出十分之二的长度；两肩各自留出十分之四的宽度；蜀柱向上出卯穿过云栱和寻杖，向下卯穿地栿）。

云栱：长度为二寸七分，宽度是长度的一半，寻杖遮压一分二厘的宽度，厚度为八分。

地霞：（用花盆的效果相同）。长度为六寸五分，宽度为一寸五分，荫一分五厘（在束腰的下面），厚度为一寸三分。

寻杖：长度根据间距的大小而定，方长为八分（或圆混或四混、六混、八混。下同）。

混、六混、八混造。下同）。
盆唇木：长同上，广一寸八分，厚六分。
束腰：长同上，方一寸。
上华板：长随蜀柱内，其广一寸九分，厚三分（四面各别出卯入池槽，各一寸。下同）。
下华板：长厚同上（卯入至蜀柱卯），广一寸三分五厘。
地栿：长同寻杖，广一寸八分，厚一寸六分。
单钩阑
望柱：方二寸（长及加同上法）。
蜀柱：制度同重台钩阑蜀柱法。自盆唇木之上，云栱之下，或造胡桃子撮项，或作蜻蜓头，或用科子蜀柱。
云栱：长三寸二分，广一寸六分，厚一寸。
寻杖：长随间之广，其方一寸。
盆唇木：长同上，广二寸，厚六分。
华板②：长随蜀柱内，其广三寸四分，厚三分（若万字或钩片造者，每华板广一尺，万字条桱，广一寸五分，厚一寸。子桯，广一寸二分五厘；钩片条桱广二寸，厚一寸一分；子桯广一寸五分。其间空相去，皆比条桱减半；子桯之厚皆同条桱）。
地栿：长同寻杖，其广一寸七分，厚一寸。

盆唇木：长度与寻杖相同，广度为一寸八分，厚度为六分。

束腰：长度与盆唇木相同，方长为一寸。

上华板：长度根据蜀柱内的宽度而定，宽度为一寸九分，厚度为三分（四面各自另外出卯，卯入池槽一寸的深度。下同）。

下华板：长度和厚度与上华板相同（即入到蜀柱的出卯处）。宽度为一寸三分五厘。

地栿：长度与寻杖相同，宽度一寸八分，厚度为一寸六分。

单钩阑

望柱：方长为二寸。（长度以及其增加的规定同“重台钩阑”中的“望柱”。）

蜀柱：规定与“重台钩阑”中的“蜀柱”相同。在盆唇木之上和云栱之下的地方，或者造胡桃子撮项，或者做蜻蜓头，或者使用科子蜀柱。

云栱：长度为三寸二分，宽度为一寸六分，厚度为一寸。

寻杖：长度根据间广而定，其方长为一寸。

盆唇木：长度同上，宽度为二寸，厚度为六分。

华板：长度根据蜀柱内的宽度而定，宽度为三寸四分，厚度为三分（如果是做万字或钩片，华板的宽度每增加一尺，万字条桱的宽度增加一寸五分，厚度增加一寸，子桯的宽度增加一寸二分五厘。而钩片条桱的宽度则增加二寸，厚度增加一寸一分，子桯的宽度增加一寸五分。万字或者钩片之间的距离，都要比条桱的宽度少一半；子桯的厚度都与条桱相同）。

地栿：长度与寻杖相同，其宽度为一寸七分，厚度为一寸。

注释

① 钩阑：指曲折如钩的栏杆。

② 华板：一般指地栿与盆唇间的不镂空的装饰板，重台钩阑分为上下华板，中间用束腰隔开，单钩阑只有一层华板。

单撮项钩阑

华托柱：长随盆唇木，下至地栿上，其广一寸四分，厚七分。

凡钩阑，分间布柱，令与补间铺作相应（角柱外一间与阶齐，其钩阑之外，阶头随屋大小留三寸至五寸为法）。如补间铺作太密，或无补间者，量其远近，随宜加减。如殿前中心作折槛者（今俗谓之『龙池』），每钩阑高一尺，于盆唇内广别加一寸。其蜀柱更不出项，内加华托柱。

华托柱：长随盆唇木，下至地栿上，其广一寸四分，厚七分。

钩阑按每一开间布置柱子，使其与补间铺相对应（在角柱外的一间与台阶平齐，其钩阑的外侧，阶头根据屋的大小留出三寸至五寸的高度，这是统一规定）。如果补间铺作太密，或者没有补间铺作，根据其位置远近，酌情增加或者减少。如在殿前中心做折槛（现在俗称“龙池”）。钩阑的高度每增加一尺，盆唇宽度则增加一寸。其蜀柱可以不出项，里面增加华托柱。

重台瘿项钩阑

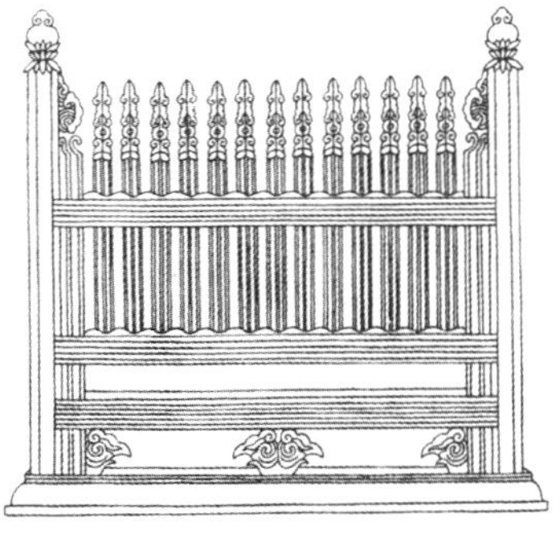

锭脚地栿

造棵笼子①之制：高五尺，上广二尺，下广三尺。或用四柱，或用六柱，或用八柱。柱子上下，各用榥子、脚串、板棂（下用牙子，或不用牙子）。或双腰串，或下用双榥子锃脚板造。柱子每高一尺，即首长一寸，垂脚空五分。柱身四瓣方直。或安子桯，或採子桯，或破瓣造。柱首或作仰覆莲，或单胡桃子，或科柱挑瓣方直，或刻作海石榴。其名件广厚，皆以每尺之高，积而为法。

柱子：长视高，每高一尺，则方四分四厘；如六瓣或八瓣，即广七分，厚五分。

上下榥并腰串：长随两柱内，其广四分，厚三分。

锃脚板：长同上（下随榥子之长）。其广五分（以厚六分为定法）。

棂子：长六寸六分（卯在内）。广二分四厘（厚同上）。

牙子：长同锃脚板（分作二条）。广四分（厚同上）。

凡棵笼子，其棂子之首在上榥子内，其棂相去准叉子制度。

棵笼子

译文

造棵笼子的制度：高度为五尺，上面的宽度为二尺，下面的宽度为三尺。或者用四根柱，或者用六根柱，或者用八根柱。柱子的上下各自用榥子、脚串、板棂（下面可用牙子，也可不用牙子）。做双腰串，或者在下面安设双榥子锃脚板。柱子的高度每高一尺，那么柱头的长度增加一寸，下榥离地面的距离增加五分。柱身四瓣方直。或者安设子桯，或者採子桯，或者做破瓣。柱头或者做成仰覆莲花形状，或者做成单胡桃子，或者科柱挑瓣方直，或者雕刻成海石榴形状。其构件的宽厚尺寸，都以每尺高度为一百，用这个百分比来确定各部分比例尺寸。

柱子：长度根据高度而定，高度每增加一尺，则方长增加四分四厘；如果破瓣是六瓣或八瓣，那么其宽度七分，厚度增加五分。

上下榥并腰串：长度根据两柱内的大小而定，其宽度为四分，厚度为三分。

锃脚板：长度同上（下端根据榥子的长度而定），其宽度为五分（厚度以六分为统一规定）。

棂子：长度为六寸六分（卯在内），宽度为二分四厘（厚度同上）。

牙子：长度与锃脚板相同（分作二条），宽度为四分（厚度同上）。

棵笼子的棂子的头部在上榥子里面，棂子之间的距离遵照叉子制度中的规定。

注释

① 棵笼子：护树用的四方或六角、八角栅栏，做法与叉子相似。

井亭子

造井亭子①之制：自下锭脚至脊，共高一丈一尺（鸱尾在外），方七尺。四柱，四椽，五铺作一杪一昂。材广一寸二分，厚八分，重栱造。上用压厦板，出飞檐，作九脊结宽。其名件广厚，皆取每尺之高，积而为法。

柱：长视高，每高一尺，则方四分。

锭脚：长随深广，其广七分，厚四分（绞头在外）。

额：长随柱内，其广四分五厘，厚二分。

串：长与广厚并同上。

普拍方：长广同上，厚一分五厘。

枓槽板：长同上，减二寸。广六分六厘，厚一分四厘。

平棊板：长随枓槽板内，其广合板令足（以厚六分为定法）。

平棊贴：长随四周之广，其广二分（厚同上）。

楅：长随板之广，其广同上，厚同普拍方。

平棊下难子：长同平棊板，方一分。

压厦板：长同锭脚（每壁加八寸五分），广六分二厘，厚四厘。

栿：长随深（加五寸），广三分五厘，厚二分五厘。

大角梁：长二寸四分，广二分四厘，

译文

造井亭子的制度：从下锭脚到脊，总共的高度为一丈一尺（鸱尾在外）。方长为七尺。四根柱，四条椽，五铺作一杪一昂。材的宽度为一寸二分，厚度为八分，重栱。上面使用压厦板，挑出飞檐，做九脊结宽。其构件的宽厚尺寸，都以每尺高度为一百，用这个百分比来确定各部分比例尺寸。

柱：长度根据高度而定，高度每增加一尺，则方长增加四分。

锭脚：长度根据进深的宽度而定，其宽度为七分，厚度为四分（绞头在外）。

额：长度根据柱内大小而定，其宽度为四分五厘，厚度为二分。

串：长度、宽度和厚度都同上。

普拍方：长度和宽度同上，厚度为一分五厘。

枓槽板：长度同上，减少二寸。宽度为六分六厘，厚度为一分四厘。

平棊板：长度根据枓槽板内的空间而定，其宽度达到能充分合板即可（以六分厚度为统一规定）。

平棊贴：长度根据四周的边长而定，其宽度为二分（厚度同上）。

楅：长度与平棊板的宽度相同，其宽度同上，厚度与普拍方相同。

平棊下难子：长度与平棊板相同，方长为一分。

压厦板：长度与锭脚相同（每一面壁增加八寸五分），宽度为六分二厘，厚度为四厘。

栿：长度根据进深而定，多加五寸。宽度为三分五厘，厚度为二分五厘。

大角梁：长度为二寸四分，宽度为二分四厘，厚度为一分六厘。

厚一分六厘。

子角梁：长九分，曲广三分五厘，厚同楅。

贴生：长同压厦板（加六寸），广同大角梁，厚同枓槽板。

脊槫蜀柱：长二寸二分（卯在内），广三分六厘，厚同栿。

平屋槫蜀柱：长八分五厘，广厚同上。

脊槫及平屋槫：长随广，其广三分，厚二分二厘。

脊串：长随槫，其广二分五厘，厚一分六厘。

叉手：长二寸六分，广四分，厚二分。

山板：（每深一尺，即长八寸。）广一寸五分，以厚六分为定法。

上架椽：（每深一尺，即长三寸七分。）曲广一寸六分，厚九厘。

下架椽：（每深一尺，即长四寸五分。）曲广一寸七分，厚同上。

厦头下架椽：（每广一尺，即长三寸。）曲广一分二厘，厚同上。

从角椽：长取宜，均摊使用。

大连檐：长同压厦板（每面加二尺四寸），广二分，厚一分。

前后厦瓦板：长随槫，其广自脊至大连檐（合贴令数足，以厚五分为定法。每至角，长加一尺五寸）。

两头厦瓦板：其长自山板至大连檐

子角梁：长度为九分，曲面宽度为三分五厘，厚度与楅相同。

贴生：长度与压厦板相同（增加六寸）。宽度与大角梁相同，厚度与枓槽板相同。

脊槫蜀柱：长度为二寸二分（卯在内），宽度为三分六厘，厚度与栿相同。

平屋槫蜀柱：长度为八分五厘，宽度和厚度同上。

脊槫及平屋槫：长度根据间广而定，其宽度为三分，厚度为二分二厘。

脊串：长度根据槫而定，其宽度为二分五厘，厚度为一分六厘。

叉手：长度为二寸六分，宽度为四分，厚度为二分。

山板：（每深一尺，即长度增加八寸。）宽度增加一寸五分，以六分厚度为统一规定。

上架椽：（进深每增加一尺，即长度增加三寸七分。）曲面宽度为一寸六分，厚度为九厘。

下架椽：（进深每增加一尺，即长度增加四寸五分。）曲面宽度为一寸七分，厚度同上。

厦头下架椽：（宽度每增加一尺，即长度增加三寸。）曲面宽度为一分二厘，厚度同上。

从角椽：长度根据情况而定，均匀使用。

大连檐：长度与压厦板相同（每一面增加二尺四寸），宽度为二分，厚度为一分。

前后厦瓦板：长度根据槫而定，其宽度是从脊到大连檐（合贴令数足，以五分厚度为统一规定。每到转角处，长度增加一尺五寸）。

两头厦瓦板：其长度是从山板到大连檐（合板令数足，厚度同上。至角长度增加一尺一寸五分）。

井亭子

（合板令数足，厚同上。至角加一尺一寸五分）。

飞子：长九分（尾在内），广八厘，厚六厘（其飞子至角令随势上曲）。

白板：长同大连檐（每壁长加三尺），广一寸（以厚五分为定法）。

压脊：长随槫，广四分六厘，厚三分。

垂脊：长自脊至压厦外，曲广五分，厚二分五厘。

角脊②：长二寸，曲广四分，厚二分五厘。

曲阑搏脊：（每面长六尺四寸。）广四分，厚二分。

前后瓦陇条：（每深一尺，即长八寸五分。）方九厘（相去空九厘。）

厦头瓦陇条：（每广一尺，即长三寸三分。）方同上。

搏风板：（每深一尺，即长四寸三分。）以厚七分为定法。

瓦口子：长随子角梁内，曲广四分，厚亦如之。

垂鱼：长一尺三寸；每长一尺，即广六寸，厚同搏风板。

惹草：长一尺；每长一尺，即广七寸。厚同上。

鸱尾：长一寸一分，身广四分，厚同压脊。

凡井亭子，锃脚下齐，坐于井阶之上。其科栱分数及举折等，并准大木作之制。

飞子：长度为九分（包括鸱尾在内）。宽度为八厘，厚度为六厘（飞子在转角时使其随势向上盘曲）。

白板：长度与大连檐相同（每一面壁的长度增加三尺）。宽度为一寸（以五分厚度为统一规定）。

压脊：长度根据槫而定，宽度为四分六厘，厚度为三分。

垂脊：长度从脊到压厦板的朝外一面，曲面宽度为五分，厚度为二分五厘。

角脊：长度为二寸，曲面宽度四分，厚度为二分五厘。

曲阑搏脊：（每面的长度为六尺四寸。）宽度为四分，厚度为二分。

前后瓦陇条：（进深每增加一尺，长度增加八寸五分。）方长为九厘（前、后瓦陇条之间的距离为九厘）。

厦头瓦陇条：（宽度每增加一尺，长度即增加三寸三分。）方长同上。

搏风板：（进深每增加一尺，长度即增加四寸三分。）以七分厚度为统一规定。

瓦口子：长度根据子角梁内的大小而定，曲面宽度为四分，厚度也为四分。

垂鱼：长度为一尺三寸；长度每增加一尺，宽度则增加六寸，厚度与搏风板相同。

惹草：长度为一尺；长度每增加一尺，宽度则增加七寸。厚度同上。

鸱尾：长度为一寸一分，身宽四分，厚度与压脊相同。

井亭子的锃脚下端平齐，位于井阶的上面。其科栱分数及举折等，都遵照大木作的制度。

注释

① 井亭子：建于井口之上，保护水井的亭子。

② 角脊：指垂脊的垂兽之前的三分之一部分。

原典

造殿堂楼阁门亭等牌①之制：长二尺至八尺。其牌首（牌上横出者）、牌带（牌两旁下垂者）、牌舌（牌面下两带之内横施者），每广一尺，即上边绰四寸向外。牌面每长一尺，则首、带随其长，外各加长四寸二分，舌加长四分（谓牌长五尺，即首长六尺一寸，带长七尺一寸，舌长四尺二寸之类，尺寸不等，依此加减。下同）。其广厚皆取牌每尺之长，积而为法。

牌面：每长一尺，则广八寸，其下又加一分（令牌面下广，谓牌长五尺，即上广四尺，下广四尺五分之类，尺寸不等，依此加减。下同）。

首：广三寸，厚四分。

带：广二寸八分，厚同上。

舌：广二寸，厚同上。

凡牌面之后，四周皆用楅，其身内七尺以上者用三楅，四尺以上者用二楅，三尺以上者用一楅。其楅之广厚，皆量其所宜而为之。

注释

①牌：即牌匾、匾额。古代常悬挂于宫殿、楼阁、门、牌坊、寺庙、商号、民宅、亭等建筑的显赫位置。

牌

译文

造殿堂楼阁门亭等牌的制度：长度为二尺至八尺。牌首（即牌上横出的部位）、牌带（即牌两旁下垂的部分）、牌舌（即牌面下两带之内横出的部位），宽度每增加一尺，那么上沿边子向外倒出四寸。牌面的长度每增加一尺，则牌首、牌带的长度跟着增加，各自加长四寸二分，牌舌加长四分（比如牌的长度为五尺，即牌首长六尺一寸，牌带长七尺一寸，牌舌长四尺二寸。尺寸不等，依此加减。下同）。其宽厚尺寸都以牌的每尺之长为一百，用这个百分比来确定各部分比例尺寸。

牌面：长度每增加一尺，则宽度增加八寸，其下再加一分（使牌面的下部稍宽，比如牌的长度为五尺，那么其上部的宽度为四尺，下部的宽度为四尺五分。尺寸不等，依此加减。下同）。

牌首：宽度为三寸，厚度为四分。

牌带：宽度为二寸八分，厚度同上。

牌舌：宽度为二寸，厚度同上。

牌面后面四周都用楅，牌身的长度在七尺以上的用三楅，四尺以上的用二楅，三尺以上的用一楅。楅的尺寸根据情况量取。

原典图说

牌匾的古今应用

牌指用木板或其他材料做的标志，现在通常称为牌匾。牌匾在中国的历史悠久，秦汉时期就已存在。在古代，牌匾广泛应用于宫殿、楼阁、门、牌坊、寺庙、商号、民宅、亭等建筑的显赫位置，蕴涵着皇权、文化、人物、信仰、商业等信息。如今，牌匾多应用于商业领域，是中国一种独特的传播商业信息的广告形式。

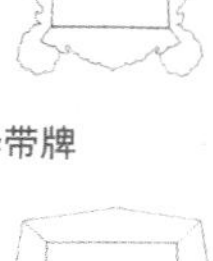

华带牌

风字牌

牌匾

卷九 小木作制度四

佛道帐

原典

造佛道帐[1]之制：自坐下龟脚至鸱尾，共高二丈九尺；内外拢深一丈二尺五寸。上层施天宫楼阁，次平坐，次腰檐。帐身下安芙蓉瓣、叠涩、门窗、龟脚坐。两面与两侧制度并同（作五间造）。其名件广厚，皆随逐层每尺之高，积而为法（后钩阑两等，皆以每寸之高，积而为法）。

帐坐：高四尺五寸，长随殿身之广，其广随殿身之深。下用龟脚，脚上施车槽，槽之上下，各用涩一重。于上涩之上，又叠子涩三重。于上一重之下施坐腰，上涩之上，用坐面涩；面上安重台钩阑，高一尺（阑内，遍用明金板）。钩阑之内，施宝柱两重（外留一重为转道）。内壁贴络门窗。其上设五铺作卷头子坐（材广一寸八分，腰檐平坐准此）。平坐上又安重台钩阑。并瘿项云栱坐。自龟脚上，每涩至上钩阑，逐层

译文

建造佛道帐的制度：从底座下的龟脚一直到上面的鸱尾，共高二丈九尺；内外拢深为一丈二尺五寸。上层建造天宫楼阁，然后造平座，再是造腰檐。帐身下安设芙蓉瓣、叠涩、门窗、龟脚座。两面与两侧的制度都相同（造作五间）。其帐上名件的宽度和厚度都随逐层每尺之高，及累计尺寸而得出相应的制作标准（之后的钩阑两等的尺寸，都是根据每寸之高，确定其面积或体积的尺寸，并作为制作原则）。

帐坐：高为四尺五寸，长依随殿身的宽，其宽依随殿身的深。下用龟脚，脚上建造车槽，槽的上下，各用涩一重。在上涩的上面，又叠子涩三重。在上一重之下设置座腰，上涩的上面，用座面涩；面上安设重台钩阑，高一尺（钩阑内遍用明金板）。钩阑之内，置放宝柱两重（外留一重为转道）。内壁贴络门窗。其上设五铺作卷头子坐（材的宽为一寸八分，腰檐平座比照这个标准）。平座上又安重台钩阑。自龟脚之上，每涩到上钩阑，逐层同时制作芙蓉瓣。

并作芙蓉瓣造。

龟脚：每坐高一尺，则长二寸，广七分，厚五分。

车槽上下涩：长随坐长及深（外每面加二寸），广二寸，厚六分五厘。

车槽：长同上，每面减三寸（安华板在外），广一寸，厚八分。

上子涩：两重（在坐腰上下者），各长同上（减二寸），广一寸六分，厚二分五厘。

下子涩：长同坐，广厚并同上。

坐腰：长同上（每面减八寸），方一寸（安华板在外）。

坐面涩：长同上，广二寸，厚六分五厘。

猴面板：长同上，广四寸，厚六分七厘。

明金板：长同上（每面减八寸），广二寸五分，厚一分二厘。

枓槽板：长同上（每面减三尺），广二寸五分，厚二分二厘。

压厦板：长同上（每面减一尺），广二寸四分，厚二分二厘。

门窗背板：长随枓槽板（减长三寸），广自普拍方下至明金板上（以厚六分为定法）。

车槽华板：长随车槽，广八分，厚三分。

坐腰华板：长随坐腰，广一寸，厚同上。

坐面板：长广并随猴面板内，其厚二

龟脚：每座高一尺，则长为二分，宽为七分，厚为五分。

车槽上下涩：长随底座的长和深（外每面加二寸），宽为二寸，厚为六分五厘。

车槽：其长同上（每面减三寸，安装华板在外），其宽为一寸，厚为八分。

上子涩：两重（指在座腰上下的这个构件），各样的长同上（减二寸），其宽为一寸六分，厚为二分五厘。

下子涩：其长同底座，宽厚都同上。

座腰：其长同上（每面需减八寸），方为一寸（安置华板在外）。

座面涩：长同上，宽为二寸，厚为六分五厘。

猴面板：长同上，宽为四寸，厚为六分七厘。

明金板：长同上（每面减八寸），宽为二寸五分，厚为一分二厘。

枓槽板：长同上（每面减三尺），宽为二寸五分，厚为二分二厘。

压厦板：长同上（每面减一尺），宽为二寸四分，厚为二分二厘。

门窗背板：长随枓槽板（长要减去三寸），宽的计算要从普拍方下到明金板之上（以六分厚作为定法）。

车槽华板：长随车槽，宽为八分，厚三分。

座腰华板：长随座腰，宽为一寸，厚同上。

座面板：其长宽都随猴面板内，其厚为二分六厘。

分六厘。

猴面榥：（每坐深一尺，则长九寸。）方八分（每一瓣用一条）。

猴面马头榥：（每坐深一尺，则长一寸四分。）方同上（每一瓣用一条。）

连梯卧榥：（每坐深一尺，则长九寸五分）。方同上。每一瓣用一条。

连梯马头榥：（每坐深一尺，则长一寸。）方同上。

长短柱脚方：长同车槽涩（每一面减三尺二寸），方一寸。

长短榻头木：长随柱脚方内，方八分。

长立榥：长九寸二分，方同上（随柱脚方、榻头木逐瓣用之）。

短立榥：长四寸，方六分。

拽后榥：长五寸，方同上。

穿串透栓：长随榻头木，广五分，厚二分。

罗文榥：（每坐高一尺，则加长一寸。）方八分。

帐身：高一丈二尺五寸，长与广皆随帐坐，量瓣数随宜取间。其内外皆拢帐柱。柱下用锭脚隔科，柱上用内外侧当隔科。四面外柱并安欢门、帐带（前一面里槽柱内亦用）。每间用算桯方施平棊、斗八藻井。前一面每间两颊，各用毬文格子门（格子桯四混出双线，用双腰串、腰华板造）。门之制

猴面榥：每座的深为一尺（则长为九寸），方为八分（每一瓣用一条）。

猴面马头榥：（每座的深为一尺，则长为一寸四分。）方同上（每一瓣用一条）。

连梯卧榥：（每座的深为一尺，则长为九寸五分。）方同上（每一瓣用一条）。

连梯马头榥：（每座的深为一尺，则长为一寸。）方同上。

长短柱脚方：其长同车槽涩（每一面减去三尺二寸），方为一寸。

长短榻头木：其长需随柱脚方内，方为八分。

长立榥：长为九寸二分，方同上（依随柱脚方、榻头木逐瓣地用）。

短立榥：长为四寸，方为六分。

拽后榥：长为五寸，方同上。

穿串透栓：长随榻头木，宽为五分，厚为二分。

罗文榥：（每座的高为一尺，则加长一寸。）方为八分。

帐身：高为一丈二尺五寸，长与宽都依随帐座，瓣数的确定根据间的大小选取合适的数目。其内外都围拢帐柱。柱下用锭脚隔科，柱上用内外侧当隔科。四面的外柱同时安设欢门、帐带（前一面里槽柱内也用此设计）。每间用算桯方建造平棊、斗八藻井。前一面每间两颊，各用毬文格子门（格子桯四混出双线，采用双腰串、腰华板的样式建造）。门的制度，一并依照本法。两侧及后壁，一并用难子安板。

度，并准本法。两侧及后壁，并用难子安板。

帐内外槽柱：长视帐身之高，每高一尺，则方四分。

虚柱：长三寸二分，方三分四厘。

内外槽上隔科板：长随间架，广一寸二分，厚一分二厘。

上隔科仰托榥：长同上，广二分八厘，厚二分。

上隔科内外上下贴：长同锃脚贴，广二分，厚八厘。

隔科内外上柱子：长四分四厘。下柱子长三分六厘。其广厚并同上。

里槽下锃脚板：长随每间之深广，其广五分二厘，厚一分二厘。

锃脚仰托榥：长同上，广二分八厘，厚二分。

锃脚内外贴：长同上，其广二分，厚八厘。

锃脚内外柱子：长三分二厘，广厚同上。

内外欢门：长随帐柱之内，其广一寸二分，厚一分二厘。

内外帐带：长二寸八分，广二分六厘，厚亦如之。

两侧及后壁板：长视上下仰托榥内，广随帐柱，心柱内，其厚八厘。

帐内的外槽柱：其长视帐身的高而定，每高为一尺，则方为四分。

虚柱：长为三寸二分，方为三分四厘。

内外槽上隔科板：其长随间架，宽为一寸二分，厚为一分二厘。

上隔科仰托榥：其长同上，宽为二分八厘，厚为二分。

上隔科内外上下贴：其长同脚贴，宽为二分，厚为八厘。

隔科内外的上柱子：长为四分四厘。下柱子的长为三分六厘。其宽厚一并同上。

里槽下的脚板：其长随每间的深和宽，其宽为五分二厘，厚为一分二厘。

锃脚仰托榥：其长同上，宽为二分八厘，厚为二分。

锃脚内外贴：其长同上，其宽为二分，厚为八厘。

锃脚内外柱子：其长为三分二厘，其宽和厚同上。

内外欢门：其长随帐柱之内，其宽为一寸二分，厚为一分二厘。

内外帐带：长为二寸八分，宽为二分六厘，厚也如此。

两侧及后壁板：其长视其上下仰托榥内，宽随帐柱，心柱内，其厚为八厘。

心柱：长同上，其广三分二厘，厚二分八厘。

颊子：长同上，广三分，厚二分八厘。

腰串：长随帐柱内，广厚同上。

难子：长同后壁板，方八厘。

随间栿：长随帐身之深，其方三分六厘。

算桯方：长随间之广，其广三分二厘，厚二分四厘。

四面搏难子：长随间架，方一分二厘。

平棊：华文制度并准殿内平棊。

背板：长随方子内，广随栿心（以厚五分为定法）。

桯：长随方子四周之内，其广二分，厚一分六厘。

贴：长随桯四周之内，其广一分二厘（厚同背板）。

难子并贴华：（厚同贴。）每方一尺，用贴华二十五枚或十六枚。

斗八藻井：径三尺二寸，共高一尺五寸。五铺作重栱卷头造。材广六分。其名件并准本法，量宜减之。

腰檐：自栌枓至脊，共高三尺。六铺作一抄两昂，重栱造。柱上施枓槽板与山板（板内又施夹槽板，逐缝夹安钥匙头榥，其上顺槽安钥匙头榥；又施钥匙头板上通用卧榥，榥上栽柱子；柱上又施卧榥，榥上安上层平坐）。铺作之上，平铺压厦板，四角用

心柱：长同上，其宽三分二厘，厚为二分八厘。

颊子：长同上，宽为三分，厚为二分八厘。

腰串：长随帐柱内，宽厚同上。

难子：长同后壁板，方为八厘。

随间栿：长随帐身的深，其方为三分六厘。

算桯方：长随间的宽度，其宽为三分二厘，厚为二分四厘。

四面搏难子：长随间架，方为一分二厘。

平棊：华文制度都比照殿内平棊。

背板：长随方子内，其宽随栿心（以五分厚作为定法）。

桯：其长随方子四周之内，其宽为二分，厚为一分六厘。

贴：长随桯四周之内，其宽为一分二厘（厚的尺寸同背板）。

难子及贴花：（其厚同贴。）每方为一尺，用贴花二十五枚或十六枚。

斗八藻井：径为三尺二寸，总共的高为一尺五寸。做成五铺作重栱卷头。材宽为六分。其名件一并依照本法，根据具体情况可减之。

腰檐：从栌枓到脊，总共的高为三尺。六铺作一杪两昂，建造重栱（柱上放枓槽板和山板。板内又放夹槽板，逐个缝夹安置钥匙头榥，其上顺槽安置钥匙头榥；又枋钥匙头板上通用卧榥，榥上栽柱子；柱上又放卧榥，榥上安上层平座）。铺作的上面，平铺压厦板，四角用角梁、子角梁，铺椽安放飞子。依副阶的举分结宽。

角梁、子角梁，铺椽安飞子。依副阶举分结宽。

普拍方：长随四周之广，其广一寸八分，厚六分（绞头在外）。

角梁：每高一尺，加长四寸，广一寸四分，厚八分。

丁角梁：长五寸，其曲广二寸，厚七分。

抹角栿[2]：长七寸，方一寸四分。

槫：长随间广，其广一寸四分，厚一寸。

曲椽：长七寸六分，其曲广一寸，厚四分（每补间铺作一朵，用四条）。

飞子：长四寸（尾在内），方三分（角内随宜刻曲）。

大连擔：长同槫（梢间长至角梁，每壁加三尺六寸），广五分，厚三分。

白板：长随间之广（每梢间加出角一尺五寸）。其广三寸五分（以厚五分为定法）。

夹枓槽板：长随间之深广，其广四寸四分，厚七分。

山板：长同枓槽板，广四寸二分，厚七分。

枓槽钥匙头板：（每深一尺，则长四寸。）广厚同枓槽板。逐间段数亦同枓槽板。

枓槽压厦板：长同枓槽板（每梢间长

普拍方：长随四周的宽度，其宽为一寸八分，厚为六分（绞头在外）。

角梁：每高为一尺，加长四寸，宽为一寸四分，厚为八分。

丁角梁：长为五寸，其曲宽为二寸，厚为七分。

抹角栿：长为七寸，方为一寸四分。

槫：长随间的宽度，其宽为一寸四分，厚为一寸。

曲椽：长为七寸六分，其曲宽为一寸，厚为四分（每补间铺作一朵，用四条）。

飞子：长为四寸（包括尾在内），方为三分（角内随宜刻曲）。

大连檐：其长同槫（梢间长的计算要到角梁，每壁加三尺六寸），宽为五分，厚为三分。

白板：长随间的宽度（每梢间加出角一尺五寸）。其宽为三寸五分（以五分厚作为定法）。

夹枓槽板：长随间的深和宽，其宽为四寸四分，厚为七分。

山板：长同枓槽板，宽为四寸二分，厚为七分。

枓槽钥匙头板：（每深为一尺，则长为四寸。）其宽和厚同枓槽板。逐间的段数也同枓槽板。

枓槽压厦板：其长同枓槽板（每梢间的长加一尺）。其宽为四寸，厚为七分。

加加一尺），其广四寸，厚七分。

贴生：长随间之深广，其方七分。

枓槽卧榥：（每深一尺，则长九寸六分五厘。）方一寸（每铺作一朵用二条）。

绞钥匙头上下顺身榥：长随间之广，方一寸。

立榥：长七寸，方一寸（每铺作一朵用二条）。

厦瓦板：长随间之广深（每梢间加出角一尺二寸五分），其广九寸（以厚五分为定法）。

槫脊：长同上，广一寸五分，厚七分。

角脊：长六寸，其曲广一寸五分，厚七分。

瓦陇条：长九寸（瓦头在内），方三分五厘。

瓦口子：长随间广（每梢间加出角二尺五寸），其广三分（以厚五分为定法）。

平坐：高一尺八寸，长与广皆随帐身。六铺作卷头重栱造，四出角，于压厦板上施雁翅板（槽内名件并准腰檐法）。上施单钩阑，高七寸（撮项栱造）。

普拍方：长随间之广（合角在外），其广一寸二分，厚一寸。

夹枓槽板：长随间之深，广其广九寸，厚一寸一分。

枓槽钥匙头板：（每深一尺，则长四

贴生：长随间的深和宽，其方为七分。

枓槽卧榥：（每深为一尺，则长为九寸六分五厘。）方为一寸。（每铺作一朵要用二条。）

绞钥匙头上下顺身榥：长随间的宽度，方为一寸。

立榥：长为七寸，方为一寸。（每铺作一朵用二条。）

厦瓦板：长随间的宽和深（每梢间加出角一尺二寸五分），其宽为九寸。（以五分厚作为定法。）

槫脊：长同上，宽为一寸五分，厚为七分。

角脊：长为六寸，其曲的宽为一寸五分，厚为七分。

瓦陇条：长为九寸（瓦头在内），方为三分五厘。

瓦口子：长随间的宽度（每梢间加出角二尺五寸），其宽为三分。（以五分厚作为定法。）

平座：高为一尺八寸，长和宽都依随帐身。做六铺作卷头重栱，四出角，在压厦板上做雁翅板（槽内名件一并依照腰檐的做法）。上做单钩阑，高为七寸（做撮项栱）。

普拍方：长随间的宽度（合角在外），其宽为一寸二分，厚为一寸。

夹枓槽板：其长随间的深，宽为九寸，厚为一寸一分。

枓槽钥匙头板：（每深为一尺，则长为四寸。）其宽和厚同枓槽板（逐间段数也同此）。

寸。）其广厚同料槽板（逐间段数亦同）。

压厦板：长同料槽板（每梢间加长一尺五寸），广九寸五分，厚一寸一分。

料槽卧榥：（每深一尺，则长九寸六分五厘。）方一寸六分（每铺作一朵用二条）。

立榥：长九寸，方一寸六分（每铺作一朵用四条）。

雁翅板：长随压厦板，其广二寸五分，厚五分。

坐面板：长随料槽内，其广九寸，厚五分。

天宫楼阁③：共高七尺二寸，深一尺一寸至一尺三寸。出跳及檐并在柱外。下层为副阶；中层为平坐，上层为腰檐；檐上为九脊殿结宽。其殿身、茶楼（有挟屋者）、角楼，并六铺作单杪重昂（或单栱或重栱）。角楼长一瓣半。殿身及茶楼各长三瓣。殿挟及龟头，并五铺作单杪单昂（或单栱或重栱）。殿挟长一瓣，龟头长二瓣。行廊四铺作，单杪（或单栱或重栱），长二瓣、分心（材广六分）。每瓣用补间铺作两朵（两侧龟头等制度并准此）。中层平坐：用六铺作卷头造。平坐上用单钩阑，高四寸（料子蜀柱造）。上层殿楼、龟头之内，唯殿身施重檐（『重檐』谓殿身并副阶，其高五尺者不用）外，其余制度并准

压厦板：长同料槽板（每梢间加长一尺五寸），宽为九寸五分，厚为一寸一分。

料槽卧榥：（每深为一尺，则长为九寸六分五厘。）方为一寸六分（每铺作一朵用二条）。

立榥：长为九寸，方为一寸六分（每铺作一朵用四条）。

雁翅板：其长的尺寸随压厦板，其宽为二寸五分，厚为五分。

坐面板：长随料槽内，其宽为九寸，厚为五分。

天宫楼阁：总共的高为七尺二寸，深为一尺一寸至一尺三寸。出跳及檐都在柱外。下层为副阶；中层为平座；上层为腰檐；檐上为九脊殿结宽。其殿身、茶楼（有挟屋的建筑）、角楼，包括六铺作单杪重昂（或单栱或重栱）。角楼的长为一瓣半。殿身及茶楼各长三瓣。殿挟及龟头以及五铺作单杪单昂（或单栱或重栱）。殿挟的长为一瓣，龟头的长为二瓣。行廊用四铺作，单杪（或单栱或重栱），长为二瓣、分心（材宽为六分）。每瓣用补间铺作两朵（两侧龟头等制度一并依照这个标准）。中层平座：用六铺作卷头的式样。平座上用单钩阑，其高为四寸（料子蜀柱式样）。上层殿楼、龟头之内，只有殿身放置重檐板（“重檐”指殿身包括副阶，其高有五尺的不用重檐）外，其余制度一并比照下层之法（其料槽板及最上

下层之法（其枓槽板及最上结宽压脊、瓦陇条之类，并量宜用之）。

帐上所用钩阑：应用小钩阑者，并通用此制度。

重台钩阑：（共高八寸至一尺二寸，其钩阑并准楼阁殿亭色阑制度。下同。）其名件等，以钩阑每尺之高，积而为法。

望柱：长视高（加四寸），每高一尺，则方二寸（通身八瓣）。

蜀柱：长同上，广二寸，厚一寸。其上方一寸六分，刻为瘿项。

云栱：长三寸，广一寸五分，厚九分。

地霞：长五寸，广同上，厚一寸三分。

寻杖：长随间广，方九分。

盆唇木：长同上，广一寸六分，厚六分。

束腰：长同上，广一寸，厚八分。

上华板：长随蜀柱内，其广二寸，厚四分（四面各别出卯，合入池槽。下同）。

下华板：长厚同上（卯入至蜀柱卯），广一寸五分。

地栿：长随望柱内，广一寸八分，厚一寸一分。上两棱连梯混各四分。

单钩阑：（高五寸至一尺者，并用此法。）其名件等，以钩阑每寸之高，

结宽压脊、瓦陇条之类，都确定其适宜的办法使用）。

帐上所用钩阑：应用小钩阑的情况，一并通用此制度。

重台钩阑：（共高为八寸至一尺二寸其钩阑一并依照楼阁殿亭钩阑制度。下同。）其名件等的尺寸，以钩阑每尺的高，累计尺寸而得出相应的制作标准。

望柱：其长根据高的尺寸（加四寸），每高为一尺，则方为二寸（通身为八瓣）。

蜀柱：其长同上，其宽为二寸，厚为一寸。其上的方为一寸六分，刻为瘿项。

云栱：长为三寸，宽为一寸五分，厚为九分。

地霞：长为五寸，宽同上，厚为一寸三分。

寻杖：长随间的宽度，方为九分。

盆唇木：长同上，宽为一寸六分，厚为六分。

束腰：长同上，宽为一寸，厚为八分。

上华板：长随蜀柱内，其宽为二寸，厚为四分（四面各别出卯，合入池槽。下同）。

下华板：长和厚同上（卯入至蜀柱卯），宽为一寸五分。

地栿：长随望柱内，宽为一寸八分，厚为一寸一分。上两棱连梯混各四分。

单钩阑：（高为五寸至一尺的单钩阑，都用此法。）其名件等，以钩阑每寸的高，累计尺寸而得出相应的制作标准。

积而为法。

望柱：长视高（加二寸），方一分八厘。

蜀柱：长同上（制度同重台钩阑法）。自盆唇木上，云栱下，作撮项胡桃子。

云栱：长四分，广二分，厚一分。

寻杖：长随间之广，方一分。

盆唇木：长同上。广一分八厘，厚八厘。

华板：长随蜀柱内，广三分（以厚四分为定法）。

地栿：长随望柱内，其广一分五厘，厚一分二厘。

科子蜀柱钩阑：（高三寸至五寸者，并用此法。）其名件等，以钩阑每寸之高，积而为法。

蜀柱：长视高（卯在内），广二分四厘，厚一分二厘。

寻杖：长随间之广，方一分三厘。

盆唇木：长同上，广二分，厚一分二厘。

华板：长随蜀柱内，其广三分（以厚三分为定法）。

地栿：长随间广，其广一分五厘。厚一分二厘。

踏道圜桥子：高四尺五寸，斜拽长三尺七寸至五尺五寸，面广五尺。下用龟脚，上施连梯、立旌，四周缠难子合板，内用榥。两颊之内，逐层安促踏板；上随圜势，

望柱：长的尺寸根据其高的尺寸（加二寸），方为一分八厘。

蜀柱：长同上（其制度同重台钩阑法）。自盆唇木上、云栱下，制作撮项胡桃子。

云栱：长为四分，宽为二分，厚为一分。

寻杖：长随间的宽度，方为一分。

盆唇木：长同上。宽为一分八厘，厚为八厘。

华板：长随蜀柱内，其宽为三分（以四分厚作为定法）。

地栿：长随望柱内，其宽为一分五厘，厚为一分二厘。

科子蜀柱钩阑：（高为三寸至五寸的情况，一并用此法。）其名件等，以钩阑每寸的高，累计尺寸而得出相应的制作标准。

蜀柱：其长根据高的尺寸（卯在内），宽为二分四厘，厚为一分二厘。

寻杖：长随间的宽度，方为一分三厘。

盆唇木：长同上，宽为二分，厚为一分二厘。

华板：长随蜀柱内，其宽为三分（以三分厚作为定法）。

地栿：长随间的宽度，其宽为一分五厘，厚为一分二厘。

踏道圜桥子：高为四尺五寸，斜拽的长为三尺七寸至五尺五寸，面宽为五尺。下用龟脚，上面做连梯、立旌，四周缠难子合板，内用榥。两颊之内，逐层安放促踏板；其上随圜势，做钩阑、望柱。

施钩阑、望柱。

龟脚：每桥子高一尺，则长二寸，广六分，厚四分。

连梯桯：其广一寸，厚五分。

连梯棍：长随广，其方五分。

立柱：长视高，方七分。

拢立柱上棍：长与方并同连梯棍。

两颊：每高一尺，则加六寸，曲广四寸。厚五分。

促板、踏板：（每广一尺，则长九寸六分。）广一寸三分（踏板又加三分），厚二分三厘。

踏板棍：（每广一尺，则长加八分。）方六分。

背板：长随柱子内，广视连梯与上棍内（以厚六分为定法）。

月板：长视两颊及柱子内，广随两颊与连梯内（以厚六分为定法）。

上层如用山华蕉叶造者，帐身之上，更不用结。其压厦板，于橑檐方外出四十分，上施混肚方。方上用仰阳板，板上安山华蕉叶，共高二尺七寸七分。其名件广厚，皆取自普拍方至山华每尺之高，积而为法。

顶板：长随间广，其广随深（以厚七分为定法）。

混肚方：广二寸，厚八分。

仰阳板：广二寸八分，厚三分。

龟脚：每桥子的高为一尺，则长为二寸，宽为六分，厚为四分。

连梯桯：其宽为一寸，厚为五分。

连梯棍：长的尺寸随宽，其方为五分。

立柱：长的尺寸根据高的尺寸，方为七分。

拢立柱上棍：长与方一并同连梯棍。

两颊：每高为一尺，则加六寸，曲宽为四寸。厚为五分。

促板、踏板：（每宽为一尺，则长为九寸六分。）宽为一寸三分（踏板又加三分），厚为二分三厘。

踏板棍：（每宽为一尺，则长加八分。）方为六分。

背板：长的尺寸随柱子内，其宽视连梯与上棍内（以六分厚作为定法）。

月板：长的尺寸视两颊及柱子内，其宽随两颊与连梯内（以六分厚作为定法）。

上层如用山华蕉叶的样式，那么在帐身之上，更不用结宬。其压厦板，在橑檐方的外部伸出四十分，上面安置混肚方。方上用仰阳板，板上安放山华蕉叶，一共高为二尺七寸七分。其名件的宽和厚，都取自普拍方至山华每尺之高，累及尺寸而得出相应的制作标准。

顶板：长随间的宽度，其宽随深的尺寸（以七分厚作为定法）。

混肚方：宽为二寸，厚为八分。

仰阳板：宽为二寸八分，厚为三分。

山华板：广厚同上。

仰阳上下贴：长同仰阳板，其广六分，厚二分四厘。

合角贴：长五寸六分，广厚同上。

柱子：长一寸六分，广厚同上。

楅：长三寸二分，广同上，厚四分。

凡佛道帐芙蓉瓣，每瓣长一尺二寸，随瓣用龟脚（上对铺作）。结宽陇条，每条相去如陇条之广（至角随宜分布）。其屋盖举折及枓栱等分数，并准大木作制度随材减之。卷杀瓣柱及飞子亦如之。

注释

① 佛道帐：供放佛像和天尊像等的神龛，居于神龛中的最高档次。

② 抹角栿：也称为抹角梁，指在建筑面阔与进深成45°处放置的梁，由于看上去像抹去了屋角，所以称为抹角梁。抹角栿的作用是加强屋角建筑的力度。

③ 天宫楼阁：用小比例尺制作楼阁木模型，置于藻井、经柜（转轮藏、壁藏）及佛龛（佛道帐）之上，以象征神佛之居，多见于宋、辽、金、明的佛殿中。

山华板：宽与厚同上。

仰阳上下贴：其长同仰阳板，其宽为六分，厚为二分四厘。

合角贴：长为五寸六分，宽和厚同上。

柱子：长为一寸六分，宽和厚同上。

楅：长为三寸二分，宽同上，厚为四分。

凡是做佛道帐芙蓉瓣，每瓣的长为一尺二寸，随瓣用龟脚（上面正对铺作）。结宽陇条，每条相去如陇条的宽度（至角随宜分布）。它的屋盖举折以及枓栱等分数，都按照大木作制度，并根据材料而减少。卷杀瓣柱及飞子也是如此。

原典图说

佛道帐的组成

佛道帐指的是殿宇式的木龛，属于神龛的一种，也是神龛中等级最高的，其体积较大、样式复杂，建造起来费工耗神。其一般由五个层次叠加而成：帐座、帐身、腰檐、上层平座、天宫楼阁。其中帐身是神龛的主体，里面安放神像或者神主，而顶部的天宫楼阁也可做成带有山花蕉叶式线脚的平顶，并采用须弥座基座。虽然佛道帐是最高等级的神龛，但所具有的功能与各等级的大体是相同的。

木制神龛

卷十 小木作制度五

牙脚帐

原典

造牙脚帐①之制：共高一丈五尺，广三丈，内外拢共深八尺（以此为率）。下段用牙脚坐；坐下施龟脚。中段帐身上用隔枓；下用锭脚。上段山华仰阳板；六铺作每段各分作三段造。其名件广厚，皆随逐层每尺之高，积而为法。

牙脚坐：高二尺五寸，长三丈二尺，深一丈（坐头在内）。下用连梯龟脚，中用束腰压青牙子、牙头、牙脚，背板填心。上用梯盘、面板，安重台钩阑，高一尺（其钩阑并准『佛道帐制度』）。

龟脚：每坐高一尺，则长三寸，广一寸二分，厚一寸四分。

连梯：随坐深长，其广八分，厚一寸二分。

角柱：长六寸二分，方一寸六分。

束腰：长随角柱内，其广一寸，厚七分。

译文

建造牙脚帐的制度：总共的高为一丈五尺，宽为三丈，内外拢共深为八尺（以此为标准）。下段用牙脚座；座下做龟脚。中段的帐身上面用隔枓；下面用锭脚。上段山华仰阳板；六铺作每段各分作三段来建造。其名件的宽和厚，都随逐层每尺的高，累计尺寸而得出相应的制作标准。

牙脚座：高为二尺五寸，长为三丈二尺，深为一丈（坐头在内）。下面用连梯龟脚，中部用束腰压青牙子、牙头、牙脚，背板填心。上部用梯盘、面板，安设重台钩阑，其高为一尺（其钩阑一并参照“佛道帐制度”）。

龟脚：每座的高为一尺，则长为三寸，宽为一寸二分，厚为一寸四分。

连梯：随底座的深和长，其宽为八分，厚为一寸二分。

角柱：长为六寸二分，方为一寸六分。

束腰：其长随角柱内，其宽为一寸，厚为七分。

注释

① 牙脚帐：指雕刻精细的橱柜，因为下有牙脚坐，所以称为牙脚帐。其也属于神龛的一种，等级次于佛道帐。

牙头：长三寸二分，广一寸四分，厚四分。

牙脚：长六寸二分，广二寸四分，厚同上。

填心：长三寸六分，广二寸八分，厚同上。

压青牙子：长同束腰，广一寸六分，厚二分六厘。

上梯盘：长同连梯，其广二寸，厚一寸四分。

面板：长广皆随梯盘长深之内，厚同牙头。

背板：长随角柱内，其广六寸二分，厚三分二厘。

束腰上贴络柱子：长一寸（两头叉瓣在外），方七分。

束腰上衬板：长三分六厘，广一寸，厚同牙头。

连梯棍：（每深一尺，则长八寸六分。）方一寸（每面广一尺用一条）。

立棍：长九寸，方同上（随连梯棍用五条）。

梯盘棍：长同连梯，方同上（用同连梯棍）。

帐身：高九尺，长三丈，深八尺。内外槽柱上用隔科，下用锭脚。四面柱内安欢门、帐带。两侧及后壁皆施心柱、腰串、难

牙头：长为三寸二分，宽为一寸四分，厚为四分。

牙脚：长为六寸二分，宽为二寸四分，厚同上。

填心：长为三寸六分，宽为二寸八分，厚同上。

压青牙子：长同束腰，宽为一寸六分，厚为二分六厘。

上梯盘：长同连梯，其宽为二寸，厚一寸四分。

面板：长和宽都依随梯盘的长和深而改变，厚同牙头。

背板：长随角柱内，其宽为六寸二分，厚为三分二厘。

束腰上贴络柱子：长为一寸，两头的叉瓣在外。方为七分。

束腰上衬板：长为三分六厘，宽为一寸，厚为同牙头。

连梯棍：（每深若为一尺，则长为八寸六分。）方为一寸（每面的宽为一尺，用一条）。

立棍：长为九寸，方同上（随连梯棍，用五条）。

梯盘棍：长同连梯，方同上（作用同连梯棍）。

帐身：高为九尺，长为三丈，深为八尺。内外槽柱的上面用隔料，下面用锭脚。四面柱内安设欢门、帐带。两侧及后壁都要放置心柱、腰串、难子安板。前面每间的两边，同时用立颊泥道板。

子安板。前面每间两边，并用立颊泥道板。

内外帐柱：长视帐身之高，每高一尺，则方四分五厘。

虚柱：长三寸，方四分五厘。

内外槽上隔科板：长随每间之深广，其广一寸二分四厘，厚一分七厘。

上隔科仰托榥：长同上，广四分，厚二分。

上隔科内外上下贴：长同上，广二分，厚一分。

上隔科内外上柱子：长五分。下柱子：长三分四厘，其广厚并同上。

内外欢门：长同上。其广二分，厚一分五厘。

内外帐带：长三寸四分，方三分六厘。

里槽下锃脚板：长随每间之深广，其广七分，厚一分七厘。

锃脚仰托榥：长同上，广四分，厚二分。

锃脚内外贴：长同上，广二分，厚一分。

锃脚内外柱子：长五分，广二分，厚同上。

两侧及后壁合板：长同立颊，广随帐柱，心柱内，其厚一分。

心柱：长同上，方三分五厘。

腰串：长随帐柱内，方同上。

内外帐柱：其长根据帐身的高，每高为一尺，则方为四分五厘。

虚柱：长为三寸，方为四分五厘。

内外槽上隔科板：长随每间的深和宽，其宽为一寸二分四厘，厚为一分七厘。

上隔科仰托榥：长同上，宽为四分，厚为二分。

上隔科内外上下贴：长同上，宽为二分，厚为一分。

上隔科内外上柱子：长为五分。下柱子：长为三分四厘，其宽和厚都同上。

内外欢门：长同上。其宽为二分，厚为一分五厘。

内外帐带：长为三寸四分，方为三分六厘。

里槽下锃脚板：其长随每间的深和宽，其宽为七分，厚为一分七厘。

锃脚仰托榥：长同上，宽为四分，厚为二分。

锃脚内外贴：长同上，宽为二分，厚为一分。

锃脚内外柱子：长为五分，宽为二分、厚同上。

两侧及后壁合板：长同立颊，宽随帐柱，心柱内，其厚为一分。

心柱：长同上，方为三分五厘。

腰串：其长随帐柱内，方同上。

立颊：长视上下仰托榥内，其广三分六厘，厚三分。

泥道板：长同上，其广一寸八分，厚一分。

难子：长同立颊，方一分。安平棊亦用此。

平棊：华文等并准殿内平棊制度。

桯：长随枓槽四周之内，其广二分三厘，厚一分六厘。

背板：长广随桯（以厚五分为定法）。

贴：长随桯内，其广一分六厘（厚同背板）。

难子并贴华：每方一尺（厚同贴），用华子二十五枚或十六枚。

楅：长同桯，其广二分三厘，厚一分六厘。

护缝：长同背板，其广二分。厚同贴。

帐头：共高三尺五寸。

枓槽：长二丈九尺七寸六分，深七尺七寸六分。六铺作，单杪重昂重栱转角造。其材广一寸五分。柱上安枓槽板。铺作之上用压厦板。板上施混肚方、仰阳山华板。每间用补间铺作二十八朵。

普拍方：长随间广，其广一寸二分，厚四分七厘（绞头在外）。

立颊：其长根据上下仰托榥内，其宽为三分六厘，厚为三分。

泥道板：其长同上，其宽为一寸八分，厚为一分。

难子：其长同立颊，方为一分。安放平棊也用此标准。

平棊：华文等一并依照殿内平棊制度。

桯：其长随枓槽四周之内，其宽为二分三厘，厚为一分六厘。

背板：长和宽依随桯的大小（以五分厚作为定法）。

贴：其长随桯内，其宽为一分六厘（其厚同背板）。

难子并贴华：每方为一尺（其厚同贴），用华子二十五枚或十六枚。

楅：其长同桯，其宽为二分三厘，厚为一分六厘。

护缝：其长同背板，其宽为二分。其厚同贴。

帐头：共高为三尺五寸。

枓槽：长为二丈九尺七寸六分，深为七尺七寸六分。六铺作，做单杪重昂重栱转角的式样。其材宽为一寸五分。柱上安枓槽板。铺作之上用压厦板。板上做混肚方、仰阳山华板。每间用补间铺作二十八朵。

普拍方：长随间的宽度，其宽为一寸二分，厚为四分七厘（绞头在外）。

内外槽并两侧夹料槽板：长随帐之深广，其广三寸，厚五分七厘。

压厦板：长同上（至角加一尺三寸），其广三寸二分六厘，厚五分七厘。

混肚方：长同上（至角加一尺五寸），其广二分，厚七分。

顶板：长随混肚方内（以厚六分为定法）。

仰阳板：长同混肚方（至角加一尺六寸），其广二寸五分，厚三分。

仰阳上下贴：下贴长同上，上贴随合角贴内，广五分，厚二分五厘。

仰阳合角贴：长随仰阳板之广，其广厚同上。

山华板：长同仰阳板（至角加一尺九寸），其广二寸九分，厚三分。

山华合角贴：广五分，厚二分五厘。

卧榥：长随混肚方内，其方七分（每长一尺用一条）。

马头榥：长四寸，方七分（用同卧榥）。

楅：长随仰阳山华板之广，其方四分（每山华用一条）。

凡牙脚帐坐，每一尺作一壶门，下施龟脚，合对铺作。其所用科栱名件分数，并准大木制度，随材减之。

内外槽并两侧夹料槽板：长随帐的深和宽，其宽为三寸，厚为五分七厘。

压厦板：长同上（至角加一尺三寸），其宽为三寸二分六厘，厚为五分七厘。

混肚方：长同上（至角加一尺五寸），其宽为二分，厚为七分。

顶板：长随混肚方内（以六分厚作为定法）。

仰阳板：长同混肚方（至角加一尺六寸），其宽为二寸五分，厚为三分。

仰阳上下贴：下贴长同上，上贴随合角贴内，宽为五分，厚二分五厘。

仰阳合角贴：长随仰阳板的宽度，其宽和厚同上。

山华板：长同仰阳板（至角加一尺九寸），其宽为二寸九分，厚为三分。

山华合角贴：宽为五分，厚为二分五厘。

卧榥：长随混肚方内，其方为七分（每长一尺，用一条）。

马头榥：长为四寸，方为七分（作用同卧榥）。

楅：长随仰阳山华板的宽度，其方为四分（每山华用一条）。

凡牙脚帐座，每一尺作一壶门，下面做龟脚，合对铺作。其所用科栱名件的分数，一并比照大木制度，依随材的情况而减之。

九脊牙脚小账

原典图说

牙脚帐的组成

牙脚帐是神龛中的第二等级，从下到上分为三个层次：第一层次是帐座，比较低矮而简单，下用圭脚，中间用壶门作为装饰；第二层次是帐身，有内外槽柱，前面做泥道板，殿内做平棊；第三层次是帐头，其与佛道帐不同，不做天宫楼阁和腰檐，而只是用仰阳山花板和山花蕉叶。牙脚帐的尺寸一般为：高 15 尺（1 尺 =33.33cm），宽 30 尺，深度 8 尺，三开间。

造九脊小帐①之制：自牙脚坐下龟脚至脊，共高一丈二尺（鸱尾在外）。广八尺，内外拢共深四尺。下段、中段与牙脚帐同；上段五铺作、九脊殿结宬造。其名件广厚，皆随逐层每尺之高，积而为法。

牙脚坐：高二尺五寸，长九尺六寸（坐头在内），深五尺。自下连梯、龟脚，上至面板安重台钩阑，并准牙脚帐坐制度。

龟脚：每坐高一尺，则长三寸，广一寸二分，厚六分。

连梯：长随坐深，长其广二寸，厚一寸二分。

角柱：长六寸二分，方一寸二分。

束腰：长随角柱内，其广一寸，厚六分。

牙头：长二寸八分，广一寸四分，厚三分二厘。

牙脚：长六寸二分，广二寸，厚同上。

填心：长三寸六分，广二寸二分，厚同上。

压青牙子：长同束腰，随深广（减一寸五分；其广一寸六分，厚二分四厘）。

上梯盘：长厚同连梯，广一寸六分。

面板：长广皆随梯盘内，厚四分。

背板：长随角柱内，其广六寸二分，厚同压青牙子。

束腰上贴络柱子：长一寸（别出两头

九脊小帐

译文

建造九脊小帐的制度：从牙脚座下的龟脚到脊，共高为一丈二尺（鸱尾在外），其宽为八尺，内外拢共的深为四尺。下段、中段与牙脚帐相同；上段做五铺作、九脊殿结宬的式样。其名件的宽和厚，都随逐层每尺之高，累计而得出制作标准。

牙脚座：高为二尺五寸，长为九尺六寸（座头在内），深为五尺。下面做连梯、龟脚，上部至面板，安设重台钩阑，一并依照牙脚帐座的制度。

龟脚：每座的高为一尺，则长为三寸，宽为一寸二分，厚为六分。

连梯：长随座的深，其宽为二寸，厚为一寸二分。

角柱：长为六寸二分，方为一寸二分。

束腰：长随角柱内，其宽为一寸，厚为六分。

牙头：长为二寸八分，宽为一寸四分，厚为三分二厘。

牙脚：长为六寸二分，宽为二寸，厚同上。

填心：长为三寸六分，宽为二寸二分，厚同上。

压青牙子：长同束腰，随深和宽（减一寸五分；其宽为一寸六分，厚为二分四厘）。

上梯盘：长和厚同连梯，宽为一寸六分。

面板：长和宽都依梯盘内，厚为四分。

背板：长随角柱内，其宽为六寸二分，厚同压青牙子。

束腰上贴络柱子：长为一寸（不要超出两头叉瓣），方为六分。

注释

① 九脊小帐：雕刻精细的橱柜，因顶有九脊，所以称为九脊小帐。其同样属于神龛，等级又低于牙脚帐一个等级。

叉瓣），方六分。

束腰鋜脚内衬板：长二寸八分，广一寸，厚同填心。

连梯榥：长随连梯内，方一寸（每广一尺用一条）。

立榥：长九寸（卯在内），方同上（随连梯榥用三条）。

梯盘榥：长同连梯，方同上（用同连梯榥）。

帐身：一间，高六尺五寸，广八尺，深四尺。其内外槽柱至泥道板，并准牙脚帐制度（唯后壁两侧并不用腰串）。

内外帐柱：长视帐身之高，方五分。

虚柱：长三寸五分，方四分五厘。

内外槽上隔科板：长随帐柱内，其广一寸四分二厘，厚一分五厘。

上隔科仰托榥：长同上，广四分三厘，厚二分八厘。

上隔科内外上下贴：长同上，广二分八厘，厚一分四厘。

上隔科内外上柱子：长四分八厘，下柱子：长三分八厘，广厚同上。

内欢门：长随立颊内。

外欢门：长随帐柱内。其广一寸五分，厚一分五厘。

内外帐带：长三寸二分，方三分四厘。

里槽下鋜脚板：长同上隔科上下贴，其广七分二厘，厚一分五厘。

鋜脚仰托榥：长同上，广四分三厘，

束腰鋜脚内衬板：长为二寸八分，宽为一寸，厚同填心。

连梯榥：长随连梯内，方为一寸（每宽为一尺，用一条）。

立榥：长为九寸（卯在内），方同上（随连梯榥，用三条）。

梯盘榥：长同连梯，方同上（作用同连梯榥）。

帐身：一间，高为六尺五寸，宽为八尺，深为四尺。其内外槽柱至泥道板，一并依照牙脚帐制度（只有后壁两侧都不用腰串）。

内外帐柱：长根据帐身的高，方为五分。

虚柱：长为三寸五分，方为四分五厘。

内外槽上隔科板：长随帐柱内，其宽为一寸四分二厘，厚为一分五厘。

上隔科仰托榥：长同上，宽为四分三厘，厚为二分八厘。

上隔科内外上下贴：长同上，宽为二分八厘，厚为一分四厘。

上隔科内外上柱子：长为四分八厘。下柱子：长为三分八厘，宽和厚同上。

内欢门：长随立颊内。

外欢门：长随帐柱内。其宽为一寸五分，厚为一分五厘。

内外帐带：长为三寸二分，方为三分四厘。

里槽下鋜脚板：长同上隔科上下贴，其宽为七分二厘，厚为一分五厘。

鋜脚仰托榥：长同上，宽为四分三厘，厚为二分八厘。

厚二分八厘。

锭脚内外贴：长同上，广二分八厘，厚一分四厘。

锭脚内外柱子：长四分八厘，广二分八厘，厚一分四厘。

两侧及后壁合板：长视上下仰托榥，广随帐柱、心柱内，其厚一分。

心柱：长同上，方三分六厘。

立颊：长同上，广三分六厘，厚三分。

泥道板：长同上，广随帐柱、立颊内，厚同合板。

难子：长随立颊及帐身板、泥道板之长广，其方一分。

平棊：（华文等并准殿内平棊制度。）作三段造。

桯：长随枓槽四周之内，其广六分三厘，厚五分。

背板：长广随桯（以厚五分为定法）。

贴：长随桯内，其广五分（厚同上）。

贴络华文：（厚同上。）每方一尺，用华子二十五枚或十六枚。

福：长同背板，其广六分，厚五分。

护缝：长同上，其广五分（厚同贴）。

难子：长同上，方二分。

帐头：自普拍方至脊共高三尺，鸱尾在外广八尺，深四尺。四柱，五铺作，下出一杪，上施一昂，材广一寸二分，厚八分，重栱造。上用压厦板，出飞檐作九脊结宼。

锭脚内外贴：长同上，宽为二分八厘，厚为一分四厘。

锭脚内外柱子：长为四分八厘，宽为二分八厘，厚为一分四厘。

两侧及后壁合板：长根据上下仰托榥，宽随帐柱、心柱内，其厚为一分。

心柱：长同上，方为三分六厘。

立颊：其长同上，广宽为三分六厘，厚为三分。

泥道板：长同上，宽随帐柱、立颊内，其厚同合板。

难子：长随立颊及帐身板、泥道板的长和宽，其方为一分。

平棊：（华文等一并依照殿内平棊制度。）做三段的式样。

桯：长随枓槽四周之内，其宽为六分三厘，厚为五分。

背板：长和宽随桯（以五分厚作为定法）。

贴：长随桯内，其宽为五分。厚同上。

贴络华文：（厚同上。）每方为一尺，用华子二十五枚或十六枚。

福：长同背板，其宽为六分，厚为五分。

护缝：长同上，其宽为五分（厚同贴）。

难子：长同上，方为二分。

帐头：从普拍方到脊，共高为三尺，鸱尾在外，宽为八尺，深为四尺。四柱，五铺作，下出一杪，上放一昂，材宽为一寸二分，厚为八分，做成重栱的式样。上用压厦板，出飞檐作九脊结宼。

普拍方：长随广深（绞头在外），其广一寸，厚三分。

枓槽板：长厚同上（减二寸），其广二寸五分。

压厦板：长厚同上（每壁加五寸），其广二寸二分。

栿：长随深（加五寸），其广一寸，厚八分。

大角梁：长七寸，广八分，厚六分。

子角梁：长四寸，曲广二寸，厚同上。

贴生：长同压厦板（加七寸），其广六分，厚四分。

脊槫：长随广，其广一寸，厚八分。

脊槫下蜀柱：长八寸，广厚同上。

脊串：长随槫，其广六分，厚五分。

叉手：长六寸，广厚皆同角梁。

山板：（每深一尺，则长九寸。）广四寸五分（以厚六分为定法）。

曲椽：（每深一尺，则长八寸。）曲广同脊串，厚三分（每补间铺作一朵用三条）。

厦头椽：（每深一尺，则长五寸。）广四分，厚同上。角同上。

从角椽：长随宜，均摊使用。

大连檐：长随深广（每壁加一尺二寸），其广同曲椽，厚同贴生。

前后厦瓦板：长随槫（每至角加一尺五寸。其广自脊至大连檐随材合缝，以厚五分为定法）。

普拍方：长随其宽和深（绞头在外），其宽为一寸，厚为三分。

枓槽板：长和厚同上（减二寸），其宽为二寸五分。

压厦板：长和厚同上（每壁加五寸），其宽为二寸二分。

栿：长随深（加五寸），其宽为一寸，厚为八分。

大角梁：长为七寸，宽为八分，厚为六分。

子角梁：长为四寸，曲宽为二寸，厚同上。

贴生：长同压厦板（加七寸），其宽为六分，厚为四分。

脊槫：长随宽的尺寸，其宽为一寸，厚为八分。

脊槫下蜀柱：长为八寸，宽和厚同上。

脊串：长随槫，其宽为六分，厚为五分。

叉手：长为六寸，宽和厚都与角梁同。

山板：（每深为一尺，则长为九寸。）宽为四寸五分（以六分厚作为定法）。

曲椽：（每深为一尺，则长为八寸。）曲宽同脊串，厚为三分（每补间铺作一朵，用三条）。

厦头椽：（每深为一尺，则长为五寸。）宽为四分，厚同上（角同上）。

从角椽：长随宜，均摊使用。

大连檐：长随深和宽的尺寸（每壁加一尺二寸），其宽同曲椽，厚同贴生。

前后厦瓦板：长随槫（每至角加一尺五寸。其宽从脊到大连檐随材合缝，以五分厚作为定法）。

两厦头厦瓦板：长随深（加同上），其广自山板至大连檐（合缝同上，厚同上）。

飞子：长二寸五分（尾在内），广二分五厘，厚二分三厘（角内随宜取曲）。

白板：长随飞檐（每壁加二尺），其广三寸（以厚同厦瓦板）。

压脊：长随厦瓦板，其广一寸五分，厚一寸。

垂脊：长随脊至压厦板外，其曲广及厚同上。

角脊：长六寸，广厚同上。

曲阑槫脊：（共长四尺。）广一寸，厚五分。

前后瓦陇条：（每深一尺，则长八寸五分，厦头者长五寸五分。若至角，并随角斜长。）方三分，相去空分同。

搏风板：（每深一尺，则长四寸五分。）曲广一寸二分（以厚七分为定法）。

瓦口子：长随子角梁内，其曲广六分。

垂鱼：其长一尺二寸；每长一尺，即广六寸，厚同搏风板。

惹草：其长一尺。每长一尺，即广七寸。厚同上。

鸱尾：共高一尺一寸。每高一尺，即广六寸。厚同压脊。

凡九脊小帐，施之于屋一间之内。其补间铺作前后各八朵，两侧各四朵。坐内壶门等，并准『牙脚帐制度』。

两厦头厦瓦板：长随深（加同上），其宽从山板到大连檐（合缝同上，厚同上）。

飞子：长为二寸五分（尾在内），宽为二分五厘，厚为二分三厘（角内根据适宜的形势选取曲形）。

白板：其长随飞檐（每壁加二尺），其宽为三寸（其厚同厦瓦板）。

压脊：长随厦瓦板，其宽为一寸五分，厚为一寸。

垂脊：长随脊至压厦板外，其曲宽及厚同上。

角脊：长为六寸，宽和厚同上。

曲阑槫脊：（共长为四尺。）宽为一寸，厚为五分。

前后瓦陇条：（每深为一尺，则长为八寸五分，厦头者其长为五寸五分。如果到角，一并随角的斜长。）方为三分，相去空分同。

搏风板：（每深为一尺，则长为四寸五分。）曲宽为一寸二分（以七分厚作为定法）。

瓦口子：长随子角梁内，其曲宽为六分。

垂鱼：其长为一尺二寸。每长为一尺，即宽为六寸，厚同搏风板。

惹草：其长为一尺。每长为一尺，即宽为七寸。厚同上。

鸱尾：共高为一尺一寸。每高为一尺，即宽为六寸。其厚同压脊。

凡是建造九脊小帐，做成一间屋之内。其补间铺作前后各八朵，两侧各四朵。座内壶门等，一并比照“牙脚帐制度”。

壁帐

造壁帐①之制：高一丈三尺至一丈六尺（山华仰阳在外）。其帐柱之上安普拍方；方上施隔科及五铺作下昂重栱，出角入角造。其材广一寸二分，厚八分。每一间用补间铺作一十三朵。铺作上施压厦板、混肚方（混肚方上与梁下齐），方上安仰阳板及山华（仰阳板山华在两梁之间）。帐内上施平棊。两柱之内并用叉子栿。其名件广厚，皆取帐身间内每尺之广，积而为法。

帐柱：长视高，每间广一尺，则方三分八厘。

仰托榥：长随间广，其广三分，厚二分。

隔科板：长同上，其广一寸一分，厚一分。

隔科贴：长随两柱之内，其广二分，厚八厘。

隔科柱子：长随贴内，广厚同贴。

科槽板：长同仰托榥，其广七分六厘，厚一分。

压厦板：长同上，其广八分，厚一分（科槽板及压厦板，如减材分，即广随所用减之）。

混肚方：长同上，其广四分，厚二分。

仰阳板：长同上，其广七分，厚一分。

译文

建造壁帐的制度：其高为一丈三尺至一丈六尺（山华仰阳在外）。其帐柱之上安放普拍方；方上放隔科及五铺作下昂重栱，做出角入角的样式。其材宽为一寸二分，厚为八分。每一间用补间铺作十三朵。铺作上放压厦板、混肚方（混肚方上与梁下齐），方上安置仰阳板及山花（仰阳板山花在两梁之间）。帐内上放平棊。两柱之内同时用叉子栿。其名件的宽与厚，都取帐身间内每尺之宽，累计作为制作的标准。

帐柱：其长根据高的尺寸，每间宽为一尺，则方为三分八厘。

仰托榥：长随间的宽度，其宽为三分，厚为二分。

隔科板：长同上，其宽为一寸一分，厚为一分。

隔科贴：长随两柱之内，其宽为二分，厚为八厘。

隔科柱子：长随贴内，宽与厚同贴。

科槽板：长同仰托榥，其宽为七分六厘，厚为一分。

压厦板：长同上，其宽为八分，厚为一分（科槽板及压厦板，如减材分，即宽随所用而增减）。

混肚方：长同上，其宽为四分，厚为二分。

仰阳板：长同上，其跨内七分，厚为一分。

注释

① 壁帐：雕刻精美、靠墙而设的壁橱。同样属于神龛，但等级最低的，体积也比较小。

仰阳贴：长同上，其广二分，厚八厘。

合角贴：长视仰阳板之广，其厚同仰阳贴。

山华板：长随仰阳板之广，其厚同压厦板。

平棊：（华文并准殿内平棊制度。）长广并随间内。

背板：长随平棊，其广随帐之深（以厚六分为定法）。

桯：长随背板四周之广，其广二分，厚一分六厘。

贴：长随桯四周之内，其广一分六厘（厚同上）。

难子并贴华：每方一尺，用贴络华二十五枚或十六枚。

护缝：长随平棊，其广同桯（厚同背板）。

榀：广三分，厚二分。

凡壁帐，上山华仰阳板后，每华尖皆施榀一枚。所用飞子、马衔，皆量宜用之。其料栱等分数，并准大木作制度。

仰阳贴：长同上，其宽为二分，厚为八厘。

合角贴：长根据仰阳板的宽度，其厚同仰阳贴。

山华板：长随仰阳板的宽度，其厚同压厦板。

平棊：（华文也依照殿内平棊制度。）长和宽一并随间内。

背板：长随平棊，其宽随帐的深度（以六分厚作为定法）。

桯：长随背板四周的宽度，其宽为二分，厚为一分六厘。

贴：长随桯四周之内，其宽为一分六厘（厚同上）。

难子并贴华：每方一尺，用贴络华二十五枚或十六枚。

护缝：长随平棊，其广同桯（厚同背板）。

榀：宽为三分，厚为二分。

凡做壁帐，上山华仰阳板后，每华尖皆放置榀一枚。所用飞子、马衔，都根据适宜的情况估量而用之。其料栱等分数，一并依照大木作制度。

壁 龛

原典图说

壁帐与壁藏的区别

壁帐是神龛等级中最低的，体积也是最小的，样式也比较简单，而且与其他形式的殿内小型建筑不同的是，它沿墙而建。壁帐的帐座由砖石搭建而成。

壁帐和壁藏相同的地方是，二者都是沿墙设立；不同的地方是，壁帐是供奉神佛的木龛，而壁藏则是贮藏经书的木橱。

小木作制度六

转轮经藏①

营造法式

原典

造经藏②之制：共高二丈，径一丈六尺，八棱，每棱面，广六尺六寸六分。内外槽柱：外槽帐身柱上腰檐平坐，坐上施天宫楼阁。八面制度并同，其名件广厚，皆随逐层每尺之高，积而为法。

外槽帐身：柱上用隔科、欢门、帐带造，高一丈二尺。

帐身外槽柱：长视高，广四分六厘，厚四分（归瓣造）。

隔科板：长随帐柱内，其广一寸六分，厚一分二厘。

仰托榥：长同上，广三分，厚二分。

隔科内外贴：长同上，广二分，厚九厘。

内外上下柱子：上柱长四分，下柱长三分，广厚同上。

欢门：长同隔科板，其广一寸二分，厚一分二厘。

帐带：长二寸五分，方二分六厘。

译文

建造经藏②的制度：总共的高为二丈，径为一丈六尺，八个棱，每棱面，其宽为六尺六寸六分。内外槽柱：外槽帐身柱上腰檐平座，座上置放天宫楼阁。八面制度也同，其名件的宽和厚，都随逐层每尺之高，累计而为制作标准。

外槽帐身：柱上用隔科、欢门、帐带的样式，高为一丈二尺。

帐身外槽柱：长根据高的尺寸，宽为四分六厘，厚为四分（归瓣的样式）。

隔科板：长随帐柱内，其宽为一寸六分，厚为一分二厘。

仰托榥：长同上，宽为三分，厚为二分。

隔科内外贴：长同上，宽为二分，厚为九厘。

内外上下柱子：上柱的长为四分，下柱的长为三分，宽和厚同上。

欢门：长同隔科板，其宽为一寸二分，厚为一分二厘。

帐带：长为二寸五分，方为二分六厘。

注释

① 转轮经藏：可旋转的存放经卷的书橱，属于收藏经卷的一种方式。

② 经藏：也称为经库、经堂、经阁、藏经阁、法宝殿、毗卢殿、大藏经楼等，指佛书的收藏处，相当于今天的佛教图书馆。

腰檐并结宼：共高二尺，枓槽径一丈五尺八寸四分（枓槽及出檐在外）。内外并六铺作重栱，用一寸材（厚六分六厘），每瓣补间铺作五朵。外跳单杪重昂；里跳并卷头。其柱上先用普拍方施枓栱，上用压厦板，出椽并飞子，角梁、贴生。依副阶举折结宼。

普拍方：长随每瓣之广（绞角在外），其广二寸，厚七分五厘。

枓槽板：长同上，广三寸五分，厚一寸。

压厦板：长同上（加长七寸），广七寸五分，厚七分五厘。

山板：长同上，广四寸五分，厚一寸。

贴生：长同山板（加长六寸），方一分。

角梁：长八寸，广一寸五分，厚同上。

子角梁：长六寸，广同上，厚八分。

搏脊槫：长同上（加长一寸），广一寸五分，厚一寸。

曲椽：长八寸，曲广一寸，厚四分（每补间铺作一朵用三条，与从椽取匀分擘）。

飞子：长五寸，方三分五厘。

白板：长同山板（加长一尺），广三寸五分（以厚五分为定法）。

井口榥：长随径，方二寸。

立榥：长视高，方一寸五分（每瓣用三条）。

腰檐并结宼：总共的高为二尺，枓槽的径为一丈五尺八寸四分（枓槽及出檐在外）。内外包括六铺作重栱，用一寸材（厚为六分六厘），每瓣补间铺作五朵。外跳单杪重昂；里跳并放卷头。其柱上先用普拍方放枓栱，上用压厦板，出椽并排飞子、角梁、贴生。依副阶的举折结宼。

普拍方：长随每瓣的宽度（绞角在外），其宽为二寸，厚为七分五厘。

枓槽板：长同上，宽为三寸五分，厚为一寸。

压厦板：长同上（加长七寸），宽为七寸五分，厚为七分五厘。

山板：长同上，宽为四寸五分，厚为一寸。

贴生：长同山板（加长六寸）。方为一分。

角梁：长为八寸，宽为一寸五分，厚同上。

子角梁：长为六寸，宽同上，厚为八分。

搏脊槫：长同上（加长一寸），宽为一寸五分，厚为一寸。

曲椽：长为八寸，曲宽为一寸，厚为四分（每补间铺作一朵用三条，与从椽取匀分配）。

飞子：长分擘五寸，方分擘三分五厘。

白板：长同山板（加长一尺），宽为三寸五分（以五分厚为定法）。

井口榥：长随径的尺寸，方为二寸。

立榥：长根据高的尺寸，方为一寸五分。（每瓣用三条）。

马头榥：方同上（用数亦同上）。

厦瓦板：长同山板（加长一尺），广五寸（以厚五分为定法）。

瓦陇条：长九寸，方四分（瓦头在内）。

瓦口子：长厚同厦瓦板，曲广三寸。

小山子板：长广各四寸，厚一寸。

搏脊：长同山板（加长二寸），广二寸五分，厚八分。

角脊：长五寸，广二寸，厚一寸。

平坐：高一尺，枓槽径一丈五尺八寸四分（压厦板出头在外）。六铺作，卷头重栱，用一寸材。每瓣用补间铺作九朵。上施单钩阑，高六寸（撮项云栱造，其钩阑准『佛道帐制度』）。

普拍方：长随每瓣之广（绞头在外），方一寸。

枓槽板：长同上，其广九寸，厚二寸。

压厦板：长同上（加长七寸五分），广九寸五分，厚二寸。

雁翅板：长同上（加长八寸），广二寸五分，厚八分。

井口榥：长同上，方三寸。

马头榥：（每直径一尺，则长一寸五分。）方三分（每瓣用三条。）

钿面板：长同井口榥（减长四寸），广一尺二寸，厚七分。

天宫楼阁：三层，共高五尺，深一

马头榥：方同上（用数也同上）。

厦瓦板：长同山板（加长一尺），宽为五寸（以五分厚作为定法）。

瓦陇条：长为九寸，方为四分（瓦头在内）。

瓦口子：长厚同厦瓦板，曲宽为三寸。

小山子板：长和宽各为四寸，厚为一寸。

搏脊：长同山板（加长二寸），宽为二寸五分，厚为八分。

角脊：长为五寸，宽为二寸，厚为一寸。

平座：高为一尺，枓槽的径为一丈五尺八寸四分（压厦板出头在外）。六铺作，卷头重栱，用一寸的材。每瓣用补间铺作九朵。上面放单钩阑，高为六寸（撮项云栱的样式，其钩阑依照“佛道帐制度”）。

普拍方：长随每瓣的宽度（绞头在外），方为一寸。

枓槽板：长同上，其宽为九寸，厚为二寸。

压厦板：长同上，加长七寸五分。宽为九寸五分，厚为二寸。

雁翅板：长同上，加长八寸。宽为二寸五分，厚为八分。

井口榥：长同上，方为三寸。

马头榥：（每直径如果是一尺，那么长为一寸五分。）方为三分（每瓣用三条）。

钿面板：长同井口榥（减长四寸），宽为一尺二寸，厚为七分。

天宫楼阁：三层，总共的高为五尺，深为一尺。下层副阶内的角楼子，长为一瓣，六铺作，单杪重昂。角楼挟屋的长为一瓣，

尺。下层副阶内角楼子，长一瓣，六铺作，单杪重昂。角楼挟屋长一瓣，茶楼子长二瓣，并五铺作，单杪单昂。行廊长二瓣（分心），四铺作（以上并或单栱或重栱造），材广五分，厚三分三厘，每瓣用补间铺作两朵，其中层平坐上安单钩阑，高四寸（科子蜀柱造，其钩阑准『佛道帐制度』）。铺作并用卷头，与上层楼阁所用铺作之数，并准下层之制（其结宽名件，准腰檐制度，量所宜减之）。

里槽坐：高三尺五寸（并帐身及上层楼阁，共高一丈三尺；帐身直径一丈）。面径一丈一尺四寸四分；科槽径九尺八寸四分；下用龟脚；脚上施车槽、叠涩等。其制度并准佛道帐坐之法。内门窗上设平坐；坐上施重台钩阑，高九寸（云栱瘿项造，其钩阑准『佛道帐制度』）。用六铺作卷头；其材广一寸。厚六分六厘。每瓣用补间铺作五朵（门窗或用壶门、神龛），并作芙蓉瓣造。

龟脚：长二寸，广八分，厚四分。

车槽上下涩：长随每瓣之广（加长一寸），其广二寸六分，厚六分。

车槽：长同上（减长一寸），广二寸，厚七分（安华板在外）。

上子涩：两重（在坐腰上下者），长同上（减长二寸），广二寸，厚三分。

下子涩：长厚同上（广二寸三分）。

茶楼子长为二瓣，都用五铺作，单杪单昂。行廊的长为二瓣（分心），四铺作（以上同时用或单栱或重栱造），材的宽为五分，厚为三分三厘，每瓣用补间铺作两朵，其中层平座上安放单钩阑，高为四寸（科子蜀柱的式样，其钩阑依照“佛道帐制度”）。铺作并用卷头，与上层楼阁所用铺作的数，一并依照下层之制（其结宽名件，依照腰檐制度，酌情适宜地减之）。

里槽坐：高为三尺五寸（包括帐身及上层楼阁，共高为一丈三尺；帐身直径为一丈）。面径为一丈一尺四寸四分；科槽的径为九尺八寸四分；下用龟脚；脚上放车槽、叠涩等。其制度一并依照佛道帐坐的方法。内门窗上设平座；座上做重台钩阑，高为九寸（云栱瘿项的样式，其钩阑依照“佛道帐制度”）。用六铺作卷头；其材的宽为一寸。厚为六分六厘。每瓣用补间铺作五朵（门窗或用壶门、神龛），并作芙蓉瓣的样式。

龟脚：长为二寸，宽为八分，厚为四分。

车槽上下涩：长随每瓣的宽度（加长一寸），其宽为二寸六分，厚为六分。

车槽：长同上（减长一寸），宽为二寸，厚为七分（安华板在外）。

上子涩：两重（在坐腰上下的情况），长同上（减长二寸），宽为二寸，厚为三分。

下子涩：长厚同上，宽为二寸三分。

坐腰：长同上（减长三寸五分），广一寸三分，厚一寸（安华板在外）。

坐面涩：长同上，广二寸三分，厚六分。

猴面板：长同上，广三寸，厚六分。

明金板：长同上（减长二寸），广一寸八分，厚一分五厘。

普拍方：长同上（绞头在外），方三分。

料槽板：长同上（减长七寸），广二寸，厚三分。

压厦板：长同上（减长一寸），广一寸五分，厚同上。

车槽华板：长随车槽，广七分，厚同上。

坐腰华板：长随坐腰，广一寸，厚同上。

坐面板：长广并随猴面板内，厚二分五厘。

坐内背板：每料槽径一尺，则长二寸五分；广随坐高，以厚六分为定法。

猴面梯盘棍：（每料槽径一尺，则长八寸。）方一寸。

猴面钿板棍：（每料槽径一尺，则长二寸。）方八分（每瓣用三条）。

坐下榻头木并下卧棍：（每料槽径一尺，则长八寸。）方同上（随瓣用）。

榻头木立棍：长九寸，方同上（随瓣用）。

拽后棍：（每料槽径一尺，则长二寸五分。）方同上（每瓣上下用六条）。

坐腰：长同上（减长三寸五分），宽为一寸三分，厚为一寸（安华板在外）。

坐面涩：长同上，宽为二寸三分，厚为六分。

猴面板：长同上，宽为三寸，厚为六分。

明金板：长同上（减长二寸），宽为一寸八分，厚为一分五厘。

普拍方：长同上（绞头在外），方为三分。

料槽板：长同上（减长七寸），跨内二寸，厚为三分。

压厦板：长同上（减长一寸），宽为一寸五分，厚同上。

车槽华板：长随车槽，宽为七分，厚同上。

坐腰华板：长随坐腰，宽为一寸，厚同上。

坐面板：长和宽都随猴面板内，厚为二分五厘。

坐内背板：每料槽径为一尺，则长为二寸五分；宽随坐高，以六分厚作为定法。

猴面梯盘棍：（每料槽的径为一尺，则长为八寸。）方为一寸。

猴面钿板棍：（每料槽径为一尺，则长为二寸。）方为八分（每瓣用三条）。

坐下榻头木并下卧棍：（每料槽径为一尺，则长为八寸。）方同上（随瓣用）。

榻头木立棍：长为九寸，方同上（随瓣用）。

拽后棍：（每料槽的径为一尺，则长为二寸五分。）方同上（每瓣上下用六条）。

柱脚方并下卧榥：每料槽径一尺，则长五寸。方一寸（随瓣用）。

柱脚立榥：长九寸，方同上（每瓣上下用六条）。

帐身：高八尺五寸，径一丈。帐柱下用锭脚，上用隔科，四面并安欢门、帐带，前后用门。柱内两边皆施立颊、泥道板造。

帐柱：长视高，其广六分，厚五分。

下锭脚上隔科板：各长随帐柱内，广八分，厚一分四厘；内上隔科板广一寸七分。

下锭脚上隔科仰托榥：各长同上，广三分六厘，厚二分四厘。

下锭脚上隔科内外贴：各长同上，广二分四厘，厚一分一厘。

下锭脚及上隔科上内外柱子：各长六分六厘。上隔科内外下柱子：长五分六厘，各广厚同上。

立颊：长视上下仰托榥内，广厚同仰托榥。

泥道板：长同上，广八分，厚一分。

难子：长同上，方一分。

欢门：长随两立颊内，广一寸二分，厚一分。

帐带：长三寸二分，方二分四厘

门子：长视立颊。广随两立颊内（合板令足两扇之数。以厚八分为定法）。

柱脚方并下卧榥：每料槽的径为一尺，则长为五寸。方为一寸（随瓣用）。

柱脚立榥：长为九寸，方同上（每瓣上下用六条）。

帐身：高为八尺五寸，径为一丈。帐柱下用锭脚，上用隔科，四面都要安欢门、帐带，前后用门。柱内两边都做立颊、泥道板的样式。

帐柱：长根据高的尺寸，其宽为六分，厚为五分。

下锭脚上隔科板：各长随帐柱内，宽为八分，厚为一分四厘；内上隔科板宽为一寸七分。

下锭脚上隔科仰托榥：各长同上，宽为三分六厘，厚为二分四厘。

下锭脚上隔科内外贴：各长同上，宽为二分四厘，厚为一分一厘。

下锭脚及上隔科上内外柱子：各长为六分六厘。上隔科内外下柱子：长为五分六厘，各格的宽和厚同上。

立颊：长视上下仰托榥内，厚同仰托榥。

泥道板：长同上，宽为八分，厚为一分。

难子：长同上，方为一分。

欢门：长随两立颊内，跨内一寸二分，厚为一分。

帐带：长为三寸二分，方为二分四厘。

门子：长视立颊。宽随两立颊内（合板令足两扇之数。以八分厚作为定法）。

帐身板：长同上，广随帐柱内，厚一分二厘。

帐身板上下及两侧内外难子：长同上，方一分二厘。

柱上帐头：共高一尺，径九尺八寸四分（檐及出跳在外）。六铺作，卷头重栱造。其材广一寸，厚六分六厘。每瓣用补间铺作五朵，上施平棊。

普拍方：长随每瓣之广（绞头在外），广三寸，厚一寸二分。

枓槽板：长同上，广七寸五分，厚二寸。

压厦板：长同上（加长七寸），广九寸，厚一寸五分。

角栿：（每径一尺，则长三寸。）广四寸，厚三寸。

算程方：广四寸，厚二寸五分（长用两等：一每径一尺，长六寸二分；一每径一尺，长四寸八分）。

平棊：贴络华文等，并准殿内平棊制度。

桯：长随内外算程方及算程方心，广二寸，厚一分五厘。

背板：长广随桯四周之内（以厚五分为定法）。

福：（每径一尺，则长五寸七分。）方二寸。

护缝：长同背板，广二寸（以厚五分

帐身板：长同上，宽随帐柱内，厚为一分二厘。

帐身板上下及两侧内外难子：长同上，方一分二厘。

柱上帐头：总共的高为一尺，径为九尺八寸四分（檐及出跳在外）。六铺作，卷头重栱的样式。其材跨内一寸，厚为六分六厘。每瓣用补间铺作五朵，上面放平棊。

普拍方：长随每瓣的宽度（绞头在外），宽为三寸，厚为一寸二分。

枓槽板：长同上，宽为七寸五分，厚为二寸。

压厦板：长同上（加长七寸），宽为九寸，厚为一寸五分。

角栿：（每径为一尺，则长为三寸。）宽为四寸，厚为三寸。

算程方：宽为四寸，厚为二寸五分（长用两等：每径为一尺，长为六寸二分；每径为一尺，长为四寸八分。）

平棊：贴络华文等，一并依照殿内平棊制度。

桯：长随内外算程方及算程方心，宽为二寸，厚为一分五厘。

背板：长宽随桯四周之内（以五分厚为定法）。

福：（每径为一尺，则长为五寸七分。）方为二寸。

护缝：长同背板，宽为二寸（以五分厚作为定法）。

为定法）。

贴：长随桯内，广一寸二分（厚同上）。

难子并贴络华：（厚同贴。）每方一尺，用华子二十五枚或十六枚。

转轮：高八尺，径九尺。当心用立轴，长一丈八尺，径一尺五寸。上用铁锏钏，下用铁鹅台桶子（如造地藏，其辐量所用增之）。其轮七格，上下各札辐挂辋；每格用八辋，安十六辐，盛经匣十六枚。

辐：（每径一尺，则长四寸五分。）方三分。

外辋：径九尺（每径一尺，则长四寸八分），曲广七分，厚二分五厘。

内辋：径五尺（每径一尺，则长三寸八分），曲广五分，厚四分。

外柱子：长视高，方二分五厘。

内柱子：长一寸五分，方同上。

立颊：长同外柱子，方一分五厘。

钿面板：长二寸五分，外广二寸二分，内广一寸二分（以厚六分为定法）。

格板：长二寸五分，广一寸二分（厚同上）。

后壁格板：长广一寸二分（厚同上）。

难子：长随格板、后壁板四周，方八厘。

贴：长随桯内，宽为一寸二分（厚同上）。

难子并贴络华：（厚同贴。）每方为一尺，用华子二十五枚或十六枚。

转轮：高为八尺，径为九尺。当心用立轴，长为一丈八尺，径为一尺五寸。上用铁锏钏，下用铁鹅台桶子（如果造地藏，其所用辐量要增加）。其轮有七格，上下各札辐挂辋；每格用八辋，安十六辐，可盛放经匣十六枚。

辐：（每径为一尺，则长为四寸五分。）方为三分。

外辋：径为九尺（每径为一尺，则长为四寸八分），曲宽为七分，厚为二分五厘。

内辋：径为五尺（每径为一尺，则长为三寸八分），曲宽为五分，厚为四分。

外柱子：长根据高的尺寸，方为二分五厘。

内柱子：长为一寸五分，方同上。

立颊：长同外柱子，方为一分五厘。

钿面板：长为二寸五分，外宽为二寸二分，内宽为一寸二分（以六分厚作为定法）。

格板：长为二寸五分，宽为一寸二分（厚同上）。

后壁格板：长和宽为一寸二分（厚同上）。

难子：长随格板、后壁板四周，方为八厘。

托辐牙子：长二寸，广一寸，厚三分（隔间用）。

托枨：（每径一尺，则长四寸。）方四分。

立绞棵：长视高，方二分五厘（随辐用）。

十字套轴板：长随外平坐上外径，广一寸五分，厚五分。

泥道板：长一寸一分，广三分二厘（以厚六分为定法）。

泥道难子：长随泥道板四周，方三厘。

经匣：长一尺五寸，广六寸五分，高六寸（盝顶在内）。上用趄尘盝顶，陷顶开带，四角打卯，下陷底。每高一寸，以二分为盝顶斜高，以一分三厘为开带。四壁板长，随匣之广长，每匣高一寸，则广八分，厚八厘。顶板、底板，每匣长一尺，则长九寸五分。每匣广一寸，则广八分八厘。每匣高一寸，则厚八厘。子口板，长随匣四周之内。每高一寸，则广二分，厚五厘。

凡经藏坐芙蓉瓣，长六寸六分，下施龟脚（上对铺作）。套轴板安于外槽子坐之上，其结宼、瓦陇条之类，并准『佛道帐制度』。举折等亦如之。

托辐牙子：长为二寸，宽为一寸，厚为三分（隔间用）。

托枨：（每径为一尺，则长为四寸。）方为四分。

立绞棵：长根据高的尺寸，方为二分五厘（随辐用）。

十字套轴板：长随外平座上的外径，宽为一寸五分，厚为五分。

泥道板：长为一寸一分，宽为三分二厘（以六分厚作为定法）。

泥道难子：长随泥道板四周，方三厘。

经匣：长为一尺五寸，宽为六寸五分，高为六寸（盝顶在内）。上用趄尘盝顶，陷顶开带，四角打卯，下陷底。每高为一寸，以二分为盝顶斜高，以一分三厘为开带。四壁板的长，随匣的长和宽，每匣的高为一寸，则宽为八分，厚为八厘。顶板、底板，每匣的长为一尺，则长为九寸五分。每匣的宽为一寸，则宽为八分八厘。每匣的高为一寸，则厚壁板八厘。子口板，长随匣四周之内。每高为一寸，则宽为二分，厚为五厘。

凡制作经藏座芙蓉瓣，长壁板六寸六分，下面做龟脚（上对铺作）。套轴板安于外槽子座之上，其结宼、瓦陇条之类，一并依照“佛道帐制度”。举折等也如此。

转轮经藏

原典图说

经藏和转轮藏

在佛教寺院往往设有藏经的地方和藏经的器具，这些收藏佛经的器具就叫作“经藏”，其中又分“壁藏”和“转轮藏”两种形式。转轮藏也称转轮经藏或轮藏。壁藏是经藏中最基本的形式，而转轮藏则是一种逐渐演变来的特殊的经藏形式，它是居殿中而设，是回转式的，经橱中心有立轴，使经橱可以旋转，其产生于南朝，距今已有一千多年的历史。

壁藏

造壁藏[1]之制：共高一丈九尺，身广三丈，两摆手各广六尺，内外槽共深四尺（坐头及出跳皆在柱外）。前后与两侧制度并同，其名件广厚，皆取逐层每尺之高，积而为法。

坐：高三尺，深五尺二寸，长随藏身之广。下用龟脚，脚上施车槽、叠涩等。其制度并准佛道帐坐之法。唯坐腰之内，造神龛壶门，门外安重台钩阑，高八寸。上设平坐，坐上安重台钩阑（高一尺，用云栱瘿项造。其钩阑准『佛道帐制度』）。用五铺作卷头，其材广一寸，厚六分六厘。每六寸六分施补间铺作一朵，其坐并芙蓉瓣造。

龟脚：每坐高一尺，则长二寸，广八分，厚五分。

车槽上下涩：（后壁侧当者，长随坐之深加二寸；内上涩面前长减坐八尺。）广二寸五分，厚六分厘。

车槽：长随坐之深广，广二寸，厚七分。

上子涩：两重，长同上，广一寸七分，厚三分。

下子涩：长同上，广二寸，厚同上。

坐腰：长同上（减五寸），广一寸二分，厚一寸。

译文

造壁藏的制度：共高为一丈九尺，身宽为三丈，两摆手各宽为六尺，内外槽共深为四尺（坐头及出跳都在柱外）。前后与两侧制度都相同，其名件的宽和厚，都取逐层每尺的高，累计而为制作的标准。

座：高为三尺，深为五尺二寸，其长随藏身的宽度。下用龟脚，脚一并依照车槽、叠涩等。其制度一并依照佛道帐座的规定。只有座腰之内，造神龛壶门，门外安重台钩阑，其高为八寸。上设平座，座上安重台钩阑（高为一尺，用云栱瘿项的样式。其钩阑比照“佛道帐制度”）。用五铺作卷头，其材的宽度为一寸，厚为六分六厘。每六寸六分就做补间铺作一朵，其座同时做芙蓉瓣的样式。

龟脚：每座的高为一尺，则长为二寸，宽为八分，厚为五分。

车槽上下涩：（后壁侧当者，长随座的深加二寸；内上涩面前的长减座八尺。）宽为二寸五分，厚为六分五厘。

车槽：长随座的深和宽，宽为二寸，厚为七分。

上子涩：两重，其长同上，宽为一寸七分，厚为三分。

下子涩：长同上，宽为二寸，厚同上。

坐腰：长同上（减五寸），宽为一寸二分，厚为一寸。

注释

① 壁藏：靠墙而设的藏经书的木柜。其为固定式的，也是经藏最基本的形式。

坐面涩：长同上，广二寸，厚六分五厘。

猴面板：长同上，广三寸，厚七分。

明金板：长同上（每面减四寸），广一寸四分，厚二分。

料槽板：长同车槽上下涩（侧当减一尺二寸，面前减八尺，摆手面前广减六寸），广二寸三分，厚三分四厘。

压厦板：长同上（侧当减四寸，面前减八尺，摆手面前减二寸），广一寸六分，厚同上。

神龛壶门背板：长随料槽，广一寸七分，厚一分四厘。

壶门牙头：长同上，广五分，厚三分。

柱子：长五分七厘，广三分四厘，厚同上（随瓣用）。

面板：长与广皆随猴面板内（以厚八分为定法）。

普拍方：长随料槽之深广，方三分四厘。

下车槽卧榥：（每深一尺，则长九寸，卯在内。）方一寸一分（隔瓣用）。

柱脚方：长随料槽内深广，方一寸二分（绞荫在内）。

柱脚方立榥：长九寸（卯在内。）方一寸一分（隔瓣用）。

榻头木：长随柱脚方内，方同上（绞荫在内）。

榻头木立榥：长九寸一分（卯在

坐面涩：长同上，宽为二寸，厚为六分五厘。

猴面板：长同上，宽为三寸，厚为七分。

明金板：长同上（每面减四寸），宽为一寸四分，厚为二分。

料槽板：长同车槽上下涩（侧当减一尺二寸，面前减八尺，摆手面的前宽减六寸），宽为二寸三分，厚为三分四厘。

压厦板：长同上（侧当减四寸，面前减八尺，摆手面前减二寸），宽为一寸六分，厚同上。

神龛壶门背板：长随料槽，宽为一寸七分，厚为一分四厘。

壶门牙头：长同上，宽为五分，厚为三分。

柱子：长为五分七厘，宽为三分四厘，厚同上（随瓣用）。

面板：长与宽都随猴面板内（以八分厚作为定法）。

普拍方：长随料槽的深和宽，方为三分四厘。

下车槽卧榥：（每深为一尺，则长为九寸，卯在内。）方为一寸一分（隔瓣用）。

柱脚方：长随料槽内的深和宽，方为一寸二分（绞荫在内）。

柱脚方立榥：长为九寸（卯在内。）方为一寸一分（隔瓣用）。

榻头木：长随柱脚方内，方同上（绞荫在内）。

榻头木立榥：长为九寸一分（卯在内），方同上（隔瓣用）。

内），方同上（隔瓣用）。

拽后榥：长五寸（卯在内），方一寸。

罗文榥：长随高之斜长，方同上（隔瓣用）。

猴面卧榥：（每深一尺，则长九寸，卯在内。）方同榻头木（隔瓣用）。

帐身：高八尺，深四尺。帐柱上施隔科；下用锃脚；前面及两侧皆安欢门、帐带（帐身施板门子）。上下截作七格（每格安经匣四十枚）。屋内用平棊等造。

帐内外槽柱：长视帐身之高，方四分。

内外槽上隔科板：长随帐柱内，广一寸三分，厚一分八厘。

内外槽上隔科仰托榥：长同上，广五分，厚二分二厘。

内外槽上隔科内外上下贴：长同上，广二分二厘，厚一分二厘。

内外槽上隔科内外上柱子：长五分，广厚同上。

内外槽上隔科内外下柱子：长三分六厘，广厚同上。

内外欢门：长同仰托榥，广一寸二分，厚一分八厘。

内外帐带：长三寸，方四分。

里槽下锃脚板：长同上隔科板，广七分二厘，厚一分八厘。

里槽下锃脚仰托榥：长同上，广五

拽后榥：长为五寸（卯在内），方为一寸。

罗文榥：长随高的斜长，方同上（隔瓣用）。

猴面卧榥：（每深为一尺，则长为九寸，卯在内。）方的尺寸同榻头木（隔瓣用）。

帐身：高为八尺，深为四尺。帐柱上放隔科；下用镯脚；前面及两侧都安装欢门、帐带（帐身做板门子）。上下截作七格（每格可安放经匣四十枚）。屋内用平棊等样式。

帐内外槽柱：其长根据帐身的高，方为四分。

内外槽上隔科板：长随帐柱内，宽为一寸三分，厚为一分八厘。

内外槽上隔科仰托榥：长同上，宽为五分，厚为二分二厘。

内外槽上隔科内外上下贴：长同上，宽为二分二厘，厚为一分二厘。

内外槽上隔科内外上柱子：长为五分，宽和厚同上。

内外槽上隔科内外下柱子：长为三分六厘，宽和厚同上。

内外欢门：长同仰托榥，宽为一寸二分，厚为一分八厘。

内外帐带：长为三寸，方为四分。

里槽下锃脚板：长同上隔科板，宽为七分二厘，厚为一分八厘。

里槽下锃脚仰托榥：长同上，宽为五分，厚为二分二厘。

分，厚二分二厘。

里槽下锭脚外柱子：长五分，广二分二厘，厚一分二厘。

正后壁及两侧后壁心柱：长视上下仰托棂内，其腰串长随心柱内，各方四分。

帐身板：长视仰托棂、腰串内，广随帐柱、心柱内（以厚八分为定法）。

帐身板内外难子：长随板四周之广，方一分。

逐格前后格棂：长随间广，方二分。

钿板棂：（每深一尺，则长五寸五分。）广一分八厘，厚一分五厘（每广六寸用一条）。

逐格钿面板：长同板前后两侧格棂，广随前后格棂内（以厚六分为定法）。

逐格前后柱子：长八寸，方二分（每匣小间用二条）。

格板：长二寸五分，广八分五厘，厚同钿面板。

破间心柱：长视上下仰托棂内，其广五分，厚三分。

折叠门子：长同上，广随心柱、帐柱内（以厚一分为定法）。

格板难子：长随格板之广，其方六厘。

里槽普拍方：长随间之深广，其广五分，厚二分。

平棊：华文等准『佛道帐制度』。

里槽下锭脚外柱子：长为五分，宽为二分二厘，厚为一分二厘。

正后壁及两侧后壁心柱：其长根据上下仰托棂内，其腰串的长随心柱内，各方为四分。

帐身板：其长根据仰托棂、腰串内，其宽随帐柱、心柱内（以八分厚作为定法）。

帐身板内外难子：长随板四周的宽度，方为一分。

逐格前后格棂：长随间的宽，方为二分。

钿板棂：（每深为一尺，则长为五寸五分。）宽为一分八厘，厚为一分五厘（每宽为六寸，用一条）。

逐格钿面板：长同板前后两侧格棂，其宽随前后格棂内（以六分厚作为定法）。

逐格前后柱子：长为八寸，方为二分（每匣小间用二条）。

格板：长为二寸五分，宽为八分五厘，厚同钿面板。

破间心柱：长根据上下仰托棂内，其宽为五分，厚为三分。

折叠门子：长同上，宽随心柱、帐柱内（以一分厚作为定法）。

格板难子：长随格板的宽度，其方为六厘。

里槽普拍方：长随间的深和宽，其宽为五分，厚为二分。

平棊：华文等比照“佛道帐制度”。

经匣：盝顶及大小等，并准『转轮藏经匣制度』。

腰檐：高一尺，枓槽共长二丈九尺八寸四分，深三尺八寸四分。枓栱用六铺作，单杪双昂；材广一寸，厚六分六厘。上用压厦板出檐结宽。

普拍方：长随深广（绞头在外），广二寸，厚八分。

枓槽板：长随后壁及两侧摆手深广（前面长减八寸），广三寸五分，厚一寸。

压厦板：长同枓槽板（减六寸，前面长减同上），广四寸，厚一寸。

枓槽钥匙头：长随深广，厚同枓槽板。

山板：长同普拍，方广四寸五分，厚一寸。

出入角角梁：长视斜高，广一寸五分，厚同上。

出入角子角梁：长六寸（卯在内），曲广一寸五分，厚八分。

抹角方：长七寸，广一寸五分，厚同角梁。

贴生：长随角梁内，方一寸（折计用）。

曲椽：长八寸，曲广一寸，厚四分（每补间铺作一朵用三条，从角匀摊）。

飞子：长五寸（尾在内），方三分五厘。

白板：长随后壁及两侧摆手（到角长加一尺，前面长减九尺），广三寸五分（以

经匣：盝顶及大小等，一并依照“转轮藏经匣制度”。

腰檐：高为一尺，枓槽共长为二丈九尺八寸四分，深为三尺八寸四分。枓栱用六铺作，单杪双昂；材的宽为一寸，厚为六分六厘。上用压厦板出檐结宽。

普拍方：长随其深和宽（绞头在外），宽为二寸，厚为八分。

枓槽板：长随后壁及两侧摆手的深和宽（前面长减八寸），宽为三寸五分，厚为一寸。

压厦板：长同枓槽板（减六寸，前面长减同上），宽为四寸，厚为一寸。

枓槽钥匙头：长随其深和宽，厚同枓槽板。

山板：长同普拍，方的宽为四寸五分，厚为一寸。

出入角角梁：长根据其斜高，宽为一寸五分，厚同上。

出入角子角梁：长为六寸（卯在内），曲宽为一寸五分，厚为八分

抹角方：长为七寸，宽为一寸五分，厚同角梁。

贴生：长随角梁内，方为一寸（折算用）。

曲椽：长为八寸，曲宽为一寸，厚为四分（每补间铺作一朵，用三条，从角匀摊）。

飞子：长为五寸（尾在内），方为三分五厘。

白板：长随后壁及两侧的摆手（到角长加一尺，前面长减九尺），宽为三寸五分（以五分厚作为定法）。

厚五分为定法）。

厦瓦板：长同白板（加一尺三寸，前面长减八尺），广九寸，厚同上。

瓦陇条：长九寸，方四分（瓦头在内，隔间匀摊）。

搏脊：长同山板（加二寸，前面长减八尺），其广二寸五分，厚一寸。

角脊：长六寸，广二寸，厚同上。

搏脊槫：长随间之深广，其广一寸五分，厚同上。

小山子板：长与广皆二寸五分，厚同上。

山板枓槽卧榥：长随枓槽内，其方一寸五分（隔瓣上下用二枚）。

山板枓槽立榥：长八寸，方同上（隔瓣用二枚）。

平坐：高一尺，枓槽长随间之广，共长二丈九尺八寸四分，深三尺八寸四分。安单钩阑，高七寸（其钩阑准『佛道帐制度』）。用六铺作卷头，材之广厚及用压厦板，并准腰檐之制。

普拍方：长随间之深广（合角在外），方一寸。

枓槽板：长随后壁及两侧摆手（前面减八尺），广九寸（子口在内），厚二寸。

压厦板：长同枓槽板（至出角加七寸五分，前面减同上），广九寸五分，厚同上。

厦瓦板：长同白板（加一尺三寸，前面长减八尺），宽为九寸，厚同上。

瓦陇条：长为九寸，方为四分（瓦头在内，隔间均摊）。

搏脊：长同山板（加二寸，前面长减八尺），其宽为二寸五分，厚为一寸。

角脊：长为六寸，宽为二寸，厚同上。

搏脊槫：长随间的深和宽，其宽为一寸五分，厚同上。

小山子板：长与宽都是二寸五分，厚同上。

山板枓槽卧榥：长随枓槽内，其方为一寸五分（隔瓣上下用二枚）。

山板枓槽立榥：长为八寸，方同上（隔瓣用二枚）。

平座：高为一尺，枓槽长随间的宽度，总共的长为二丈九尺八寸四分，深为三尺八寸四分。安置单钩阑，其高为七寸（其钩阑比照“佛道帐制度”）。用六铺作卷头，材的宽和厚及用压厦板，一并依照腰檐的制度。

普拍方：长随间的深和宽（合角在外）。方为一寸。

枓槽板：长随后壁及两侧的摆手（前面减八尺），广为九寸（子口在内），厚为二寸。

压厦板：长同枓槽板（至出角加七寸五分，前面所减同上），宽为九寸五分，厚同上。

雁翅板：长同料槽板（至出角加九寸，前面减同上），广二寸五分，厚八分。

料槽内上下卧榥：长随料槽内，其方三寸（随瓣隔间上下用）。

料槽内上下立榥：长随坐高，其方二寸五分（随卧榥用二条）。

钿面板：长同普拍方（厚以七分为定法）。

天宫楼阁：高五尺，深一尺。用殿身、茶楼、角楼、龟头、殿挟屋、行廊等造。

下层副阶：内殿身长三瓣，茶楼子长二瓣，角楼长一瓣，并六铺作单杪双昂造。龟头、殿挟各长一瓣，并五铺作单杪单昂造；行廊长二瓣，分心四铺作造。其材并广五分，厚三分三厘。出入转角，间内并用补间铺作。

中层副阶上平坐：安单钩阑，高四寸（其钩阑准『佛道帐制度』）。其平坐并用卷头铺作等，及上层平坐上天宫楼阁，并准副阶法。

凡壁藏芙蓉瓣，每瓣长六寸六分，其用龟脚至举折等，并准『佛道帐之制』。

雁翅板：长同料槽板（至出角加九寸，前面所减同上）。宽为二寸五分，厚为八分。

料槽内上下卧榥：长随料槽内，其方为三寸（随瓣隔间上下用）。

料槽内上下立榥：长随座的高，其方为二寸五分（随卧榥用二条）。

钿面板：长同普拍方（以七分厚作为定法）。

天宫楼阁：高为五尺，深为一尺。制作殿身、茶楼、角楼、龟头、殿挟屋、行廊等样式。

下层副阶：内殿身的长为三瓣，茶楼子的长为二瓣，角楼的长为一瓣，同时做六铺作单杪双昂。龟头、殿挟各长为一瓣，同时做五铺作单杪单昂；行廊的长为二瓣，分心四铺作的样式。其材的宽为五分，厚为三分三厘。出入转角，间内同时用补间铺作。

中层副阶上的平座：安置单钩阑，高为四寸（其钩阑依照“佛道帐制度”）。其平座同时用卷头铺作等，及上层平座上的天宫楼阁，一并依照副阶的规定。

凡是制作壁藏芙蓉瓣，每瓣的长为六寸六分，其用龟脚到举折等，一并依照“佛道帐之制”。

藏经柜

山西大同华严寺薄伽教殿内藏经的地方为壁藏式

原典图说

壁藏和藏经柜

壁藏与转轮经藏一样，都属于藏经的一种形式，指的是沿墙设置的为贮藏经书所用的壁橱，平座上施钩阑，帐身分成若干小间，作为存放经卷的经匣，每小间还安有可以开启的小板门。辽代所建的大同华严寺薄伽教藏殿内的藏经形式就是壁藏式。到了明清时代，寺院的藏经楼改为藏经柜，其为家具柜式的，以前常用的沿墙的壁藏就不再使用了。

卷十二 雕作制度

营造法式

原典

混作①

雕混作①之制有八品：

一曰神仙（真人、女真、金童、玉女之类同）；二曰飞仙（嫔伽、共命鸟之类同）；三曰化生（以上并手执乐器或芝草，华果、瓶盘、器物之属）；四曰拂菻②（蕃王、夷人之类同，手内牵拽走兽，或执旌旗、矛、戟之属）；五曰凤凰（孔雀、仙鹤、鹦鹉、山鹧、练鹊、锦鸡、鸳鸯、鹅、鸭、凫、雁之类同）；六曰狮子（狻猊、麒麟、天马、海马、羚羊、仙鹿、熊象之类同）。以上并施之于钩阑柱头之上或牌带四周（其牌带之内，上施飞仙，下用宝床真人等，如系御书，两颊作升龙，并在起突华地之外），及照壁板之类亦用之。七曰角神（宝藏神之类同）。施之于屋出入转角大角梁之下，及帐坐腰内之类亦用之。八曰缠柱龙（盘龙、坐龙、牙鱼之类同）。施之于帐及经藏之上（或缠宝山），或盘于藻井之内。

凡混作雕刻成形之物，令四周皆备，其人物及凤凰之类，或立或坐，并于仰覆莲华或覆瓣莲华坐上用之。

译文

雕混作的制度有八品：

一是神仙（真人、女真、金童、玉女等类同）；二是飞仙（嫔伽、共命鸟等类同）；三是化生（以上这些人物都手执乐器或者芝草，也可是花果、瓶盘、器物等）；四是拂菻（蕃王、夷人等类同，手里牵拽着走兽，或着手执旌旗、矛、戟等）；五是凤凰（孔雀、仙鹤、鹦鹉、山鹧、练鹊、锦鸡、鸳鸯、鹅、鸭、凫、雁等类同）；六是狮子（狻猊、麒麟、天马、海马、羚羊、仙鹿、熊象等类同）。这五品都在钩阑柱头的上面或者牌带的四周（如果做在牌带里面，上面用飞仙，下面用宝床真人等。如果是皇帝的手书，在两颊做升腾之龙的造型，都是在起突华地之外），也可用在照壁板等上面。七是角神（宝藏神等类同）。施用在屋的进出转角的大角梁之下，也可用在帐坐腰内等处。八是缠柱龙（盘龙、坐龙、牙鱼等类同）。施用在帐及经藏柱之上（或者缠绕宝山），或者盘曲藻井里面。

混作雕刻成形的物品高出四周，人物及凤凰等或立或坐，用在仰覆莲花座子或者覆瓣莲花座子的上面。

轮转经藏

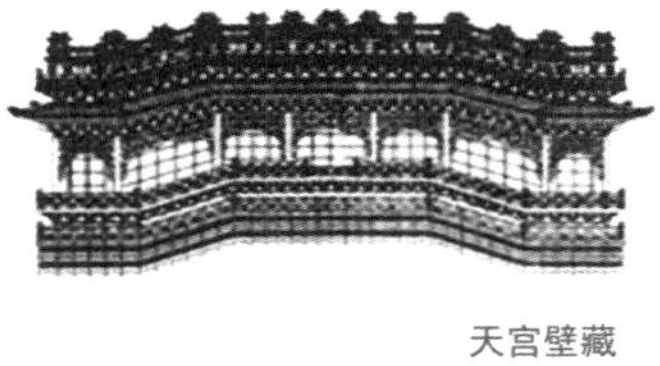

天宫壁藏

注释

①混作：石作雕刻中的圆雕方法，雕刻物四周皆成形完备。

②拂菻：本意是古代对东罗马帝国的称呼，这里指西方胡人一类的人物形象，古代雕作或彩画作时常用到此种形象。

雕插写生华

原典

雕插写生华①之制有五品：一曰牡丹华；二曰芍药华；三曰黄葵华；四曰芙蓉华；五曰莲荷华②。以上并施之于栱眼壁之内。

凡雕插写生华，先约栱眼壁之高广，量宜分布画样，随其卷舒，雕成华叶，于宝山③之上，以华盆安插之。

译文

雕插写生花的制度有五品：一是牡丹花；二是芍药花；三是黄葵花；四是芙蓉花；五是莲荷花。以上都雕刻在栱眼壁的上面。

雕插写生花时，先估计栱眼壁的高度和宽度，选取合适的尺寸分布画样，随着花形卷舒的走势，雕刻花叶，在宝山上面，用花盆安插。

注释

① 雕插写生华：即雕插写生花，专用于檐下斗栱间栱眼壁上的木雕盆花，它的形式有牡丹、芍药、黄葵花、芙蓉、莲花等花卉的盆栽。

② 莲荷华：即荷花、莲花，是古代石作、雕作等制度中常采用的形象。

③ 宝山：佛道神仙居住的山。

起突卷叶华①

原典

雕剔地起突（或透突）卷叶华之制有三品：一曰海石榴华②；二曰宝牙华；三曰宝相华③（谓皆卷叶者，牡丹华之类同）。每一叶之上，三卷者为上，两卷者次之，一卷者又次之。以上并施之于梁、额（里贴同），格子门腰板、牌带、钩阑板、云栱、寻杖头、椽头盘子（如殿阁椽头盘子，或盘起突龙凤之类），及华板。凡贴络，如平棊心中角内，若牙子板之类皆用之。或于华内间以龙、凤、化生、飞禽、走兽等物。

凡雕剔地起突华，皆于板上压下四周隐起。身内华叶等雕镂，叶内翻卷，令表里分明。剔削枝条，须圜混相压。其华文皆随板内长广，匀留四边，量宜分布。

注释

① 起突卷叶华：也称剔地起突花，石雕镌中的高浮雕，去底突出图案，是石作雕刻式样之一，主要有海石榴、宝牙花、宝相花等纹饰。

② 海石榴华：即石榴花、海榴花，是古代石作、雕作等制度中常用到的形象。

③ 宝相华：指花状图案，是古代石作、雕作等制度中常用到的形象。

译文

雕剔地起突（或透突）卷叶花的制度有三品：一是海石榴花；二是宝牙花；三是宝相花（所谓卷叶，与牡丹花花叶类同）。每一叶上面，雕成三卷的为上，雕成两卷的次之，雕成一卷的又次之。这些都雕刻在梁、额（里贴相同）、格子门腰板、牌带、钩阑板、云栱、寻杖头、椽头盘子（如殿阁椽头盘子，或者盘起突龙凤之类），以及华板的上面。对于做贴络的，如在平棊中间位置的角内，像牙子板之类的都可使用。或者在花内间杂着龙、风、化生、飞禽、走兽等形象。

雕剔地起突花，都在板上錾掉四周做浮雕。身内花叶镂空雕刻，叶内翻卷，使内外分明。剔削枝条，必须圆混相压。雕刻这些花纹都要根据板内的大小而做，均匀地留出四边的位置，选取合适的位置安排布置。

剔地洼叶华①

原典

雕剔地（或透突）洼叶（或平卷叶）华之制有七品：一曰海石榴华；二曰牡丹华（芍药华、宝相华之类，卷叶或写生者并同）；三曰莲荷华；四曰万岁藤；五曰卷头蕙草②（长生草及蛮云、蕙草之类同）；六曰蛮云（胡云及蕙草云之类同）。以上所用，及华内间龙、凤之类并同上。

凡雕剔地洼叶华，先于平地隐起华头及枝条（其枝梗并交起相压），减压下四周叶外空地。亦有平雕透突或压地。诸华者，其所用并同上。若就地随刃雕压出华文者，谓之实雕，施之于云栱、地霞、鹅项或叉子之首（及叉子铤镯脚板内），及牙子板，垂鱼、惹草等皆用之。

注释

①剔地洼叶华：即剔地洼叶花，指不突出地子之上的浮雕。花、叶翻卷，枝梗交搭，其地子只沿花形四周用斜刀压下，突出花形而不整个减低。

②蕙草：卷草，是古代石作等制度中常采用的形象。

译文

雕剔地（或者透突）洼叶（或者平卷叶）花的制度有七品：一是海石榴花；二是牡丹花（芍药花、宝相花类同，卷叶或者插写生花都相同）；三是莲荷花；四是万岁藤；五是卷头蕙草（长生草及蛮云、蕙草等类同）；六是蛮云（胡云及蕙草云等类同）。雕这几类花以及花里面间杂的龙、凤等都与雕剔地起突或透突卷叶花的制度相同。

雕剔地洼叶花，先在平地浮雕出花头以及枝条（其枝梗都交错相压），錾去叶外四周的地方。也有平雕透突或者压地。所有的这些花形，使用的方法都同上。如果是就地随刃雕压出花纹而不錾去地，叫作实雕，用在云栱、地霞、鹅项或者叉子的头部（包括叉子铤镯脚板的里面），以及牙子板上面，在垂鱼、惹草等上面也可使用。

雕木作制度图

旋作制度

殿堂等杂用名件

原典

造殿堂屋宇等杂用名件之制：

椽头盘子①：大小随椽之径。若椽径五寸，即厚一寸。如径加一寸，则厚加二分；减亦如之（加至厚一寸二分止；减至厚六分止）。

楮角梁宝瓶：每瓶高一尺，即肚径六寸，头长三寸三分，足高二寸（余作瓶身）。瓶上施仰莲胡桃子，下坐合莲。若瓶高加一寸，则肚径加六分，减亦如之。或作素宝瓶，即肚径加一寸。

莲华柱顶：每径一寸，其高减径之半。

柱头仰覆莲华胡桃子：（二段或三段造。）每径广一尺，其高同径之广。

门上木浮沤：每径一寸，即高七分五厘。

钩阑上葱台钉：每高一寸，即径二分。钉头随径，高七分。

盖葱台钉筒子：高视钉加一寸。每高一寸，即径广二分五厘。

译文

造殿堂屋宇等杂用构件的制度：

椽头盘子：大小根据椽的直径而定。如椽的直径为五寸，椽头盘子的厚度则为一寸。如椽的直径增加一寸，则椽头盘子的厚度增加二分；减少的比例也如此（厚度最多增加到一寸二分，最少的厚度为六分）。

楮角梁宝瓶：瓶的高度每高一尺，瓶肚的直径为六寸，头的长度为三寸三分，足的高度为二寸（其余的是瓶身）。瓶上做仰莲胡桃子，下面做合莲座子。如果瓶的高度增加一寸，瓶肚的直径增加六分，减少的比例也如此。或者做素宝瓶，那么瓶肚的直径增加一寸。

莲花柱顶：每径一寸，其高度比直径少一半。

柱头仰覆莲花胡桃子：（做成二段或者三段。）每径广一尺，其高度与直径相同。

门上木浮沤：每径一寸，即高度为七分五厘。

钩阑上葱台钉：每高一寸，直径二分。钉头根据直径而定，高度为七分。

盖葱台钉筒子：高度比钉的高度多一寸。每高一寸，则直径为二分五厘。

注释

① 椽头盘子：雕刻于椽的端部的装饰名件。

照壁板宝床上名件

造殿内照壁板上宝床等所用名件之制：

香炉①：径七寸，其高减径之半。

注子②：共高七寸。每高一寸，即肚径七分（两段造）。其项高（径）取高十分中以三分为之。

注碗：径六寸。每径一寸，则高八分。

酒杯：径三寸。每径一寸，即高七分（足在内）。

杯盘：径五寸。每径一寸，即厚二分（足子径二寸五分。每径一寸，即高四分。心子并同）。

鼓：高三寸。每高一寸，即肚径七分（两头隐出皮厚及钉子）。

鼓坐：径三寸五分。每径一寸，即高八分（两段造）。

杖鼓：长三寸。每长一寸，鼓大面径七分，小面径六分，腔口径五分，腔腰径二分。

莲子：径三寸。其高减径之半。

荷叶：径六寸。每径一寸，即厚一分。

卷荷叶：长五寸。其卷径减长之半。

披莲：径二寸八分。每径一寸，即高八分。

莲蓓蕾：高二寸。每高一寸，即径七分。

译文

造殿内照壁板上宝床等所用构件的制度：

香炉：直径为七寸，其高度比直径少一半。

注子：总共的高度为七寸。每高一寸，肚的直径为七分（做成两段）。注子的项的高度是总共高度的十分之三。

注碗：直径为六寸。每径一寸，则高度为八分。

酒杯：直径为三寸。每径一寸，高度为七分（杯足在内）。

杯盘：直径为五寸。每径一寸，厚度为二分（足子的直径为二寸五分。每径一寸，高度为四分。心子并同）。

鼓：高度为三寸。每高一寸，肚的直径为七分（两头隐出皮厚及钉子）。

鼓坐：直径为径三寸五分。每径一寸，高度为高八分（做成两段）。

杖鼓：长度为三寸。每长一寸，鼓大面的直径为七分，小面的直径为六分，腔口的直径为五分，腔腰的直径为二分。

莲子：直径为三寸。其高度是直径的一半。

荷叶：直径为六寸。每径一寸，厚度为一分。

卷荷叶：长度为五寸。其卷径比长度少一半。

披莲：直径为二寸八分。每径一寸，高度为八分。

莲蓓蕾：高度为二寸。每高一寸，直径为七分。

注释

① 香炉：佛教祭祀礼器。

② 注子：古代酒器。

造佛道等帐上所用名件之制：

火珠：高七寸五分，肚径三寸。每肚径一寸，即尖长七分。每火珠高加一寸，即肚径加四分。减亦如之。

滴当火珠①：高二寸五分。每高一寸，即肚径四分。每肚径一寸，即尖长八分。胡桃子下合莲长七分。

瓦头子：每径一寸，其长倍径之广。若作瓦钱子，每径一寸，即厚三分。减亦如之（加至厚六分止，减至厚二分止）。

宝柱子：作仰合莲华、胡桃子、宝瓶相间；通长造，长一尺五寸；每长一寸，即径广八厘。如坐内纱窗旁用者，每长一寸，即径广一分。若坐腰车槽内用者，每长一寸，即径广四分。

贴络门盘：每径一寸，其高减径之半。

贴络浮沤：每径五分，即高三分。

平棊钱子：径一寸（以厚五分为定法）。

角铃：每一朵九件：大铃、盖子、簧子各一，角内子角铃共六。

大铃：高二寸，每高一寸，即肚径广八分。

盖子：径同大铃，其高减半。

佛道帐上名件

译文

造佛道等帐上所用构件的制度：

火珠：高七寸五分，火珠的直径为三寸。每当火珠的直径增加一寸，其尖长就增加七分。每当火珠的高度增加一寸，其直径就增加加四分。减少情况也是如此。

滴当火珠：高二寸五分。每高一寸，其肚径就增加四分。每肚径增加一寸，其尖长就增加八分。胡桃子下的合莲长为七分。

瓦头子：每当直径加一寸，其长就为径的两倍。若作瓦钱子，每当直径加一寸，厚度就加三分。减少情况也是如此（加到厚六分为止，减到厚二分为止）。

宝柱子：将仰合莲华、胡桃子、宝瓶间隔制造而成；通长造，长为一尺五寸；每当长度增加一寸，其直径就长八厘。如果是放在内纱窗旁使用，每长增加一寸，其直径就长一分。如果是作为腰车槽内使用，每长增加一寸，直径就长四分。

贴络门盘：每直径增一寸，其高度就减少径的一半。

贴络浮沤：每直径增五分，其高就增三分。

平棊钱子：直径为一寸（以五分厚作为定法）。

角铃：每一朵九件：大铃、盖子、簧子各一件，角内子角铃共六件。

大铃：高二寸，每高增一寸，即铃的直径加八分。

盖子：径和大铃一样，其高度减半。簧子：径和高都减为大铃的一半。

篢子：径及高皆减大铃之半。

子角铃：径及高皆减篢子之半。

圜栌枓：大小随材分（高二十分，径三十二分）。

虚柱莲华钱子：（用五段。）上段径四寸；下四段各递减二分（以厚三分为定法）。

虚柱莲华胎子：径五寸。每径一寸，即高六分。

篢子：径和高都减为大铃的一半。

子角铃：径和高都减为篢子的一半。

圜栌枓：大小根据材料而定（高为二十分，直径为三十二分）。

虚柱莲华钱子：（做成五段。）上段直径为四寸；下面四段直径各递减二分（以三分厚作为定法）。

虚柱莲华胎子：直径为五寸。每直径增一寸，高就加六分。

注释

① 滴当火珠：屋檐上的一种瓦饰，位于滴当钉上，形状为火焰包珠。

锯作制度

用材植

原典

用材植①之制：凡材植，须先将大方木可以入长大料者，盘截解割；次将不可以充极长极广用者，量度合用名件，亦先从名件中就长或就广解割。

注释

① 用材植：使用木材的原则和方法。

译文

用材植的制度：先将可以做长大料的大方木盘截解割，然后将不可以做极长极广的材料做大小合用的构件，也就是先就较长或者就宽的构件对材料解割。

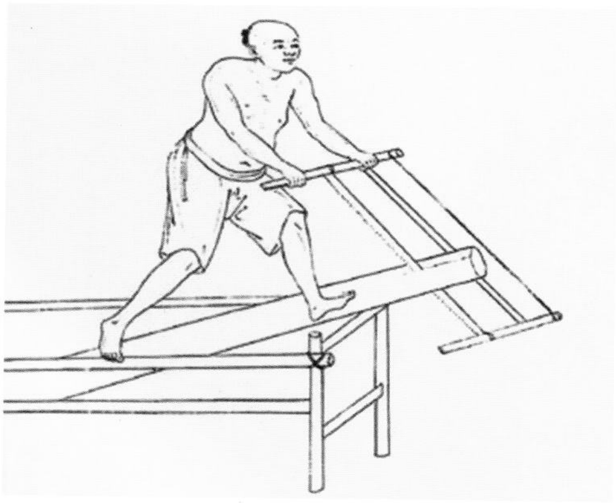

锯　木

抨墨①

原典

抨绳墨之制：凡大材植，须合大面在下，然后垂绳取正抨墨。其材植广而薄者，先自侧面抨墨。务在就材充用，勿令将可以充长大用者，截割为细小名件。若所造之物，或斜，或讹，或尖者，并结角交解（谓如飞子，或颠倒交斜解割，可以两就长用之类）。

注释

① 抨墨：用弹墨绳的方法来下线、用料的原则和方法。

译文

抨绳墨的制度：对于尺寸较大的材植，必须合大面在下，然后垂绳取正抨墨。对于宽而薄的材植，先从侧面抨墨。务必根据材植大小充分使用，不要将可以做长大构件的材植截割为细小的构件。如果所造的构件是斜的，或者是圆角的，或者是尖的，都做结角交解（比如飞子，就可以颠倒交斜解割，将就较长的一边使用）。

就馀材

原典

就馀材①之制：凡用木植内，如有馀材，可以别用或作板者，其外面多有璺裂②，须审视名件之长广量度，就璺解割。或可以带璺用者，即留馀材于心内，就其厚别用或作板，勿令失料（如璺裂深或不可就者，解作臕板）。

译文

就馀材的制度：对于填充构件内部的木料来说，如果有剩余，可以另作他用或者可做板，其外面大多有裂纹，必须审视构件的长宽尺寸，就裂纹进行解割。对于可以使用带有裂纹材料的地方，则留馀材朝内，将就其较厚的一面另作他用或者做板，不要丢失木料（如裂纹很深而不可将就，解割了以后做臕板）。

注释

① 馀材：利用下脚料的原则和方法。

② 璺裂：微裂、裂纹。

竹作制度

造笆

原典

造殿堂等屋宇所用竹笆①之制：每间广一尺，再经一道（经，顺椽用。若竹径二寸一分至径一寸七分者，广一尺用经一道；径一寸五分至一寸者，广八寸用经一道，径八分以下者，广六寸用经一道）。每经一道，用竹四片，纬亦如之（纬，横铺椽上）。殿阁等至散舍，如六椽以上，所用竹并径三寸二分至径二寸三分。若四椽以下者，径一寸二分至径四分。其竹不以大小，并劈作四破用之（如竹径八分至径四分者，并椎破用之。下同）。

译文

造殿堂等屋宇所用竹笆的制度：竹笆间广每宽一尺，再经一道（经，即指将竹片顺椽使用。如果竹子的直径为二寸一分至径一寸七分，竹笆间广一尺则用经一道；竹子的直径为一寸五分至一寸，竹笆间广八寸则用经一道；竹子的直径为八分以下，竹笆间广六寸则用经一道）。每经一道，用竹四片，纬也如此（纬，即指将竹片横铺于椽上）。从殿阁到散舍，如是六椽以上，所用竹子的直径都为二寸三分至三寸二分。如果是四椽以下的，竹子的直径为四分至一寸二分。竹子不论大小，都劈作四片使用（如果竹子的直径为四分至八分，用锤子将竹锤破即可。下同）。

注释

① 竹笆：按规定尺寸把竹片纵横编织成的笆席制品。将竹笆覆盖在房屋椽木上，可以承托上面的泥背、瓦件，从而起到代替木望板的作用。

隔截编道①

原典

造隔截壁桯内竹编道之制：每壁高五尺，分作四格。上下各横用经一道（凡上下贴桯者，俗谓之『壁齿』；不以经数多寡，皆上下贴桯各用一道。下同）。格内横用经三道（共五道）。至横经纵纬相交织之（或高少而广多者，则纵经横纬织之）。每经一道，用竹三片（以竹签钉之）。纬用竹一片。若栱眼壁高二尺以上，分作三格（共四道）；高一尺五寸以下者，分作两格（共三道）。其壁高五尺以上者，所用竹径三寸二分至径二寸五分；如不及五尺，及栱眼壁、屋山内尖斜壁所用竹，径二寸三分至径一寸；并劈作四破用之（露篱所用同）。

译文

造隔截壁桯内竹编道的制度：将栱眼壁的高度的每五尺分为四个格子，上下各用一道横经（上下紧贴桯的横经，俗称为“壁齿”；不论经数的多少，上下都各用一道横经贴桯。下同）。格子里横着使用三道经（一共五道，包括上下横经），格内横经和纵纬相互交织（对于高度比宽度小的格子，则用纵经横纬相互交织）。每经一道，用竹三片（用竹签钉牢）。纬用竹一片。如果栱眼壁的高度为二尺以上，那么就分作三格（一共四道横经）。如果栱眼壁的高度在一尺五寸以下，则分作两格（一共三道横经）。栱眼壁的高度在五尺以上，所用竹子的直径为二寸五分至三寸二分；如果没有五尺，那么栱眼壁、屋山内尖斜壁中所使用的竹子直径为一寸至二寸三分，都劈为四片使用（露篱所用的竹子相同）。

注释

①隔截编道：指隔断墙木框架内的竹编，用作抹泥灰的骨架。

竹栅

原典

造竹栅①之制：每高一丈，分作四格（制度与竹编道同）。若高一丈以上者，所用竹径八分；如不及一丈者，径四分（并去梢全用之）。

译文

造竹栅的制度：每高一丈，分为四个格子（制度与竹编道相同）。如果高度在一丈以上，所使用的竹子直径为八分；如果高度不到一丈，所使用的竹子直径为四分（都去梢尖全部使用）。

注释

① 竹栅：指竹栅栏。

现代竹栅栏，古代称竹栅

护殿檐雀眼网①

原典

造护殿阁檐枓栱及托窗棂内竹雀眼网之制：用浑青篾。每竹一条（以径一寸二分为率），劈作篾一十二条；刮去青，广三分。从心斜起，以长篾为经，至四边却折篾入身内；以短篾直行作纬，往复织之。其雀眼径一寸（以篾心为则），如于雀眼内，间织人物及龙、凤、华、云之类，并先于雀眼上描定，随描道织补。施之于殿檐枓栱之外。如六铺作以上，即上下分作两格；随间之广，分作两间或三间，当缝施竹贴钉之（竹贴，每竹径一寸二分，分作四片，其窗棂内用者同）。其上下或用木贴钉之（其木贴广二寸，厚六分）。

注释

① 护殿檐雀眼网：设置于檐下，防止鸟雀在枓栱间做窝的竹格网。

译文

造护殿阁檐枓栱及托窗棂内竹雀眼网的制度：使用浑青的竹篾。每竹一条（以直径一寸二分为准）。将竹劈作篾一十二条；刮掉青色部分，宽度为三分。从中心出发斜向而起，用长篾做横向编织，弯折竹篾插入四边；用短篾做直向编织，往复交织竹篾。雀眼的直径为一寸（从篾心开始计算）。如果在雀眼内间或编织人物及龙、凤、花、云之类的造型，都先在雀眼上描定，根据描线编织。雀眼网安设在殿檐枓栱的外面。如果是六铺作以上的，则上下分成两格；根据开间的宽度，分成两间或者三间，正对护缝用竹贴钉牢（竹贴，就是将直径为一寸二分的竹子分成四片，窗棂内用的相同）。其上下也可用木贴来钉（木贴宽度为二寸，厚度为六分）。

地面棋文簟①

原典

造殿阁内地面棋文簟之制：用浑青篾，广一分至一分五厘；刮去青，横以刀刃拖令厚薄匀平；次立两刃，于刃中摘令广狭一等。从心斜起，以纵篾为则，先抬二篾，压三篾，起四篾，又压三篾，然后横下一篾织之（复于起四处抬二篾，循环如此）。至四边寻斜取正，抬三篾至七篾织水路（水路外折边，归篾头于身内）。当心织方胜等，或华文、龙、凤（并染红、黄篾用之）。其竹用径二寸五分至径一寸（障日篛等簟同）。

注释

① 地面棋文簟：指用染色细竹篾编成红、黄图案或龙凤花样的竹席，然后将其铺于殿堂地面上。棋文，棋盘的纹理。

译文

造殿阁内地面棋文簟的制度：使用浑青的竹篾，宽度为一分至一分五厘；刮掉其青色的部分，用刀横着拖拉过来，使横篾的厚薄均匀；然后竖着拉两刀，使纵篾宽度一直从中心出发斜向而起，以纵篾为则，先抬二篾，压三篾，起四篾，又压三篾，然后横下一篾编织（然后又在起四篾的地方抬二篾，循环如此）。至四边寻斜取正，抬三篾至七篾织水路（水路的外面折边，把篾头归于身内）。在中心编织方胜等，或者花纹、龙、凤（都用染成红、黄色的竹篾编织）。选用的竹子直径为一寸至二寸五分（障日篛等与簟相同）。

古人在竹凉席上读书

原典图说

"簟"和凉席

古代，"簟"指的就是竹编的凉席，"文簟"则指的是有花纹的竹席，而上文中的"地面棋文簟"，指的是用染色竹篾编成红、黄图案和龙凤花样的竹席铺在殿堂地面上，现在这种做法已经不用，但竹编的凉席却延续下来，被广泛应用，在炎炎夏日，家家几乎都有竹凉席。

原典

造障日篛①等所用簟②之制：以青白篾相杂用，广二分至四分。从下直起，以纵篾为则，抬三篾，压三篾，然后横下一篾织之（复自抬三处，从长篾一条内，再起压三；循环如此）。若造假棋文，并抬四篾，压四篾，横下两篾织之（复自抬四处，当心再抬，循环如此）。

障日篛等簟

译文

造障日篛等所用簟的制度：青篾、白篾合并使用，宽度为二分至四分。从下直起，以纵篾为基础，抬三篾，压三篾，然后横下一篾编织（再抬起三处，顺着一条长篾再抬三篾，压三篾，如此循环）。若做假栱纹，抬四篾，压四篾，横下两篾编织（再抬起四处，从中间再抬，如此循环）。

注释

① 障日篛：用素色竹篾编成花式竹席作窗户的遮阳板，比较粗糙。
② 簟：竹编的凉席。

原典

造绾系鹰架竹芮索①之制：每竹一条（竹径二寸五分至一寸），劈作一十一片；每片揭作二片，作五股辫之。每股用篾四条或三条（若纯青造，用青白篾各二条，合青篾在外；如青白篾相间，用轻篾一条，白篾二条）造成，广一寸五分，厚四分。每条长二百尺，临时量度所用长短截之。

注释

① 鹰架竹芮索：古代用竹篾制作的施工脚手架。

竹芮索

译文

造绾系鹰架竹芮索的制度：每竹一条（竹子的直径为一寸至二寸五分），劈为十一片；每片分开为二片，作五股辫之。每股用三条或者四条竹篾（如果要做青色竹绳，用青篾、白篾各二条，结辫时青篾在外；如果要做青篾、白篾相间的竹绳，则用青篾一条，白篾二条）做成，宽度为一寸五分，厚度为四分。每条长度为二百尺，根据当时所需要的长度进行裁截。

卷十三 瓦作制度

原典

结宽屋宇之制有二等：

一曰甋瓦：施之于殿、阁、厅、堂、亭、榭等。其结宽之法：先将甋瓦齐口斫去下棱，令上齐直；次斫去甋瓦身内里棱，令四角平稳（角内或有不稳，须斫令平正），谓之『解挢』。于平板上安一半圈（高广与甋瓦同），将甋瓦斫造毕，于圈内试过，谓之『撺窠』。下铺仰瓪瓦（上压四分，下留六分；散瓪仰合，瓦并准此）。两甋瓦相去，随所用甋瓦之广，匀分陇行，自下而上（其甋瓦须先就屋上拽勘陇行，修斫口缝令密，再揭起，方用灰结宽）。宽毕，先用大当沟，次用线道瓦，然后垒脊。

二曰瓪瓦①：施之于厅堂及常行屋舍等。其结宽之法：两合瓦相去，随所用合瓦广之半，先用当沟等垒脊毕，乃自上而至下，匀拽陇行（其仰瓦并小头向下，合瓦小头在上）。凡结宽至出檐，仰瓦之下，小连檐之上，用燕颔板②，华废之下，用狼牙板（若殿宇七间以上，燕颔板广三寸，厚八分，馀屋并广二寸，厚五分为率。每长二尺用钉一枚；狼牙板同。其转角合板处，用铁叶里钉）。其当檐所出华头甋瓦，身内用葱台钉（下入小连檐，勿令透）。若六椽以上，屋势紧峻者，于正脊下第四甋瓦及第八甋瓦背当中用着盖腰钉（先于栈笆或箔上约度腰钉远近，横安板两道，以透钉脚）。

结宽

译文

结宽屋宇的制度有两个等第：

一是甋瓦。甋瓦安放在殿、阁、厅、堂、亭、榭等建筑物之上。其结宽的方法：先将甋瓦齐口斫去下棱，使其平直整齐；然后斫去甋瓦的里棱，使其四角平稳（四角如有不平的，必须修整使其平正）。这叫作“解挢”。在平板上安一半圈（高度和宽度与甋瓦相同），将甋瓦斫平斫直完毕以后，在圈内试过，这叫作“撺窠”。下面铺设仰放的瓪瓦（上压四分，下留六分；散瓪仰合，瓦作都按此原则）。两块甋瓦相隔一定距离，根据所用甋瓦的宽度，从下往上均匀安设在陇行之上（甋瓦必须先就屋上拽勘陇行，修整斫口的接缝使其严密合缝，然后再揭开，这才用灰结宽）。结宽完毕以后，先用大当沟，然后用线道瓦，最后垒脊。

二是瓪瓦。瓪瓦安放在厅堂以及常行屋舍等上面。其结宽的方法：两片合瓦相隔一定距离，随所用合瓦宽度的一半，先用当沟等垒脊以后，然后从上至下，匀分拽陇行（其仰瓦的小头都是向下，合瓦的小头在上）。如果在出檐处结宽，那么在仰瓦之下和小连檐之上使用燕颔板，在华废的下面使用狼牙板（如七间以上的殿宇，燕颔板的宽度为三寸，厚度为八分，其他的屋子的燕颔板的宽度都为二寸，厚度以五分为标准。每二尺用钉一枚钉牢。狼牙板与其相同，只是在转角合板的地方用铁叶里钉）。当檐所出华头甋瓦，身内用葱台钉（向下伸入小连檐，不要让钉穿透）。如果是六椽以上，屋势紧峻，在正脊下第四甋瓦以及第八甋瓦的瓦背当中用着盖腰钉（先在栈笆或箔上估量腰钉的远近，横向安设两道板，用以固定穿透过来的钉脚）。

注释

① 瓪瓦：也就是板瓦，指弯曲弧度较小、片状的瓦。

② 燕颔板：小连檐上固定瓦的瓦口板。在古代建筑中，连檐是固定檐椽头和飞椽头的连接横木，而连接檐椽的则称为小连檐。

原典

用瓦①之制：

殿阁厅堂等，五间以上，用瓴瓦长一尺四寸，广六寸五分（仰瓪瓦长一尺六寸，广一尺）。三间以下，用瓴瓦长一尺二寸，广五寸（仰瓪瓦长一尺四寸，广八寸）。

散屋用瓴瓦，长九寸，广三寸五分（仰瓪瓦长一尺二寸，广六寸五分）。

小亭榭之类，柱心相去方一丈以上者，用瓴瓦长八寸，广三寸五分（仰瓪瓦长一尺，广六寸）。若方一丈者，用瓴瓦长六寸，广二寸五分（仰瓪瓦长八寸五分，广五寸五分）。如方九尺以下者，用瓴瓦长四寸，广二寸三分（仰瓪瓦长六寸，广四寸五分）。

厅堂等用散瓪瓦者，五间以上，用瓪瓦长一尺四寸，广八寸。

厅堂三间以下（门楼同），及廊屋六椽以上，用瓪瓦长一尺三寸，广七寸。或廊屋四椽及散屋，用瓪瓦长一尺二寸，广六寸五分（以上仰瓦合瓦并同。至檐头，并用重唇瓴瓦。其散瓪瓦结窊者，合瓦仍用垂尖华头瓪瓦）。

凡瓦下补衬柴栈为上，板栈次之。

用瓦

译文

用瓦的制度：

殿阁厅堂等，五间以上的，所用瓴瓦的长度为一尺四寸，宽度为六寸五分（仰瓪瓦的长度为一尺六寸，宽度为一尺）。三间以下的，所用瓴瓦的长度为一尺二寸，宽度为五寸（仰瓪瓦的长度为一尺四寸，宽度为八寸）。

散屋所用的瓴瓦，长度为九寸，宽度为三寸五分（仰瓪瓦的长度为一尺二寸，宽度为六寸五分）。

小亭榭四柱柱心相距一丈以上的，所用瓴瓦的长度为八寸，宽度为三寸五分（仰瓪瓦的长度为一尺，宽度为六寸）。四柱柱心相距一丈的，所用瓴瓦的长度为六寸，宽度为二寸五分（仰瓪瓦的长度为八寸五分，宽度为五寸五分）。四柱柱心相距九尺以下的，所用瓴瓦的长度为四寸，宽度为二寸三分（仰瓪瓦的长度为六寸，宽度为四寸五分）。

厅堂等用散瓪瓦，五间以上的，所用瓪瓦的长度为一尺四寸，宽度为八寸。

三间以下的厅堂（门楼与其相同），以及六椽以上的廊屋，所用瓪瓦的长度为一尺三寸，宽度为七寸。如是四椽廊屋以及散屋，所用瓪瓦的长度为一尺二寸，宽度为六寸五分（以上仰瓦与合瓦都相同。到屋檐头，都用重唇瓪瓦。对那些用散瓪瓦结窊的，合瓦仍然使用垂尖花头瓪瓦）。

瓦下补衬柴栈的为上，补衬板栈的次之。比如使用竹笆苇箔，如果殿阁在七间以上，用一重竹笆、五重苇箔；如果殿阁在五间以下，用一重竹笆、四重苇箔；厅堂在五间以上，用一重竹笆、三重苇箔；如果是三间以下的厅堂以及廊屋，都用一重竹笆、二重苇箔（以上这些房屋如果不使用竹笆，就增加两重苇箔；如果使用荻箔，则用两重荻箔代替三重苇箔。）散屋使用两重

如用竹笆苇箔②，若殿阁七间以上，用竹笆一重，苇箔五重；五间以下，用竹笆一重，苇箔四重；厅堂等五间以上，用竹笆一重，苇箔三重；如三间以下至廊屋，并用竹笆一重，苇箔二重（以上如不用竹笆，更加苇箔两重；若用荻箔，则两重代苇箔三重）。散屋用苇箔三重或两重。其栈柴之上，先以胶泥偏泥，次以纯石灰施窀（若板及笆，箔上用纯、灰结窀者，不用泥抹，并用石灰随抹施窀。其只用泥结窀者，亦用泥先抹板及笆、箔，然后结窀）。所用之瓦，须水浸过，然后用之。其用泥以灰点节缝者同。若只用泥或破灰泥，及浇灰下瓦者，其瓦更不用水浸。垒脊亦同。

注释

①瓦：一种用于屋顶挡雨遮光的建筑材料。
②苇箔：用芦苇编成的帘子，可以盖屋顶、铺床或当门帘、窗帘用。

或者三重苇箔。在栈柴的上面先用胶泥全面涂抹，然后用纯石灰结窀（如果板与竹笆相接，箔上使用纯、灰结窀的，不用泥抹，都用石灰随抹施窀。对于只用泥结窀的，也用泥先抹板以及竹笆、箔，然后结窀）。所用的瓦必须在用水浸泡之后才可使用，这跟用泥与用灰来钩缝是一样的。如果只使用泥或者破灰泥，以及用水来浇湿，这样的瓦就不用水浸泡。垒脊也是如此。

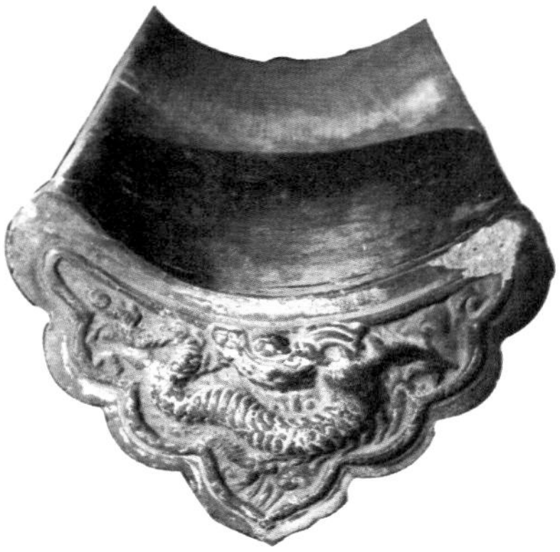

青 瓦

原典图说

古代常用的瓦

古建筑用瓦有筒瓦和板瓦，一般都为陶制的。二者在使用上是不同的，板瓦是仰铺在房顶上，而筒瓦则是覆在两行板瓦间的；而在外形上，两种瓦也有区别，板瓦的弧度小，筒瓦的弧度则比较大，有的接近半圆。筒瓦和板瓦一样，在西周时期也已经使用，且其用于大型庙宇和宫殿。

垒屋脊①之制：

殿阁：若三间八椽或五间六椽，正脊高三十一层，垂脊低正脊两层（并线道瓦在内。下同）。

堂屋：若三间八椽或五间六椽，正脊高二十一层。

厅屋：若间椽与堂等者，正脊减堂脊两层（馀同堂法）。

门楼屋：一间四椽，正脊高一十一层或一十三层；若三间六椽，正脊高一十七层（其高不得过厅。如殿门者，依殿制）。

廊屋：若四椽，正脊高九层。

常行散屋：若六椽用大当沟瓦者，正脊高七层；用小当沟瓦者，高五层。

营房屋②：若两椽，脊高三层。

凡垒屋脊，每增两间或两椽，则正脊加两层（殿阁加至三十七层止；厅堂二十五层止，门楼一十九层止；廊屋一十一层止；常行散屋大当沟者九层止，小当沟者七层止；营屋五层止）。正脊于线道瓦上，厚一尺至八寸，垂脊减正脊二寸（正脊十分中上收二分；垂脊上收一分）。线道瓦在当沟瓦之上，脊之下，殿

垒屋脊

译文

垒屋脊的制度：

殿阁：如果是三间八椽或者是五间六椽，正脊高三十一层，垂脊比正脊低两层（包括线道瓦在内。下同）。

堂屋：如果是三间八椽或者是五间六椽，正脊高二十一层。

厅屋：如果间椽与堂屋的数量相等，正脊比堂脊低两层（其余与堂屋的规定相同）。

门楼屋：一间四椽，正脊高十一层或者十三层；如果是三间六椽，正脊高十七层（门楼屋正脊不得高过厅。如果是殿门，遵照殿的制度）。

廊屋：如果是四椽，正脊高九层。

常行散屋：如果是六椽且使用大当沟瓦，正脊高七层；使用的是小当沟瓦的，高五层。

营房屋：如果是两椽，脊高三层。

凡垒屋脊，每增加两间或者两椽，那么正脊高度增加两层（殿阁最多增加到三十七层；厅堂最多增加到二十五层，门楼最多增加到十九层；廊屋最多增加到十一层；常行散屋使用大当沟的最多增加到九层，使用小当沟的最

屋　脊

注释

① 屋脊：屋顶上高起的部分，用瓦垒成。
② 营房屋：专供军队驻扎的房屋。
③ 牙鱼：长着牙的鱼，是古代瓦作等制度中常用到的形象。

阁等露三寸五分，堂屋等三寸，廊屋以下并二寸五分。其垒脊瓦并用本等（其本等用长一尺六寸至一尺四寸瓪瓦者，垒脊瓦只用长一尺三寸瓦）。合脊瓴瓦亦用本等（其本等用八寸、六寸瓴瓦者，合脊用长九寸瓴瓦）。令合垂脊瓴瓦在正脊瓴瓦之下（其线道上及合脊瓴瓦下，并用白石灰各泥一道，谓之『白道』）。若瓴瓪瓦结宽，其当沟瓦所压瓴瓦头，并勘缝刻项子，深三分，令与当沟瓦相衔。其殿阁于合脊瓴瓦上施走兽者（其走兽有九品：一曰行龙；二曰飞凤；三曰行狮；四曰天马；五曰海马；六曰飞鱼；七曰牙鱼③；八曰狻猊；九曰獬豸。相间用之），每隔三瓦或五瓦安兽一枚（其兽之长随所用瓴瓦，谓如用一尺六寸瓴瓦，即兽长一尺六寸之类）。正脊当沟瓦之下垂铁索，两头各长五尺（以备修整绾系棚架之用。五间者十条，七间者十二条，九间者十四条，并匀分布用之。若五间以下，九间以上，并约此加减）。垂脊之外，横施华头瓴瓦及重唇瓪瓦者，谓之『华废』，常行屋垂脊之外，顺施瓪瓦相叠者，谓之『剪边』。

多增加到七层；营屋最多增加到五层）。正脊在线道瓦的上面，厚度为八寸至一尺，垂脊比正脊低二寸（正脊上收十分之二；垂脊上收十分之一）。线道瓦在当沟瓦之上屋脊之下，殿阁等露出三寸五分的长度，堂屋等露出三寸长度，廊屋以下都露出二寸五分的长度。垒脊瓦都用本等（本等使用长度为一尺四寸至一尺六寸的瓪瓦的，垒脊瓦只用长度为一尺三寸的瓦）。合脊瓴瓦也用本等（其本等使用长度为用六寸、八寸的瓴瓦的，合脊用长度为九寸的瓴瓦）。使合垂脊瓴瓦在正脊瓴瓦之下（在线道之上以及合脊瓴瓦的下面，都用白石灰各涂抹一道，叫作“白道”）。如果瓴瓪瓦结宽，其当沟瓦所压瓴瓦头，并勘缝刻项子，深度为三分，使其与当沟瓦相衔。在殿阁的合脊瓴瓦上做走兽（其走兽有九品：一是行龙；二是飞凤；三是行狮；四是天马；五是海马；六是飞鱼；七是牙鱼；八是狻猊；九是獬豸。间杂使用），每隔三瓦或者五瓦安设一枚走兽（走兽的长度根据所用瓴瓦而定，比如用长度为一尺六寸的瓴瓦，那么走兽的长度也为一尺六寸）。正脊的当沟瓦下面垂掉铁索，两头各长五尺（用来修整绾系棚架。五间备十条，七间备十二条，九间备十四条，全都均匀布置。如果是五间以下，或者九间以上的，都根据这个比例加减）。在垂脊的外面，横着安设华头瓴瓦以及重唇瓪瓦的，叫作“华废”。在常行屋垂脊的外面，顺着屋脊安设相互层叠的瓪瓦的，叫作“剪边”。

屋脊的一部分

原典图说

古建筑屋脊的分类

屋脊，指的是屋顶相对的斜坡或相对的两边之间顶端的交汇线，这种类型的屋脊主要出现在古代建筑中。根据屋脊的位置，其可分为正脊、垂脊、博脊、角脊、戗脊、元宝脊、横屋脊、圈脊；而根据屋脊的做法，其可以分为大脊、过垄脊、清水脊。

原典

用鸱尾[1]之制：

殿屋八椽九间以上，其下有副阶者，鸱尾高九尺至一丈（若无副阶高八尺），五间至七间（不计椽数），高七尺至七尺五寸，三间高五尺至五尺五寸。

楼阁三层檐者与殿五间同，两层檐者与殿三间同。

殿挟屋[2]，高四尺至四尺五寸。

廊屋之类，并高三尺至三尺五寸（若廊屋转角，即用合角鸱尾）。

小亭殿等，高二尺五寸至三尺。

凡用鸱尾，若高三尺以上者，于鸱尾上用铁脚子及铁束子安抢铁。其抢铁之上，施五叉拒鹊子（三尺以下不用）。身两面用铁鞠。身内用柏木桩或龙尾，唯不用抢铁。拒鹊加襻脊铁索。

注释

① 鸱尾：正脊两端翘起的雕饰，多为琉璃瓦件。

② 殿挟屋：又称为挟屋，指附于大建筑边的半截小建筑。此种建筑元代以后不再有。

用鸱尾

译文

用鸱尾的制度：

八椽九间以上，其下有副阶的殿屋，其鸱尾的高度为九尺至一丈（如果没有副阶，鸱尾的高度为八尺）。五间至七间的殿屋（不计椽数），其鸱尾的高度为七尺至七尺五寸。三间的殿屋，其鸱尾的高度为五尺至五尺五寸。

三层檐的楼阁与五间殿的鸱尾高度相同，两层檐的楼阁与三间殿的鸱尾高度相同。

殿挟屋鸱尾的高度为四尺至四尺五寸。

廊屋之类的房屋，其鸱尾的高度都为三尺至三尺五寸（如果廊屋转角，则使用合角鸱尾）。

小亭殿等的鸱尾高度为二尺五寸至三尺。

使用高度三尺以上鸱尾的，在鸱尾上用铁脚子以及铁束子安设抢铁。在抢铁之上安设五叉拒鹊子（抢铁不足三尺的不用），身两面用铁鞠。身内用柏木桩或龙尾，只是不用抢铁。拒鹊上安设襻脊铁索。

原典图说

屋脊上的鸱尾

鸱尾是中国古代建筑屋脊上的一种神兽造型，属于吻兽的一种，位于屋脊的正脊两端。鸱尾最早应该是叫蚩尾，到了中唐时期，由于原来鸱尾前端与正脊齐平的造型变为折而向上似张口吞脊，因此又改称为鸱吻或蚩吻；后来发展到明代，鸱尾的造型逐渐变为龙的形状，因此又有了龙吻的称呼。

鸱 尾

用兽头等

用兽头①等之制：

殿阁垂脊兽，并以正脊层数为祖。

正脊三十七层者，兽高四尺；三十五层者，兽高三尺五寸；三十三层者，兽高三尺；三十一层者，兽高二尺五寸。

堂屋等正脊兽，亦以正脊层数为祖。其垂脊兽并降正脊兽一等用之（谓正脊兽高一尺四寸者，垂脊兽高一尺二寸之类）。

正脊二十五层者，兽高三尺五寸；二十三层者，兽高三尺；二十一层者，兽高二尺五寸；一十九层者，兽高二尺。

廊屋等正脊及垂脊兽祖并同上（散屋亦同）。

正脊九层者，兽高二尺；七层者，兽高一尺八寸。

散屋等。正脊七层者，兽高一尺六寸；五层者，兽高一尺四寸。

殿、阁、厅、堂、亭、榭转角，上下用套兽②、嫔伽③、蹲兽④、滴当火珠等。四阿殿九间以上，或九脊殿十一间以上者，套兽径一尺二寸，嫔伽高一尺六寸；蹲兽八枚，各高一尺；滴当火珠高八寸（套兽施之于子角梁首；嫔伽施于角上，蹲兽在嫔伽之后。其滴当火珠在檐头华头

译文

用兽头等的制度：

殿阁垂脊兽，都以正脊层数为起始。

正脊高三十七层，兽高四尺；正脊高三十五层，兽高三尺五寸；正脊高三十三层，兽高三尺；正脊高三十一层，兽高二尺五寸。

堂屋等正脊兽，也以正脊层数为起始。其垂脊兽都比正脊兽降低一等（比如正脊兽的高度为一尺四寸，那么垂脊兽的高度就为一尺二寸）。

正脊高二十五层，兽高三尺五寸；正脊高二十三层，兽高三尺；正脊高二十一层，兽高二尺五寸；正脊高十九层，兽高二尺。

廊屋等正脊和垂脊兽的起始都与上面相同（散屋也相同）。

正脊高九层，兽高二尺；正脊高七层，兽高一尺八寸。

散屋等正脊高七层，兽高一尺六寸；正脊高五层，兽高一尺四寸。

殿、阁、厅、堂、亭、榭转角，上下用套兽、嫔伽、蹲兽、滴当火珠等。九间以上的四阿殿，或者十一间以上的九脊殿，套兽直径为一尺二寸，嫔伽高度为一尺六寸；蹲兽有八枚，各高一尺；滴当火珠高度为八寸（套兽安设在子角梁的端头上；嫔伽安设在角上，蹲兽位于嫔伽之后。滴当火珠在檐头

瓪瓦之上。下同)。

四阿殿七间或九脊殿九间，套兽径一尺；嫔伽高一尺四寸；蹲兽六枚，各高九寸；滴当火珠高七寸。四阿殿五间，九脊殿五间至七间，套兽径八寸；嫔伽高一尺二寸；蹲兽四枚，各高八寸；滴当火珠高六寸(厅堂三间至五间以上，如五铺作造厦两头者，亦用此制，唯不用滴当火珠。下同)。

九脊殿三间或厅堂五间至三间，枓口跳及四铺作造厦两头者，套兽径六寸，嫔伽高一尺，蹲兽两枚，各高六寸；滴当火珠高五寸。

亭榭厦两头者(四角或八角撮尖亭子同)。如用八寸瓪瓦，套兽径六寸；嫔伽高八寸；蹲兽四枚，各高六寸；滴当火珠高四寸。若用六寸瓪瓦，套兽径四寸；嫔伽高六寸；蹲兽四枚，各高四寸(如枓口跳或四铺作，蹲兽只用两枚)，滴当火珠高三寸。

厅堂之类，不厦两头者，每角用嫔伽一枚，高一尺；或只用蹲兽一枚，高六寸。

佛道寺观等殿阁正脊当中用火珠[e]等数：

殿阁三间，火珠径一尺五寸，五间，径二尺；七间以上，并径二尺五寸

花头瓪瓦之上。下同)。

七间的四阿殿或者九间的九脊殿，套兽直径为一尺；嫔伽高度为一尺四寸；蹲兽六枚，各高九寸；滴当火珠高度为七寸。五间的四阿殿，以及五间至七间的九脊殿，套兽直径为八寸；嫔伽高度为一尺二寸；蹲兽四枚，各高八寸；滴当火珠高度为六寸(三间至五间以上的厅堂，如果是五铺作厦两头，也遵照此制度，只是不用滴当火珠。下同)。

三间的九脊殿或者三间至五间的厅堂，枓口出跳以及四铺作厦两头，套兽直径为六寸，嫔伽高度为一尺；蹲兽两枚，各高六寸；滴当火珠高度为五寸。

厦两头的亭榭(四角或八角的撮尖亭子相同)，如用八寸瓪瓦，套兽直径为六寸；嫔伽高度为八寸；蹲兽四枚，各高六寸；滴当火珠高四寸。若用六寸瓪瓦，套兽径四寸；嫔伽高六寸；蹲兽四枚，各高四寸(如是枓口跳或者四铺作，蹲兽只用两枚)；滴当火珠高度为三寸。

不厦两头的厅堂之类，每个角使用一枚嫔伽，高度为一尺，或者只用一枚蹲兽，高度为六寸。

佛道寺观等殿阁正脊当中用火珠等数：

三间的殿阁，火珠直径为一尺五寸；五间的殿阁，火珠直径为二尺；七间以上的殿阁，火珠直径都为二尺五寸(火珠都为两焰，在其夹脊两面作盘龙或兽面。在火珠里面用一条柏木竿，亭榭所用相同)。

（火珠并两焰，其夹脊两面造盘龙或兽面。每火珠一枚，内用柏木竿一条，亭榭所用同）。

亭榭斗尖用火珠等数：

四角亭子，方一丈至一丈二尺者，火珠径一尺五寸；方一丈五尺至二丈者，径二尺（火珠四焰或八焰；其下用圆坐）。

八角亭子，方一丈五尺至二丈者，火珠径二尺五寸；方三丈以上者，径三尺五寸。

凡兽头皆顺脊用铁钩一条。套兽上以钉安之。嫔伽用葱台钉。滴当火珠坐于华头甋瓦滴当之上。

注释

① 兽头：垂脊下端的动物头形雕饰，多为琉璃瓦件。其是从鸱尾发展来的，到清代还有角兽、背兽等名称。
② 套兽：用于子角梁上。
③ 嫔伽：即仙人，和蹲兽一起放在戗脊上。
④ 蹲兽：又称走兽，多者可达九种。
⑤ 火珠：屋檐等上面的圆球火焰形装饰。

亭榭斗尖用火珠等数：

四柱柱心距离为一丈至一丈二尺的四角亭子，火珠直径为一尺五寸；四柱柱心距离为一丈五尺至二丈的四角亭子，火珠直径为二尺（火珠做四焰或者八焰；其下用圆形的座子）。

四柱柱心距离为一丈五尺至二丈的八角亭子，火珠直径为二尺五寸；四柱柱心距离为三丈以上的八角亭子，火珠直径为三尺五寸。

凡兽头都顺着屋脊用一条铁钩。用钉将套兽钉牢。嫔伽用葱台钉。滴当火珠坐在花头甋瓦滴当钉的上面。

屋脊上的小兽头排列

原典图说

屋檐上的小兽有等级界限

在中国古建筑的屋檐上，都装饰有一些类似鸱尾的小兽，这些小兽并不是随意装饰的，而是有着严格的等级界限。根据建筑等级的高低，小兽的数量是不同的，比如在清代，等级最高的金銮宝殿，即太和殿装饰有十个小兽，预示着其至高无上的地位，而中和殿、保和殿、天安殿上装饰的是九个小兽，其他殿上的小兽按照级别高低递减。此外，小兽的排列也是有等级制度的，按照顺序依次为骑凤仙人、鸱吻、狮子、天马、海马、狻猊、狎鱼、獬豸、斗牛、行什。之所以将骑凤仙人放在建筑的脊端，是因为其代表了骑凤飞行，逢凶化吉。

泥作制度

垒墙

原典

垒墙[1]之制：高广随间。每墙高四尺，则厚一尺。每高一尺，其上斜收六分（每面斜收向上各三分）。每用坯墼[2]三重，铺襻竹一重。若高增一尺，则厚加二寸五分；减亦如之。

注释

① 垒墙：垒砌土墼墙。墙，指土墼墙，它是将黏土、木纤维、狗尾草、稻草的秸秆等混合到一起垒成的墙，属于土墙。

② 墼：未经烧制的砖坯，即土坯。

译文

垒墙的制度：高度和宽度根据开间而定。墙每高四尺，则厚度为一尺。每高一尺，墙上斜收六分（每面向上斜收各三分）。每使用三重坯墼，则加一重铺襻竹。如果墙的高度增加一尺，那么厚度就增加二寸五分；减少的比例也如此。

土坯墙

原典图说

土墼墙和土坯墙

土墼是古代建房常用的砌墙材料，用土墼砌墙时，一般会选择黏土作为墙体材料，然后填加一些杉木的木纤维、狗尾草、稻草的秸秆等，以提高墙体的筋度，增加其结实性。这种墙体在现在的江南和台湾一些地方仍在使用。

土墼墙与北方的土坯墙相似，都是用手工制作的土砖砌成的墙，二者的结实性都比较差。

原典

用石灰等泥涂之制：先用粗泥搭络不平处，候稍干，次用中泥趁平；又候稍干，次用细泥为衬；上施石灰泥毕，候水脉定，收压五遍，令泥面光泽（干厚一分三厘，其破灰泥不用中泥）。

合红灰：每石灰一十五斤，用土朱五斤（非殿阁者用石灰一十七斤，土朱三斤），赤土一十一斤八两。

合青灰：用石灰及软石炭各一半。如无软石炭，每石灰一十斤，用粗墨一斤或黑煤一十一两，胶七钱。

合黄灰：每石灰三斤，用黄土一斤。

合破灰：每石灰一斤，用白篾土四斤八两。每用石灰十斤，用麦麸九斤。收压两遍，令泥面光泽。

细泥：一重（作灰衬用）方一丈，用麦䴬一十五斤（城壁增一倍。粗泥同）。

粗泥：一重方一丈，用麦䴬八斤（搭络及中泥作衬减半）。

粗细泥：施之城壁及散屋内外。先用粗泥，次用细泥，收压两遍。

凡和石灰泥，每石灰三十斤，用麻捣二斤（其和红、黄、青灰等，即通计所用土朱、赤土、黄土、石炭等斤数在石灰之内。如青灰内，若用墨煤或粗墨者，不计数）。若矿石灰，每八斤可以充十斤之用。每矿石灰三十斤，加麻捣一斤。

用泥①

译文

用石灰等泥涂的制度：先用粗泥填补不平的地方，等其干后，再用中泥抹平；等其再干后用细泥打底衬；在上面涂抹石灰泥之后，等水脉固定，收压五遍，使抹泥的表面亮泽（干了以后的厚度为一分三厘，其破灰泥不用中泥）。

合红灰：每十五斤石灰配五斤土朱（不是殿阁则用十七斤石灰配土朱三斤），以及十一斤八两赤土。

合青灰：用石灰及软石炭各一半。如果没有软石炭，每十斤石灰配一斤粗墨或者十一两黑煤，七钱胶。

合黄灰：每三斤石灰配一斤黄土。

合破灰：每一斤石灰配四斤八两白篾土。每十斤石灰配九斤麦麸（破碎的麦壳）。收压两遍，使抹泥的表面亮泽。

细泥：涂抹一层（用作灰衬）一丈见方之地，用麦䴬（麦茎）十五斤（城壁增加一倍。粗泥相同）。

粗泥：涂抹一层一丈见方之地，用八斤麦䴬（填补以及中泥作衬减少一半）。

粗细泥：涂抹在城壁以及散屋的内外。先用粗泥，再用细泥，收压两遍。

调和石灰泥时，每石灰三十斤配二斤麻捣（调和红灰、黄灰、青灰等的时候，即将所用土朱、赤土、黄土、石炭等重量一起计算在石灰之内。调和青灰时，如果使用墨煤或者粗墨，那么就不计算在内）。如果是矿石灰，八斤可以抵十斤石灰（每三十斤矿石灰加一斤麻捣）。

注释

① 泥：指泥、石灰等建筑材料。

原典

造画壁①之制：先以粗泥搭络毕，候稍干，再用泥横被竹篾一重，以泥盖平，又候稍干，钉麻华，以泥分披令匀，又用泥盖平（以上用粗泥五重，厚一分五厘。若栱眼壁，只用粗细泥各一重，上施沙泥，收压三遍）；方用中泥细衬，泥上施沙泥，候水脉定，收压十遍，令泥面光泽。

凡和沙泥，每白沙二斤，用胶土一斤，麻捣洗择净者七两。

注释

① 画壁：作壁画用的墙壁，它是先用竹篾编墙，墙上抹泥后，再用白土刷白。

画壁

译文

造画壁的制度：先用粗泥填补壁面，等其稍微有些干之后，再用泥横被一重竹篾，用泥将其盖平，再等其干后钉麻华，用泥分披使其均匀，又用泥盖平（以上用五重粗泥，厚度为一分五厘。如果是栱眼壁，只用一重粗泥和一重细泥，上面铺沙泥，收压三遍）。方用中泥细衬，泥上铺沙泥，等其水脉固定，收压十遍，使泥面光亮。

调和沙泥时，每二斤白沙配一斤胶土和七两洗干净的麻捣。

原典

立灶①

造立灶之制：并台共高二尺五寸。其门、突之类，皆以锅口径一尺为祖加减之（锅径一尺者一斗；每增一斗，口径加五分，加至一石止）。

转烟②连二灶：门与突并隔烟后。

门：高七寸，广五（每增一斗，高广各加二分五厘）。

身：方出锅口径四周各三寸（为定法）。

台：长同上，广亦随身，高一尺五寸至一尺二寸（一斗者高一尺五寸；每加一斗者，减二分五厘，减至一尺二寸五分止）。

腔内后项子：高同门，其广二寸，高广五分（项子内斜高向上入突，谓之『抢烟』；增减亦同门）。

隔烟：长同台，厚二寸，高视身出一尺（为定法）。

隔锅项子：广一尺，心内虚，隔作两处，令分烟入突。

直拔③立灶：门及台在前，突在烟匮之上（自一锅至连数锅）。

门、身、台等：并同前制（唯不用隔烟）。

烟匮子：长随身，高出灶身一尺五寸，广六寸（为定法）。

山华子：斜高一尺五寸至二尺，长随烟匮子，在烟突两旁匮子之上。

凡灶突，高视屋身，出屋外三尺（如时暂用，不在屋下者，高三尺。突上作鞾头出烟）。其方六寸。或锅增大者，量宜加之。加至方一尺二寸止。并以石灰泥饰。

译文

造立灶的制度：连同灶台一共高二尺五寸。灶门、烟囱等的尺寸都皆以锅口直径一尺为基础进行力减（锅的直径一尺即一斗；每增加一斗，锅口的直径增加五分，加到一石为止）。

转烟连二灶：灶门与烟囱都在隔烟之后。

灶门：高度为七寸，宽度为五寸（每增加一斗，高度和宽度各加二分五厘）。

灶身：方长比锅口径多出三寸（为统一规定）。

灶台：长度与灶身相同，宽度也根据灶身而定，高度为一尺二寸至一尺五寸（一斗对应的灶台高度为一尺五寸；每增加一斗，灶台高度减少二分五厘，减到一尺二寸五分为止）。

腔内后项子：高度与灶门相同，宽度为二寸，高广五分（项子内斜向上进入烟囱，称之为“抢烟”；增减与灶门相同）。

隔烟：长度与灶台相同，厚度为二寸，高度超出灶身一尺（为统一规定）。

隔锅项子：宽度为一尺，中空，隔作两处，使烟分别进入烟囱。

直拔立灶：灶门及灶台在前，烟囱在烟匮之上（从一锅到接连数锅）。

灶门、灶身、灶台等：都同前面的制度（只是不用隔烟）。

烟匮子：长度根据灶身而定，高超过灶身一尺五寸，宽度为六寸（为统一规定）。

山华子：斜高为一尺五寸至二尺，长度根据烟匮子而定，在烟囱两旁匮子之上。

烟囱的高度根据屋身而定，出屋外三尺（临时使用，不在室内的，高度为三尺。烟囱上做鞾头出烟），方为六寸。如果锅增大，则根据情况增加烟囱的大小，最大增加到方一尺二寸为止，并以石灰泥涂饰。

注释

① 立灶：古代一种灶的名称，包括门、突、隔烟等部分。灶，用砖石砌成的生火做饭的设备。
② 转烟：即转烟式立灶，立灶的一种。转烟指这种灶的气流由灶门到烟囱要转弯。
③ 直拔：即直拔式立灶，也是立灶的一种。直拔指这种灶的气流由灶门至烟囱，气流直线前进而不回转。

原典

造釜镬灶①之制：釜灶，如蒸作用者，高六寸（馀并入地内）。其非蒸作用，安铁甑或瓦甑者，量宜加高，加至三尺止。镬灶高一尺五寸。其门、项之类，皆以釜口径以每增一寸，镬口径以每增一尺为祖加减之（釜口径一尺六寸者一石，每增一石，口径加一寸，加至十石止。镬口径三尺，增至八尺止）。

釜灶②：釜口径一尺六寸。

门：高六寸（于灶身内高三寸，馀入地），广五寸（每径增一寸，高、广各加五分。如用铁甑者，灶门用铁铸造，及门前后各用生铁板）。

腔内后项子高、广，抢烟及增加并后突，并同立灶之制（如连二或连三造者，并垒向后，其向后者，每一釜加高五寸）。

镬灶③：镬口径三尺（用砖垒造）。

门：高一尺二寸，广九寸（每径增一尺，高广各加三寸。用铁灶门，其门前后各用铁板）。

腔内后项子：高视身（抢烟向上）。若镬口径五尺以上者，底下当心用铁柱子。

后驼项突：方一尺五寸（并二坯垒），斜高二尺五寸，曲长一丈七（令出墙外四尺）。

凡釜镬灶面并取圜，泥造。其釜镬口径四周各出六寸。外泥饰与立灶同。

釜镬灶

译文

造釜镬灶的制度：釜灶，如蒸作用者，高度为六寸（其余部分都在地下）。其非蒸作用，安设了铁甑或者瓦甑的，根据情况增加高度，最多增加到三尺。镬灶的高度为一尺五寸。其灶门、后项子等都以釜口直径每增一寸，镬口直径每增一尺为基础加减（釜口直径为一尺六寸即为一石；每增加一石，灶口直径增加一寸，最多增加到十石。镬口直径三尺，最多增加到八尺）。

釜灶：釜口直径为一尺六寸。

灶门：高度为六寸（在灶身内高三寸，其余部分入地），宽度为五寸（直径每增加一寸，高度、宽度各增加五分。如是用铁甑的，灶门用铁铸造，门前后各用生铁板）。

腔内后项子的高度和宽度，抢烟以及其尺寸增加情况和后烟囱的高度和宽度，都与立灶的制度相同（如连二灶或者连三灶，都向后垒砌，其向后的尺寸，每一釜加高五寸）。

镬灶：镬口直径三尺（用砖垒造）。

灶门：高度为一尺二寸，宽度为九寸（直径每增加一尺，高度和宽度各增加三寸。用铁灶门，其门前后各用铁板）。

腔内后项子：高度根据灶身而定（抢烟向上）。如果是镬口直径为五尺以上，在底下的中心位置用铁柱子。

后驼项突：方长为一尺五寸（并二坯垒），斜高为二尺五寸，曲长为一丈七尺（使其出墙四尺之外）。

釜镬灶面都做成圆形，用泥造。其釜镬口直径四周各出六寸。外泥饰与立灶相同。

注释

① 釜镬灶：指釜灶和镬灶。

② 釜灶：相当于现在的烫火锅，人们将柴火放在灶下点燃，锅内就可以煮烫食物。

③ 镬灶：也称灶镬，锅灶，有三个足架空，可以燃火，两耳用铉（铜钩）和扃（横杠）抬举。

茶炉

原典

造茶炉[1]之制：高一尺五寸。其方广等皆以高一尺为祖，加减之。

面：方七寸五分。

口：圜径三寸五分，深四寸。

吵眼：高六寸，广三寸（内抢风斜高向上八寸）。

凡茶炉，底方六寸，内用铁燎杖八条。其泥饰同立灶之制。

注释

① 茶炉：古代烹茶用的小炉灶。

译文

造茶炉的制度：茶炉的高度为一尺五寸。其方长和宽度等尺寸都以高一尺为根据加减。

面：方长为七寸五分。

口：圆径为三寸五分，深度为四寸。

吵眼：高度为六寸，宽度为三寸（里面的抢风斜高向上八寸）。

茶炉的底部方长为六寸，里面用八条铁燎杖。其泥饰与立灶的制度相同。

茶　炉

原典图说

古今茶炉

古代，茶炉指的是烹茶用的小炉灶，也称为茶灶，其制造形制有一定要求，比如本书中说，“茶炉的高度为一尺五寸，口的圆径为三寸五分”等。但现代茶炉并没有这些要求，同时也不能称为茶灶，因为现代茶炉都是通过电将水烧开泡茶的。相比于古代烧火的茶炉，现代电茶炉操作起来更加方便简单。

垒射垛①之制：先筑墙，以长五丈、高二丈为率（墙心内长二丈，两边墙各长一丈五尺；两头斜收向里各三尺）。上垒作五峰。其峰之高下，皆以墙每一丈之长，积而为法。

中峰：每墙长一丈，高二尺。

次中两峰：各高一尺二寸（其心至中峰心各一丈）。

两外峰：各高一尺六寸（其心至次中两峰各一丈五尺）。

子垛：高同中峰（广减高一尺，厚减高之半）。

两边踏道：斜高视子垛，长随垛身（厚减高之半，分作一十二踏；每踏高八寸三分，广一尺二寸五分）。

子垛上当心踏台：长一尺二寸，高六寸，面广四寸（厚减面之半，分作三踏；每一尺为一踏）。

凡射垛五峰，每中峰高一尺，则其下各厚三寸；上收令方，减下厚之半（上收至方一尺五寸止。其两峰之间，并先约度上收之广。相对垂绳，令纵至墙上，为两峰䫜内圜势）。其峰上各安莲华坐瓦火珠各一枚。当面以青石灰，白石灰，上以青灰为缘泥饰之。

垒射垛

译文

垒射垛的制度：先筑墙，以长五丈、高二丈为标准（墙心内长二丈，两边墙各长一丈五尺；两头向里斜收各三尺）。上垒作五峰。其峰的高低尺寸都以墙的每丈长度为一百，用这个百分比来确定比例尺寸。

中峰：墙每长一丈，高二尺。

次中两峰：高度为一尺二寸（其中心到中峰中心距离各为一丈）。

两外峰：高度为一尺六寸（其中心到次中两峰的距离各为一丈五尺）。

子垛：高度与中峰相同（宽度比高度少一尺，厚度是高度的一半）。

两边踏道：斜高根据子垛而定，长度根据垛身而定（厚度是高度的一半，分作十二踏；每踏的高度为八寸三分，宽度为一尺二寸五分）。

子垛上当心踏台：长度为一尺二寸，高度为六寸，面宽为四寸（厚度是面宽的一半，分作三踏；每一尺为一踏）。

射垛有五峰，中峰每高一尺，其下各厚三寸；向上斜收使其成为方形，减下厚之半（向上斜收到方长为一尺五寸。两峰之间都先估计向上斜收的宽度。相对垂绳，使绳纵向到墙，为两峰内䫜圜势）。在峰上安设莲华坐瓦和火珠各一枚。正面用青石灰和白石灰涂饰，上面做青灰边缘装饰。

注释

① 射垛：土筑的箭靶。

卷十四 彩画作制度

总制度

营造法式

原典

彩画①之制：先遍衬地，次以草色和粉，分衬所画之物。其衬色上方布细色，或叠晕，或分间剔填。应用五彩装及叠晕碾玉装者，并以赭笔描画。浅色之外，并旁描道量留粉晕。其余并以墨笔描画。浅色之外，并用粉笔盖压墨道。

衬地之法：凡枓、栱、梁、柱及画壁：皆先以胶水遍刷（其贴金地以鳔胶水）。

贴真金地：候鳔胶水干，刷白铅粉；候干，又刷；凡五遍。次又刷土朱铅粉（同上），亦五遍（上用熟薄胶水贴金，以绵按，令着实；候干，以玉或玛瑙或生狗牙斫令光）。

五彩地：（其碾玉装，若用青绿叠晕者同。）候胶水干，先以白土遍刷；候干，又以铅粉刷之。

译文

彩画的制度：先全面衬地，然后用草色和粉，对要所画的物体分别衬地。在衬色之上精细着色，或者做叠晕，或者分间剔填。对应用五彩装及叠晕碾玉装做法的，都用红笔描画。在浅色之外，都沿着描道留出做粉晕的宽度。其余都用墨笔描画。在浅色之外，用粉色遮盖墨道。

衬地的规定：凡枓、栱、梁、柱及画壁：都先用胶水刷遍（用鳔胶水贴金地）。

贴真金地：等鳔胶水干后，刷白铅粉；等其干后，再刷，一共五遍。然后再刷土朱铅粉（同上），也是五遍（面上用熟薄胶水贴金，用绵布按压，使其附着牢实：等其干之后，用玉、玛瑙或者生狗牙斫平，使表面光滑）。

五彩地：（为碾玉装，如果用青绿叠晕也一样。）等胶水干之后，先用白土刷遍；等其干后，再用铅粉刷。

故宫建筑的彩画

碾玉装或青绿棱间者：（刷雌黄合绿者同。）候胶水干，用青淀和茶土刷之（每三分中，一分青淀、二分茶土）。

沙泥画壁：亦候胶水干，以好白土纵横刷之（先立刷，候干，次横刷，各一遍）。

调色之法：

白土[2]：（茶土同。）先拣择令净，用薄胶汤（凡下云『用汤』者同，其称『热汤』者非，后同）。浸少时，候化尽，淘出细华（凡色之极细而淡者皆谓之『华』，后同），入别器中，澄定，倾去清水，量度再入胶水用之。

铅粉[3]：先研令极细，用稍浓胶水和成剂（如贴真金地，并以鳔胶水和之）。再以热汤浸少时，候稍温，倾去；再用汤研化，令稀稠得所用之。

代赭石：（土朱、土黄同，如块小者不捣。）先捣令极细，次研；以汤淘取华。次取细者，及澄去，砂石、粗脚不用。

藤黄：量度所用，研细，以热汤化，淘去砂脚，不得用胶。（笼罩粉地用之。）

紫矿：先擘开，挦去心内绵无色者，次将面上色深者，以热汤捻取汁，入少汤用之。若于华心内斡淡或朱地内压深用者，熬令色深浅得所用之。

朱红：（黄丹同。）以胶水调令稀稠

碾玉装或青绿棱间者：（刷雌黄合绿的也一样。）等胶水干之后，用青淀和着茶土刷之（青淀占三分之一，茶土占三分之二）。

沙泥画壁：也是等胶水干之后，用上好的白土纵横刷之（先立着刷，等干之后，再横着刷，各自刷一遍）。

调色之法：

白土：（茶土相同。）先拣选使其干净，用薄胶汤（后面所说的“用汤”都与之相同，这与被称为“热汤”的不是一回事，后同）浸润一小会儿，等其完全融化，淘出细华（只要是色极细而且很淡的都被称为“华”，后同）放入其他容器之中澄定，倒去清水，酌量加入胶水之中使用。

铅粉：先磨细，用稍微黏稠的胶水调兑成溶剂（如贴真金地，就用鳔胶水来调兑），再用热汤浸润少许时间，等稍微有些温度的时候，倒掉上面的胶水；再用汤调兑，使稀稠合适就可以使用了。

代赭石：（土朱、土黄相同，如果是小块的就不用捣细。）先捣得极细，然后研磨；用汤淘洗取华。然后取出细小的，澄定后倒去汤水，拣出砂石、粗脚不用。

藤黄：根据所用的量将其磨细，用热汤融化，淘去砂脚，不得使用胶水（藤黄在笼罩粉地的时候使用）。

紫矿：先将其掰开，去掉里面没有颜色的部分，然后将面上颜色较深的部分用热汤捻取成汁，加入少许汤就可以使用。如果用于在花心里斡淡或者在朱地上压深，加热熬到颜色深浅合适即可使用。

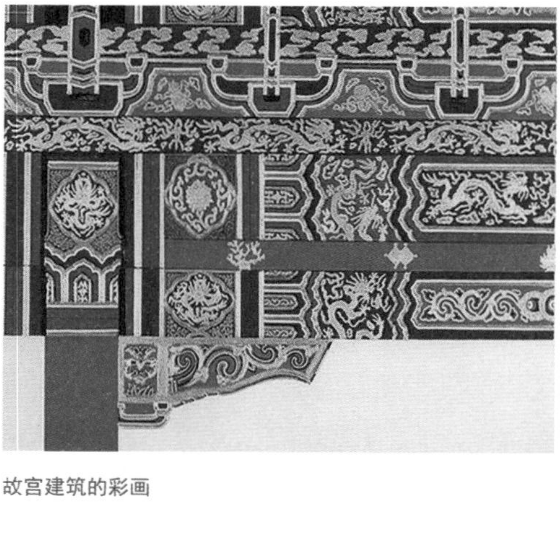
故宫建筑的彩画

朱红：（黄丹相同。）用胶水调兑到稀稠合适即可使用（黄丹通常比较涩燥，调兑时加入一点生油）。

得所用之（其黄丹用之多涩燥者，调时入生油一点）。

螺青：（紫粉同。）先研令细，以汤调取清用（螺青澄去浅脚，充合碧粉用；紫粉浅脚充合朱用）。

雌黄：先捣次研，皆要极细；用热汤淘细笔于别器中，澄去清水，方入胶水用之（其淘澄下粗者，再研再淘细笔方可用）。忌铅粉黄丹地上用。恶石灰及油不得相近（亦不可施之于缣素）。

衬色之法：

青：以螺青合铅粉为地（铅粉二分，螺青一分）。

绿：以槐华汁合螺青铅粉为地（粉青同上，用槐华一钱熬汁）。

红：以紫粉合黄丹为地（或只用黄丹）。

取石色之法：

生青（层青同）、石绿、朱砂：并各先捣令略细，若浮淘青（但研令细），用汤淘出，向上土、石、恶水不用，收取近下水内浅色（入别器中）。然后研令极细，以汤淘澄，分色轻重，各入别器中。先取水内色淡者，谓之『青华』（石绿者谓之『绿华』，朱砂者谓之『朱华』）；次色稍深者，谓之『三青』（石绿谓之『三绿』，朱砂谓之『三朱』）；又色渐深者，谓之『二

螺青：（紫粉相同。）先磨细，用汤调兑后取清使用。（螺青澄定后去浅脚，作碧粉使用；紫粉的浅脚作朱使用。）

雌黄：先捣再磨，使其非常细小；用热汤淘出细华后放于其他容器中，澄定后倒去清水，这才加入胶水使用（把经过淘洗、澄定后剩下的较粗的雌黄再次研磨，淘出细华后方可使用）。避免铅粉、黄丹在地上使用。石灰与油不得接触（也不可用于缣素）。

衬色之法：

青：用螺青配铅粉为地（铅粉占三分之二，螺青占三分之一）。

绿：用槐花汁配螺青、铅粉为地（铅粉和螺青的比例同上，用一钱槐花熬汁）。

红：用紫粉配黄丹为地（或者只用黄丹）。

取石色之法：

生青（层青相同）、石绿、朱砂：各自都先捣碎，使其稍微细小一点，如果漂浮淘青（研成细末），用汤淘出，不要上面的土、石、脏水，收取靠近下面水中的浅色部分（放入另外的容器之中）。然后研磨到极细，用汤淘澄，根据颜色的深浅，分别装入另外的容器之中。先取在水中颜色较淡的部分，叫作“青华”（石绿的叫作“绿华”，朱砂的叫作“朱华”）；颜色稍深的部分，叫作“三青”（石绿的叫作“三绿”，朱砂的叫作“三朱”）；颜色更深一点的，叫作“二青”（石绿的叫作“二绿”，朱砂的叫作“二朱”）；下面颜色最深的，叫作“大青”（石绿的叫作“大绿”，朱砂的叫作“深朱”）。澄定，倒去清水，等干了以后收取。在使用的时候，酌量加入

故宫建筑的彩画

青』（石绿谓之『二绿』，朱砂谓之『二朱』）；其下色最重者，谓之『大青』（石绿谓之『大绿』，朱砂谓之『深朱』）。澄定，倾去清水，候干收之。如用时，量度入胶水用之。

五色之中，唯青、绿、红三色为主，馀色隔间品合而已。其为用亦各不同。且如用青，自大青至青华，外晕用白（朱、绿同）；大青之内，用墨或矿汁压深，此只可以施之于装饰等用，但取其轮奂鲜丽，如组绣华锦之文尔。至于穷要妙夺生意，则谓之画。其用色之制，随其所写，或浅或深，或轻或重，千变万化，任其自然，虽不可以立言。其色之所相，亦不出于此（唯不用大青、大绿、深朱、雌黄、白土之类）。

注释

① 彩画：古代在木构上施以颜色涂饰，从而达到美化建筑和保护木材目的的一种装饰方法。
② 白土：用贝壳化制的打底、调色材料，用于刷白墙壁和绘制油漆彩画。
③ 铅粉：用铅矿磨成的细粉，白色粉末，古代调色材料之一，用于绘制油漆彩画。

宋代彩画

胶水即可。

五色之中，以青、绿、红三色为主，其余色彩只是隔间品合而已。其用法也各不相同。如使用青色，从大青到青华，外晕都用白色（朱、绿相同）。在大青内使用墨或者矿汁压深，这只可以用于装饰等，但取其轮奂鲜丽，如织绣华锦之文尔。至于那些达到精妙绝伦、栩栩如生的装饰，就称为“画”。其用色的制度，根据其所写，或浅或深，或轻或重，千变万化，任其自然，即使不可以用语言来表达，其色之所相，也不出于此（只是不使用大青、大绿、深朱、雌黄、白土之类的颜色）。

明代彩画

清代彩画

原典图说

宋、明、清各时期的彩画

彩画是中国传统建筑一种非常独特的装饰手法，根据其所在建筑物的部位，主要为天花彩画、斗栱彩画和额枋彩画。宋代时，建筑上的彩画已经非常成熟，这个时期的彩画多用叠晕画法，即让颜色由浅到深或由深到浅，变化柔和没有生硬感，风格比较淡雅；明代的彩画，普通住宅是禁止用红色彩画的，柱枋的上部用棕、黄绿色等暖色调画彩画，这种风格在之后清代一些中小城市也沿用；清代，除了游廊用绿柱，建筑其他部分都用红柱，檐下的彩画以青绿为主，而且除了金龙柱，其他柱子一般都不加彩画，彩画主要是在檐下画。

五彩遍装

五彩遍装①之制：梁、栱之类，外棱四周皆留缘道，用青、绿或朱叠晕②（梁栿之类缘道，其广二分。枓栱之类，其广一分）。内施五彩诸华间杂，用朱或青、绿剔地，外留空缘，与外缘道对晕（其空缘之广，减外缘道三分之一）。

华文有九品：一曰海石榴花（宝牙华、太平华之类同）；二曰宝相华（牡丹华之类同）；三曰莲荷华（以上宜于梁、额、橑檐方、椽、柱、枓、栱、材、昂栱眼壁及白板内，凡名件之上，皆可通用。其海石榴，若华叶肥大，不见枝条者，谓之『铺地卷成』；如华叶肥大而肥露枝条者，谓之『枝条卷成』。并亦通用。其牡丹华及莲荷华，或作写生画者，施之于梁、额或栱眼壁内）；四曰团窠宝照（团窠柿带，方胜合罗之类同。以上宜于方、桁、枓、栱内飞子面，相间用之）；五曰圈头合子；六曰豹脚合晕（棱身合晕，连珠合晕，偏晕之类同。以上宜于方、桁、枓、栱内飞子及大、小连檐面相间用）；七曰玛瑙地（玻璃地之类同。以上宜于方、桁、枓内相间用之）；八曰鱼鳞旗脚（宜于梁、栱下相间用之）；九曰圈头柿带（胡玛瑙之类同。以上宜于枓内相间用之）。

译文

五彩遍装的制度：梁、栱等的外棱四周都留出缘道，用青色、绿色或者朱色做叠晕（梁栿等的缘道，其宽度为二分。枓栱的缘道，其宽度为一分）。在里面做五彩诸花间杂，用朱色或者青色、绿色做剔地，外面留出空边，与外缘道对晕（其空边的宽度，比外缘道少三分之一）。

华文有九品：一是海石榴花（宝牙花、太平花等相同）；二是宝相花（牡丹花等相同）；三是莲花（以上三品适用于梁、额、橑檐方、椽、柱、枓、栱、材、昂栱眼壁以及白板，在这些构件之上都是通用的。如果海石榴花的花叶肥大而不见枝条，就叫作“铺地卷成”；如果花叶肥大而显露枝条，就叫作“枝条卷成”。两者都通用。如果是将牡丹花以及莲花做写生画，那么就在梁、额或者栱眼壁内施做）；四是团窠宝照（团窠柿蒂、方胜合罗等相同。它们适宜于在方、桁、枓、栱内飞子面相间使用）；五是圈头合子；六是豹脚合晕（棱身合晕、连珠合晕、偏晕等相同。适宜于在方、桁、栱内飞子以及大、小连檐面相间使用）；七是玛瑙地（玻璃地等相同。适宜于在方、桁、枓内相间使用）；八是鱼鳞旗脚（适宜于在梁、栱下相间使用）；九是圈头柿蒂（胡玛瑙等相同。适宜于在枓内相间使用）。

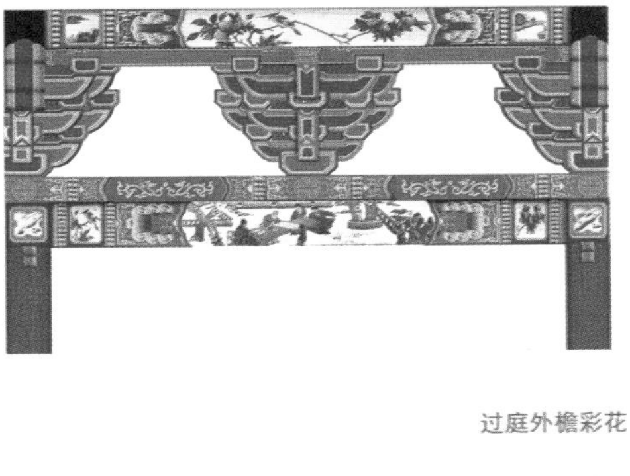

过庭外檐彩花

琐文有六品：一曰琐子（联环琐、玛瑙琐、叠环之类同）；二曰簟文（金铤、文银铤、方环之类同）；三曰罗地龟文（六出龟文、交脚龟文之类同）；四曰四出（六出之类同。以上宜于橑檐方、槫柱头及料内；其四出、六出，亦宜于栱头、椽头、方、桁相间用之）；五曰剑环（宜于料内相间用之）；六曰曲水（或作王字及万字。或作料底及钥匙头，宜于普柏方内外用之）。

凡华文施之于梁、额、柱者，或间以行龙、飞禽、走兽之类于华内。其飞走之物，用赭笔描之于白粉地上，或更以浅色拂淡（若五彩及碾玉装华内，宜用白画；其碾玉华内者，亦宜用浅色拂淡，或以五彩装饰）。如方、桁之类，全用龙、凤、走、飞者，则遍地以云文补空。

飞仙之类有二品：一曰飞仙；二曰嫔伽（共命鸟之类同）。

飞禽之类有三品：一曰凤凰（鸾、孔雀、鹤之类同）；二曰鹦鹉（山鹧、练鹊、锦鸡之类同）；三曰鸳鸯（溪鵣、鹅、鸭之类同。其骑跨飞禽人物有五品：一曰真人；二曰女真；三曰仙童；四曰玉女；五曰化生）。

走兽之类有四品：一曰狮子（麒麟、狻猊、獬豸之类同）；二曰天马（海马、仙鹿之类同）；三曰羚羊（山羊、华羊之类

琐文有六品：一是琐子（联环琐、玛瑙琐、叠环等相同）；二是簟文（金铤、文银铤、方环等相同）；三是罗地龟文（六出龟文、交脚龟文等相同）；四是四出（六出等相同。以上适宜于在橑檐方、槫柱头及料内使用；四出、六出也适宜于在栱头、椽头、方、桁的上面相间使用）；五是剑环（ 适宜于在料内相间使用）；六是曲水（或者做“王”字以及“万”字。或者做料底以及钥匙头，适宜于在普拍方内外使用）。

如果华文施做在梁、额、柱上，在花内可以间杂行龙、飞禽、走兽等。对于这些飞禽走兽的图案，用红笔将其描在白粉地上，或者用浅色将这些图案拂淡（如果是在做五彩和碾玉装的花内，适宜用白画；如果是在做碾玉装的花内，也可以用浅色拂淡，或者用五彩来装饰）。在方、桁等上面全都用龙、凤、飞禽、走兽，则遍地用云彩纹路来补空。

飞仙之类有二品：一是飞仙；二是嫔伽（共命鸟相同）。

飞禽之类有三品：一是凤凰（鸾、孔雀、鹤等相同）；二是鹦鹉（山鹧、练鹊、锦鸡等相同）；三是鸳鸯（溪鵣、鹅、鸭等相同。骑跨飞禽的人物有五品：一是真人；二是女真；三是仙童；四是玉女；五是化生）。

走兽之类有四品：一是狮子（麒麟、狻猊、獬豸等相同）；二是天马（海马、仙鹿等相同）；三是羚羊（山羊、华羊等相同）；四是白象（驯犀、黑熊等相同。骑跨或者牵拽走兽的人物有三品：一

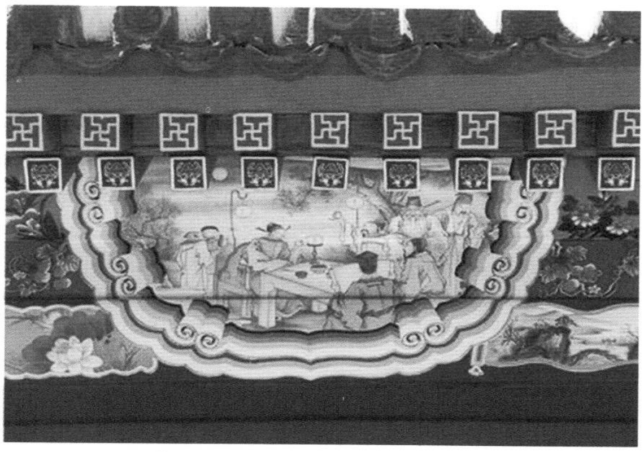

五　彩

同）；四曰白象（驯犀、黑熊之类同。其骑跨、牵拽走兽人物有三品：一曰拂菻；二曰獠蛮；三曰化生。若天马、仙鹿、羚羊，亦可用真人等骑跨）。

云文有二品：一曰吴云，二曰曹云（蕙草云、蛮云之类同）。

间装之法：青地上华文，以赤黄、红、绿相间，外棱用红叠晕。红地上华文青、绿，心内以红相间，外棱用青或绿叠晕。绿地上华文，以赤黄、红、青相间，外棱用青、红、赤黄叠晕（其牙头青绿地，用赤黄；牙朱地以二绿。若枝条绿地，用藤黄汁罩，以丹华或薄矿水节淡；青红地，如白地上单枝条，用二绿，随墨以绿华合粉罩，以三绿、二绿节淡）。

叠晕之法：自浅色起，先以青华（绿以绿华，红以朱华粉），次以三青（绿以三绿，红以三朱），次以二青（绿以二绿、红以二朱），次以大青（绿以大绿，红以深朱）。大青之内，用深墨压心（绿以深色草汁罩心，朱以深色紫矿罩心）。青华之外，留粉地一晕（绿红准此。其晕内二绿华，或用藤黄汁罩；如华文缘道等狭小，或在高远处，即不用三青等及深色压罩）。凡染赤黄，先布粉地，次以朱华合粉压晕，次用藤黄通罩，次以深朱压心（若合草绿汁，以螺青华汁，用藤黄相和，量宜入好，墨数点及

是拂菻；二是獠蛮；三是化生。如果是天马、仙鹿、羚羊，也可用真人等骑跨）。

云文有二品：一是吴云，二是曹云（蕙草云、蛮云等相同）。

间装的方法：青地上的花纹，用赤黄色、红色、绿色相间，外棱用红色做叠晕。红地上花纹青、绿，中间用红色相间，外棱用青色或者绿色做叠晕。绿地上的花纹，用赤黄色、红色、青色相间，外棱用青色、红色、赤黄色做叠晕（对于牙头，在青绿地上用赤黄牙；在朱地上用二绿。如果枝条，在绿地用藤黄汁罩，用丹华或者薄矿水节淡；青红地，如在白地上做单枝条，顺着墨线用二绿，以绿华合粉罩，用三绿、二绿节淡）。

叠晕的方法：从浅色开始，先用青华（绿色用绿华，红色用朱华粉）。再用三青（绿色用三绿，红色用三朱）。再用二青（绿色用二绿，红色用二朱）。再用大青（绿色用大绿，红色用深朱）。在大青之中，用深墨压心（绿色用深色草汁压罩，红色用深色紫矿压罩）。在青华的外边，留出粉地一晕（绿华、红华也如此。在晕内做二绿华，可以用藤黄汁罩心。如果花纹缘道等狭小，或者在高远处，则不用三青等以及深色压罩）。要染赤黄，先布粉地，再用朱华与粉混合压晕，再用藤黄整个罩上，再用深朱压心（如果合草绿汁，用螺青华汁与藤黄相调和，酌量加入数点好墨以及少许胶水。）

胶少许用之）。

用叠晕之法：凡枓、栱、昂及梁、额之类，应外棱缘道并令深色在外，其华内剔地色，并浅色在外，与外棱对晕，令浅色相对。其华叶等晕，并浅色在外，以深色压心（凡外缘道用明金者，梁栿、枓栱之类，金缘之广与叠晕同。金缘内用青或绿压之。其青绿广比外缘五分之一）。

凡五彩遍装，柱头（谓额入处），作细锦或琐文；柱身自柱櫍上亦作细锦，与柱头相应，锦之上下，作青、红或绿叠晕一道；其身内作海石榴等华（或于华内间以飞凤之类），或作碾玉华内间以五彩飞凤之类，或间四入瓣窠，或四出尖窠。窠内间以化生或凤龙之类。櫍作青瓣或红瓣叠晕莲华。檐额或大额及由额两头近柱处，作三瓣或两瓣如意头角叶（长加广之半），如身内红地，即以青地作碾玉，或亦用五彩装（或随两边缘道作分脚如意头）。椽头面子，随径之圜，作叠晕莲华，青、红相间用之；或作出焰明珠，或作簇七车钏明珠（皆浅色在外），或作叠晕宝珠，深色在外，令近上叠晕，向下棱，当中点粉为宝珠心；或作叠晕合螺玛瑙，近头处，作青、绿、红晕子三道，每道广不过一寸。身内作通用六等华，外或用青、绿、红地作团窠，或方胜，或两尖，或四入瓣。白地外用浅色（青以青华、

用叠晕的规定：对于枓、栱、昂以及梁、额来说，应外棱缘道并使深色在外，其花内剔地色，浅色都在外，与外棱对晕，使浅色与之相对。做花叶等的叠晕，浅色都在外，用深色压心（在外缘道使用明金的，在梁栿、枓栱等上面，金缘的宽度与叠晕相同。金缘里面用青或者绿压心。其青和绿的宽度是外缘的五分之一）。

凡是五彩遍装，柱头（叫作额入的地方）做细锦或琐文；柱身从柱板之上也做细锦，与柱头相对应，在细锦的上下做青色、红色或者绿色叠晕一道；其柱身内做海石榴花等（或者在花内间杂以飞凤等），或者做碾玉装，花内间杂以五彩飞凤等，或者间杂四入瓣窠、四出尖窠。窠内间杂以化生或者龙凤等。櫍做青瓣或者红瓣叠晕莲花。在檐额或者大额以及由额两头靠近柱的地方，做三瓣或者两瓣如意头角叶（长加宽的一半）。如身内红地，即以青地做碾玉，或者也用五彩装（或随两边缘道做分脚如意头）。在椽头面子上，根据直径的大小，做叠晕莲花，青色、红色相间使用；或者做出焰的明珠，或者组簇七车钏明珠（都是浅色在外），或做叠晕宝珠，深色在外，在靠近上端的地方向下棱做叠晕，当中点粉作为宝珠心；或做叠晕合螺玛瑙，在靠近头部的地方，做三道青色、绿色、红色晕子，每道的宽度不超过一寸。身内作通用六等华，外面也可用青地、绿地、红地做团窠，或者方胜，或者两尖，或者四入瓣。白地外面使用浅色（青用青华圈之，绿用绿华圈之，朱用朱粉圈之）。在白地内，根据瓣的方圆（或者两尖，或者四入瓣都一样）描华，用五彩浅色填充其间（用青地、绿地、红地做团窠、方胜等，也是施用在枓、栱、梁栿等上面的，叫作“海锦”，也叫作“净地

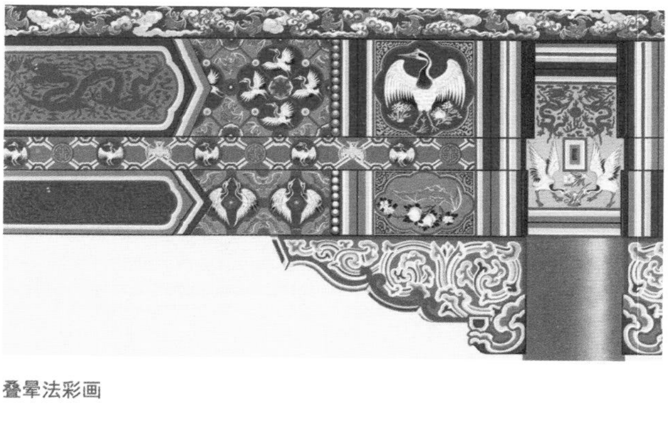

叠晕法彩画

绿以绿华、朱以朱粉圈之），白地内随辦之方圜，或两尖或四入瓣同。描华，用五彩浅色间装之（其青、绿、红地作团窠、方胜等，亦施之枓、栱、梁栿之类者，谓之『海锦』，亦曰『净地锦』）。飞子作青、绿连珠及棱身晕，或作方胜，或两尖，或团窠、两侧壁，如下面用遍地华，即作两晕青、绿棱间；若下面素地锦，作三晕或两晕素绿棱间，飞子头作四角柿蒂（或作玛瑙）。如飞子遍地华，即椽用素地锦（若椽作遍华，即飞子用素地锦）。白板或作红、青、绿地内两尖窠素地锦。大连檐立面作三角叠晕柿带华（或作霞光）。

注释

① 五彩遍装：用彩绘图案来装饰全部木构件的最华丽的彩画装饰。它是一种级别较高的暖色调彩画，颜色华丽高贵。五彩，指青、黄、赤、白、黑五种颜色。

② 叠晕：古建筑彩画方法之一。指的是利用同一颜色调出二至四种色阶，然后再依次排列绘制的手法。

锦”）。在飞子上做青、绿连珠及棱身晕，或做方胜，或做两尖，或做团窠、两侧壁，如下面用遍地华，即做两晕青、绿棱间；若下面素地锦，做三晕或两晕素绿棱间，飞子头做四角柿蒂（或者做玛瑙），如果飞子是遍地华，即椽上做素地锦（如果椽上用遍地华，那么飞子用素地锦）。白板内也可做红地、青地、绿地内两尖窠素地锦。大连檐的立面做三角叠晕柿蒂华（或者做霞光）。

五彩遍装彩画

原典图说

最华丽的五彩遍装

在宋代建筑彩画中，五彩遍装是最华丽的，主要用于重要的宫殿。其色调以暖色为主，多用红、朱、赤、黄等色，着色采用叠晕与间装的方法。五彩遍装在建筑的每个构件上都绘有五彩花纹，在梁、栱上，以青绿色或朱色的叠晕作为外缘的轮廓，在里面则画有彩色的花饰，以朱色或青绿色为衬底，看上去非常华丽。其所用的图案主要有不同的华文、琐文、飞仙、飞禽、走兽、云纹等。柱子上下画锦文或叠晕，柱身画缠枝花或团窠。

原典

碾玉装①之制：梁、栱之类，外棱四周皆留缘道（缘道之广并同五彩之制）。用青或绿叠晕，如绿缘内，于淡绿地上描华，用深青剔地，外留空缘，与外缘道对晕（绿缘内者，用绿处以青，用青处以绿）。

华文及琐文等，并同五彩所用（华文内唯无写生及豹脚合晕，偏晕，玻璃地、鱼鳞旗脚，外增龙牙、蕙草一品琐文，内无琐子）。用青、绿二色叠晕亦如之（内有青绿不可隔间处，于绿浅晕中用藤黄汁罩，谓之『菉豆褐』）。其卷成华叶及琐文，并旁赭笔量粉道，从浅色起，晕至深色。其地以大青、大绿剔之（亦有华文稍肥者，绿地以二青；其青地以二绿，随华斡淡后，以粉笔旁墨道描者，谓之『映粉碾玉』，宜小处用）。

凡碾玉装，柱碾玉或间白画，或素绿。柱头用五彩锦（或只碾玉），櫍作红晕，或青晕莲花。椽头作出焰明珠，或簇七明珠，或莲华。身内碾玉或素绿。飞子正面作合晕，两旁并退晕，或素绿。仰板素红（或亦碾玉装）。

碾玉装

译文

碾玉装的制度：在梁、栱等的外棱四周都留出缘道（各个缘道的宽度全都遵循五彩遍装的制度），用青色或者绿色做叠晕。如在绿缘里面，在淡绿地上描华，使用深青色剔地，外面留出空白缘道，与外缘道对晕（绿缘内的碾玉装，用绿色处以青色，用青色处以绿色）。

华文以及琐文等，都和五彩遍装中的做法一样（只是华文中没有写生以及豹脚合晕、偏晕，玻璃地、鱼鳞旗脚，另外增加了龙牙、蕙草一品。琐文内没有琐子）。用青、绿二色叠晕也如此（叠晕内有青色、绿色不能隔间的地方，在绿浅晕中用藤黄汁罩心，叫作“箓豆褐”）。将其卷成华叶及琐文，并沿着赭笔量出粉道，从浅色开始，叠晕到深色。其地用大青、大绿剔地（也有华文稍宽的，绿地用二青；其青地用二绿，在华斡节淡之后，以粉笔沿着墨道描画，叫作“映粉碾玉”，适宜在较小的地方施用）。

在碾玉装中，柱可做碾玉，也可间以白画或者素绿。柱头使用五彩锦（或只做碾玉装），櫍做红晕，或者青晕莲花。椽头做出焰明珠，或者簇七明珠，或者莲花。柱身内做碾玉装或者素绿。飞子正面做合晕，两边都做退晕，或者素绿。仰板做素红（或者是碾玉装）。

注释

① 碾玉装：以青绿两色为主的彩画装饰。它是一种仅次于五彩遍装的冷色调画法制度。

碾玉装彩画

原典图说

低一等级的碾玉装

碾玉装的色调以青、绿为主，多层叠晕，外留白晕，看上去就像磨光的碧玉，所以称为“碾玉装”。在宋代建筑彩画制度中，碾玉装的等级仅次于五彩遍装。它是在梁和斗栱面上用青或绿色叠晕作为外缘，内在为淡绿或在深青底子上作花饰，基本不用红色，包括柱子也是如此。其图案与五彩遍装彩画基本相同，只是不用飞仙、飞禽和走兽。

青绿叠晕棱间装

原典

青绿叠晕棱间装①之制：凡枓、栱之类，外棱缘广二分。外棱用青叠晕者，身内用绿叠晕（外棱用绿者，身内用青，下同。其外棱缘道浅色在内，身内浅色，在外道压粉线），谓之『两晕棱间装』（外棱用青华、二青、大青，以墨压深；身内用绿华、三绿、二绿、大绿，以草汁压深。若绿在外缘，不用三绿；如青在身内，更加三青）。其外棱缘道用绿叠晕（浅色在内），次以青叠晕（浅色在外），当心又用绿叠晕者（深色在内），谓之『三晕棱间装』（皆不用二绿、三青，其外缘广与五彩同。其内均作两晕）。若外棱缘道用青叠晕，次以红叠晕（浅色在外，先用朱华粉，次用二朱，次用深朱，以紫矿压深），当心用绿叠晕者（若外缘用绿者，当心以青），谓之『三晕带红棱间装』。

凡青、绿叠晕棱间装，柱身内笋文，或素绿，或碾玉装，柱头作四合青绿退晕如意头；櫍作青晕莲华，或作五彩锦，或团窠方胜素地锦，椽素绿身；其头作明珠莲华。飞子正面，大小连檐，并青绿退晕，两旁素绿。

译文

青绿叠晕棱间装的制度：枓、栱等的外棱缘道宽二分。用青色叠晕的外棱，身内用绿色叠晕（外棱用绿色叠晕，身内用青色叠晕，下同。外棱缘道的浅色在里面，身内为浅色，在外道上压粉线），叫作“两晕棱间装”（外棱用青华、二青、大青，用墨压深；身内用绿华、三绿、二绿、大绿，用草汁压深。如果绿色在外缘的，不用三绿；如果青色在身内的，多加一道三青）。如果外棱缘道是先用绿色叠晕（浅色在内），再用青色叠晕（浅色在外），当中又用绿色叠晕（深色在内）的，叫作“三晕棱间装”（都不用二绿、三青，其外缘的宽度与五彩相同。里面都做两晕）。如果外棱缘道是先用青色叠晕，再用红色叠晕（浅色在外，先用朱华粉，再用二朱，再用深朱，用紫矿压深），当中用绿色叠晕（如果外缘用绿色，当中则用青色）的，叫作“三晕带红棱间装”。

在青色、绿色叠晕的棱间装之中，柱身里面笋文，或者素绿，或者碾玉装，柱头做四合青绿退晕的如意头；櫍做青晕莲花，或者做五彩锦，或者团窠方胜素地锦，椽做全绿；柱头做明珠莲花。飞子的正面、大小连檐，都做青绿退晕，两边全绿。

注释

① 青绿叠晕棱间装：主要用青绿两色叠晕的彩画装饰。其色调偏冷。

原典图说

色调偏冷的青绿叠晕棱间装

青绿叠晕棱间装的色调偏冷，它是用青、绿两种颜色，在外缘和缘内面上，作对晕的处理，即外棱如果用青色的叠晕，那么其身内则用绿色叠晕；外棱如果用绿色，那么其身内则用青色叠晕。青绿两色以浅色相接，称之为对晕，面上不做花饰。青绿叠晕棱间装的图案不画华文、琐文，只用叠晕，柱身用青绿或素绿的图案。

青绿叠晕棱间装彩画

解绿装饰屋舍

解绿装饰①屋舍之制：应材、昂、枓、栱之类，身内通刷土朱，其缘道及燕尾、八白等，并用青、绿叠晕相间（若枓用绿，即栱用青之类），缘道叠晕，并深色在外，粉线在内（先用青华或绿华在中，次用大青或大绿在外，后用粉线在内），其广狭长短，并同丹粉刷饰之制；唯檐额或梁栿之类，并四周各用缘道，两头相对作如意头（由额及小额并同）。若画松文，即身内通刷土黄，先以墨笔界画，次以紫檀间刷（其紫檀用深墨合土朱，令紫色），心内用墨点节（栱、梁等下面用合朱通刷。又有于丹地内用墨或紫檀点簇毬文与松文名件相杂者，谓之『卓柏装』）。枓、栱、方、桁，缘内朱地上间诸华者，谓之『解绿结华装』。

柱头及脚并刷朱，用雌黄画方胜及团华，或以五彩画四斜，或簇六毬文锦。其柱身内通刷合绿，画作笋文（或只用素绿，椽头或作青绿晕明珠。若椽身通刷合绿者，其槫亦作绿地简文或素绿）。

凡额上壁内影作，长广制度与丹粉刷饰同。身内上棱及两头，亦以青绿叠晕为缘。或作翻卷华叶（身内通刷土朱，其翻卷过叶并以青绿叠晕）。枓下莲华并以青晕。

译文

解绿刷饰屋舍的制度：应材、昂、枓、栱等身内通体刷上土朱色，缘道以及燕尾、八白等都使用青色、绿色叠晕相间（比如枓上施用绿色，那么栱上则施用青色，诸如此类）。在缘道里做叠晕，深色都在外侧，粉线在内侧（先在中心位置施用青华或者绿华，然后再在外侧施用大青或者大绿，最后在内侧施用粉线）。叠晕的宽窄长短，都和丹粉刷饰的制度相同；只有檐额或者梁栿等构件，四周都各自设置缘道，两头相对做如意头（由额以及小额都相同）。如果画松纹，则通身刷遍土黄色，先用墨笔画出轮廓，再用紫檀色间刷（紫檀色用深墨与土朱调配，使其成紫色），中间用墨点画出松节（栱、梁等构件下面用合朱通刷。还有在丹地内用墨或者紫檀色点画簇毬纹与松纹的构件，叫作“卓柏装”）。枓、栱、方、桁的缘道里面的朱地上间杂各种花纹，叫作“解绿结华装”。

柱头以及柱脚都刷朱色，用雌黄画方胜和花团，或者用五彩画四斜、簇六毬纹锦等。柱身内通刷合绿，画成笋纹（或者只用素绿，椽头或者做成青绿晕的明珠。如果椽身通刷合绿，那么槫也做成绿地简纹或者素绿）。

在由额上的壁内影作，长宽制度与丹粉刷饰相同。由额内上棱及两头，也用青绿叠晕做缘道。或者做成翻卷花叶（由额通刷土朱色，翻卷过叶都做青绿叠晕）。枓下莲花都做青晕。

注释

① 解绿装饰：木构件本身通刷土朱暖色，外边缘及四周均以青绿叠晕的彩画装饰。

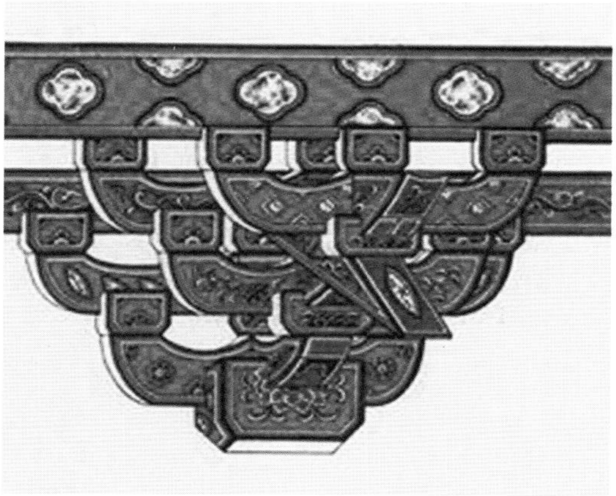

解绿装饰彩画

原典图说

解绿装饰彩画

解绿装饰彩画的上部是以红色为主调，面上通刷土朱色，如斗栱、梁、枋等处，外缘用青绿色叠晕作轮廓，如果正面是青晕，则侧面为绿晕，相邻构件青绿晕互换。但柱子仍画绿晕，只是将柱头、柱脚画朱色或五彩锦地。一般情况下，解绿装饰彩画的面上不作花纹，如果添画作为花饰，则将这种彩画称为解绿结华装。解绿装饰彩画一般用在斗栱、昂面上。

丹粉刷饰屋舍

丹粉刷饰①屋舍之制：应材木之类，面上用土朱通刷，下棱用白粉阑界缘道（两尽头斜讹向下），下面用黄丹通刷（昂、栱下面及耍头正面同）。其白缘道长广等依下项：

枓、栱之类（栿、额、替木、叉手、托脚、驼峰、大连檐、搏风板等同）：随材之广，分为八分。以一分为白缘道。其广虽多，不得过一寸；虽狭，不得过五分。

栱头及替木之类（绰幕、仰楷、角梁等同）：头下面刷丹，于近上棱处刷白。燕尾长五寸至七寸，其广随材之厚，分为四分，两边各以一分为尾（中心空二分）。上刷横白，广一分半（其耍头及梁头正面用丹处，刷望山子。上其长随高三分之二；其下广随厚四分之二；斜收向上，当中合尖）。

檐额或大额刷八白者（如里面），随额之广，若广一尺以下者，分为五分；一尺五寸以下，分为六分；二尺以上者，分为七分。各当中以一分为八白（其八白两头近柱，更不用朱阑断，谓之入『柱白』）。于额身内均之作七隔；其隔之长随白之广（俗谓之『七朱八白』）。柱头刷丹（柱脚同），长随额之广，上下并解粉线。柱身、椽、檩及门、窗之类，皆通刷土朱（其破子

译文

丹粉刷饰屋舍的制度：应材木之类，面上用土朱刷遍，下棱用白粉勾勒出缘道的边界（两端头部斜讹向下），下面用黄丹通刷（昂、栱的下面以及耍头的正面同样用黄丹通刷）。其空白缘道的长度和宽度等依照下面的规定：

枓、栱之类（栿、额、替木、叉手、托脚、驼峰、大连檐、搏风板等相同）：根据材的宽度，分为八分。以一分为白缘道，其宽度最宽不得超过一寸，最窄不得小于五分。

栱头及替木之类（绰幕、仰楷、角梁等相同）：头部的下面刷红色，在靠近上棱的地方刷白色。燕尾的长度为五寸至七寸，宽度与材的厚度一样，分为四份，两边各以一份作为燕尾（中间间隔二分）。头部的上面横着刷白色，宽度为一分半（在耍头以及梁头正面刷红色的地方，刷望山子。其上面的长度是高度的三分之二；其下面的宽度是厚度的四分之二；向上斜收，当中合尖）。

根据额的宽度在檐额或者大额上刷八白（比如刷在里面），如果宽度在一尺以下，分为五份；如果宽度在一尺五寸以下，分为六份；如果宽度在二尺以上，分为七份。都以当中的一份上作为八白（八白的两头靠近柱子，而不用红色阑干隔断，叫作入“柱白”）。在额身内均匀分出七隔；每一隔的长度与八白的宽度一致（俗称为“七朱八白”）。柱头刷红色（柱脚相同），长度与额的宽度相同，上下都勾勒出粉线。柱身、椽、檩及门、窗等都通刷土朱色（破子窗子桯以及屏风难子正侧和椽头，都刷红色）。平阁、板壁都用土朱色刷板和桯，子桯及牙头护缝刷红色。在额上的壁内（也有补间铺作较远的，即在栱眼壁内）的中心位置画影作。先在上面位置画枓，以莲花承之（枓身内刷朱色或者红色，隔间

注释

① 丹粉刷饰：用红土和黄土刷饰宫墙、仓库之类。它是一种比较简单的暖色调装饰。

窗子桯及屏风难子正侧并椽头，并刷丹）。平闇或板壁，并用土朱刷板并桯，丹刷子桯及牙头护缝。额上壁内（或有补间铺作远者，亦于栱眼壁内），画影作于当心。其上先画枓，以莲华承之（身内刷朱或丹，隔间用之。若身内刷朱，则莲华用丹刷；若身内刷丹，则莲华用朱刷；皆以粉笔解出花瓣）。中作项子，其广随宜（至五寸止）。下分两脚，长取壁内五分之三（两头各空一分），广身内随项，两头收斜尖向内五寸。若影作华脚者，身内刷丹，则翻卷叶用土朱；或身内刷土朱，则翻卷叶用丹（皆以粉笔压棱）。

若刷土黄者，制度并同。唯以土黄代土朱用之（其影作内莲华用朱或丹，并以粉笔解出华瓣）。若刷土黄解墨缘道者，唯以墨代粉刷缘道。其墨缘道之上，用粉线压棱（亦有栿、栱等下面合用丹处皆用黄土者，亦有只用墨缘，更不用粉线压棱者，制度并同。其影作内莲华，并用墨刷，以粉笔解出华瓣；或更不用莲华）。凡丹粉刷饰，其土朱用两遍，用毕并以胶水栊罩，若刷土黄则不用（若刷门、窗，其破子窗子桯及影缝之类用丹刷，余并用土朱）。

使用。如果枓身内刷朱色，则莲花刷红色；如果枓身内红色，则莲花刷朱色；都用粉笔勾勒出花瓣）。中间部分作为项子，其宽度根据情况而定（最窄不能小于五寸）。下面分出两脚，长度取壁内的五分之三（两头相隔一分），身内的宽度与项子一致，两头向内五寸收斜尖。如果影作花脚，身内刷红色，则翻卷叶用土朱色；或者身内刷土朱色，那么翻卷叶用红色（都用粉笔压棱）。

如果刷土黄色，制度都相同，只是用土黄色代替土朱色（其影作内莲花用朱色或者红色，都用粉笔勾勒出花瓣）。如果刷土黄色勾勒墨色缘道，只是用墨色代替粉色来刷缘道。在墨色缘道之上，用粉线压棱（也有栿、栱等下面合用红色的地方都用黄土色，也有只用墨色缘道而不用粉线压棱的，制度都相同。其影作内莲花都刷墨，用粉笔勾出华瓣；或者不用莲花）。凡是丹粉刷饰，刷两遍土朱色，刷完之后都用胶水栊罩，如果刷土黄色则不用（如果刷门、窗，破子窗子桯以及影缝等刷红色，其余都用土朱色）。

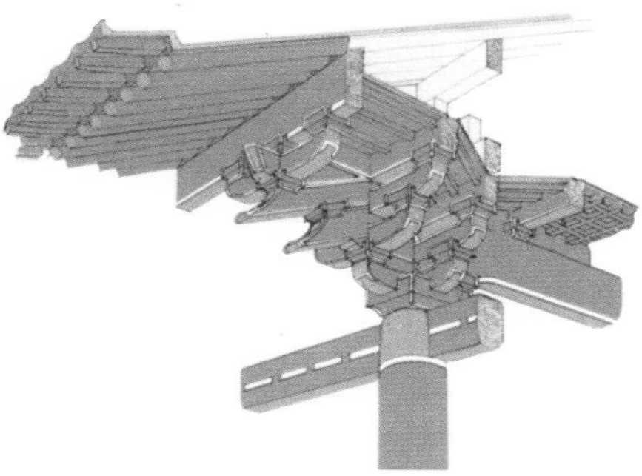

丹粉刷饰彩画

原典图说

最简单的丹粉刷饰

丹粉刷饰是宋代建筑彩画中最简单的一种，又称赤白彩画。它是以白色为构件边缘，面上通刷土朱，如用在斗栱上，则在昂栱的下面及耍头的正面刷黄丹色，然后表面通刷一道桐油，这样是为了达到色彩变化的效果。如果丹粉刷饰以土黄色代替土朱色时，则称为黄土刷饰。

杂间装

原典

杂间装[1]之制：皆随每色制度，相间品配，令华色鲜丽，各以逐等分数为法。五彩间碾玉装（五彩遍装六分，碾玉装四分）。碾玉间画松文装（碾玉装三分，画松装七分）。青绿三晕棱间及碾玉间画松文装（青绿三晕棱间装三分，碾玉装三分，画松装四分）。画松文间解绿赤白装（画松文装五分，解绿赤白装五分）。画松文卓柏间三晕棱间装（画松文装六分，三晕棱间装二分，卓柏装二分）。

凡杂间装以此分数为率，或用间红青绿三晕棱间装与五彩遍装及画一松文等相间装者，各约此分数，随宜加减之。

注释

① 杂间装：两种彩画交错配置使用的彩画装饰。即五彩遍装、碾玉装、青绿叠晕棱间装、解绿装饰、丹粉刷饰中的几种，掺到一起使用。

译文

杂间装的制度：都与各色的制度相同，相间品配，使花色鲜丽，各自以逐等分数为原则。五彩间碾玉装（五彩遍装六分，碾玉装四分）。碾玉间画松纹装（碾玉装三分，画松装七分）。青绿三晕棱间及碾玉间画松纹装（青绿三晕棱间装三分，碾玉装三分，画松装四分）。画松纹间解绿赤白装（画松纹装五分，解绿赤白装五分）。画松纹卓柏间三晕棱间装（画松纹装六分，三晕棱间装二分，卓柏装二分）。

杂间装以此分数为标准，或用间红青绿三晕棱间装与五彩遍装及画一松纹等相间装，各参照此分数，根据情况增减。

杂间装彩画

原典图说

混合使用的杂间装

在宋代建筑中，有时同一建筑中需要使用五彩遍装、碾玉装、青绿叠晕棱间装、解绿装饰、丹粉刷饰中的两种、三种，甚至五种，这些彩画掺混到一起，这样看起来更加鲜艳绚丽、五彩缤纷，所以称其为杂间装。其效果就同五彩遍装一样。

炼桐油

原典

炼桐油[1]之制：用文武火煎桐油令清，先煠[2]胶令焦，取出不用，次下松脂搅候化；又次下研细定粉。粉色黄，滴油于水内成珠；以手试之，黏指处有丝缕，然后下黄丹。渐次去火，搅令冷，合金漆用。如施之于彩画之上者，以乱丝揩搌用之。

注释

① 桐油：将油桐树的果实榨出油，是古代绘制油漆彩画的材料。桐，指油桐树。

② 煠：用火烧。

译文

炼桐油的制度：用文武火煎桐油使其变清，先把胶放入桐油使其变焦，取出来不用，然后放入松脂搅拌等其融化；再放入磨细的定粉。粉色黄，滴油在水中成珠状；用手试之，黏指处有丝缕，然后放入黄丹。逐渐把火降小直至熄灭，搅拌使其冷却，加入金漆后即可使用。如果施用在彩画之上，用乱丝揩搌后使用。

卷十五 砖作制度

原典

用砖之制：

殿阁等十一间以上，用砖方二尺，厚三寸。

殿阁等七间以上，用砖方一尺七寸，厚二寸八分。

殿阁等五间以上，用砖方一尺五寸，厚二寸七分。

殿阁、厅堂、亭榭等，用砖方一尺三寸，厚二寸五分。以上用条砖①，并长一尺三寸，广六寸五分，厚二寸五分。如阶唇用压阑砖，长二尺一寸，广一尺一寸，厚二寸五分。

行廊、小亭榭、散屋等，用砖方一尺二寸，厚二寸。用条砖长一尺二寸，广六寸，厚二寸。

城壁所用走趄砖②，长一尺二寸，面广五寸五分，底广六寸，厚二分。趄条砖③面长一尺一寸五分，底长一尺二寸，广六寸，厚二寸。牛头砖④长一尺三寸，广六寸五分，一壁厚二寸五分，一壁厚二寸二分。

用砖

译文

用砖的制度：

十一间以上的殿阁，所用的砖方长度为二尺，厚度为三寸。

七间以上的殿阁，所用的砖方长度为一尺七寸，厚度为二寸八分。

五间以上的殿阁，所用的砖方长度为一尺五寸，厚度为二寸七分。

殿阁、厅堂、亭榭所用的砖方长度为一尺三寸，厚度为二寸五分。以上使用的条砖长度都为一尺三寸，宽度为六寸五分，厚度为二寸五分。在阶唇处使用的压阑砖，长度为二尺一寸，宽度为一尺一寸，厚度为二寸五分。

行廊、小亭榭、散屋所用的砖方长度为一尺二寸，厚度为二寸。所用条砖的长度为一尺二寸，宽度为六寸，厚度为二寸。

城壁所用的走趄砖，长度为一尺二寸，面宽五寸五分，底宽六寸，厚度为二分。趄条砖的面长一尺一寸五分，底长一尺二寸，宽度为六寸，厚度为二寸。牛头砖的长度为一尺三寸，宽度为六寸五分，一面壁的厚度为二寸五分，另一面壁的厚度为二寸二分。

注释

①条砖：有长一尺三和一尺二两种，用于砌墙。

②走趄砖：是一种侧面有收分的砖。

③趄条砖：是丁面有收分的砖。走趄砖和趄条砖的一个侧边为 1 ：4 的倾斜面，用来砌城壁表面。

④牛头砖：一端厚、一端薄，用于砌拱券。

故宫里的地砖

原典图说

金砖

金砖并不是真的用黄金制作的砖，而是明清时期一种专供宫殿和皇室园林等重要场所使用的高质量的铺地方砖。因其质地坚细密实，敲击的时候就像金属一样铿然有声，所以称为金砖。金砖的外形端正厚实、棱角分明、质地细密、平整润泽，规格一般为二尺二（厚度三寸左右）、二尺、一尺七见方等大、中、小三种规格，它的边款一般有年号、质料和尺寸，有监督制造的地方官员的姓名，还有具体制砖工匠的姓名。现在故宫中的重要宫殿中都铺设有这样的金砖，比如太和殿金砖就是清康熙年间铺设的，至今仍光亮如新。

地 面

故宫大殿

垒阶基

原典

垒砌阶基①之制：用条砖。殿堂、亭榭，阶高四尺以下者，用二砖相并；高五尺以上至一丈者，用三砖相并。楼台基高一丈以上至二丈者，用四砖相并；高二丈至三丈以上者，用五砖相并；高四丈以上者，用六砖相并。普拍方②外阶头，自柱心出三尺至三尺五寸（每阶外细砖高十层，其内相并砖高八层），其殿堂等阶，若平砌每阶高一尺，上收一分五厘。如露龈砌，每砖一层，上收一分（粗垒二分）。楼台、亭榭，每砖一层，上收二分（粗垒五分）。

注释

① 阶基：建筑下的台基，其外表面包砌砖石。

② 普拍方：是铺作层柱子之间带有过渡性质的连系构件，在柱子之间起连系作用，并承补间和柱头铺作，再将铺作层传来的荷载传递给柱子和阑额。

译文

垒砌阶基的制度：使用条砖。殿堂、亭榭的台阶高度在四尺以下的，用二砖并列；台阶高度在五尺到一丈的，用三砖并列。楼台的基座高度在一丈到二丈的，用四砖并列；基座高度在二丈到三丈以上的，用五砖并列；基座高度在四丈以上的，用六砖并列。普拍方外面的阶头，自柱心出三尺至三尺五寸（每一阶外面的细砖高十层，里面相并列的砖高八层）。殿堂等的台阶，如果是平砌，那么每阶的高度为一尺，上收一分五厘。如果是露龈砌，每砖一层，上收一分（如果是粗垒，则上收二分）。楼台、亭榭的台阶，每砖一层，上收二分（如果是粗垒，则上收五分）。

营造法式

原典

铺地殿堂等地面砖之制：用方砖，先以两砖面相合，磨令平；次斫①四边，以曲尺较②令方正；其四侧斫令下棱收入一分。殿堂等地面，每柱心内方一丈者，令当心高二分；方三丈者高三分（如厅堂、廊舍等，亦可以两椽③为计）。柱外阶广五尺以下，每一尺令自柱心起至阶龈垂二分，广六尺以上者垂三分。其阶龈压阑④，用石或亦用砖。其阶外散水⑤，量檐上滴水远近铺砌；向外侧砖砌线道二周。

铺地面

译文

铺殿堂等地的地面砖的制度：先用方砖的两砖面贴合，相互摩擦使砖面平整；然后斫去四边，再用曲尺校正方正；再斫四个侧面使下棱收入一分。铺设殿堂等的地面砖，如果立柱中间的方长为一丈，地面中心就高出二分，方长为三丈的则高出三分（如厅堂、廊舍等也可用两椽的长度作一丈计算）。柱外台阶的宽度为五尺以下的，每宽一尺则使从柱心到阶龈下垂二分，宽度在六尺以上的则下垂三分。阶龈使用压阑石，或者压阑砖。在台阶的外侧做散水，但要根据檐上滴水的远近铺砌；向外侧砖砌二周线道。

注释

① 斫：指用刀、斧等砍劈。
② 较：通“校”，为校正之意。
③ 椽：指放在檩上架着屋顶的木条。
④ 压阑：即压阑石或压阑砖，也就是阶条石。“压阑石”是宋式叫法，宋代规定压阑石的尺寸是长三尺，广二尺，厚六寸。
⑤ 散水：为了保护墙基不受雨水侵蚀，常在外墙四周将地面做成向外倾斜的坡面，以便将屋面的雨水排至远处，称为散水，这是保护房屋基础的有效措施之一。

古代青砖铺成的地面

墙下隔减①

原典

垒砌墙隔减之制：殿阁外有副阶②者，其内墙下隔减，长随墙广（下同）。其广六尺至四尺五寸（自六尺以减五寸为法，减至四尺五寸止），高五尺至三尺四寸（自五尺以减六寸为法，至三尺四寸止）。如外无副阶者（厅、堂同），广四尺至三尺五寸，高三尺至二尺四寸。若廊屋之类，广三尺至二尺五寸，高二尺至一尺六寸。其上收同阶基制度。

注释

① 墙下隔减：墙壁下从阶级面以上用砖砌的一段墙。

② 副阶：指在建筑主体以外另加一圈回廊的做法。宋代也称副阶周匝，清代称廊子，一般用于较隆重的建筑，如殿、阁、塔等个体建筑上。

译文

垒砌墙隔减的制度：有副阶的殿阁，其内墙下做隔减，长度与墙的长度相同（下同），宽度为四尺五寸至六尺（从六尺往下减少，每次减少五寸，减到四尺五寸为止），高度为三尺四寸至五尺（从五尺往下减少，每次减少六寸，减到三尺四寸为止）。如殿阁外没有副阶（厅堂同），隔减的宽度为三尺五寸至四尺，高度为二尺四寸至三尺。如果是廊屋等，隔减的宽度为二尺五寸至三尺，高度为一尺六寸至二尺。上收的尺寸与阶基制度相同。

踏道

原典

造踏道①之制：广随间广，每阶基高一尺，底长二尺五寸，每一踏高四寸，广一尺。两颊各广一尺二寸。两颊内线道各厚二寸。若阶基高八砖，其两颊内地栿②，柱子等，平双转一周；以次单转一周，退入一寸；又以次单转一周，当心为象眼③。每阶基加三砖，两颊内单转加一周；若阶基高二十砖以上者，两颊内平双转加一周。踏道下线道亦如之。

译文

造踏道的制度：宽度与间广相同，阶基每高一尺，底边长二尺五寸，一踏的高度为四寸，宽度为一尺。两立颊各宽一尺二寸。两立颊内的线道各厚二寸。如果阶基的高度为八砖，那么两立颊内的地栿、柱子等用两层砖沿两颊内的两面砌一周；然后退入一寸，用一层砖砌一周；又用一层砖再砌一周，当中为象眼。每个阶基增加三砖的高度，两颊内的单层砖砌二周；如果阶基的高度在二十砖以上，那么两颊内两层砖砌二周。踏道下的线道也如此。

青砖踏道

注释

① 踏道：指台阶。

② 地栿：指栏杆的阑板或房屋的墙面底部与地面相交处的长板，一般有石造和木造两种。

③ 象眼：即为台阶侧面的三角形部分。

慢道

原典

垒砌慢道[1]之制：城门慢道，每露台砖基高一尺，拽脚斜长五尺（其广减露台一尺）。厅堂等慢道，每阶基高一尺。拽脚斜长四尺；作三瓣蝉翅；当中随间之广。每斜长一尺，加四寸为两侧翅瓣下之广（取宜约度。两额及线道，并同踏道之制）。若作五瓣蝉翅，其两侧翅瓣下取斜长四分之三。凡慢道面砖露龈，皆深三分（如华砖[2]即不露龈）。

注释

① 慢道：不做踏步的斜面坡道。
② 华砖：即花砖。

译文

垒砌慢道的制度：城门的慢道，其露台的砖基高度为一尺，拽脚斜长为五尺（其宽度比露台宽度少一尺）。厅堂等的慢道，阶基每高一尺。拽脚斜长为四尺；做三瓣蝉翅；当中与间宽相同。斜长每长一尺，两侧翅瓣下的宽度增加四寸（根据情况选取适宜的尺寸）。两额及线道的尺寸都与踏道的制度相同。如果做五瓣蝉翅，两侧翅瓣下的宽度取斜长的四分之三。慢道的面砖砌成锯齿形的，都深入三分（如果是花砖则不砌成锯齿形）。

马道，即慢道

原典图说

慢道和马道

慢道也称马道，指建于城台内侧的慢坡道，坡道表面为陡砖砌法，利用砖的棱面形成涩脚，便于车马通行。它的主要功能是运兵、粮草和武器。其紧贴城墙（城楼）向上，呈15° ~ 30° 坡度通达墙顶，且一般为两条相对，形状为“八”或倒“八”字，宽约数米，用青砖铺砌，外侧设女墙。现在这种慢道或马道都已成为古迹，有的则变成了街道。

须弥坐

原典

垒砌须弥坐①之制：共高一十三砖，以二砖相并，以此为率。自下一层与地平，上施单混肚砖一层，次上牙脚砖一层（比混肚砖下龈收入一寸），次上罨牙砖一层（比牙脚出三分），次上合莲砖一层（比罨牙收入一寸五分），次上束腰砖一层（比合莲下龈收入一寸），次上仰莲砖一层（比束腰出七分），次上壶门、柱子砖三层（柱子比仰莲收入一寸五分，壶门比柱子收入五分），次上罨涩砖一层（比柱子出五分），次上方涩平砖两层（比罨涩出五分）。如高下不同，约此率随宜加减之（如殿阶作须弥坐砌垒者，其出入并依『角石柱制度』，或约此法加减）。

注释

① 须弥坐：即须弥座，又名“金刚座”“须弥坛”，源自印度，系安置佛、菩萨像的台座。

译文

垒砌须弥座的制度：一共高一十三砖，二砖并列，以此为标准。最下面一层与地面平齐，在上面安设一层单混肚砖，再往上一层安设牙脚砖（比混肚砖的下龈多收进去一寸）。再往上安设一层罨牙砖（比牙脚砖多伸出三分）。再往上安设一层合莲砖（比罨牙砖多收进去一寸五分）。再往上安设一层束腰砖（比合莲砖的下龈多收进去一寸）。再往上安设一层仰莲砖（比束腰砖多伸出七分）。再往上安设壶门和三层柱子砖（柱子砖比仰莲砖多收进去一寸五分，壶门比柱子砖多收进去五分）。再往上安设一层罨涩砖（比柱子砖多伸出五分）。再往上安设两层方涩平砖（比罨涩砖多伸出五分）。如高低不平，可以根据此标准酌情增减尺寸（如果在殿阶砌垒须弥座，伸出与收进的尺寸都依照“角石柱制度”，也可依据其增减）。

原典图说

须弥座的历史演变

须弥座源自于印度，本是安置佛、菩萨像的台座。从隋唐起使用得越来越多，于是成为了宫殿、寺观等尊贵建筑专用的基座，造型也从简单素朴变得华丽繁杂，而且还出现了莲瓣、卷草等花饰和角柱、力神、间柱、门等。宋代的须弥座由叠涩、束腰、莲瓣组成。元代的时候，须弥座的束腰相比于宋代，变得矮小了，也很少再用门和力神，连瓣也变得肥硕很多，装饰图案一般为花草和几何纹样，明清时基本沿袭了这一做法，唯一有所区别的是，清代的须弥座栏杆的尺度更小一些。

须弥座

原典

垒砖墙之制：每高一尺，底广①五寸，每面斜收一寸。若粗砌斜收一寸三分，以此为率②。

砖墙

注释

①广：宽。
②率：标准。

译文

垒砖墙的制度：墙每高一尺，底面宽五寸，每面就斜收一寸。如果是粗砌，则斜收一寸三分，以此为标准。

古代的墙

原典图说

古今砖墙

古代的砖墙，指用青砖砌筑而成的墙。中国古代很早就开始用黏土烧制青砖，由于青砖硬度比较大，所以砌筑出来的墙壁也比较坚固结实。但尽管如此，砖并不大量用于砌墙，更多的是用来砌一些附属构件，或者是塔和墓室的建造。从明代开始，砖墙才逐渐代替了土墙，使用得越来越广泛。现在，它不仅是砌墙的主要建筑材料，更是建造房屋的承重材料。

原典

砌露道[1]之制：长广量地取宜，两边各侧砌双线道，其内平铺砌，或侧砖虹面叠砌[2]，两边各侧砌四砖为线。

古代露道，也就是露天的道路

注释

① 露道：露天的道路。
② 虹面叠砌：指叠砌形状像彩虹样，即中间高于两边。

露道

译文

砌露道的制度：长宽根据地势选取合适的尺寸，两边各自侧砌双线道，露道内铺砌平整，或者中间高于两边，两边各侧砌四砖为线。

原典

垒城壁水道[1]之制：随城之高，匀分蹬踏[2]。每踏高二尺，广六寸，以三砖相并（用趄条砖）。面与城平，广四尺七寸。水道广一尺一寸，深六寸；两边各广一尺八寸。地下砌侧砖散水，方六尺。

注释

① 城壁水道：土城墙面上的排水道。
② 蹬踏：指石级。

城壁水道

译文

垒城壁水道的制度：水道与城的高度相同，匀分蹬踏。每踏的高度为二尺，宽度为六寸，用三砖相并（使用趄条砖），踏面与城相平，宽度为四尺七寸。水道的宽度为一尺一寸，深度为六寸；两边各宽一尺八寸。地下砌侧砖散水，方长为六尺。

卷輂河渠口①

原典

叠砌卷輂河渠口之制：长广随所用②，单眼卷輂者，先于渠底铺地面砖一重③。每河渠深一尺，以二砖相并，垒两壁砖，高五寸。如深广五尺以上者，心内以三砖相并。其卷輂随圜④分侧用砖（覆背砖同）。其上缴背顺铺条砖。如双眼卷輂者，两壁砖以三砖相并，心内以六砖相并。馀并同单眼卷輂之制。

注释

① 卷輂河渠口：控制河渠水流的闸门。
② 随所用：依据使用来决定。
③ 重：即层。
④ 圜：此处指弧度。

译文

叠砌卷輂河渠砖口的制度：长度和宽度需根据使用而定。砌单眼卷輂，先在渠底铺砌一层地面砖。河渠每深一尺，用二砖相并垒砌在两面壁上，高度为五寸。如深度和宽度在五尺以上的，心内用三砖相并。随着弧度分侧用砖（覆背砖相同）。卷輂的上缴背用条砖顺铺。如果是双眼卷輂，两面的壁砖用三砖相并，心内用六砖相并。其余的都与单眼卷輂的制度相同。

接甑口

原典

垒接甑口①之制：口径随釜②或锅。先以口径圜样，取逐层砖定样，斫磨口径。内以二砖相并，上铺方砖一重为面（或只用条砖覆面）。其高随所用（砖并倍用纯灰下）。

译文

垒接甑口的制度：接甑口的直径与釜或锅相同。先根据口径的圆样，定出每一层砖的样式，然后斫磨口径。里面用二砖相并，并铺砌一层方砖为面（或者只用条砖做面）。接甑口的高度要根据使用时的要求而定（两砖相并时，两砖都抹纯灰）

注释

① 接甑口：烧火煮饭用的锅台和炉膛。甑，是汉族古代的蒸食用具，为甗的上半部分，与鬲通过镂空的箅相连，用来放置食物，利用鬲中的蒸汽将甑中的食物煮熟。单独的甑很少见，多为圆形，有耳或无耳。
② 釜：圆底而无足，必须安置在炉灶之上或是以其他物体支撑煮物，釜口也是圆形，可以直接用来煮、炖、煎、炒等，可视为现代所使用锅的前身。

马台

原典

垒马台①之制：高一尺六寸，分作两踏。上踏方二尺四寸，下踏广一尺，以此为率。

注释

① 马台：即现代的上马石，供人上马时所用。

译文

垒马台的制度：高度为一尺六寸，分为上下两踏。上踏的方长为二尺四寸，下踏宽一尺，以此为标准。

马槽

原典

垒马槽①之制：高二尺六寸，广三尺，长随间广（或随所用之长），其下以五砖相并，垒高六砖。其上四边垒砖一周，高三砖。次于槽内四壁，侧倚方砖一周（其方砖后随斜分斫贴②，垒三重）。方砖之上，铺条砖覆面一重，次于槽底铺方砖一重为槽底面（砖并用纯灰下）。

马　槽

注释

① 马槽：供马饮水的砖槽。
② 随斜分斫贴：顺着槽壁斫磨方砖，使其贴合。

译文

垒马槽的制度：马槽的高为二尺六寸，宽为三尺，长度与间广相同（或者根据具体需要的长度而定）。马槽之下用五砖相并，垒成六砖的高度。马槽之上的四边垒一圈砖，垒成三砖的高度。然后在马槽里面的四面壁上侧砌一周方砖（在砌成之后，顺着槽壁斫磨方砖，使其合贴，垒三层）。在方砖上面铺一层条砖覆面，再在槽底铺一层方砖作为槽底面（用纯灰并砖）。

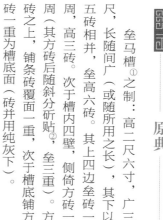

原典

甃井①之制：以水面径四尺为法。

用砖：若长一尺二寸，广六寸，厚二寸条砖，除抹角就圜，实收长一尺，视高计之，每深一丈，以六百口垒五十层。若深广尺寸不定，皆积而计之②。

底盘板：随水面径斜，每片广八寸，牙缝搭掌在外。其厚以二寸为定法。

凡甃造井，于所留水面径外，四周各广二尺开掘。其砖甋用竹并芦蘉编夹。垒及一丈，闪下甃砌。若旧井损缺艰于③修补者，即于径外各展掘一尺，栊套接垒下甃。

注释

① 甃井：指用砖、石砌井、砌池子等。
② 积而计之：按上述比例来计算。
③ 艰于：难以，难。

井

译文

甃井的制度：以四尺的水面直径为统一规定。

用砖：如果砖是长为一尺二寸，宽为六寸，厚为二寸的条砖，除掉抹角就圆的部分，收后的实际长度应为一尺，根据井高计算，井每深一丈，则用六百口条砖垒成五十层。如果井的深度和宽度的尺寸不确定，就都按上述比例来计算。

底盘板：与水面径斜相同，每片宽度为八寸，牙缝搭掌在外。其厚度以二寸为统一规定。

造甃井的时候，在水面直径以外，四周各延展二尺的距离开掘。其砖甋用竹和芦蘉编夹。垒到一丈高度时，闪下甃砌。若旧井损缺难以修补，就在水面直径以外延展一尺开掘，栊套接垒下甃。

水　井

坎儿井

原典图说

水井和坎儿井

水井是用于开采地下水的工程构筑物，古代人们用其取生活用水或灌溉土地。根据建造材料，水井有土井、瓦井、砖井、石井、砖（石）木混合井等。此外，还有一种特殊的坎儿井。

坎儿井，是“井穴”的意思，早在《史记》中就有记载。它是荒漠地区一种特殊的灌溉系统，曾普遍存在于新疆吐鲁番地区，现在留存下来的坎儿井，大部分是清代以来陆续修建的，其中有些仍浇灌着大片的吐鲁番的绿洲良田。

窑作制度

瓦

原典

造瓦坯：用细胶土不夹砂者，前一日和泥造坯（鸱①、兽事件同）。先于轮上安定②札圈，次套布筒，以水搭泥拨圈，打搭收光，取札并布筒暾曝③（鸱、兽事件捏造，火珠之类用轮床收托）。其等第依下项。

甋瓦：

长一尺四寸，口径六寸，厚八分（仍留曝干并烧变所缩分数，下准此④）。

长一尺二寸，口径五寸，厚五分。

长一尺，口径四寸，厚四分。

长八寸，口径三寸五分，厚三分五厘。

长六寸，口径三寸，厚三分。

长四寸，口径二寸五分，厚二分五厘。

瓪瓦⑤：

长一尺六寸，大头广九寸五分，厚一寸，小头广八寸五分，厚八分。

长一尺四寸，大头广七寸，厚七分，

译文

造瓦坯：用不夹砂的细胶土，提前一天和泥造坯（造鸱、兽等物件相同）。先在轮上安置固定好札圈，然后套上布筒，用水搭泥拨圈，打搭收光，再取出札圈和布筒后暴晒（鸱、兽等物件需要捏造，火珠等用轮床收托）。其等第按照下面的各项标准。

甋瓦

长度为一尺四寸，瓦口直径为六寸，厚度为八分（留有晒干和烧变的缩小量，以下都相同）。

长度为一尺二寸，瓦口直径为五寸，厚度为五分。

长度为一尺，瓦口直径为四寸，厚度为四分。

长度为八寸，瓦口直径为三寸五分，厚度为三分五厘。

长度为六寸，瓦口直径为三寸，厚度为三分。

长度为四寸，瓦口直径为二寸五分，厚度为二分五厘。

瓪瓦：

长度为一尺六寸，大头宽度为九寸五分，厚度为一寸，小头宽度为八寸五分，厚度为八分。

长度为一尺四寸，大头宽度为七寸，厚度为七分，小头宽度为六寸，厚度为六分。

注释

① 鸱：此处指中式房屋屋脊两端陶制的装饰物。

② 安定：安置固定。

③ 暾曝：指暴晒。

④ 准此：以此为准，即以下都相同之意。

⑤ 瓪瓦：同“板瓦”，指弯曲程度较小的瓦。

小头广六寸，厚六分。

长一尺三寸，大头广六寸五分，厚六分，小头广五寸五分，厚五分五厘。

长一尺二寸，大头广六寸，厚六分，小头广五寸，厚五分。

长一尺，大头广五寸，厚五分，小头广四寸，厚四分。

长八寸，大头广四寸五分，厚四分，小头广四寸，厚三分五厘。

长六寸，大头广四寸，厚同上。小头广三寸五分，厚三分。

凡造瓦坯之制，候曝微干，用刀剺画，每桶作四片（甋瓦作二片；线道瓦于每片中心画一道，条子十字剺画）。线道条子瓦，仍以水饰露明处一边。

长度为一尺三寸，大头宽度为六寸五分，厚度为六分，小头宽度为五寸五分，厚度为五分五厘。

长度为一尺二寸，大头宽度为六寸，厚度为六分，小头宽度为五寸，厚度为五分。

长度为一尺，大头宽度为五寸，厚度为五分，小头宽度为四寸，厚度为四分。

长度为八寸，大头宽度为四寸五分，厚度为四分，小头宽度为四寸，厚度为三分五厘。

长度为六寸，大头宽度为四寸，厚度同上。小头宽度为三寸五分，厚度为三分。

凡是造瓦坯，都要等瓦坯晒得稍微干的时候，用刀划道，每桶作四片（甋瓦作二片；线道瓦在每片中心划一道，条子瓦划十字道）。线道条子瓦仍以水饰露明处一边。

瓦 当

原典图说

瓦当

瓦当也称为瓦头，它是中国古代建筑中覆盖檐头筒瓦前端的遮挡，是屋檐最前端的一片瓦。它的主要功能是防水、排水、保护木构的屋架部分，同时增加建筑的美观性。其样式主要有圆形和半圆形（半瓦当）两种，半瓦当主要见于秦及秦以前。从材质上分，瓦当主要有灰陶瓦当、琉璃瓦当和金属瓦当。

瓦当的瓦面上一般雕饰有各种图案，常见的有文字瓦当、动物纹瓦当、植物纹瓦当、几何纹瓦当，以及组合纹瓦当（如几何纹文字瓦当、动物纹文字瓦当、植物动物纹瓦当等），但也有不用雕饰的素面瓦当。

原典

造砖坯：前一日和泥打造。其等第依下项。

方砖：

二尺，厚三寸。

一尺七寸，厚二寸八分。

一尺五寸，厚二寸七分。

一尺三寸，厚二寸五分。

一尺二寸，厚二寸。

条砖：

长一尺三寸，广六寸五分，厚二寸五分。

长一尺二寸，广六寸，厚二寸。

压阑砖：长二尺一寸，广一尺一寸，厚二寸五分。

砖碇：方一尺一寸五分，厚四寸三分。

牛头砖：长一尺三寸，广六寸五分，一壁厚二寸五分，一壁厚二寸二分。

走趄砖：长一尺二寸，面广五寸五分，底广六寸，厚二寸。

趄条砖：面长一尺一寸五分，底长一尺二寸，广六寸，厚二寸。

镇子砖：方六寸五分，厚二寸。

凡造砖坯之制，皆先用灰衬隔模匣，次入泥，以杖剖脱曝令干。

砖

译文

造砖坯：前一日和泥打造。其等第按照下面的各项。

方砖：

方长为二尺，厚度为三寸。

方长为一尺七寸，厚度为二寸八分。

方长为一尺五寸，厚度为二寸七分。

方长为一尺三寸，厚度为二寸五分。

方长为一尺二寸，厚度为二寸。

条砖：

长度为一尺三寸，宽度为六寸五分，厚度为二寸五分。

长度为一尺二寸，宽度为六寸，厚度为二寸。

压阑砖：长度为二尺一寸，宽度为一尺一寸，厚度为二寸五分。

砖碇：方长为一尺一寸五分，厚度为四寸三分。

牛头砖：长度为一尺三寸，宽度为六寸五分，一壁的厚度为二寸五分，一壁的厚度为二寸二分。

走趄砖：长度为一尺二寸，面宽为五寸五分，底宽为六寸，厚度为二寸。

趄条砖：面长为一尺一寸五分，底长为一尺二寸，宽度为六寸，厚度为二寸。

镇子砖：方长为六寸五分，厚度为二寸。

凡造砖坯，都是先用灰衬隔模匣，然后加入泥；用杖剖脱后晒干。

烧　砖

琉璃瓦①等

原典

凡造琉璃瓦等之制：药以黄丹②、洛河石和铜末，用水调匀（冬月用汤）。甋瓦于背面，鸱兽之类于安卓露明处（青棍同），并遍浇刷。瓪瓦于仰面内中心（重唇瓪瓦仍于背上浇大头；其线道、条子瓦，浇唇一壁）。

凡合琉璃药所用黄丹阙炒造之制：以黑锡③、盆硝④等入镬⑤，煎一日为粗扇，出候冷，捣罗作末；次日再炒，煿盖罨⑥；第三日炒成。

注释

① 琉璃瓦：采用优质矿石原料，经过筛选粉碎，高压成型，高温烧制。具有强度高、平整度好，吸水率低、抗折、抗冻、耐酸、耐碱、永不褪色、永不风化等显著优点。

② 黄丹：为纯铅加工而成的四氧化三铅，用铅、硫黄、硝石等合炼而成。

③ 黑锡：铅的矿物制品药或药用矿物。

④ 盆硝：为硫酸盐类矿物芒硝族芒硝，经加工精制而成的结晶体。

⑤ 镬：古时指无足的鼎，用以煮牲肉的大型烹饪铜器之一。

⑥ 煿盖罨：盖上盖子煎炒。煿，煎炒或烤干食物。罨，覆盖，掩盖。

译文

造琉璃瓦等的制度：药用黄丹、洛河石和铜末，用水调匀（冬月用热水）。在甋瓦的背面，在鸱、兽等高出基座而显露出来的部分（青棍相同），浇遍通刷。瓪瓦是在仰面内的中心处（重唇瓪瓦仍浇在大头的背面上；其线道、条子瓦浇唇一壁）。

凡合琉璃药所用黄丹阙炒造的制度：把黑锡、盆硝等放入镬中，煎熬一日得到粗扇（釉），倒出来等其冷却，捣成粉末；第二日再炒，煿盖罨；第三日炒成。

故宫屋顶上的琉璃瓦

原典图说

琉璃瓦使用的等级规定

琉璃瓦是中国传统的建筑材料，它是用优质黏土塑制成型后烧成的，表面上釉，釉的颜色有黄、绿、黑、蓝、紫等色。古代，由于琉璃瓦造价高昂，因此它的使用也有着严格规定，绝对不许僭越。《大清会典》中就曾标明：非皇家特许，普通大臣和百姓绝不能使用琉璃。比如，黄琉璃瓦只能用于帝王宫殿、陵庙；绿琉璃瓦用于王府；青琉璃瓦用于祭祀建筑；黑琉璃瓦、紫琉璃瓦等多用于帝王园林中的亭台楼榭。

青掍瓦

原典

青掍瓦等之制：以干坯用瓦石磨擦（甋瓦于背，瓪瓦于仰面，磨去布文）；次用水湿布揩拭，候干；次以洛河石掍①研②；次掺滑石末令匀③（用茶土掍者，准先掺茶土，次以石掍研）。

译文

青掍瓦等的制度：用瓦石磨擦干坯（甋瓦于背，瓪瓦于仰面，磨去布文）；在用湿布揩拭，候干；再用洛河石掍碾压；再掺入滑石粉末使其均匀（使用茶土掍的，准许先掺入茶土，再用石掍碾压）。

注释

① 掍：古同“混”，混合。
② 研：用卵形或弧形的石块碾压或摩擦皮革、布帛等，使紧实而光亮。
③ 令匀：使其均匀。

烧变次序

原典

凡烧变砖瓦等之制：素白窑，前一日装窑，次日下火烧变，又次日上水窨①，更三日②开窑，候冷透，及七日出窑。青掍窑（装窑③、烧变、出窑日分准上法），先烧芟④草（茶土掍者，止于曝窑内搭带，烧变不用柴草，羊粪、油籸⑤），次蒿草，次松柏柴，羊粪，麻籸，浓油，盖罨不令透烟。琉璃窑，前一日装窑，次日下火烧变，一日开窑，天候冷，至第五日出窑。

注释

① 窨：此处为动词，指封闭。
② 更三日：再等三天。
③ 装窑：将陶瓷工件装入窑内，以备烧制。
④ 芟：本义为割草，引申为除去。
⑤ 油籸：油料作物种子榨油后的渣滓。

译文

烧变砖瓦等的制度：素白窑，前一天装窑，第二天下火烧变，第三天用水冷却并封闭，再等三天开窑，等其冷却通透，到第七天出窑。青掍窑（装窑、烧变、出窑日这几项都与素白窑的制度相同），先烧芟草（茶土掍者，止于曝窑内搭带，烧变不用柴草、羊粪、油籸），然后烧蒿草，再烧松柏柴，烧羊粪、麻籸不容易透烟。琉璃窑，前一天装窑，第二天下火烧变，第三天开窑，等火冷，到第五天出窑。

原典

垒造窑

垒窑之制：大窑高二丈二尺四寸，径[1]一丈八尺（外围地在外，曝窑同）。

门：高五尺六寸，广二尺六寸（曝窑高一丈五尺四寸，径一丈二尺八寸。门高同大窑，广二尺四寸）。

平坐[2]：高五尺六寸，径一丈八尺（曝窑一丈二尺八寸）。垒二十八层（曝窑同）。其上垒五帀[3]，高七尺（曝窑垒三帀，高四尺二寸），垒七层（曝窑同）。

收顶：七帀，高九尺八寸，垒四十九层（曝窑四帀，高五尺六寸垒二十八层；逐层各收入五寸，递减半砖）。

龟壳窑眼暗突：底脚长一丈五尺（上留空分，方四尺二寸，盖罨突收长二尺四寸。曝窑同），广五寸，垒二十层（曝窑长一丈八寸，广同大窑，垒一十五层）。

床：长一丈五尺，高一尺四寸，垒七层（曝窑长一丈八尺，高一尺六寸）。垒八层。

壁：长一丈五尺，高一丈一尺四寸，垒五十七层（下作出烟口子、承重托柱。其曝窑长一丈八尺，高一丈，垒五十层）。

门两壁：各广五尺四寸，高五尺六寸，垒二十八层，仍垒脊（子门同。曝窑广四尺八寸，高同大窑）。

译文

垒窑的制度：大窑高度为二丈二尺四寸，直径为一丈八尺（外围地在外，曝窑与其相同）。

门：高度为五尺六寸，宽度为二尺六寸（曝窑高度为一丈五尺四寸，直径为一丈二尺八寸。门的高度与大窑相同，宽度为二尺四寸）。

平坐：高度为五尺六寸，直径为一丈八尺（曝窑平坐的直径为一丈二尺八寸），垒二十八层（曝窑相同），其上垒五帀，高度为七尺（曝窑垒三帀，高度为四尺二寸），垒七层（曝窑相同）。

收顶：七帀，高度为九尺八寸，垒四十九层（曝窑的收顶四帀，高度为五尺六寸，垒二十八层；逐帀各收入五寸，或者减少半砖的长度）。

龟壳窑眼暗突：底脚的长度为一丈五尺（顶部留有空余之处，方长为四尺二寸，烟囱出口实际长度二尺四寸。曝窑相同），宽度为五寸，垒二十层（曝窑暗突的底脚长度为一丈八寸，宽度与大窑相同，垒十五层）。

床：长度为一丈五尺，高度为一尺四寸，垒七层（曝窑的窑床长度为一丈八尺，高度为一尺六寸），垒八层。

壁：长度为一丈五尺，高度为一丈一尺四寸，垒五十七层（下做出烟口，承重托柱。曝窑的壁长度为一丈八尺，高度为一丈，垒五十层）。

门两壁：各宽五尺四寸，高度为五尺六寸，垒二十八层，仍垒脊（子门相同。曝窑门两壁的宽度为四尺八寸，高度与大窑相同）。

子门两壁：各广五尺二寸，高八尺，垒四十层。

外围：径二丈九尺，高二丈，垒一百层（曝窑径二丈二寸，高一丈八尺，垒五十四层）。

池：径一丈，高二尺，垒一十层（曝窑径八尺，高一尺，垒五层）。

踏道：长三丈八尺四寸（曝窑长二丈）。

凡垒窑，用长一尺二寸，广六寸，厚二寸条砖。平坐并④窑门，子门、窑床⑤、外围、踏道，皆并二砌。其窑池下面，作蛾眉垒砌承重。上侧使暗突出烟。

注释

① 径：直径。
② 平坐：即复道，阁道。
③ 帀：同“匝”，指周，绕一圈。
④ 并：连接。
⑤ 窑床：陶瓷窑炉的组成部分之一，位于窑室的底部，烧窑时，可在上面摆放坯件。窑床在建窑时都经过加工处理，上面往往铺一层细沙，用以提高耐火强度，并有保温隔热的作用。

子门两壁：各宽五尺二寸，高度为八尺，垒四十层。

外围：直径为二丈九尺，高度为二丈，垒一百层（曝窑外围直径为二丈二寸，高度为一丈八尺，垒五十四层）。

池：直径为一丈，高度为二尺，垒十层（曝窑池的直径为八尺，高度为一尺，垒五层）。

踏道：长度为三丈八尺四寸（曝窑踏道的长度为二丈）。

用长度为一尺二寸，宽度为六寸，厚度为二寸的条砖来垒窑。平坐连接窑门，子门、窑床、外围、踏道，都采用并砖垒砌。在窑池下面，做蛾眉垒砌承重。上侧使暗突出烟。

原典图说

窑的结构

古代的窑主要由燃烧室、窑室、火道以及调节炉温用的大小不一的火眼组成，现在一般的窑系统由供热、窑室、气体输送装置和传送物料设备等部分组成。其中供热设备就是窑炉设有的专门的燃烧室，以供应系统所需的热量；窑室则是放置所焙烧的物料或制品的操作空间；气体输送装置主要提供助燃或冷却用空气及排送烟气，同时还有调节压力、控制气氛的作用；传送物料设备是对原料、燃料的供应，通常选用各种类型的运输机、加料机等。此外，电窑多半以电炉丝、硅碳棒或二硅化钼作为发热元件，其结构较为简单，操作方便。

老式砖窑厂

卷十六 壕寨功限

总杂功

原典

诸土干重六十斤为一担①（诸物准此）。如粗重物用八人以上，石段用五人以上可举者，或琉璃瓦名件等，每重五十斤为一担。诸石每方一尺②，重一百四十三斤七两③五钱（方一寸，二两三钱④）。砖，八十七斤⑤八两（方一寸，一两四钱）。瓦，九十斤六两二钱五分（方一寸，一两四钱五分）。诸木每方一尺，重依下项：

黄松（寒松、赤申松同），二十五斤（方一寸，四钱）。

白松，二十斤（方一寸，三钱二分）。

山杂木（谓海枣⑥、榆、槐木之类），三十斤（方一寸，四钱八分）。

诸于三十里外般运物一担，往复一功；若一百二十步以上，约计每往复共一里，六十担亦如之（牵拽舟、车、栰⑦，地里准此）。

译文

土干重六十斤为一担（众物按此标准）。如果要八人以上才能抬起的粗笨沉重之物，或要五人以上才能抬起的石段或者琉璃瓦构件等，五十斤则为一担。一立方尺石头，重量为一百四十三斤七两五钱（一立方寸的重量为二两三钱）。一立方尺的砖，重量为八十七斤八两（一立方寸的重量为一两四钱）。一立方尺的瓦，重量为九十斤六两二钱五分（一立方寸的重量为一两四钱五分）。一立方尺木料的重量根据以下各项规定：

黄松（寒松、赤申松相同），二十五斤（一立方寸的重量为四钱）。

白松，二十斤（一立方寸的重量为三钱二分）。

山杂木（如海枣、榆、槐木等），三十斤（一立方寸的重量为四钱八分）。

在三十里外搬运一担物品，往返一趟为一功；如果是在一百二十步以上的地方搬运，大概估计往返一趟有一里的，那么搬运六十担为一功（牵拽船、车、木筏按此标准）。

注释

① 担：市制重量单位，1 担等于 50 千克。

② 方一尺：即一立方尺。

③ 两：中国市制重量单位，十两为一市斤。旧制为十六两为一市斤。

④ 钱：重量单位。十分等于一钱，十钱等于一两。

⑤ 斤：中国市制重量单位，市制一斤为十两，旧制一斤为十六两，两斤等于一公斤。

⑥ 海枣：乔木状，是干热地区重要果树作物之一，其果实可供食用，花序汁液可制糖，叶可造纸，树干作建筑材料与水槽，树形美观，常作观赏植物。

⑦ 栰：同“筏”。

⑧ 供作功：即辅助工。

⑨ 箬篮：小竹箩。王祯《农书》卷十五：箬，“亦箩属，此箩稍扁而小，用亦不同。”

⑩ 磨褫：磨平、磨掉。褫，剥夺、脱去、解下。

⑪ 干重：即失水后的重量。

诸功作般运物，若于六十步外往复者（谓七十步以下者），并只用本作供作功[8]。或无供作功者，每一百八十担一功。或不及六十步者，每短一步加一担。

诸于六十步内掘土般供者，每七十尺一功（如地坚硬或砂礓相杂者，减二十尺）。

诸自下就土供坛基墙等，用本功。如加膊板高一丈以上用者，以一百五十担一功。

诸掘土装车及篷篮[9]，每三百三十担一功（如地坚硬或砂磺相杂者，装一百三十担）。

诸磨褫[10]石段，每石面二尺一功。

诸磨褫二尺方砖，每六口一功（一尺五寸方转八口，压阑砖一十口，一尺三寸方砖一十八口，一尺二寸方砖二十三口，一尺三寸条砖三十五口同）。

诸脱造垒墙条墼，长一尺二寸，广六寸，厚二寸（干重[11]十斤）。每二百口一功（和泥起压在内）。

搬运物的各种功的计算，如果是在六十步之外（到七十步以下）往返的，本作功和供作功合并计算。如果没有供作功的，则一百八十担为一功。或者不到六十步的，每少一步增加一担。

在六十步以内掘土搬运，七十立方尺为一功（如果地面坚硬或者砂礓杂混其中的，减少二十立方尺）。

从下送土到坛基墙等的上面使用，用本作功。若膊板高度在一丈以上，搬运一百五十担土则为一功。

掘土装车或者篷篮，三百三十担为一功（如果地面坚硬或者砂礓杂混其中的，装一百三十担为一功）。

磨平石段，二平方尺为一功。

磨平二尺见方的方砖，六口为一功（一尺五寸见方的方砖八口，压阑砖十口，一尺三寸见方的方砖十八口，一尺二寸见方的方砖二十三口，一尺三寸长的条砖三十五口为一功）。

脱造垒墙条砖，长度为一尺二寸，宽度为六寸，厚度为二寸（干重为十斤），每二百口为一功（和泥起压包括在内）。

筑基

原典

诸殿、阁、堂、廊等基址①开掘（出土在内，若去岸一丈以上，即别计般土功②），方八十尺（谓每长、广、方、深各一尺为计），就土铺填打筑六十尺，各一功。若用碎砖瓦、石札③者，其功加倍。

译文

对于殿、阁、堂、廊等的地基掘土（出土在基址内，若搬运距离在一丈以上，则另外计算搬运泥土的功），八十立方尺（如以长度、宽宽、方长、深度各为一尺来计算），就土铺填打筑六十平方尺，各算一功。如果使用碎砖瓦、石渣来铺填打筑，其功加倍。

注释

①基址：即地基。
②般土功：搬运泥土的功。
③札：通“渣”。

立基

筑城

原典

诸开掘及填筑城基，每各五十尺一功。削掘旧城及就土修筑女头墙①，及护崄墙者亦如之。

诸于三十步内供土筑城，自地至高一丈，每一百五十担一功（自一丈以上至二丈每一百担，自二丈以上至三丈每九十担，自三丈以上至四丈每七十五担，自四丈以上至五丈每五十五担。同其地步及城高下不等，准此细计）。

诸纽草葽②二百条，或斫橛子③五百枚，若划削城壁四十尺（般取膊椽功在内），各一功。

注释

①女头墙：旧制在城外边约地六尺一个，高者不过五尺，作“山”字样。两女头间要留女口一个。
②草葽：草绳。
③橛子：即小木桩。

译文

开掘和填筑城墙的地基，都是以五十尺为一功。削掘旧城和就土修筑女墙、护崄墙也是如此。

在三十步距离以内运土来筑城，从地面算起，高度为一丈，一百五十担就为一功（从一丈以上到二丈高度，一百担为一功；从二丈以上到三丈高度，九十担为一功；从三丈以上到四丈高度，七十五担为一功；从四丈以上到五丈高度，五十五担为一功。根据距离远近及城高低不同的情况，照此规定分步计算）。

编结草葽二百条，斫橛子五百枚，划削城壁四十平方尺（搬取膊椽的功在内），各一功。

原典

诸开掘墙基①，每一百二十尺一功。若就土筑墙，其功加倍。诸用葽、橛就土筑墙，每五十尺一功（就土抽纴②筑屋下墙同；露墙六十尺亦准此）。

注释

①墙基：墙的基础，指墙埋入地下的部分。
②纴：绕线。泛指纺织。今也指缝制衣服。此处指墙面斜收的夯土墙，每面收坡 12.5%～16%。

筑墙

译文

开掘墙基，以一百二十尺为一功。如果就土筑墙，其功加倍。使用草葽、橛子就土筑墙，五十尺为一功（就土抽纴筑屋下的墙相同；露墙六十尺也按照此规定）。

夯土墙

原典图说

夯土墙

夯土墙是中国墙壁最古老的形式之一，它是采用木板作为模具，然后在里面填入泥土，再分层加以夯实，所以夯土墙也称为板筑。夯土墙的高度是底部厚度的一倍，所以墙体有明显的收分，明清以后重要的建筑大多数采用砖墙砌筑，而民居则大部分仍采用夯土墙，构筑方法基本上也没有变化。但由于夯土墙容易受到侵蚀，特别是水浸后墙体的强度会大大降低，所以古代在砌筑时，会在土墙下砌筑砖石墙基，并设置木柱加固墙身。

穿井

原典

诸穿井[1]开掘，自下出土，每六十尺一功。若深五尺以上，每深一尺，每功减一尺，减至二十尺止。

译文

开凿水井，从底下出土，六十立方尺为一功。若深度在五尺以上，每深一尺，每功减少一立方尺，减至二十立方尺为止。

注释

① 穿井：即开凿水井。

般运功

原典

诸舟船般[1]载物（装卸在内），依下项：

一去六十步外般物装船，每一百五十担（如粗重物一件及[2]一百五十斤以上者减半）；一去三十步外取掘土兼般运装船者，每一百担（一去一十五步外者加五十担）。

泝流[3]拽船，每六十担。

顺流驾放，每一百五十担。

右各一功。

诸车般载物（装卸、拽车在内），依下项：

螭[4]车载粗重物：

重一千斤以上者，每五十斤；

重五百斤以上者，每六十斤。

右各一功。

辕辘车载粗重物：重一千斤以下者，每八十斤一功。

驴拽车：每车装物重八百五十斤为一

译文

用舟船运载搬送物品（装卸在内）依下面各项：

在六十步以外搬物装船，一百五十担（如是一整件或是一百五十斤以上的粗重物，减半；在三十步以外搬取掘出之土并装船，一百担（在十五步以外的增加五十担）。

逆水拽船，六十担。

顺水驾放，一百五十担。

以上各为一功。

用车运载搬送物品（装卸、拽车在内）依下面各项：

用螭车运载粗重物：

重量在一千斤以上的，五十斤为一功；

重量在五百斤以上的，六十斤为一功。

以上各为一功。

运（其重物一件重一百五十斤以上者，别破装卸功⑤）。

独轮小车子（扶驾二人）：每车子装物重二百斤。

诸河内系栰驾放，牵拽般运竹、木依下项：

慢水泝流（谓蔡河之类），牵拽每七十三尺（如水浅，每九十八尺）；

顺流驾放（谓汴河之类），每二百五十尺（绾系在内；若细碎及三十件以上者，二百尺）；

出漉⑥，每一百六十尺（其重物一件长三十尺以上者，八十尺）；

右各一功。

用辕辘车运载粗重物：重量在一千斤以下的，八十斤为一功。

驴拽车：每车装载八百五十斤为一运（一件重物在一百五十斤以上的，另外计算装卸功）。

独轮小车子（扶车、驾车，二人）：每车装载二百斤。

在河里系筏驾放，牵拽搬运竹、木，依下面各项：

在缓慢水流中（如蔡河之类）逆水上行，牵拽七十三尺（若水浅，牵拽九十八尺）。

顺流驾放（如汴河之类），二百五十尺（系绳捆扎包括在内；若物品细碎及有三十件以上，二百尺）。

出漉，一百六十尺（重物长度在三十尺以上的，八十尺）。

以上各为一功。

注释

①般：通“搬”，搬运。
②及：至，达到。
③泝流：逆流。泝，同“溯”。
④螭：古代汉族神话传说中一种没有角的龙。古建筑或器物、工艺品上常用它的形状作装饰，在建筑中多用于排水口的装饰，称为螭首散水。
⑤别破装卸功：另外计算装卸功。
⑥出漉：指水慢慢地渗下。

供诸作功

原典

诸工作破①供作功依下项：

瓦作结宽；泥作；砖作；铺垒安砌；砌垒井；窑作垒窑。

右本作每一功，供作各二功。

大木作钉椽，每一功，供作一功。

小木作安卓②，每一件及三功以上者，每一功，供作五分功（平棊③、藻井④、栱眼⑤、照壁⑥、裹栿板，安卓虽不及三功者并计供作功，即每一件供作不及一功者不计）。

译文

需要计算供作功的工作如下：

瓦作中的结宽；泥作；砖作中的铺垒安砌、砌垒井；窑作中的垒窑。

以上工作，如果本作为一功，其供作则为二功。

大木作中的钉椽，本作为一功，供作为一功。

在小木作中，安装本作为一功的一件构件，供作就为五分功，如果安装本作为三功以上的构件，本作一功对应供作五分功（对于平棊、藻井、栱眼、照壁、裹栿板，安装本作没有三功的构件要合并计算供作功，即每安装一件，供作不足一功的就不计算）。

注释

①破：计算。

②安卓：安装本作。卓，通“装”。

③平棊：大的方木格网上置板，并便施彩画的一种天花。平棊为宋式名称，清称井口天花。即今之天花板，古代也叫作“承尘”。

④藻井：常见于汉族宫殿，坛庙建筑中的室内顶棚的独特装饰部分。一般做成向上隆起的井状，有方形、多边形或圆形凹面，周围饰以各种花藻井纹、雕刻和彩绘。多用在宫殿、寺庙中的宝座、佛坛上方最重要的部位。

⑤栱眼：卯口与升托之间下弯部分。栱，中国古代建筑一种独特的结构——斗栱结构中的一种木质构件，是置于坐斗口内或跳上与建筑物正面平行的上弯弓形木。

⑥照壁：设立在一组建筑院落大门的里面或者外面的一组墙壁，它面对大门，起到屏障的作用。不论是在门内或者门外的照壁，都是和进出大门的人打照面的，所以照壁又称影壁或者照墙。

石作功限

总造作功

原典

平面每广一尺，长一尺五寸（打剥、粗搏、细漉、斫砟[1]在内）。

四边褊棱[2]凿搏缝，每长二丈（应有棱者准此）。

面上布墨蜡，每广一尺，长二丈（安砌在内。减地平钑[3]者，先布墨蜡而后雕镌；其剔地起突及压地隐起华者，并雕镌毕方布蜡；或亦用墨）。

右各一功（如平面柱础在墙头下用者，减本功四分功；若墙内用者，减本功七分功。下同）。

凡造作石段、名件等，除造覆盆及镌凿圜混，若成形物之类外，其余皆先计平面及褊棱功。如有雕镌者，加雕镌功。

译文

平面宽度为一尺，长度为一尺五寸（打剥、粗搏、细漉、斫砟在内）。

四道边凿整齐方正并凿出搏缝，长度为二丈（本应有棱的遵照此条）。

在面上打墨蜡，宽度为一尺，长度为二丈（安砌包括在内。减地平钑，先打墨蜡后雕刻；剔地起突和压地隐起华，都是雕刻完之后才打蜡；也可使用墨）。

以上各为一功（若在墙头下用平面柱础，本功减少四分功；若在墙内使用，本功减少七分功。下同）。

造作石段、构件等，除了做覆盆和雕凿圜混这类成形物外，其余都先计算使面平整以及使棱整齐方正的功。如果有雕镌，再加上雕镌功。

注释

① 砟：岩石、煤等的碎片。

② 褊棱：即指四边整齐、方正。褊，整齐、紧密、次第有序。

③ 钑：用金银在器物上嵌饰花纹。

柱础方二尺五寸，造素覆盆：

造作功：

每方一尺，一功二分（方三尺，方三尺五寸，各加一分功；方四尺，加二分功；方五尺，加三分功；方六尺，加四分功）。

雕镌[①]功（其雕镌功并于素覆盆所得功上加之）：

方四尺，造剔地起突海石榴华[②]，内间[③]化生（四角水地内间鱼兽之类，或亦用华，下同），八十功（方五尺，加五十功；方六尺，加一百二十功）。

方三尺五寸，造剔地起突水地云龙（或牙鱼、飞鱼），宝山，五十功（方四尺，加三十功；方五尺，加七十五功；方六尺，加一百功）。

方三尺，造剔地起突诸华，三十五功（方三尺五寸，加五功；方四尺，加一十五功；方五尺，加四十五功；方六尺，加六十五功）。

方二尺五寸，造压地隐起诸华，一十四功（方三尺，加一十一功；方三尺五寸，加一十六功；方四尺，加二十六功；方五尺，加四十六功；方六尺，加五十六功）。

方二尺五寸，造减地平钑诸华，六功（方一尺，加二功；方三尺五寸，加四功；方四尺，加九功；方五尺，加一十四功；方六尺，加二十四功）。

方二尺五寸，造仰覆莲华，一十六功（若造铺地莲华，减八功）。

方二尺，造铺地莲华，五功（若造仰覆莲华，加八功）。

译文

柱础的方长为二尺五寸，造素覆盆：

造作功：

方长一尺，一功二分（方长三尺，方长三尺五寸，各增加一分功；方长四尺，增加二分功；方长五尺，增加三分功；方长六尺，增加四分功）。

雕镌功（雕镌功合并在造素覆盆所得功上计算）：

方长四尺，造剔地起突海石榴花，中间有化生（四角的水地里面有鱼兽，也可以用花，下同），八十功（方长五尺，增加五十功；方长六尺，增加一百二十功）。

方长三尺五寸，造剔地起突水地云龙（或者是牙鱼、飞鱼），宝山，五十功（方长四尺，增加三十功；方长五尺，增加七十五功；方长六尺，增加一百功）。

方长三尺，造剔地起突的各种花样，三十五功（方长三尺五寸，增加五功；方长四尺，增加十五功；方长五尺，增加四十五功；方长六尺，增加六十五功）。

方长二尺五寸，造压地隐起的各种花样，十四功（方长三尺，增加十一功；方长三尺五寸，增加十六功；方长四尺，增加二十六功；方长五尺，增加四十六功；方长六尺，增加五十六功）。

方长二尺五寸，造减地平钑的各种花样，六功（方长三尺，增加二功；方长三尺五寸，增加四功；方长四尺，增加九功；方长五尺，增加十四功；方长六尺，增加二十四功）。

方长二尺五寸，造仰覆莲花，十六功（如果造铺地莲花，减少八功）。

方长二尺，造铺地莲花，五功（若造仰覆莲花，增加八功）。

注释

① 雕镌：即雕刻。

② 海石榴华：陶瓷器纹饰。华，通“花”。海石榴原产伊朗，最早出现在唐三彩陶器上，有模印贴花，也有刻花施彩手法，多与宝相花、莲花、葡萄等相配。其形象是在盛开的花朵中心露出饱绽的石榴果，或花苞之中满是石榴子，故称“海石榴花”。在宋、元、明、清瓷器装饰上多有所见。

③ 内间：即中间。

雕花柱础

莲花柱础

复合式柱础

原典图说

柱础的形制

柱础是古代建筑中承受屋柱压力的垫基石，它的形制大致分为五种：一是覆盆式柱础，其整体形制就像一个倒扣在地上的盆，下口大，上口小；二是覆斗式柱础，其形制就像一个倒扣在地上的“斗”；三是鼓式柱础，整个柱础的形状就像一只大鼓，鼓身上多满布雕饰；四是基座式柱础，这是一种较为常见的柱础形制，一般底座用须弥座，座的上下有枋，中段为收缩进去的束腰，整体造型端庄；五是复合式柱础，其形制为上面四种形式的组合，此种形制应用广泛。

鼓式柱础

角石

原典

角石：

安砌功：角石一段，方二尺，厚八寸，一功。

雕镌功：角石两侧造剔地起突龙凤间华或云文，一十六功（若面上镌作师子[1]，加六功；造压地隐起华，减一十功；地平钑华，减一十二功）。

角柱（城门角柱同）：

造作剜凿功：叠涩坐角柱，两面共二十功。

安砌功：角柱每高一尺，方一尺二分五厘。

雕镌功：方角柱，每长四尺，方一尺，造剔地突龙凤间[2]华或云文，两面共六十功（若造压地隐起华，减二十五功）。

叠涩坐角柱，上、下涩造压地隐起华，两面共二十功。

版[3]柱上造剔地起突云地升龙，两面共一十五功。

译文

角石：

安砌功：安砌一段方长二尺，厚度八寸的角石，为一功。

雕镌功：在角石的两侧造剔地起突龙凤，间杂花纹或者云纹，十六功（若在面上雕刻狮子，加六功；若花纹做压地隐起，减十功；若在平面上嵌饰花纹，减十二功）。

角柱（城门的角柱相同）：

造作剜凿功：造作剜凿叠涩座子的角柱，两面一共二十功。

安砌功：安砌高一尺，方长一尺二分五厘的角柱（为一功）。

雕镌功：在高四尺，方长一尺的方形角柱上做剔地起突的龙凤，间杂花纹或者云纹，两面一共六十功（若花纹做压地隐起，减少二十五功）。

叠涩座子的角柱，上、下涩中的花纹做成压地隐起，两面一共二十功。

板柱上的云地升龙做成剔地起突，两面一共十五功。

注释

① 师子：即狮子。

② 间：间杂。

③ 版：通“板”。

原典

殿阶基一坐：

雕镌功：每一段，头子上减地平钑华，二功。束腰[1]造剔地起突莲华，二功（板柱子上减地平钑华同）。挞涩减地平钑华，二功。

安砌功：每一段，土衬石[2]，一功（压阑、地面石同）。头子石，二功（束腰石、隔身板柱子、挞涩同）。

注释

① 束腰：古代建筑学术语，指建筑中的收束部位。

② 土衬石：在台基陡板石之下或须弥座圭角之下，是台明与埋深的分界，土衬石应比室外地面高出3.2~6.4cm，比陡板石宽出约6.4cm。

殿阶基

译文

殿阶基一座：

雕镌功：在一段的头子上做减地平钑花，二功。在束腰做剔地起突莲花，二功（在板柱子上面做减地平钑花相同）。在挞涩上做减地平钑花，二功。

安砌功：填土衬石一段，一功（压阑石、地面石相同）。填土衬头子石，二功（束腰石、隔身板柱子、挞涩相同）。

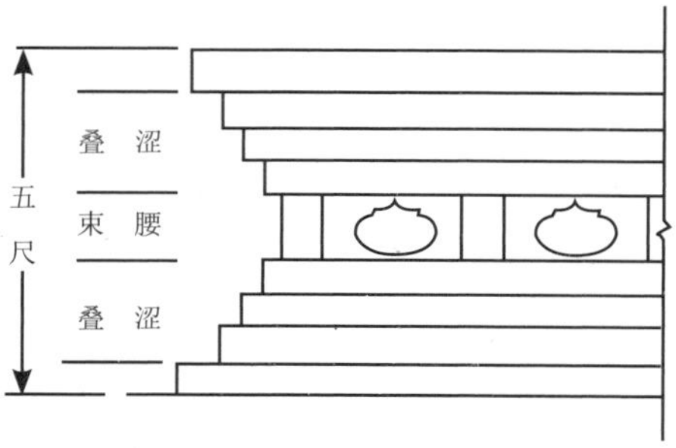

殿阶基示意图

原典图说

殿阶基的结构

在宋代，建筑下部的台基被称为阶基，殿阶基指的就是大殿的台基，主要为石质的。殿阶基由束腰和叠涩两部分组成。束腰指的是须弥座中间收缩、有立柱分格、平列壶门的部分，叠涩则是位于束腰之下或束腰之上，依次向外宽出的各层。

地面石

原典

地面石、压阑石：

安砌功：每一段，长三尺，广二尺，厚六寸，一功。

雕镌功：压阑石一段，阶头广六寸，长三尺，造剔地起突龙凤间华，二十功（若龙凤间云文①，减二功；造压地隐起华，减一十六功；造减地平钑华，减一十八功）。

注释

① 云文：即云纹。文，通“纹”。

译文

地面石、压阑石：

安砌功：安砌一段长度为三尺，宽度为二尺，厚度为六寸地面石，一功。

雕镌功：压阑石一段，阶头宽六寸，长三尺，龙凤做剔地起突，间杂花纹，二十功（若龙凤中间杂云纹，减少二功；龙凤中间间杂压地隐起的花纹，减少十六功，间杂减地平钑的花纹，减少十八功）。

地面石

殿阶螭首

原典

殿阶螭首①，一只，长七尺，造作镌凿，四十功；安砌，一十功。

译文

殿阶螭首，一只，长度为七尺，镌凿功为四十功，安砌功为十功。

殿阶螭首

注释

① 螭首：又叫螭头，古代彝器、碑额、庭柱、殿阶及印章等上面的螭龙头像。

殿内斗八

原典

殿阶心内斗八①，一段，共方一丈二尺。

雕镌功：斗八心内造剔地起突盘龙一条，云卷水地②，四十功；斗八心外诸窠格内，并造压地隐起龙凤、化生诸华，三百功。

安砌功：每石二段，一功。

斗　八

译文

殿阶中间的斗八，一段，方长一丈二尺。

雕镌功：在斗八中心做剔地起突的盘龙一条，配有云纹、水纹，四十功；在斗八中心的外围的窠格里面做压地隐起的龙凤、化生等纹饰，三百功。

安砌功：安砌二段阶石，一功。

注释

① 斗八：我国传统建筑天花板上的一种装饰处理，多为方格形，凸出，有彩色图案。

② 云卷水地：指云纹、水纹。

踏道

原典

踏道石，每一段长三尺，广二尺，厚六寸。

安砌功：土衬石，每一段，一功（踏子石同）。象眼石①，每一段，二功（副子石同）。

雕镌功：副子石，一段，造减地平钑华，二功。

注释

① 象眼石：又名菱角石，在垂带踏跺两侧垂带石之下的三角形石件。长为台明外皮至垂带下端与燕窝石相交斜面的里皮，高度为台明高减去阶条石厚，厚度可同陡板石厚。

译文

每一段踏道石的长度为三尺，宽度为二尺，厚度为六寸。

安砌功：安砌一段土衬石，一功（踏子石相同）。安砌一段象眼石，二功（副子石相同）。

雕镌功：雕刻一段副子石，做减地平钑花，二功。

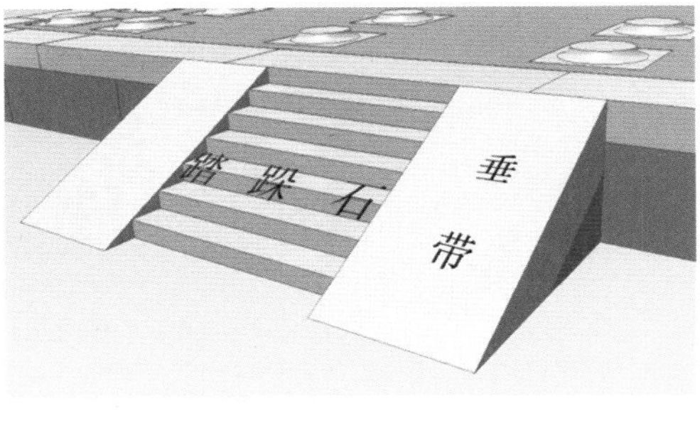

御路踏跺

原典图说

宋代踏道和清代踏跺

分阶级的台阶在宋代被称为踏道，在清代则被称为踏跺。二者虽然名称不一样，但形式基本是一样的。清代的踏跺分为垂带踏跺、如意踏跺和御路踏跺。垂带踏跺指有垂带的台阶，这种台阶须在下面放置一个称为砚窝石的较长的条石，以承托垂带，砚窝石上表面较地面略高或与地面齐平。如意踏跺的台阶则不做垂带，踏步条石沿左、中、右三个方向布置，人可沿三个方向上下。而御路踏跺一般用于宫殿与寺庙建筑，这种台阶中的斜道又称辇道、御路、陛石，坡度很缓，是用来行车的坡道，通常与台阶形踏步组合在一起使用。

单钩阑①，一段，高三尺五寸，长六尺。

造作功：

剜凿寻杖②至地栿等事件（内万字不透），共八十功。

寻杖下若作单托神，一十五功（双托神倍之）。

华板内若作压地隐起华、龙或云龙，加四十功（若万字透空③亦如之）。

重台钩阑：如素造④，比单钩阑每一功加五分功。若盆唇、瘿项⑤、地栿、蜀柱⑥，并作压地隐起华，大小华板并作剔地突华造者，一百六十功。

望柱⑦：

六瓣望柱，每一条，长五尺，径一尺，出上下卯，共一功。

造剔地起突缠柱云龙，五十功。

造压地隐起诸华，二十四功。

造减地平级华，一十二功。

柱下坐造覆盆莲华，每一枚，七功。

柱上镌凿像生、师子，每一枚，二十功。

安卓：六功。

单钩阑

译文

一段单钩阑，高度为三尺五寸，长度为六尺。

造作功：

剜凿寻杖、地栿等构件（里面的“万”字不镂空），一共八十功。

寻杖下面如果做单托神，十五功（做双托神则为三十功）。

华板里面如果做压地隐起的花、龙或者云龙，增加四十功（如果“万”字镂空也如此）。

重台钩阑：如果不做雕镌，比单钩阑每一功多五分功。如果盆唇、瘿项、地栿、蜀柱等都做压地隐起的花样，大小华板都做剔地起突的花样，一百六十功。

望柱：

一条六瓣望柱，长度为五尺，直径为一尺，上下都出卯，一共一功。

做剔地起突的缠柱云龙，五十功。

做压地隐起的各种花样，二十四功。

做减地平级的花样，十二功。

柱下座子是覆盆莲花的，一枚七功。

柱上镌凿像生、狮子，一枚二十功。

安装：六功。

注释

① 钩阑：亦作“钩栏”，指曲折如钩的栏杆。

② 寻杖：也称巡杖，是栏杆上部横向放置的构件。目前所知最早在栏杆中使用寻杖的是汉代，并且最初是圆形，后来逐渐发展出方形，六角形和其他一些特别的形式。

③ 透空：镂空。

④ 素造：指不做雕镌。

⑤ 瘿项：是一个上下小、中间扁圆的鼓状构件，犹如鼓胀的脖子。因为脖子上鼓溜被称为“瘿”，所以这个构件叫作“瘿项”。瘿项直接承着上面的云栱。

⑥ 蜀柱：即瓜柱，是宋代的名称，又叫侏儒柱。早期只用在平梁上，用以支撑脊柱，而在其他承梁处用斗栱、矮木和驼峰。

⑦ 望柱：也称栏杆柱，是古代建筑和桥梁栏板和拦板之间的短柱。望柱有木造和石造。望柱分柱身和柱头两部分，柱身的截面，在宋代多为八角形，清代望柱的柱身，截面多为四方形。

螭子石

原典

安钩阑螭子石一段，凿札眼剜口子，共五分功。

译文

安钩阑螭子石一段，凿札眼和剜口子一共五分功。

地栿石

原典

城门地栿石、土衬石：

造作剜①凿功：每一段，地栿，一十功；土衬，三功。

安砌功：地栿，二功；土衬，二功。

故宫的地栿

译文

城门地栿石、土衬石：

造作剜凿功：造作剜凿地栿一段，十功；造作剜凿土衬一段，三功。

安砌功：安砌地栿，二功；安砌土衬，二功。

注释

① 剜：用刀把物体掏挖出凹形的坑。

门砧①一段。

雕镌功：造剔地起突华或盘龙，长五尺，二十五功。长四尺，一十九功。长三尺五寸，一十五功。长三尺，一十二功。

安砌功：长五尺，四功。长四尺，三功。长三尺五寸，一功五分。长三尺，七分功。

门限②，每一段，长六尺，方八寸。

雕镌功：面上造剔地起突华或盘龙，二十六功（若外侧造剔地起突行龙间云文，又加四功）。

卧立柣一副。

剜凿功：卧柣，长二尺，广一尺，厚六寸，每一段三功五分。立柣，长三尺，广同卧柣，厚六寸（侧面上分心凿金口一道），五功五分。

安砌功：卧、立柣，各五分功。

将军石一段，长三尺，方一尺。造作，四功（安立在内）。

止扉石，长二尺，方八寸。造作，七功（剜口子，凿栓寨眼子在内）。

门砧限

译文

门砧一段。

雕镌功：做剔地起突的花样或者长度为五尺的盘龙，二十五功。盘龙长度为四尺，十九功。盘龙长度为三尺五寸，十五功。盘龙长度为三尺，十二功。

安砌功：安砌长度为五尺的门砧，四功。安砌长度为四尺的门砧，三功。安砌长度为三尺五寸的门砧，一功五分。安砌长度为三尺的门砧，七分功。

门限，每一段长度为六尺，方长为八寸。

雕镌功：面上做剔地起突的花样或者盘龙，二十六功（若外侧做剔地起突的游龙且间杂云纹，再增加四功）。

卧立柣一副。

剜凿功：剜凿长度为二尺，宽度为一尺，厚度为六寸的卧柣一段，三功五分。剜凿长度为三尺，宽度与卧柣相同，厚度为六寸（在侧面分心凿一道金口）的立柣一段，五功五分。

安砌功：安砌卧柣、立柣，各五分功。

造作一段长度为三尺，方长为一尺的将军石，四功（安立包括在内）。

造作长度为二尺，方长为八寸的止扉石，七功（剜口子和凿栓寨眼子包括在内）。

注释

①门砧：大门门槛的左右两端安置的石制或木制方墩，借以承托门轴。明、清时称作门枕。

②门限：即门槛。

流杯渠①一坐（剜凿水渠造），每石一段，方三尺，厚一尺二寸。

造作，一十功（开凿渠道加二功）。

安砌，四功（出水斗子，每一段加一功）。

雕镌功：河道两边面上络周华，各广四寸，造压地隐起宝相华②、牡丹华，每一段三功。

流杯渠一坐（砌垒底板造），

造作功：

心内看盘石，一段，长四尺，广三尺五寸；厢壁石及项子石，每一段；以上各八功。

底板石，每一段三功。

斗子石，每一段一十五功。

安砌功：

看盘及厢壁、项子石、斗子石，每一段各五功（地架，每一段三功）。

底板石，每一段三功。

雕镌功：

心内看盘石，造剔地起突华，五十功（若间以龙凤，加二十功）。河道两边，面上遍造压地隐起华，每一段二十功（若间以龙凤，加一十功）。

流杯渠

译文

流杯渠（剜凿水渠的做法）一座。一段石的方长为三尺，厚度为一尺二寸。

造作，十功（开凿渠道，增加二功）。

安砌，四功（做一段出水斗子，增加一功）。

雕镌功：渠道两边的地面上刻宽度为四寸的花纹带，做压地隐起的宝相花、牡丹花，每一段三功。

流杯渠（砌垒底板的做法）一座。

造作功：

在中间造作一段长度为四尺，宽度为三尺五寸的看盘石，造作一段厢壁石和项子石，以上各八功。

造作一段底板石，三功。

造作一段斗子石，十五功。

安砌功：

安砌看盘及厢壁、项子石、斗子石，每一段各五功（安砌一段地架，三功）。

安砌一段底板石，三功。

雕镌功：

雕刻中间的看盘石，做剔地起突的花样，五十功（若间杂龙凤，增加二十功）。渠道两边的地面上刻满压地隐起的花样，每一段二十功（若间杂龙凤，增加十功）。

注释

①流杯渠：也称"九曲流觞渠"，取"曲水流觞"之趣，多见于园林建筑中。其渠道屈曲，形似"风"字或"国"字，水槽用整石凿出，或用石板为底、条石垒砌而成。水自一端流入，经曲渠由另端流出。

②宝相华：即宝相花，又称宝仙花、宝莲花，是传统吉祥纹样之一。在金银器、敦煌图案、石刻、织物、刺绣等各方面，常见有宝相花纹样。

流杯渠

原典图说

流杯渠的样式

流杯渠的制作分为剜凿和垒造两种方式，二者在工艺和用料上略有不同。雕凿的流杯渠渠道不是做成盘屈状，就是做成“风”字或“国”字状。本书中的“国字流杯渠”的渠道形状就像一个“国”字，盘中心一条巨龙在海水中驰骋，身形勇猛有力，隐喻了男性的威猛；而“风字流杯渠”的渠道形状就像一个“风”字，盘中心有两只团凤，这隐喻了女性的阴柔。但这种雕有龙、凤的国字流杯渠和风字流杯渠只适用于宫廷内部或少数地点，很多流传下来的流杯渠，比如中南海的流水音、潭柘寺的猗玕亭和恭王府的沁秋亭等，与本书中所描绘的流杯渠的样式有很大变化，其弯曲的渠道既不像自然盘屈，也不像“国”字或“风”字的变形，且渠道表面也没有雕刻任何纹饰。但尽管如此，这些流杯渠仍然遵循了本书中流杯渠见方盘面、大体式样的基本模式。

原典

坛[1]一坐。

雕镌功：头子、板柱子、挞涩，造减地平钑华，每一段，各二功（束腰剔地起突造莲华亦如之）。

安砌功：土衬石，每一段，一功。头子、束腰、隔身板柱子、挞涩石，每一段，各二功。

坛

注释

① 坛：古代举行祭祀、誓师等大典用的土和石筑的高台。

译文

坛一座。

雕镌功：雕镌头子、板柱子、挞涩，做减地平钑的花样，一段为二功（在束腰上做剔地起突的莲花也如此）。

安砌功：安砌一段土衬石，一功。安砌一段头子、束腰、隔身板柱子、挞涩石，各二功。

北京地坛

原典

卷輂[①]水窗石（河渠同），每一段，长三尺，广二尺，厚六寸。

开凿功：下熟铁[②]鼓卯，每二枚，一功。

安砌：一功。

注释

① 輂：盛装土石的器具。
② 熟铁：用生铁精炼而成的比较纯的铁。

卷輂水窗

译文

卷輂水窗石（河渠上的相同），每一段的长度为三尺，宽度为二尺，厚度为六寸。

开凿功：下熟铁鼓卯，每二枚，一功。

安砌：一功。

原典

水槽，长七尺，高、广各二尺，深一尺八寸。

造作开凿，共六十功。

水　槽

水槽

译文

水槽，长度为七尺，高度和宽度各为二尺，深度为一尺八寸。

造作和开凿，一共六十功。

马台

原典

马台，一坐，高二尺二寸，长三尺八寸，广二尺二寸。

造作功：剜凿踏道，三十功（叠涩[1]造加二十功）。

雕镌功：造剔地起突华，一百功；造压地隐起华，五十功；造减地平钑华，二十功；台面造压地隐起水波内出没鱼兽，加一十功。

译文

马台，一座，高为二尺二寸，长为三尺八寸，宽为二尺二寸。

造作功：剜凿踏道，三十功（做叠涩的增加二十功）。

雕镌功：做剔地起突的花样，一百功；做压地隐起的花样，五十功；做减地平钑的花样，二十功；台面做压地隐起的水波内出没鱼兽，增加十功。

注释

① 叠涩：一种古代砖石结构建筑的砌法，用砖、石，有时也用木材通过一层层堆叠向外挑出，或收进，向外挑出时要承担上层的重量。其主要用于早期的叠涩拱、砖塔出檐、须弥座的束腰、墀头墙的拔檐。常见于砖塔、石塔、砖墓室等建筑物。

门前边的两块石头为马台，也叫上马石

井口石

原典

井口石并[1]盖口拍子，一副。

造作镌凿功：透[2]井口石，方二尺五寸，井口径一尺，共一十二功（造素覆盆，加二功；若莲华覆盆，加六功）。

安砌：二功。

译文

井口石和盖口拍子，一副。

造作镌凿功：凿穿造作方长二尺五寸，井口直径一尺的井口石，一共十二功（做素覆盆，增加二功；若做莲花覆盆，则增加六功）。

安砌：二功。

井口石

注释

① 并：和。

② 透：透过，凿穿。

山棚锃脚石

原典

山棚[1]锃脚石[2]，方二尺，厚七寸，造作开凿，共五功。獅，一功。

译文

开凿造作方长二尺，厚度七寸的山棚锃脚石，一共五功。安砌，一功。

注释

① 山棚：为庆祝节日而搭建的彩棚，其状如山高耸，故名。

② 锃脚石：是一个七寸厚的方形石框，中间的方洞有一尺二寸见方，是套在底层木质杆件与地面交界处，起到类似“踢脚”那样保护山棚底层木质杆件免受人群践踏的作用。

幡竿颊

原典

幡竿[1]颊，一坐。

造作开凿功：颊，二条，及开栓眼，共五十六功；镯脚，六功。

雕镌功：造剔地起突华，一百五十功；造压地隐起华，五十功；造减地平钑华，三十功。

安卓：一十功。

注释

① 幡竿：系幡的杆。

译文

幡竿颊，一座。

造作开凿功：造作二条颊，以及开凿栓眼，一共十六功；镯脚，六功。

雕镌功：做剔地起突的花样，一百五十功；做压地隐起的花样，五十功；做减地平钑的花样，三十功。

安装：十功。

赑屃碑

原典

赑屃①鳌坐碑，一坐。

雕镌功：碑首，造剔地起突盘龙、云盘，共二百五十一功；鳌坐，写生镌凿，共一百七十六功；土衬，周回②造剔地起突宝山、水地等，七十五功。碑身，两侧造剔地起突海石榴华或云龙，一百二十功；络周造减地平钑华，二十六功。

安砌功：土衬石，共四功。

注释

① 赑屃：赑屃是古代神话传说中龙之九子之一，又名霸下。一方面为实用之物，用来做碑座，俗称“神龟驼碑”，另一方面，又具有非常重要的文化意义。

② 周回：即四周。

译文

赑屃鳌坐碑，一座。

雕镌功：在碑首做剔地起突盘的龙、云盘，一共二百五十一功；在鳌座上雕凿写生，一共一百七十六功；土衬四周做剔地起突的宝山、水地等，七十五功。在碑身两侧做剔地起突海的石榴花或者云龙，一百二十功；环绕碑身做减地平钑的花样，二十六功。

安砌功：安砌土衬石，一共四功。

赑屃座碑

原典

笏头碣①，一坐。

雕镌功：碑身及额，络周造减地平钑华，二十功；方直坐上造减地平钑华，一十五功；叠涩坐，剜凿，三十九功；叠涩坐上造减地平钑华，三十功。

注释

① 笏头碣：一种方团球路花纹的圆顶的石碑。

笏头碣

译文

笏头碣，一座。

雕镌功：碑身及额四周做满减地平钑的花样，二十功；方直座上做减地平钑的花样，十五功；剜凿叠涩座，三十九功；叠涩座上做减地平钑的花样，三十功。

西安碑林及其古碑

卷十七 大木作功限一

栱、枓等造作功

原典

造作功并以第六等材为率。

材：长四十尺，一功（材每加一等，递减四尺。材每减二等，递增五尺）。

栱：令栱①，一只，二分五厘功。华栱②，一只；泥道栱③，一只；瓜子栱④，一只；右各二分功。慢栱⑤，一只，五分功。

若材每加一等，各随逐等加之：华栱、令栱、泥道栱、瓜子栱、慢栱，并各加五厘功。若材每减一等，各随逐等减之：华栱二厘功；令栱三厘功；泥道栱、瓜子栱各减一厘功；慢栱减五厘功。其自第四等加第三等，于递加功内减半加之（加足材及枓、柱、槫之类并准此）。

若造足材栱，各于逐等栱上更加功限：华栱、令栱各加五厘功；泥道栱、瓜子栱各加四厘功；慢栱加七厘功，其材每加、

译文

造作功都以第六等材为基础。

材：长度四十尺，一功（材每提高一个等级，长度就减少四尺。材每降低二个等级，长度就增加五尺）。

栱：一只令栱，二分五厘功。一只华栱、一只泥道栱、一只瓜子栱，各二分功。一只慢栱，五分功。

若材提高一等，各自根据所在的那一等相应增加：华栱、令栱、泥道栱、瓜子栱、慢栱各加五厘功。若材降低一个等级，各自根据所在的那一等相应减少：华栱减少二厘功，令栱减少三厘功，泥道栱、瓜子栱各减少一厘功，慢栱减少五厘功。材从第四等提高到第三等，将所增加的功减少一半再加之（提高足材以及枓、柱、槫等等级都依此规定）。

若造足材栱，各在相应等级的栱上再增加功限：华栱、令栱各增加五厘功；泥道栱、瓜子栱各增加四厘功；慢栱增加七厘功，其材每提高或者降低一个等级，

斗 栱

减一等，递加、减各一厘功。如角内列栱，各以栱头为计。

枓⑥：栌枓⑦，一只，五分功（材每增减一等，递加减各一分功）。交互枓⑧，九只（材每增减一等，递加减各一只）。齐心枓⑨，十只（加减同上）。散枓⑩，一十一只（加减同上）。右各一功。

出跳上名件：昂尖，一十一只，一功（加减同交互枓法）。爵头，一只。华头子，一只。右各一分功（材每增减一等，递加减各二厘功，身内并同材法）。

那么就增加或者减少一厘功。若在角内列栱，各自根据栱头来计算。

枓：一只栌枓，五分功（材提高或降低一个等级，那么就增加或减少一分功）。九只交互枓（材提高或降低一个等级，那么就增加或减少一只），十只齐心枓（加减同交互枓的规定），十一只散枓（加减同交互枓的规定），各一功。

出跳上构件：十一只昂尖，一功（加减同交互枓的规定）。一只爵头、一只华头子，各一分功（材每提高或降低一个等级，那么就增加或减少二厘功，身内其他构件都与材的规定相同）。

注释

① 令栱：用于铺作里外最上一跳的跳头之上和屋檐槫下，有时还用于单栱造之扶壁栱上。

② 华栱：用于出跳，也称杪栱、卷头、跳头等，即清式的翘。

③ 泥道栱：用于铺作的横向中心线上，即清式的正心瓜栱。

④ 瓜子栱：用于跳头。

⑤ 慢栱：施之于泥道栱、瓜子栱之上，又称泥道重栱。

⑥ 枓：柱上支持大梁的方木。枓与弓形承重结构纵横交错层叠，逐层向外挑出，形成上大下小的托座，以支承荷载。

⑦ 栌枓：古建筑专业名词。斗栱的最下层，重量集中处最大的栱。

⑧ 交互枓：施于华栱出跳上，十字开口，四耳，若施于替木下，则顺身开口，两耳。

⑨ 齐心枓：施于栱心上，顺身开口，两耳，若施于平坐出头木下，则十字开口，四耳。

⑩ 散枓：施于栱两头，横开口，两耳，以宽为面，若偷心造，则施于华栱出跳上。

原典

殿阁等外檐，自八铺作至四铺作，内外并重栱计心，外跳①出下昂②，里跳③出卷头，每补间铺作④一朵用栱、昂等数下项（八铺作里跳用七铺作，若七铺作里跳用六铺作，其六铺作以下，里外跳并同。转角者准此）。

自八铺作至四铺作⑤各通用：单材华栱，一只（若四铺作插昂，不用）。泥道栱，一只。令栱，二只。两出耍头⑥，一只（并随昂身上下斜势，分作二只，内四铺作不分）。衬方头⑦，一条（足材，八铺作，七铺作，各长一百二十分；六铺作，五铺作，各长九十分；四铺作，长六十分）。栌枓，一只。暗栔，二条（一条长四十六分，一条长七十六分；八铺作，七铺作又加二条；各长随补间之广）。昂栓，二条（八铺作，各长一百三十分；七铺作，各长一百一十五分；六铺作，各长九十五分；五铺作，各长八十分；四铺作，各长五十分）。

八铺作、七铺作各独用：第二杪华栱，一只（长四跳）。第三杪外华头子、内华栱，一只（长六跳）。

六铺作、五铺作⑧各独用：第二杪外华头子、内华栱，一只（长四跳）。

八铺作独用：第四杪内华栱⑨，一只

殿阁外檐补间铺作用栱、枓等数

译文

殿阁等外檐，从八铺作到四铺作，内外都做成计心重栱，外跳出下昂，里跳出卷头，每个补间铺作一朵使用的栱、昂等的数量如下（八铺作里跳用七铺作，如同七铺作里跳用六铺作，六铺作以下，里外跳都相同。转角的也是如此）。

从八铺作到四铺作通用：单材华栱，一只（若四铺作插昂，则不使用）。泥道栱，一只。令栱，二只。两出耍头，一只（都顺着昂身上下的斜势，分成二只，内四铺作不分）。衬方头，一条（足材，八铺作、七铺作的衬方头长度为一百二十分；六铺作、五铺作的衬方头长度为九十分；四铺作的衬方头长度为六十分）。栌枓，一只。暗栔，二条（一条长四十六分，一条长七十六分；八铺作、七铺作再增加二条，其长度与补间的宽度相同）。昂栓，二条（八铺作昂栓长度为一百三十分；七铺作昂栓长度为一百一十五分；六铺作昂栓长度为九十五分；五铺作昂栓长度为八十分；四铺作昂栓长度为五十分）。

八铺作、七铺作单独采用：第二杪华栱，一只（长四跳）。第三杪外华头子、内华栱，一只（长六跳）。

六铺作、五铺作单独采用：第二杪外华头子、内华栱，一只（长四跳）。

八铺作单独采用：第四杪内华栱，一只（外随昂、槫斜，长度为七十八分）。

注释

① 外跳：宋式大木作斗栱部分，对柱中心向外的斗栱跳出部分的称谓。

② 下昂：是指顺着屋面坡度，自内向外、自上而下斜置的木构件。

③ 里跳：宋式大木作斗栱部分，对柱中心以内的斗栱跳出部分的称谓。

④ 补间铺作：是在阑额上安枓（不一定是栌枓）摆放累叠的铺作。

⑤ 八铺作至四铺作：为什么叫四五六七八铺作而没有三铺作？因为每朵斗栱中都有栌枓、耍头及衬方头三个部件，而每出一跳所增加的华栱数量也参加计数，故铺作是以栌枓、耍头、衬方头及华栱的数量来定名的。

⑥ 耍头：最上一层栱或昂之上，与令栱相交而向外伸出如蚂蚱头状者。

⑦ 衬方头：在下昂与耍头之间，使两者齐平的构件，上方架梁。

⑧ 五铺作：出两跳华栱或一栱一昂，名为五铺作。

⑨ 华栱：与墙壁垂直前后伸出的栱，也叫卷头、杪栱、杪。

⑩ 槫：屋盖上侧截面为圆形的称重构件，安于梁头，上承椽，长随间广，每椽架用一条槫。

（外随昂、榑[10]斜，长七十八分）。

四铺作独用：第一杪外华头子、内华栱，一只（长两跳；若卷头，不用）。

自八铺作至四铺作各用：

瓜子栱：八铺作，七只；七铺作，五只；六铺作，四只；五铺作，二只（四铺作不用）。

慢栱：八铺作，八只；七铺作，六只；六铺作，五只；五铺作，三只；四铺作，一只。

下昂：八铺作，三只（一只身长三百分；一只身长二百七十分；一只身长一百七十分）；七铺作，二只（一只身长二百七十分；一只身长一百七十分）；六铺作，二只（一只身长二百四十分；一只身长一百五十分）；五铺作，一只（身长一百二十分）；四铺作，插昂一只（身长四十分）。

交互枓：八铺作，九只；七铺作，七只；六铺作，五只；五铺作，四只；四铺作，二只。

齐心枓：八铺作，一十二只；七铺作，一十只；六铺作，五只（五铺作同）；四铺作，三只。

散枓：八铺作，三十六只；七铺作，二十八只；六铺作，二十只；五铺作，一十六只；四铺作，八只。

四铺作单独采用：第一杪外华头子、内华栱，一只（长两跳；如果卷头则不采用）。

自八铺作至四铺作各用：

瓜子栱：八铺作，七只；七铺作，五只；六铺作，四只；五铺作，二只（四铺作不用）。

慢栱：八铺作，八只；七铺作，六只；六铺作，五只；五铺作，三只；四铺作，一只。

下昂：八铺作，三只（一只身长三百分，一只身长二百七十分，一只身长一百七十分）；七铺作，二只（一只身长二百七十分，一只身长一百七十分）；六铺作，二只（一只身长二百四十分，一只身长一百五十分）；五铺作，一只（身长一百二十分）；四铺作，插昂一只（身长四十分）。

交互枓：八铺作，九只；七铺作，七只；六铺作，五只；五铺作，四只；四铺作，二只。

齐心枓：八铺作，十二只；七铺作，十只；六铺作，五只；五铺作同。四铺作，三只。

散枓：八铺作，三十六只；七铺作，二十八只；六铺作，二十只；五铺作，十六只；四铺作，八只。

原典图说

补间铺作

补间铺作是斗栱的三种类型之一，又称为平身科斗栱，清代称为平身科。它指的是两柱之间的斗栱，下面接着的是平板枋和额枋，而不是柱子的顶端，因为屋顶的大面积荷载只依靠柱头斗栱来传递是不够的，还需要用柱间斗栱将一部分荷载先传递到枋上，然后传递到柱子上。

补间铺作

殿阁身槽内补间铺作用栱、枓等数

殿阁身槽内里外跳，并重栱[1]计心[2]出卷头。每补间铺作一朵用栱、枓等数下项：

自七铺作至四铺作各通用：泥道栱，一只；令栱，二只；两出耍头，一只（七铺作，长八跳[3]；六铺作，长六跳；五铺作，长四跳；四铺作，长两跳）。衬方头，一只（长同上）；栌枓，一只；暗契，二条（一条长七十六分；一条长四十六分）；

自七铺作至五铺作各通用：瓜子栱：七铺作，六只；六铺作，四只；五铺作，二只。

自七铺作至四铺作各用：

华栱：七铺作，四只（一只长八跳，一只长六跳，一只长四跳，一只长两跳）；六铺作，三只（一只长六跳，一只长四跳，一只长两跳）；五铺作，二只（一只长四跳，一只长两跳）；四铺作，一只（长两跳）。

慢栱：七铺作，七只；六铺作，五只；五铺作，三只；四铺作，一只。

交互枓：七铺作，八只；六铺作，六只；五铺作，四只；四铺作，二只。

齐心枓：七铺作，一十六只；六铺作，一十二只；五铺作，八只；四铺作，四只；

散枓：七铺作，三十二只；六铺作，二十四只；五铺作，一十六只；四铺作，八只。

译文

殿阁身槽内的里外跳，都是计心重栱出卷头。每个补间铺作一朵使用的栱、枓等的数量如下：

从七铺作到四铺作通用：泥道栱，一只；令栱，二只；两出耍头，一只（七铺作，长八跳；六铺作，长六跳；五铺作，长四跳；四铺作，长两跳）；衬方头，一只（长同上）；栌枓，一只；暗契，二条（一条长七十六分；一条长四十六分）；

从七铺作到五铺作通用：瓜子栱：七铺作，六只；六铺作，四只；五铺作，二只。

从七铺作到四铺作各用：

华栱：七铺作，四只（一只长八跳，一只长六跳，一只长四跳，一只长两跳）；六铺作，三只（一只长六跳，一只长四跳，一只长两跳）；五铺作，二只（一只长四跳，一只长两跳）；四铺作，一只（长两跳）。

慢栱：七铺作，七只；六铺作，五只；五铺作，三只；四铺作，一只。

交互枓：七铺作，八只；六铺作，六只；五铺作，四只；四铺作，二只。

齐心枓：七铺作，十六只；六铺作，十二只；五铺作，八只；四铺作，四只。

散枓：七铺作，三十二只；六铺作，二十四只；五铺作，十六只；四铺作，八只。

注释

① 重栱：是指坐斗口内或跳头上置二层栱的。

② 计心：即计心造，是宋代斗栱中，每一跳的华栱或昂头上，放置横栱的一种斗栱的结构方法。

③ 跳：即翘或昂自坐斗出跳的出跳数。铺作中自栌斗口或互斗口内向外挑出一层栱或昂，谓之出跳。挑出一层，称为一跳，一跳也叫三踩（四铺作）；挑出两层，称为两跳，两跳也叫五踩（五铺作）；一般最多挑出四层，即四跳。向内挑出称为里跳，向外挑也称为外跳。一般建筑（牌楼除外）不过九踩（七铺作）。

楼阁平坐补间铺作用栱、枓等数

原典

楼阁平坐①，自七铺作至四铺作，并重栱计心，外跳出卷头，里跳挑斡棚栿及穿串上层柱身，每补间铺作一朵，使用的栱、枓等数下项：

自七铺作至四铺作各通用：泥道栱，一只；令栱，一只；耍头，一只（七铺作，身长二百七十分；六铺作，身长二百四十分；五铺作，身长二百一十分；四铺作，身长一百八十分）；衬方，一只（七铺作，身长三百分；六铺作，身长二百七十分；五铺作，身长二百四十分；四铺作，身长二百一十分）；栌枓，一只；暗契，二条（一条长七十六分；一条长四十六分）。

自七铺作至五铺作各通用：

瓜子栱：七铺作，三只；六铺作，二只；五铺作，一只。

自七铺作至四铺作各用：

华栱②：七铺作，四只（一只身长一百五十分；一只身长一百二十分；一只身长九十分；一只身长六十分）；六铺作，三只（一只身长一百二十分；一只身长九十分；一只身长六十分）；五铺作，二只（一只身长九十分，一只身长六十分）；四铺作，一只（身长六十分）。

慢栱：七铺作，四只；六铺作，三

译文

楼阁平坐，从七铺作到四铺作，都是计心重栱，外跳出卷头，里跳挑斡棚栿及穿串上层柱身，每个补间铺作一朵使用的栱、枓等的数量如下：

从七铺作到四铺作通用：泥道栱，一只；令栱，一只；耍头，一只（七铺作耍头身长二百七十分，六铺作耍头身长二百四十分，五铺作耍头身长二百一十分，四铺作耍头身长一百八十分）；衬方，一只（七铺作衬方身长三百分，六铺作衬方身长二百七十分，五铺作衬方身长二百四十分，四铺作衬方身长二百一十分）；栌枓，一只；暗契，二条（一条长七十六分；一条长四十六分）。

从七铺作到五铺作通用：

瓜子栱：七铺作，三只；六铺作，二只；五铺作，一只。

从七铺作到四铺作各用：

华栱：七铺作，四只（一只身长一百五十分，一只身长一百二十分，一只身长九十分，一只身长六十分）；六铺作，三只（一只身长一百二十分，一只身长九十分，一只身长六十分）；五铺作，二只（一

只；五铺作，二只；四铺作，一只。

交互料③：七铺作，四只；六铺作，三只；五铺作，二只；四铺作，一只。

齐心料④：七铺作，九只；六铺作，七只；五铺作，五只；四铺作，三只。

散料：七铺作，一十八只；六铺作，一十四只；五铺作，一十只；四铺作，六只。

只身长九十分，一只身长六十分）；四铺作，一只（身长六十分）。

慢栱：七铺作，四只；六铺作，三只；五铺作，二只；四铺作，一只。

交互料：七铺作，四只；六铺作，三只；五铺作，二只；四铺作，一只。

齐心料：七铺作，九只；六铺作，七只；五铺作，五只；四铺作，三只。

散料：七铺作，十八只；六铺作，十四只；五铺作，十只；四铺作，六只。

注释

① 平坐：高台或楼层用斗栱、枋子、铺板等挑出，以利于登临眺望，此结构层称为平坐。

② 华栱：宋式的一种栱的名称，垂直于立面，向内外挑出的栱。

③ 交互料：位于横栱与华栱相交处，承托横栱和华栱传来的双向合力的栱。

④ 齐心料：在华栱或横栱正中承托上一层栱正中的斗。在令栱上方中心，承托枋传来的力的斗。一般有两个。

枓口跳每缝用栱、枓等数

原典

枓口跳，每柱头①外出跳一朵用栱、枓等下项：泥道栱，一只；华栱头，一只；栌枓，一只；交互枓，一只；散枓，二只；暗契，二条。

注释

① 柱头：柱子顶端部分，支撑古典柱式结构，比柱身宽，通常会刻意加以修饰或装饰。

译文

枓口跳，每个柱头外出跳一朵使用的栱、枓等的数量如下：泥道栱，一只；华栱头，一只；栌枓，一只；交互枓，一只；散枓，二只；暗契，二条。

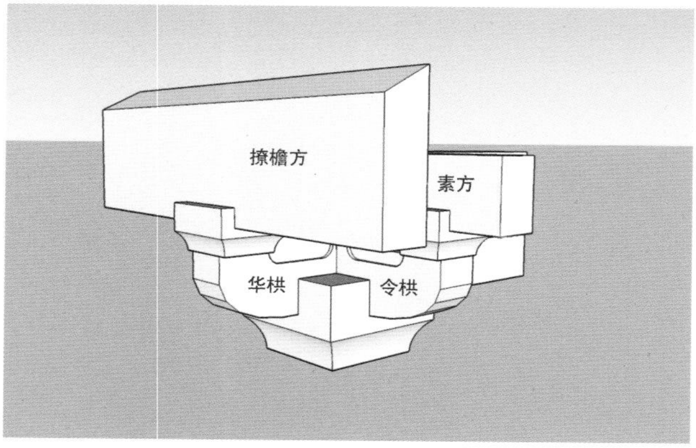

斗（枓）口跳斗栱

原典图说

枓口跳斗栱

枓口跳斗栱也称为斗口跳斗栱，或简称为斗口跳，它是中国古代建筑的斗栱中结构比较简单的一种，是一种斗栱出跳的简洁形式，栌斗之上一杪华栱出跳，橑檐方下无令栱。它的使用仅限于厅堂类及其以下的建筑，也可用于外檐柱头铺作。

把头绞项作每缝用栱、枓等数

原典

把头绞项作①，每柱头用栱、枓等下项：泥道栱，一只；耍头，一只；栌枓，一只；齐心枓，一只；散枓，二只；暗契，二条。

译文

把头绞项作，每个柱头使用的栱、枓等的数量如下：泥道栱，一只；耍头，一只；栌枓，一只；齐心枓，一只；散枓，二只；暗契，二条。

注释

① 把头绞项作：是宋代一铺作名称，实是“把头交项作”的别称。

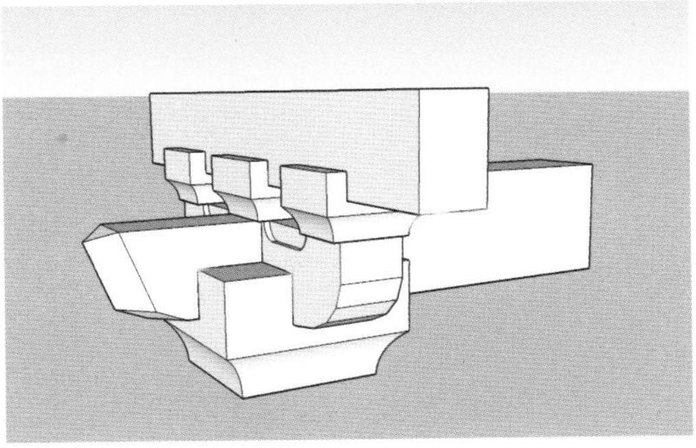

把头绞项

原典图说

把头绞项

把头绞项是古代建筑中一种特殊的柱梁结合方式，或者也可以说是一种特殊的斗栱。它的建造方法是：将内部伸出的梁栿端部砍成挑尖梁头或者耍头、昂的形式，然后与泥道栱直接相交于柱顶的栌斗上。之后泥道栱上再置两只散斗和一只齐心斗（类似于一斗三升），然后直接承接橑檐枋、檐檩等。

铺作每间用方桁等数

自八铺作至四铺作，每一间[1]一缝[2]内、外用方桁等下项：

方桁：八铺作，一十一条；七铺作，八条；六铺作，六条；五铺作，四条；四铺作，二条；橑檐方[3]，一条。

遮椽板：难子加板数一倍；方一寸为定。八铺作，九片；七铺作，七片；六铺作，六片；五铺作，四片；四铺作，二片。

殿槽内，自八铺作至四铺作，每一间一缝内、外用方桁等下项：

方桁：七铺作，九条；六铺作，七条；五铺作，五条；四铺作，三条。

遮椽板：七铺作，八片；六铺作，六片；五铺作，四片；四铺作，二片。

平坐[4]，自八铺作至四铺作，每间外出跳用方桁等下项：

方桁：七铺作，五条；六铺作，四条；五铺作，三条；四铺作，二条。

遮椽板：七铺作，四片；六铺作，三片；五铺作，二片；四铺作，一片。

雁翅板，一片。广三十分。

枓口跳，每间内前、后檐用方桁等下项：方桁，二条；橑檐方，二条。

把头绞项作，每间内前、后檐用方桁下项：方桁，二条。

译文

从八铺作到四铺作，每一间一缝内、外使用方桁等的数量如下：

方桁：八铺作，十一条；七铺作，八条；六铺作，六条；五铺作，四条；四铺作，二条；橑檐方，一条。

遮椽板（难子数比板数多一倍；方长一寸为定法）：八铺作，九片；七铺作，七片；六铺作，六片；五铺作，四片；四铺作，二片。

殿槽内，从八铺作到四铺作，每一间一缝内、外使用方桁等的数量如下：

方桁：七铺作，九条；六铺作，七条；五铺作，五条；四铺作，三条。

遮椽板：七铺作，八片；六铺作，六片；五铺作，四片；四铺作，二片。

平坐，从八铺作到四铺作，每间外出跳使用方桁等的数量如下：

方桁：七铺作，五条；六铺作，四条；五铺作，三条；四铺作，二条。

遮椽板：七铺作，四片；六铺作，三片；五铺作，二片；四铺作，一片。

雁翅板，一片。广三十分。

凡铺作，如单栱及偷心造，或柱头内骑绞梁栿处，出跳皆随所用铺作除减科栱（如单栱造者，不用慢栱，其瓜子栱并改作令栱。若里跳别有增减者，各依所出之跳加减）。其铺作安勘、绞割、展拽，每一朵（昂栓、暗契、暗科口安札及行绳墨等功并在内，以上转角者并准此）取所用科、栱等造作功，十分中加四分。

科口跳，每间内前、后檐使用方桁等的数量如下：方桁，二条；橑檐方，二条。

把头绞项作，每间内前、后檐使用方桁的数量如下：方衍，二条。

如偷心单栱，或是柱头内骑绞梁栿处等的铺作，出跳都是根据所用铺作除减科栱（比如单栱不用慢栱，其瓜子栱都改成令栱。如果里跳另有增减，各自根据所出之跳加减）。安勘、绞割、展拽这些铺作，每一朵（昂栓、暗契、暗科口的安札以及施行绳墨等的功都包括在内。转角的这些构件都照此计算）取所用科、栱等的造作功，十分中增加四分。

注释

① 间：中国古代木架建筑把相邻两榀屋架之间的空间称为“间”，房屋的进深则以“架”数或椽数来表述。

② 缝：凡中心线均称缝，如柱列的中心线称为柱缝，槫断面的垂直方向中心线称为槫缝，转角铺作上的斜栱斜昂称之为“斜出跳一缝”。

③ 橑檐方：宋代斗栱外端用以承托屋檐的枋料。此枋荷载大，故断面高度为其他枋的一倍。如用圆料，则称橑风槫，其下以小枋料或替木托之。

④ 平坐：高台或楼层用斗栱、枋子、铺板等挑出，以利于登临眺望，此结构层称为平坐。

卷十八

大木作[1]功限二

原典

殿阁等自八铺作至四铺作，内、外并重栱计心，外跳出下昂[2]，里跳出卷头，每转角铺作一朵[3]用栱、昂等数下项：

自八铺作至四铺作各通用：华栱列泥道栱，二只（若四铺作插昂，不用）。角内耍头，一只（八铺作至六铺作，身长一百一十七分；五铺作、四铺作，身长八十四分）；角内由昂，一只（八铺作，身长四百六十分；七铺作，身长四百二十分；六铺作，身长三百七十六分；五铺作，身长三百三十六分；四铺作，身长一百四十分）；栌枓，一只；暗契，四条（二条长三十六分；二条长二十一分）。

自八铺作至五铺作各通用：慢栱列切几头，二只；瓜子栱列小栱头分首，二只（身长二十八分）；角内华栱，一只；足材[4]耍头，二只（八铺作、七铺作，身长九十分；六铺作、五铺作，身长六十五分）；衬方，二条（八铺作、七铺作，长一百三十分；六铺作、五铺作，长九十分）。

自八铺作至六铺作各通用：令栱，二只；瓜子栱列小栱头分首，二只（身内交隐鸳鸯栱，长五十三分）；令栱列瓜子栱，二只（外跳用）；慢栱列切几头分首，二只（外跳用，身长二十八分）；令栱列小栱头，二只（里跳用）；瓜子栱列小栱头分首，四只（里跳用，八铺作添二只）；慢栱列切几头分首，四只（八铺作同上）。

殿阁外檐转角铺作用栱、枓等数

译文

殿阁等从八铺作到四铺作，内、外都为计心重栱，外跳出下昂，里跳出卷头，每一个转角铺作一朵使用栱、昂等的数量如下：

从八铺作到四铺作通用：华栱列泥道栱，二只（如果四铺作插昂，不采用）；角内耍头，一只（八铺作至六铺作角内耍头身长一百一十七分；五铺作、四铺作角内耍头身长八十四分）；角内由昂，一只（八铺作角内由昂身长四百六十分，七铺作角内由昂身长四百二十分，六铺作角内由昂身长三百七十六分，五铺作角内由昂身长三百三十六分，四铺作角内由昂身长一百四十分）；栌枓，一只；暗契，四条（二条长三十六分，二条长二十一分）。

从八铺作到五铺作通用：慢栱列切几头，二只；瓜子栱列小栱头分首，二只（身长二十八分）；角内华栱，一只；足材耍头，二只（八铺作、七铺作足材耍头身长九十分，六铺作、五铺作足材耍头身长六十五分）；衬方，二条（八铺作、七铺作衬方长一百三十分，六铺作、五铺作衬方长九十分）。

从八铺作到六铺作通用：令栱，二只；瓜子栱列小栱头分首，二只（在身内雕鸳鸯交首栱，长五十三分）；令栱列瓜子栱，二只（外跳用）；慢栱列切几头分首，二只（外跳用，身长二十八分）；令栱列小栱头，二只（里跳用）；瓜子栱列小栱头分首，四只（里跳用，八铺作加二只）；慢栱列切几头分首，四只（八铺作同上）。

注释

①大木作：古建筑物中主要木构结构部分的总称，主要包括柱、梁、枋、檩等。同时又是木建筑比例尺度和形体外观的重要决定因素。清式大木做分大木大式、大木小式两类。

②下昂：昂分上下两种，下昂用于外檐承托挑檐，因昂尖向下而得名。

③朵：宋代斗栱计量方法，一朵即一组斗栱，即最简单的四铺作。

④足材：单材加栔谓之足材，高21分，宋代建筑单位。

⑤杪：宋代斗栱出一跳华栱称为“一杪”，或“出一卷头”。出二跳华栱称为两杪，或出两卷头。

八铺作、七铺作各独用：华头子，二只（身连间内方桁）；瓜子栱列小栱头，二只（外跳用，八铺作添二只）；慢栱列切几头，二只（外跳用，身长五十三分）；华栱列慢栱，二只（身长二十八分）；瓜子栱，二只（八铺作添二只）；第二杪[5]华栱，一只（身长七十四分）；第三杪外华头子、内华栱，一只（身长一百四十七分）。

六铺作、五铺作各独用：华头子列慢栱，二只（身长二十八分）。

八铺作独用：慢栱，二只；慢栱列切几头分首，二只（身内交隐鸳鸯栱，长七十八分）；第四杪内华栱，一只（外随昂、槫斜，身长一百一十七分）。

五铺作独用：令栱列瓜子栱，二只（身内交隐鸳鸯栱，身长五十六分）。

四铺作独用：令栱列瓜子栱分首，二只（身长三十分）；华头子列泥道栱，二只；耍头列慢栱，二只（身长三十分）；角内外华头子、内华栱，一只（若卷头造不用）。

译文

八铺作、七铺作单独使用：华头子，二只（华头子连接间内方桁）；瓜子栱列小栱头，二只（外跳用，八铺作加二只）；慢栱列切几头，二只（外跳用，身长五十三分）；华栱列慢栱，二只（身长二十八分）；瓜子栱，二只（八铺作加二只）；第二杪华栱，一只（身长七十四分）；第三杪外华头子、内华栱，一只（身长一百四十七分）。

六铺作、五铺作单独使用：华头子列慢栱，二只（身长二十八分）。

八铺作单独使用：慢栱，二只；慢栱列切几头分首，二只（在身内雕鸳鸯交首栱，长七十八分）。第四杪内华栱，一只（顺着昂、槫斜向外，身长一百一十七分）。

五铺作单独使用：令栱列瓜子栱，二只（在身内雕鸳鸯交首栱，身长五十六分）。四铺作单独使用：令栱列瓜子栱分首，二只（身长三十分）；华头子列泥道栱，二只；耍头列慢栱，二只（身长三十分）；角内外华头子、内华栱，一只（如果是卷头，不采用）。

自八铺作至四铺作各用：

交角昂：八铺作，六只（二只身长一百六十五分；二只身长一百四十分；二只身长一百一五分）；七铺作，四只（二只身长一百四十分；二只身长一百一十五分）；六铺作，四只（二只身长一百分；二只身长七十五分）；五铺作，二只（身长七十五分）；四铺作，二只（身长三十五分）。

角内昂：八铺作，三只（一只身长四百二十分；一只身长三百八十分；一只身长二百分）；七铺作，二只（一只身长三百三十六分；一只身长一百七十五分）；六铺作，二只（一只身长三百三十六分；一只身长一百七十五分）；五铺作、四铺作，各一只（五铺作，身长一百七十五分；四铺作，身长五十分）。

交互科：八铺作，一十只；七铺作，八只；六铺作，六只；五铺作，四只；四铺作，二只。

齐心科：八铺作，八只；七铺作，六只；六铺作，二只（五铺作、四铺作同）。

平盘科：八铺作，一十一只；七铺作，七只；（六铺作同）；五铺作，六只；四铺作，四只。

散科：八铺作，七十四只；七铺作，五十四只；六铺作，三十六只；五铺作，二十六只；四铺作，一十二只。

译文

从八铺作到四铺作各用：

交角昂：八铺作，六只（二只身长一百六十五分，二只身长一百四十分，二只身长一百一十五分）；七铺作，四只（二只身长一百四十分，二只身长一百一十五分）；六铺作，四只（二只身长一百分，二只身长七十五分）；五铺作，二只（身长七十五分）；四铺作，二只（身长三十五分）。

角内昂：八铺作，三只（一只身长四百二十分，一只身长三百八十分，一只身长二百分）；七铺作，二只（一只身长三百三十六分，一只身长一百七十五分）；六铺作，二只（一只身长三百三十六分，一只身长一百七十五分）；五铺作、四铺作各一只（五铺作角内昂身长一百七十五分，四铺作角内昂身长五十分）。

交互科：八铺作，十只；七铺作，八只；六铺作，六只；五铺作，四只；四铺作，二只。

齐心科：八铺作，八只；七铺作，六只；六铺作，二只（五铺作、四铺作同）。

平盘科：八铺作，十一只；七铺作，七只（六铺作同）；五铺作，六只；四铺作，四只。

散科：八铺作，七十四只；七铺作，五十四只；六铺作，三十六只；五铺作，二十六只；四铺作，十二只。

原典图说

转角铺作

转角铺作是斗栱的三种类型之一，也称为角科斗栱，清代则称为角科，位于建筑物的角柱头之上，是连接边柱顶端与天花的重要部件。同时也是所有斗栱中构造最复杂的，因为它要考虑到房屋翼角、挑檐等特殊部件以及装饰的要求，所以它的构成中还多出了如翘、昂之类的构件。

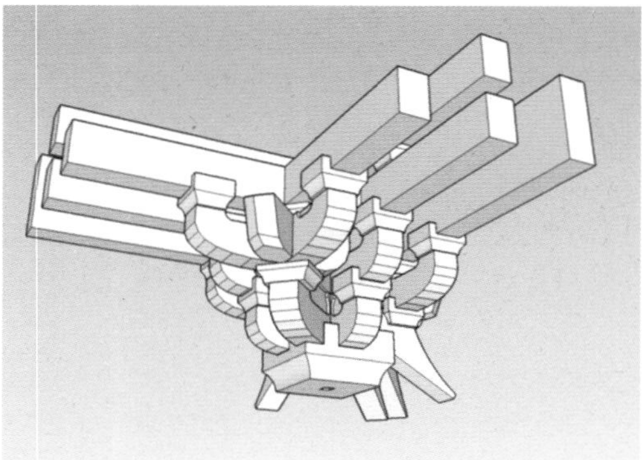

转角四铺作插昂后

殿阁身槽①内里外跳，并重栱计心出卷头，每转角铺作②一朵用枓、栱等数下项：

自七铺作至四铺作各通用：华栱列泥道栱，三只（外跳用）；令栱列小栱头分首，二只（里跳用）；角内华栱，一只；角内两出耍头，一只（七铺作，身长二百八十八分；六铺作，身长一百四十七分；五铺作，身长七十七分；四铺作，身长六十四分）；栌枓，一只；暗栔，四条（二条长三十一分；二条长二十一分）。

自七铺作至五铺作各通用：瓜子栱列小栱头分首，二只（外跳用，身长二十八分）；慢栱列切几头分首，二只（外跳用，身长二十八分）；角内第二杪华栱，一只（身长七十七分）。

七铺作、六铺作各独用：瓜子栱列小栱头分首，二只（身内交隐鸳鸯栱，身长五十三分）；慢栱列切几头分首，二只（身长五十三分）；令栱列瓜子栱，二只；华栱列慢栱，二只；骑栿令栱③，二只；角内第三杪华栱，一只（身长一百四十七分）。

七铺作独用：慢栱列切几头分首，二只（身内交隐鸳鸯栱，身长七十八分）；瓜子栱列小栱头，二只；瓜子丁头栱④，四只；角内第四杪华栱，一只（身长

殿阁身内转角铺作用栱、枓等数

译文

殿阁身槽内的里外跳，做计心重栱并出卷头，每一转角铺作的一朵使用枓、栱等的数量如下：

从七铺作到四铺作通用：华栱列泥道栱，三只（外跳用）；令栱列小栱头分首，二只（里跳用）；角内华栱，一只；角内两出耍头，一只（七铺作角内两出耍头身长二百八十八分，六铺作角内两出耍头身长一百四十七分，五铺作角内两出耍头身长七十七分，四铺作角内两出耍头身长六十四分）；栌枓，一只；暗栔，四条（二条长三十一分，二条长二十一分）。

从七铺作到五铺作通用：瓜子栱列小栱头分首，二只（外跳用，身长二十八分）；慢栱列切几头分首，二只（外跳用，身长二十八分）；角内第二杪华栱，一只（身长七十七分）。

七铺作、六铺作单独使用：瓜子栱列小栱头分首，二只（在身内雕鸳鸯交首栱，身长五十三分）；慢栱列切几头分首，二只（身长五十三分）；令栱列瓜子栱，二只；华栱列慢栱，二只；骑栿令栱，二只；角内第三杪华栱，一只（身长一百四十七分）。

七铺作单独使用：慢栱列切几头分首，二只（在身内雕鸳鸯交首栱，身长七十八分）；瓜子栱列小栱头，二只；瓜子丁头栱，四只；角内第四杪华栱，一只（身长二百一十七分）。

二百一十七分）。

五铺作独用：骑栿令栱分首，二只（身内交隐鸳鸯栱，身长五十三分）。

四铺作独用：令栱列瓜子栱分首，二只（身长二十分）。耍头列慢栱，二只（身长三十分）。

自七铺作至五铺作各用：慢栱列切几头，七铺作，六只；六铺作，四只；五铺作，二只。瓜子栱列小栱头（数并同上）。

自七铺作至四铺作各用：

交互枓：七铺作，四只（六铺作同）；五铺作，二只（四铺作同）。

平盘枓：七铺作，一十只；六铺作，八只；五铺作，六只；四铺作，四只。

散枓：七铺作，六十只；六铺作，四十二只；五铺作，二十六只；四铺作，一十二只。

五铺作单独使用：骑栿令栱分首，二只（在身内雕鸳鸯交首栱，身长五十三分）。

四铺作单独使用：令栱列瓜子栱分首，二只（身长二十分）。耍头列慢栱，二只（身长三十分）。

从七铺作到五铺作使用：慢栱列切几头，七铺作，六只；六铺作，四只；五铺作，二只。瓜子栱列小栱头（数量同上）。

从七铺作到四铺作各用：

交互枓：七铺作，四只（六铺作同）。五铺作，二只（四铺作同）。

平盘枓：七铺作，十只；六铺作，八只；五铺作，六只；四铺作，四只。

散枓：七铺作，六十只；六铺作，四十二只；五铺作，二十六只；四铺作，十二只。

注释

① 槽：宋代殿阁类建筑的术语，指殿身内用一系列柱子与斗栱划分空间的方式，也指该柱列与斗栱所在的轴线。

② 转角铺作：斗栱在不同部位有不同的名称，位在角柱头上的宋称转角铺作，清称转角科。

③ 骑栿令栱：与栿（梁）相正交的令栱，好像骑在梁栿之上一样，上承栱或枋。

④ 丁头栱：位于梁下的半截栱。原由串枋出头部分做成，后成为梁头下的装饰。

楼阁平坐转角铺作用栱、枓等数

原典

楼阁[1]平坐，自七铺作至四铺作，并重栱计心，外跳出卷头，里跳挑斡棚栿及穿串上层柱身[2]，每转角铺作一朵用栱、枓等数下项：

自七铺作至四铺作各通用：第一杪角内足材华栱，一只（身长四十二分）；第一杪入柱华栱，二只（身长三十二分）；第一杪华栱列泥道栱，二只（身长三十二分）；角内足材耍头，一只（七铺作，身长二百一十分；六铺作，身长一百六十八分；五铺作，身长一百二十六分；四铺作，身长八十四分）；耍头列慢栱分首，二只（七铺作，身长一百五十二分；六铺作，身长一百二十二分；五铺作，身长九十二分；四铺作，身长六十二分）；入柱耍头，二只（长同上）；耍头列令栱分首，二只（长同上）；衬方，三条（七铺作内，二条单材[3]，长一百八十分；一条足材，长二百五十二分；六铺作内，二条单材，长一百五十分；一条足材，长二百一十分；五铺作内，二条单材，长一百二十分；一条足材，长一百六十八分；四铺作内，二条单材，长九十分；一条足材，长一百二十六分）；栌枓，三只；暗契，四条（二条长六十八分；二条长五十三分）。

译文

楼阁的平坐，从七铺作到四铺作，都做计心重栱，外跳出卷头，里跳挑斡棚栿及穿串上层柱身，每一转角铺作一朵使用栱、枓等的数量如下：

从七铺作到四铺作通用：第一杪角内足材华栱，一只（ 身长四十二分）；第一杪入柱华栱，二只（身长三十二分）；第一杪华栱列泥道栱，二只（身长三十二分）；角内足材耍头，一只（七铺作角内足材耍头身长二百一十分，六铺作角内足材耍头身长一百六十八分，五铺作角内足材耍头身长一百二十六分，四铺作角内足材要头身长八十四分）；耍头列慢栱分首，二只（在七铺作之中，身长一百五十二分，在六铺作之中，身长一百二十二分，在五铺作之中，身长九十二分，在四铺作之中，身长六十二分）；入柱耍头，二只（长度同上）；耍头列令栱分首，二只（长度同上）；衬方，三条（在七铺作内，二条单材衬方，长一百八十分，一条足材衬方，长二百五十二分；在六铺作内，二条单材衬方，长一百五十分，一条足材衬方，长二百一十分；在五铺作内，二条单材衬方，长一百二十分，一条足材衬方，长一百六十八分。在四铺作内，二条单材衬方，长九十分，一条足材衬方，长一百二十六分）；栌枓，三只；暗契，四条（二条长六十八分；二条长五十三分）。

自七铺作至五铺作各通用：第二杪角内足材华栱，一只（身长八十四分）；第二杪入柱华栱，二只（身长六十三分）；第二杪华栱列慢栱，二只（身长六十三分）。

七铺作、六铺作、五铺作各用：耍头列方桁，二只（七铺作，身长一百五十二分；六铺作，身长一百二十二分；五铺作，身长九十一分）。

华栱列瓜子栱分首：七铺作，六只（二只身长一百二十二分；二只身长九十二分；二只身长六十二分）；六铺作，四只（二只身长九十二分；二只身长六十二分）；五铺作，二只（身长六十二分）。

七铺作、六铺作各用：

交角耍头：七铺作，四只（二只身长一百五十二分；二只身长一百二十二分）；六铺作，二只（身长一百二十二分）；

华栱列慢栱分首：七铺作，四只（二只身长一百二十二分；二只身长九十二分）；六铺作，二只（身长九十二分）。

七铺作、六铺作各独用：第三杪角内足材华栱，一只（身长二十六分）；第三杪入柱华栱，二只（身长九十二分）；第三杪华列柱头方④，二只（身长九十二分）。

七铺作独用：第四杪入柱华栱，二只（身长一百二十二分）；第四杪交角华栱，二只（身长九十二分）；第四杪华栱列柱头方，二只（身长一百二十二分）；第四杪角内华栱，一只（身长一百六十八分）。

从七铺作到五铺作通用：第二杪角内足材华栱，一只（身长八十四分）；第二杪入柱华栱，二只（身长六十三分）；第二杪华栱列慢栱，二只（身长六十三分）。

七铺作、六铺作、五铺作使用：耍头列方桁，二只（在七铺作之中，身长一百五十二分，在六铺作之中，身长一百二十二分，在五铺作之中，身长九十一分）。

华栱列瓜子栱分首：七铺作，六只（二只身长一百二十二分，二只身长九十二分，二只身长六十二分）；六铺作，四只（二只身长九十二分，二只身长六十二分）；五铺作，二只（身长六十二分）。

七铺作、六铺作使用：

交角耍头：七铺作，四只（二只身长一百五十二分；二只身长一百二十二分）；六铺作，二只（身长一百二十二分）；

华栱列慢栱分首：七铺作，四只（二只身长一百二十二分；二只身长九十二分）；六铺作，二只（身长九十二分）。

七铺作、六铺作单独使用：第三杪角内足材华栱，一只（身长二十六分）；第三杪入柱华栱，二只（身长九十二分）；第三杪华列柱头方，二只（身长九十二分）；

七铺作单独使用：第四杪入柱华栱，二只（身长一百二十二分）；第四杪交角华栱，二只（身长九十二分）；第四杪华栱列柱头方，二只（身长一百二十二分）；第四杪角内华栱，一只（身长一百六十八分）。

自七铺作至四铺作，各用：

交互科：七铺作，二十八只；六铺作，一十八只；五铺作，一十只；四铺作，四只。

齐心科：七铺作，五十只；六铺作，四十四只；五铺作，一十九只；四铺作，八只。

平盘科：七铺作，五只；六铺作，四只；五铺作，三只；四铺作，二只。

散科：七铺作，一十八只；六铺作，一十四只；五铺作，一十只；四铺作，六只。

凡转角铺作⑤，各随所长，每铺作科栱一朵，如四铺作⑥、五铺作⑦，取所用栱、科等造作功，于十分中加八分为安勘、绞割、展拽功。若六铺作以上，加造作功一倍。

从七铺作到四铺作各用：

交互科：七铺作，二十八只；六铺作，十八只；五铺作，十只；四铺作，四只。

齐心科：七铺作，五十只；六铺作，四十四只；五铺作，十九只；四铺作，八只。

平盘科：七铺作，五只；六铺作，四只；五铺作，三只；四铺作，二只。

散科：七铺作，十八只；六铺作，十四只；五铺作，十只；四铺作，六只。

转角铺作，各自根据其长度，每铺作科栱一朵，如果是四铺作、五铺作，则将栱、科等造作功的百分之八十作为安勘、绞割、展拽功。如果是六铺作以上，安勘、绞割、展拽功与栱、科等的造作功相同。

注释

① 楼阁：中国古代建筑中的多层建筑物。早期楼与阁是有所区别的，楼指重屋，多狭而修曲，在建筑群中处于次要位置；阁指下部架空、底层高悬的建筑，平面呈方形，两层，有平座，在建筑群中居主要位置。后来楼与阁互通，无严格区分。楼阁多为木结构，构架形式有井傒式、重屋式、平座式、通柱式等。

② 柱身：是指从柱础到柱头间的部分。

③ 单材：宋代谓“材”上不加“栔”者（高 15 分）为单材，清代谓之材（截面）高为 1.4 斗口者为单材，俗写作“单才”。

④ 柱头方：即柱头枋，在柱疛中线或泥道栱系列上面的枋，宋称柱头枋，清称正心枋。

⑤ 转角铺作：斗栱在不同部位有不同的名称，位在角柱头上的，宋称为转角铺作，清称为转角科。

⑥ 四铺作：宋代斗栱出一跳称为四铺作。从下而上，依次有栌斗、华栱、耍头、衬方头，共四层，故称四铺作。

⑦ 五铺作：比四铺作多一层下昂或华栱，共五层，出两跳。六铺作、七铺作、八铺作以此类推。

卷十九 大木作功限三

殿堂梁、柱等事件功限

原典

造作功：

月梁[1]（材每增减一等，各递加减八寸。直梁准此），八椽栿[2]，每长六尺七寸（六椽栿以下至四椽栿，各递加八寸；四椽栿至三椽栿，加一尺六寸；三椽栿至两椽栿及丁栿、乳栿，各加二尺四寸）；

直梁，八椽栿，每长八尺五寸（六椽栿以下至四椽栿，各递加一尺；四椽栿至三椽栿，加二尺；三椽栿至两椽栿及丁栿[3]、乳栿[4]，各加三尺）；

右各一功[5]。

柱，每一条长一丈五尺，径一尺一寸，一功（穿凿功在内。若角柱，每一功加一分功）。如径增一寸，加一分二厘功（如一尺三寸以上，每径增一寸，又递加三厘功）。若长增一尺五寸，加本功一分功（或径一尺一寸以下者，每减一寸，减一分七厘功，减至一分五厘止）；或用方柱，每一功

译文

造作功：

月梁（材每提高或者降低一等，各相应增加或者减少八寸。直梁也是如此），八椽栿，每长六尺七寸（六椽栿以下到四椽栿，各相应增加八寸；四椽栿到三椽栿，增加一尺六寸；三椽栿到两椽栿以及丁栿、乳栿，各增加二尺四寸）。

直梁，八椽栿，每长八尺五寸（六椽栿以下到四椽栿，各相应增加一尺；四椽栿到三椽栿，增加二尺；三椽栿到两椽栿以及丁栿、乳栿，各增加三尺）。

以上各一功。

柱，每一条长度为一丈五尺，直径为一尺一寸，一功（穿凿功包括在内。如果是角柱，每一功增加一分功）。如果直径增大一寸，那么增加一分二厘功（如果柱的直径在一尺三寸以上，每增大一寸，再增加三厘功）。如果长度增长一尺五寸，增加本功一分功（如果柱的直径在一尺一寸以下，每减小一寸，就减去一分七厘功，减到一分五厘功为止）。也可使用方柱，每一功减去二分功。如果是壁内暗柱，造作圆柱则每一功减去三分功，造作方柱则减去一分功（如果只用柱头额，则减去本功一分功）。

减二分功。若壁内暗柱，圜者每一功减三分功，方者减一分功（如只用柱头额者，减本功一分功）。

驼峰[6]，每一坐（两瓣或三瓣卷杀），高二尺五寸，长五尺，厚七寸；

绰幕[7]三瓣头，每一只；

柱硕，每一枚；

右各五分功（材每增减一等，绰幕头各加减五厘功；柱硕各加减一分功。其驼峰若高增五寸，长增一尺，加一分功；或作毡笠样造，减二分功）。

大角梁[8]，每一条，一功七分（材每增减一等，各加减三分功）。

子角梁，每一条，八分五厘功（材每增减一等，各加减一分五厘功）。

续角梁[9]，每一条，六分五厘功（材每增减一等，各加减一分功）。

襻间[10]、脊串、顺身串[11]，并同材。

替木[12]一枚，卷杀[13]两头，共七厘功（身内同材；楷子同；若作华楷，加功三分之一）。

普拍方，每长一丈四尺（材每增减一等，各加减一尺）。

橑檐方，每长一丈八尺五寸（加减同上）。

驼峰一座（两瓣或三瓣卷杀），高度为二尺五寸，长度为五尺，厚度为七寸；

绰幕三瓣头一只；

柱硕一枚；

以上各五分功（材每提高或者降低一等，绰幕头相应增加或者减少五厘功，柱硕相应增加或者减少一分功。驼峰的高度如果增加五寸，长度增加一尺，那么就加一分功；如果是做毡笠样，那么就减少二分功）。

一条大角梁，一功七分（材每提高或者降低一等，相应增加或者减少三分功）。

一条子角梁，八分五厘功（材每提高或者降低一等，相应增加或者减少一分五厘功）。

一条续角梁，六分五厘功（材每提高或者降低一等，相应增加或者减少一分功）。

襻间、脊串、顺身串，都与材相同。

替木，卷杀两头，一共七厘功（身内与材相同；子相同；如果做华楷，增加三分之一功）。

普拍方，长一丈四尺（材每提高或者降低一等，相应增加或者减少一尺）。

橑檐方，长一丈八尺五寸（加减同上）。

槫，每长二丈（加减同上，如草架[14]，加一倍）。

劄牵[15]，每长一丈六尺（加减同上）。

大连檐[16]，每长五丈（材每增减一等，各加减五尺）。

小连檐[17]，每长一百尺（材每增减一等，各加减一丈）。

椽，缠斫事造者，每长一百三十尺（如斫棱事造者，加三十尺；若事造圜椽者，加六十尺；材每增减一等，各加减十分之一）。

飞子，每三十五只（材每增减一等，各加减三只）。

大额[18]，每长一丈四尺二寸五分（材每增减一等，各加减五寸）。

由额[19]，每长一丈六尺（加减同上，照壁方、承椽串同）。

托脚[20]，每长四丈五尺（材每增减一等，各加减四尺；叉手[21]同）。

平暗板，每广一尺，长十丈（遮椽板、白板同；如要用金漆及法油者，长即减三分）。

生头，每广一尺，长五丈（搏风板、敦桥、矮柱同）。

槫，长二丈（加减同上，如是草架，则增加一倍）。

劄牵，长一丈六尺（加减同上）。

大连檐，长五丈（材每提高或者降低一等，相应增加或者减少五尺）。

小连檐，每长一百尺（材每提高或者降低一等，相应增加或者减少一丈）。

椽，四面斫平，长一百三十尺（如果斫出棱边，则增加三十尺；如果做圆椽，增加六十尺；材每提高或者降低一等，相应增加或者减少长度的十分之一）。

飞子，三十五只（材每提高或者降低一等，相应增加或者减少三只）。

大额，长一丈四尺二寸五分（材每提高或者降低一等，相应增加或者减少五寸）。

由额，长一丈六尺（加减同上，照壁方、承椽串相同）。

托脚，长四丈五尺（材每提高或者降低一等，相应增加或者减少四尺；叉手相同）。

平暗板，宽一尺，长十丈（遮椽板、白板相同；如果使用金漆及法油，长度则减少三分之一）。

生头，宽一尺，长五丈（搏风板、敦桥、矮柱相同）。

楼阁上平坐内地面板，每广一尺，厚二寸，牙缝造（长同上；若直缝造者，长增一倍）。

右各一功。

凡安勘、绞割屋内所用名件柱、额等，加造作名件功四分（如有草架，压槽方、襻间、暗栔、樘柱固济等方木在内）；卓立搭架、钉椽、结裹，又加二分（仓敖、库屋功限及常行散屋功限准此。其卓立、搭架等，若楼阁五间，三层以上者，自第二层平坐以上，又加二分功）。

楼阁上平坐内地面板，宽一尺，厚二寸，做牙缝（长度同上；如果是做直缝，长度增加一倍）。

以上各一功。

凡是安勘、绞割屋内所用构件柱、额等，要加上这些构件的造作功四分（比如有草架，那么压槽方、襻间、暗栔、樘柱固济等方木都包括在内）。立设搭架、钉椽、结裹，再增加二分功（仓敖、库屋以及常行散屋的功限都如此。对于立设、搭架等，如果是五间三层以上的楼阁，从第二层平坐开始，又增加二分功）。

注释

① 月梁：木构梁架是古建筑发展的主流，梁架最主要的作用是承重。在中国北方地区的木结构建筑中，多做平直的梁，而南方的做法则将梁梢加弯曲，形如月亮，故称之为月梁。

② 八椽栿：托八架椽子的梁就是八椽栿，同理托六架椽子的梁就是六椽栿，托四架椽梁的就是四椽栿，以此类推。

③ 丁栿：宋式大木作构件名称，位于四阿殿顶和九脊殿顶山面，是承托山面与前后瓦坡相汇处的必需构件，在结构上起承托山面屋架荷载的作用。梁的一头搭在山面铺作或檐柱之上，而另一头则搭在横梁之上，并与横梁垂直呈“丁”字形，故名。

④ 乳栿：即两椽袱。梁首放在铺作上，梁尾一端插入内柱柱身，但也有两头都放在铺作上的。

⑤ 功：劳动用工耗用的工时，以一天为一个单位。

⑥ 驼峰：形如骆驼之背，一般在彻上明造梁架中配合斗栱承载梁栿。有全驼峰和半驼峰之别。

⑦ 绰幕：即雀替，是清代的叫法，又叫“角替”，置于梁枋下与柱交接处，可加固梁枋与柱的连接，缩短梁枋的净跨距离。

⑧ 角梁：在建筑屋顶上的垂脊处，也就是屋顶的正面和侧面相接处，最下面一架斜置并伸出柱子之外的梁，叫作“角梁”。角梁一般有上下两层，其中的下层梁在宋式建筑中称为“大角梁”，在清式建筑中称为“老角梁”。老角梁上面，即角梁的上层梁为“仔角梁”，也称“子角梁”。

⑨ 续角梁：并非一根，是由若干角梁相连的构件。宋官式做法的“续角梁”，一般在五间、七间、九间以上情况下使用，三间无此构件，是用来解决角梁长度不足的方法。

⑩ 襻间：是古代建筑的一种构件。襻间用于椽下，是连系各梁架的重要构件，以加强结构的整体性，有单材、两材、实拍等组合形式。明清时期檩下只用垫板、枋，合称一檩三件，废除襻间。明清时襻间改称枋，并在它与檩间空隙处加竖板，称垫板。

⑪ 顺身串：宋代建筑中贯穿左右两内柱的串枋，与檩条方向一致。

⑫ 替木：中国古代建筑中起拉接作用的辅助构件，常用于对接的檩子、枋子之下，有防止檩、枋拔榫的作用。

⑬ 卷杀：宋代栱、梁、柱等构件端部作弧形，形成柔美而有弹性的外观，称为卷杀。卷有圆弧之意，杀有砍削之意。

⑭ 草架：古代构筑前设计的图样。

⑮ 劄牵：即札牵，一梁置于柱头上或与铺作组合。梁按长短命名，长一椽的（一步架）称札牵（单步梁）。

⑯ 大连檐：是钉在飞檐椽上的横木，起到联所有檐椽作用的，断面为直角梯形，长按通面阔，高同檐椽径，宽为 1.1~1.2 倍檐椽径，亦称“檐板”。

⑰ 小连檐：宋式建筑中置于飞椽、翘飞椽挑出端头上的横向联络之材，因其截面小于置于檐椽端头的大连檐，故称小连檐。

⑱ 大额：即大额枋，柱上联络与承重的水平构件，有时 2 根叠用，其中上面的清代称大额枋。

⑲ 由额：柱上联络与承重的水平构件，有时 2 根叠用，其中下面的宋称由额，清称小额枋。

⑳ 托脚：宋代建筑中位于槫两侧起固定作用的斜杆，其中位于脊槫两侧的称叉手，其余称托脚。

㉑ 叉手：脊桁两侧的斜杆，用以固持脊槫，其形状犹如侍者叉手而立，故名。多见于唐、宋、元、明的建筑上。

造作功：

排叉柱[1]，长二丈四尺，广一尺四寸，厚九寸，每一条，一功九分二厘（每长增减一尺，各加减八厘功）。

洪门栿，长二丈五尺，广一尺五寸，厚一尺。每一条，一功九分二厘五毫（每长增减一尺，各加减七厘七毫功）。

狼牙栿，长一丈二尺，广一尺，厚七寸。每一条，八分四厘功（每长增减一尺，各加减七厘功）。

托脚[2]，长七尺，广一尺，厚七寸。每一条，四分九厘功（每长增减一尺，各加减七厘功）。

蜀柱[3]，长四尺，广一尺，厚七寸。每一条，二分八厘功（每长增减一尺，各加减七厘功）。

涎衣木，长二丈四尺，广一尺五寸，厚一尺。每一条，三功八分四厘（每长增减一尺，各加减一分六摩功）。

永定柱[4]，事造头口，每一条，五分功。

檐门方，长二丈八尺，广二尺，厚一尺二寸。每一条，二功八分（每长增减一尺，各加减一厘功）。

盝顶[5]板，每七十尺，一功。

散子木，每四百尺，一功。

跳方（柱脚方、雁翅板同），功同平坐。

凡城门道，取所用名件等造作功，五分中加一分，为展拽、安勘、穿拢功。

城门道功限

译文

造作功：

长度为二丈四尺、宽度为一尺四寸、厚度为九寸的一条排叉柱，一功九分二厘（长度每增减一尺，相应增减八厘功）。

长度为二丈五尺、宽度为一尺五寸、厚度为一尺的一条洪门栿，一功九分二厘五毫（长度每增减一尺，相应增减七厘七毫功）。

长度为一丈二尺、宽度为一尺、厚度为七寸的一条狼牙栿，八分四厘功（长度每增减一尺，相应增减七厘功）。

长度为七尺、宽度为一尺、厚度为七寸的一条托脚，四分九厘功（长度每增减一尺，相应增减七厘功）。

长度为四尺、宽度为一尺、厚度为七寸的一条蜀柱，二分八厘功（长度每增减一尺，相应增减七厘功）。

长度为二丈四尺、宽度为一尺五寸、厚度为一尺的一条涎衣木，三功八分四厘（长度每增减一尺，相应增减一分六厘功）。

一条带头口的永定柱，五分功。

长度为二丈八尺、宽度为二尺、厚度为一尺二寸的一条檐门方，二功八分（长度每增减一尺，相应增减一厘功）。

七十尺盝顶板，一功。

四百尺散子木，一功。

跳方（柱脚方、雁翅板）的造作功与平坐相同。

城门道的这些构件的展拽、安勘、穿拢功，是相应构件造作功的五分之一。

注释

① 排叉柱：是古代建筑城门洞内两侧壁密集排列的立柱。

② 托脚：支撑平槫的构件。

③ 蜀柱：即瓜柱，宋代的名称，又叫侏儒柱。古代木建筑中使用的木构件，指立于梁上的短柱。

④ 永定柱：是按做法而得名，具体做法是栽柱入地，柱下入地用樟木作跗，因其入地镶固，故称永定柱。在永定柱之上所建平座及上部殿身的构架做法，称为永定柱造。

⑤ 盝顶：中国传统建筑的一种屋顶样式，顶部有四个正脊围成为平顶，下接庑殿顶。盝顶梁结构多用四柱，加上枋子抹角或趴梁，形成四角或八角形屋面。

仓敖、库屋功限

造作功：

冲脊柱（谓十架椽屋用者），每一条，三功五分（每增减两椽，各加减五分之一）。

四椽栿，每一条，二功（壶门柱同）。

八椽栿项柱，一条，长一丈五尺，径一尺二寸，一功三分（如转角柱，每一功加一分功）。

三椽栿，每一条，一功二分五厘。

角栿，每一条，一功二分。

大角梁，每一条，一功一分。

乳栿①，每一条；椽，共长三百六十尺；大连椽，共长五十尺；小连檐，共长二百尺；飞子，每四十枚；白板，每广一尺，长一百尺；横抹，共长三百尺；搏风板②，共长六十尺。右各一功。

下檐柱，每一条，八分功。

两丁栿，每一条，七分功。

子角梁，每一条，五分功。

槏柱③，每一条，四分功。

续角梁，每一条，三分功。

壁板柱，每一条，二分五厘功。

劄牵，每一条，二分功。

榑，每一条；矮柱，每一枚；壁板，

译文

造作功：

一条冲脊柱（十架椽的房屋所用），三功五分（增加或者减少两架椽，造作相应增加或者减少五分之一）。

一条四椽栿，二功（壶门柱相同）。

长度为一丈五尺、直径为一尺二寸的一条八椽栿项柱，一功三分（如果是转角柱，每一功加一分功）。

一条三椽栿，一功二分五厘。

一条角栿，一功二分。

一条大角梁，一功一分。

一条乳栿；长度总共为三百六十尺的椽；长度总共为五十尺的大连椽；长度总共为二百尺的小连檐；四十枚飞子；宽度为一尺，长度为一百尺的白板；长度总共为三百尺的横抹；长度总共为六十尺的搏风板。以上各一功。

一条下檐柱，八分功。

一条两丁栿，七分功。

一条子角梁，五分功。

一条槏柱，四分功。

一条续角梁，三分功。

一条壁板柱，二分五厘功。

一条劄牵，二分功。

一条榑；一枚矮柱；一片壁板。以上各一分五厘功。

每一片。右各一分五厘功。
料，每一只，一分二厘功。
脊串，每一条；蜀柱，每一枚；生头，每一条；脚板，每一片。以上各一分功。
护替木楷子，每一只，九厘功。
额，每一片，八厘功。
仰合楷子，每一只，六厘功。
替木④，每一枚；叉手，每一片（托脚同）。右各五厘功。

注释

① 乳栿：两步架的梁，宋称乳栿，清称双步梁。
② 搏风板：悬山和歇山屋顶，桁都是沿着屋顶的斜坡伸出山墙之外，为了保护这些桁头而钉在它上面的木板，称搏风板。
③ 槏柱：窗旁的柱或用于分隔板壁、墙面的柱，属小木作，不承重。槏柱为宋式名称。
④ 替木：中国古代建筑中起拉接作用的辅助构件，常用于对接的檩子、枋子之下，有防止檩、枋拔榫的作用。

一只料，一分二厘功。

一条脊串；一枚蜀柱；一条生头；一片脚板。以上各一分功。

一只护替木楷子，九厘功。

一片额，八厘功。

一只仰合楷子，六厘功。

一枚替木；一片叉手（托脚相同）。以上各五厘功。

我国现在仅有的一座仍在使用的古代仓廒——丰图义仓

丰图义仓内部陈设

原典图说

仓廒和粮仓

仓廒指的是储藏粮食的仓库，即现在的粮仓。中国是一个农业大国，从旧石器时代晚期就已经有了原始农业，后来随着农业技术的发展，粮食出现了剩余，于是由粮食加工发展到储藏。对于粮食的储藏，历代统治者都很重视，大力建造仓廒，并根据粮食的来源和管理的不同，将其分为两类：一类为官办的，称为“常平仓”，预备仓、军储仓、均贮仓都属于此类；另一类则是民办的，称为“义仓”和“社仓”。

如今仓廒改称为粮仓，其储量比古代大得多，材料也由以前的砖、木、竹、陶等改为镀锌板、彩涂板、新钢彩板做的机械化房式仓，同时还有浅圆仓和立筒仓。

常行散屋功限

原典

造作功：

四椽栿，每一条，二功。

三椽栿，每一条，一功二分。

乳栿，每一条；椽，共长三百六十尺；连椽，每长二百尺；搏风板，每长八十尺。右各一功。

两椽栿，每一条，七分功。

驼峰，每一坐，四分功。

槫，每一条，二分功（梢槫，加二厘功）。

劄牵，每一条，一分五厘功。

枓，每一只；生头木，每一条；脊串，每一条；蜀柱，每一条。右各一分功。

额，每一条，九厘功（侧项额同）。

替木，每一枚，八厘功（梢槫下用者，加一厘功）。

叉手，每一片（托脚同）；楷子，每一只。右各五厘功。

右若枓口跳以上，其名件各依本法。

译文

造作功：

一条四椽栿，二功。

一条三椽栿，一功二分。

一条乳栿；长度总共为三百六十尺的椽；长度为二百尺的连椽；长度为八十尺的搏风板。以上各一功。

一条两椽栿，七分功。

一座驼峰，四分功。

一条槫，二分功（梢槫，加二厘功）。

一条劄牵，一分五厘功。

一只枓；一条生头木；一条脊串；一条蜀柱。以上各一分功。

一条额，九厘功（侧项额相同）。

一枚替木，八厘功（梢槫下所用的替木，加一厘功）。

一片叉手（托脚同）。一只楷子。以上各五厘功。

以上构件如果在枓口跳之上，其造作功各自依照原本的规定。

跳舍行墙功限

原典

造作功（穿凿、安勘等功在内）：

柱，每一条，一分功（槫同）。

椽，共长四百尺（杚巴子[1]所用同）。连檐，共长三百五十尺（杚巴子同上）。右各一功。

跳子，每一枚，一分五厘功（角内者，加二厘功）。

替木，每一枚，四厘功。

注释

① 杚巴子：量粮食时刮平斗斛的刮板。

译文

造作功（穿凿、安勘等功包括在内）：

一条柱，一分功（槫相同）。

长度总共为四百尺的椽（杚巴子所用的椽相同）；长度总共为三百五十尺的连檐（杚巴子所用的连椽相同）。以上各一功。

一枚跳子，一分五厘功（角内的跳子，增加二厘功）。

一枚替木，四厘功。

望火楼功限

原典

望火楼①一坐，四柱，各高三十尺（基高十尺）；上方五尺，下方一丈一尺。

造作功：

柱，四条，共一十六功。

榥②，十六条，共二功八分八厘。

梯脚，二条，共六分功。

平栿，二条，共二分功。

蜀柱，二枚；搏风板，二片。右各共六厘功。

槫，三条，共三分功。

角柱，四条；厦屋板，二十片。右各共八分功。

护缝，二十二条，共二分二厘功。

压脊，一条，一分二厘功。

坐板，六片，共三分六厘功。

右穿凿、安卓，共四功四分八厘。

注释

① 望火楼：古代用于消防的建筑，有专人日夜轮值。一旦发现火警，可敲响台上悬挂的一座大铜钟发出警报，楼内驻扎的救火队员闻声携带消防器具赶去救火。

② 榥：此处指窗格。

译文

望火楼一座，四条柱，各高三十尺（基座高十尺），上端方长五尺，下端方长一丈一尺。

造作功：

四条柱，一共十六功。

三十六条榥，一共二功八分八厘。

二条梯脚，一共六分功。

二条平栿，一共二分功。

二枚蜀柱；二片搏风板。以上各六厘功。

三条槫，一共三分功。

四条角柱；二十片厦屋板。以上各八分功。

二十二条护缝，一共二分二厘功。

一条压脊，一分二厘功。

六片坐板，一共三分六厘功。

以上这些构件的穿凿、安卓，一共四功四分八厘。

青岛望火楼

原典图说

望火楼

望火楼是古代消防建筑，以木结构为主体。它包含三个部分：一是最下面的台基，高约十尺；二是台基上的主体部分，由四根三十尺高的结构柱以及相关连系构件（榥）组成，上面施以坐板；三是坐板之上的房屋骨架和屋顶，其中小型的木构房屋骨架由角柱、平栿、蜀柱、槫构成，房屋骨架的上面再覆盖由厦瓦板、护缝和压脊构成的简易屋顶，这样就组成了一个完整的望火楼。除此之外，还有用于上下望火楼的两条梯脚。

营房功限

原典

造作功：

栿项柱，每一条；两椽栿，每一条。右各二分功。

四椽下檐柱，每一条，一分五厘功（三椽者，一分功；两椽者，七厘五毫功）。

枓，每一只；槫①，每一条。右各一分功（梢槫加二厘功）。

搏风板，每共广一尺，长一丈，九厘功。

蜀柱，每一条；额，每一片。右各八厘功。

牵，每一条，七厘功。

脊串，每一条，五厘功。

连檐，每长一丈五尺；替木，每一只。右各四厘功。

叉手，每一片，二厘五毫功（亠翅，三分中减二分功）。

椽②，每一条，一厘功。

右钉椽、结裹，每一椽四分功。

译文

造作功：

一条栿项柱；一条两椽栿。以上各二分功。

一条四椽下檐柱，一分五厘功（三椽下檐柱，一分功；两椽下檐柱，七厘五毫功）。

一只枓；一条槫。以上各一分功（梢槫增加二厘功）。

宽度为一尺，长度为一丈的搏风板，九厘功。

一条蜀柱；一片额。以上各八厘功。

一条牵，七厘功。

一条脊串，五厘功。

长度为一丈五尺的连檐；一只替木。以上各四厘功。

一片叉手，二厘五毫功（亠翅，减少三分之二的功）。

一条椽，一厘功。

以上这些构件的钉椽、结裹，每一椽四分功。

注释

① 槫：位于斗栱以上，椽以下，平行于建筑正面的一种屋顶构件，长度与建筑总开间相等，截面多为圆形。宋称槫，清称桁或檩。

② 椽：位于槫以上，瓦以下的屋顶主要构件，按部位不同可分为脑椽、花架椽等。平面上与桁、檩互相垂直，交错接头钉牢于桁、檩上，承受望板或望砖和上面瓦的荷重。

拆修、挑、拔舍屋功限

原典

拆修铺作舍屋，每一椽：

槫檩衮转[①]、脱落，全拆重修，一功二分（枓口跳之类，八分功；单枓双替以下，六分功）。

揭箔翻修，挑拔[②]柱木，修整檐宇，八分功（枓口跳之类，六分功；单枓双替以下，五分功）。

连瓦挑拔，推荐柱木，七分功（枓口跳之类以下，五分功；如相连五间以上，各减功五分之一）。

重别结裹飞檐，每一丈，四分功（如相连五丈以上，减功五分之一；其转角处加功三分之一）。

译文

拆修铺作屋舍，每一椽：

松动、脱落的槫、檩，全部拆除且重新修整，一功二分（枓口跳头等，八分功；单枓双替以下，六分功）。

揭开箔片翻修，挑动拔正柱木，修整檐宇，八分功（枓口跳头等，八分功；单枓双替以下，五分功）。

挑动拔正瓦片，推荐柱木，七分功（枓口跳头等以下，五分功；如果连续有五间以上，各自减少功五分之一）。

重新对飞檐结裹，每一丈，四分功（如果连续有五丈以上，减少功五分之一，在转角处增加功三分之一）。

注释

① 衮转：松动。

② 挑拔：挑动拔正。

荐拔、抽换柱、栿等功限

原典

荐拔抽换殿宇、楼阁等柱、栿之类，每一条。

殿宇、楼阁：

平柱：

有副阶[1]者（以长二丈五尺为率），一十功（每增减一尺，各加减八分功。其厅堂、三门、亭台栿项柱，减功三分之一）。

无副阶者（以长一丈七尺为率），六功（每增减一尺，各加减五分功。其厅堂、三门、亭台下檐柱，减功三分之一）。

副阶平柱（以长一丈五尺为率），四功（每增减一尺，各加减三分功）。

角柱：比平柱每一功加五分功（厅堂、三门、亭台同。下准此）。

明栿[2]：六架椽，八功（草栿[3]，六功五分）；四架椽，六功（草栿，五功）；三架椽，五功（草栿，四功）；两丁栿（乳栿同），四功（草栿，三功；草乳栿同）。

译文

荐拔抽换殿宇、楼阁等房屋的柱、栿等，以一条来计算所用之功。

殿宇、楼阁：

平柱：

有副阶的（以长度二丈五尺为标准），十功（每增加或者减少一尺，相应增加或者减少八分功。对于厅堂、三门、亭台的栿项柱，减少三分之一的功）。

没有副阶的（以长度一丈七尺为标准），六功（每增加或者减少一尺，相应增加或者减少五分功。对于厅堂、三门、亭台的下檐柱，减少三分之一的功）。

副阶的平柱（以长度一丈五尺为标准），四功（每增加或者减少一尺，相应增加或者减少三分功）。

角柱：比平柱每一功多五分功（厅堂、三门、亭台相同。以下照此）。

明栿：六架椽，八功（草栿，六功五分）；四架椽，六功（草栿，五功）；三架椽，五功（草栿，四功）；两丁栿（乳栿相同），四功（草栿，三功；草栿、乳栿相同）。

原典

牵，六分功。劄牵减功五分之一。

椽，每一十条，一功（如上、中架，加数二分之一）。

枓口跳以下，六架椽以上舍屋：

栿，六架椽，四功（四架椽，二功；三架椽，一功八分；两丁栿，一功五分；乳栿，一功五分）。

牵，五分功（劄牵减功五分之一）。

栿项柱，一功五分（下檐柱，八分功）。

单枓双替以下，四架椽以上舍屋（枓口跳之类四椽以下舍屋同）：

栿，四架椽，一功五分（三架椽，一功二分；两丁栿④并乳栿，各一功）。

牵，四分功（劄牵减功五分之一）。

栿项柱，一功（下檐柱，五分功）。

椽，每一十五条，一功（中、下架加数二分之一）。

译文

牵，六分功（劄牵减功五分之一）。

十条椽，一功（如果是上架椽和中架椽，功增加二分之一）。

枓口跳以下，六架椽以上的屋舍：

栿，六架椽，四功（四架椽，二功；三架椽，一功八分；两丁栿，一功五分；乳栿，一功五分）。

牵，五分功（劄牵减功五分之一）。

栿项柱，一功五分（下檐柱，八分功）。

单枓双替以下，四架椽以上屋舍（枓口跳等四椽以下的屋舍相同）。

栿，四架椽，一功五分（三架椽，一功二分；两丁栿和乳栿，各一功）。

牵，四分功（劄牵减功五分之一）。

栿项柱，一功（下檐柱，五分功）。

十五条椽，一功（如果是上架椽和中架椽，功增加二分之一）。

注释

① 副阶：是古建筑名词，指在建筑主体以外另加一圈回廊的做法。

② 明栿：与草栿相对而言，指天花以下的梁。宋代明栿常做月梁式，以增加美感。

③ 草栿：在天花上面的梁，做法较自由，加工较粗糙，故称草栿，是和天花下的明栿相对而言。

④ 丁栿：宋式大木作构件名称，位于四阿殿顶和九脊殿顶山面，是承托山面与前后瓦坡相汇处的必需构件，在结构上起承托山面屋架荷载的作用。梁的一头搭在山面铺作或檐柱之上，而另一头则搭在横梁之上。并与横梁垂直成“丁”字形，故名丁栿。《清式营造则例》中称顺爬梁。

板门

原典

独扇板门②，一坐门额③、限，两颊及伏兔、手栓全。

造作功：高五尺，一功二分；高五尺五寸，一功四分；高六尺，一功五分；高六尺五寸，一功八分；高七尺，二功。

安卓功：高五尺，四分功；高五尺五寸，四分五厘功；高六尺，五分功；高六尺五寸，六分功；高七尺，七分功。

双扇板门，一间，两扇，额、限、两颊、鸡栖木④及两砧全。

造作功：高五尺至六尺五寸，加独扇板门一倍功；高七尺，四功五分六厘；高七尺五寸，五功九分二厘；高八尺，七功二分；高九尺，一十功；高一丈，一十三功六分；高一丈一尺，一十八功八分；高一丈二尺，二十四功；高一丈三尺，三十功八分；高一丈四尺，三十八功四分；高一丈五尺，四十七功二分；高一丈六尺，五十三功六分；高一丈七尺，六十功八分；高一丈八尺，六十八功；高一丈九尺，八十功八分；高二丈，八十九功六分；高二丈一尺，一百二十三功；高二丈二尺，一百四十二功；高二丈三尺，一百四十八功；高二丈四尺，一百六十九功六分。

译文

独扇板门，一座。门额、门限，两颊以及伏兔、手栓齐全。

造作功：高度为五尺，一功二分；高度为五尺五寸，一功四分；高度为六尺，一功五分；高度为六尺五寸，一功八分；高度为七尺，二功。

安装功：高度为五尺，四分功；高度为五尺五寸，四分五厘功；高度为六尺，五分功；高度为六尺五寸，六分功；高度为七尺，七分功。

双扇板门，一间，两扇。门额、门限、两颊、鸡栖木以及两门砧齐全。

造作功：高度为五尺至六尺五寸，比独扇板门多一倍功；高度为七尺，四功五分六厘；高度为七尺五寸，五功九分二厘；高度为八尺，七功二分；高度为九尺，十功；高度为一丈，十三功六分；高度为一丈一尺，十八功八分；高度为一丈二尺，二十四功；高度为一丈三尺，三十功八分；高度为一丈四尺，三十八功四分；高度为一丈五尺，四十七功二分；高度为一丈六尺，五十三功六分；高度为一丈七尺，六十功八分；高度为一丈八尺，六十八功；高度为一丈九尺，八十功八分；高度为二丈，八十九功六分；高度为二丈一尺，一百二十三功；高度为二丈二尺，一百四十二功；高度为二丈三尺，一百四十八功；高度为二丈四尺，一百六十九功六分。

双扇板门所用手栓、伏兔⑤、立㮇、横关等依下项（计所用名件，添入造作功限内）：

手栓，一条，长一尺五寸，广二寸，厚一寸五分，并伏兔二枚，各长一尺二寸，广三寸，厚二寸，共二分功。

上、下伏兔，各一枚，各长三尺，广六寸，厚二寸，共三分功。

又，长二尺五寸，广六寸，厚二寸五分，共二分四厘功。

又，长二尺，广五寸，厚二寸，共二分功。

又，长一尺五寸，广四寸，厚二寸，共一分二厘功。

立㮇，一条，长一丈五尺，广二寸，厚一寸五分，二分功。

又，长一丈二尺五寸，广二寸五分，厚一寸八分，二分二厘功。

又，长一丈一尺五寸，广二寸二分，厚一寸七分，二分一厘功。

又，长九尺五寸，广二寸，厚一寸五分，一分八厘功。

又，长八尺五寸，广一寸八分，厚一寸四分，一分五厘功。

立㮇身内手把，一枚，长一尺，广三寸五分，厚一寸五分，八厘功（若长

双扇板门所用的手栓、伏兔、立㮇、横关等的造作功（将其加入相应构件的造作功限内），如下：

一条长度为一尺五寸，宽度为二寸，厚度为一寸五分的手栓和二枚长度为一尺二寸，宽度为三寸，厚度为二寸的伏兔，一共二分功。

上、下伏兔，各一枚，长度为三尺，宽度为六寸，厚度为二寸，一共三分功；长度为二尺五寸，宽度为六寸，厚度为二寸五分，一共二分四厘功；长度为二尺，宽度为五寸，厚度为二寸，一共二分功；长度为一尺五寸，宽度为四寸，厚度为二寸，一共一分二厘功。

一条长度为一丈五尺，宽度为二寸，厚度为一寸五分的立，二分功。长度为一丈二尺五寸，宽度为二寸五分，厚度为一寸八分，二分二厘功；长度为一丈一尺五寸，宽度为二寸二分，厚度为一寸七分，二分一厘功；长度为九尺五寸，宽度为二寸，厚度为一寸五分，一分八厘功；长度为八尺五寸，宽度为一寸八分，厚度为一寸四分，一分五厘功。

八寸，广三寸，厚一寸三分，则减二厘功）。

立桥上、下伏兔，各一枚，各长一尺二寸，广三寸，厚二寸，共五厘功。

搕锁柱，二条，各长五尺五寸，广七寸，厚二寸五分，共六分功。

门横关，一条，长一丈一尺，径四寸，五分功。

立柣⑥、卧柣，一副，四件，共二分四厘功。

地柣板，一片，长九尺，广一尺六寸（榅在内），一功五分。

门簪⑦，四枚，各长一尺八寸，方四寸，共一功（每门高增一尺，加二分功）。

托关柱，二条，各长二尺，广七寸，厚三寸，共八分功。

安卓功：高七尺，一功二分；高七尺五寸，一功四分；高八尺，一功七分；高九尺，二功三分；高一丈，三功；高一丈一尺，三功八分；高一丈二尺，四功七分；高一丈三尺，五功七分；高一丈四尺，六功八分；高一丈五尺，八功；高一丈六尺，九功三分；高一丈七尺，一十功七分；高一丈八尺，一十二功二分；高一丈九尺，一十三功八分；高二丈，一十五功五分；高二丈一尺，一十七功

一枚立桥身内的手把，长度为一尺，宽度为三寸五分，厚度为一寸五分，八厘功（如果长度为八寸，宽度为三寸，厚度为一寸三分，则减少二厘功）。

立桥上的上、下伏兔，各一枚，长度为一尺二寸，宽度为三寸，厚度为二寸，一共五厘功。

二条长度为五尺五寸，宽度为七寸，厚度为二寸五分的搕锁柱，一共六分功。

一条长度为一丈一尺，直径为四寸的门横关，五分功。

立柣、卧柣，一副，四件，一共二分四厘功。

一片长度为九尺，宽度为一尺六寸的地柣板（榅在内），一功五分。

四枚长度为一尺八寸，方长为四寸的门簪，一共一功（门每增高一尺，增加二分功）。

二条长度为二尺，宽度为七寸，厚度为三寸的托关柱，一共八分功。

安装功：高度为七尺，一功二分；高度为七尺五寸，一功四分；高度为八尺，一功七分；高度为九尺，二功三分；高度为一丈，三功；高度为一丈一尺，三功八分；高度为一丈二尺，四功七分；高度为一丈三尺，五功七分；高度为一丈四尺，六功八分；高度为一丈五尺，八功；高度为一丈六尺，九功三分；高

注释

① 小木作：宋代对室内装修的称法。
② 板门：门扇全用厚木板实拼而成的门。
③ 门额：门楣上边的部分。
④ 鸡栖木：宋式名称，在板门、乌头门、牙头门、合板软门的上额内侧安装的两端凿有圆孔，用来承接门枢的横木称作鸡栖木，清代称其为门栊。
⑤伏兔：根据古建筑的构造，即门槛靠内侧地面上或墙面上的孔洞，主要用来固定门闩的地方。
⑥柣：门槛。
⑦门簪：是中国传统建筑的大门构件，安在街门的中槛之上，有用两个或四个的，如大木的销钉将连楹结合在门框上，形式有圆形、六方形，但多用六方形，长按中槛厚一份，连楹厚一份半，再加本身径的四分之五即长，径按中槛高的五分之四或按门口宽的九分之一。

三分；高二丈二尺，一十九功二分；高二丈三尺，二十一功二分；高二丈四尺，二十三功三分。

度为一丈七尺，十功七分；高度为一丈八尺，十二功二分；高度为一丈九尺，十三功八分；高度为二丈，十五功五分；高度为二丈一尺，十七功三分；高度为二丈二尺，十九功二分；高度为二丈三尺，二十一功二分；高度为二丈四尺，二十三功三分。

板　门

原典图说

板门的种类

板门是古代一种坚固、厚实、不透光的门，它包括实榻板门、棋盘板门、镜面板门。实榻板门是板门中等级最高的，是一种安于中柱之间的板门，常用于宫殿，王府等较高等级的建筑群入口处，它的门扇全部用较厚的实心木板拼装而成，门心板与大边一样厚。棋盘板门也是板门中常见的一种，制作时，先用边梃上下抹头组成边框，框内置横幅若干，然后在其上下抹头之间用数根穿带横向连接门扇，形成方格状，所以门扇看起来好像棋盘，因此称为棋盘门。而镜面板门在制作时，其门扇不用木框，完全用厚木板拼合，背面再用横木连系。

原典

乌头门①一坐，双扇、双腰串造。

造作功：方八尺，一十七功六分（若下安锃脚者，加八分功；每门高增一尺，又加一分功；如单腰串造者，减八分功。下同）。方九尺，二十一功二分四厘；方一丈，二十五功二分；方一丈一尺，二十九功四分八厘；方一丈二尺，三十四功八厘（每扇各加承棂②一条，共加一功四分，每门高增一尺，又加一分功；若用双承棂者，准此计功）；方一丈三尺，三十九功；方一丈四尺，四十四功二分四厘；方一丈五尺，四十九功八分；方一丈六尺，五十五功六分八厘；方一丈七尺，六十一功八分八厘；方一丈八尺，六十八功四分；方一丈九尺，七十五功二分四厘；方二丈，八十二功四分；方二丈一尺，八十九功八分八厘；方二丈二尺，九十七功六分。

安卓功：方长八尺，二功八分；方九尺，三功二分四厘；方一丈，三功七分；方一丈一尺，四功一分八厘；方一丈二尺，四功六分八厘；方一丈三尺，五功二分；方一丈四尺，五功七分四厘；方一丈五尺，六功三分；方一丈六尺，六功八分八厘；方一丈七尺，七功四分八厘；方一丈八尺，八功一分；方一丈九尺，八功七分四厘；方二丈，九功四分；方二丈一尺，一十功八厘；方二丈二尺，一十功七分八厘。

乌头门

译文

乌头门一座，双扇、双腰串。

造作功：方长八尺，十七功六分（如果门下安设锃脚，增加八分功；门的高度每增加一尺，再加一分功；如果是做的单腰串，减少八分功。下同）。方长九尺，二十一功二分四厘；方长一丈，二十五功二分；方长一丈一尺，二十九功四分八厘；方长一丈二尺，三十四功八厘（门扇各加一条承棂，共加一功四分，门的高度每增加一尺，再加一分功；如果是做双承棂，照此计算功限）。方长一丈三尺，三十九功；方长一丈四尺，四十四功二分四厘；方长一丈五尺，四十九功八分；方长一丈六尺，五十五功六分八厘；方长一丈七尺，六十一功八分八厘；方长一丈八尺，六十八功四分；方长一丈九尺，七十五功二分四厘；方长二丈，八十二功四分；方长二丈一尺，八十九功八分八厘；方长二丈二尺，九十七功六分。

安装功：方长八尺，二功八分；方长九尺，三功二分四厘；方长一丈，三功七分；方长一丈一尺，四功一分八厘；方长一丈二尺，四功六分八厘；方长一丈三尺，五功二分；方长一丈四尺，五功七分四厘；方长一丈五尺，六功三分；方长一丈六尺，六功八分八厘；方长一丈七尺，七功四分八厘；方长一丈八尺，八功一分；方长一丈九尺，八功七分四厘；方长二丈，九功四分；方长二丈一尺，十功八厘；方长二丈二片，十功七分八厘。

乌头门

注释

① 乌头门：门的一种类型，也称表褐、阀阅、褐烫、绰楔，俗称棂星门。其形式为在两立柱之中横一枋，柱端安瓦，柱出头染成黑色，枋上书名。柱间装门扇，古代有以旌表的建筑。

② 棂：长木。

原典

软门一合，上、下、内、外牙头、护缝、拢桯①、双腰串造，方六尺至一丈六尺。

造作功：高六尺，六功一分（如单腰串造，各减一功，用楅软门同）；高七尺，八功三分；高八尺，一十功八分；高九尺，一十三功三分；高一丈，一十七功；高一丈一尺，二十功五分；高一丈二尺，二十四功四分；高一丈三尺，二十八功七分；高一丈四尺，三十三功三分；高一丈五尺，三十八功二分；高一丈六尺，四十三功五分。

安卓功：高八尺，二功（每高增减一尺，各加减五分功；合板用楅软门同）。

软门一合②，上、下牙头、护缝，合板用楅造，方八尺至一丈三尺。

造作功：高八尺，一十一功；高九尺，一十四功；高一丈，一十七功五分；高一丈一尺，二十一功七分；高一丈二尺，二十五功九分；高一丈三尺，三十功四分。

软门

译文

软门一合，做上牙头、下牙头、内牙头、外牙头、护缝、拢桯、双腰串，方长六尺至一丈六尺。

造作功：高度为六尺，六功一分（如果做单腰串，减少一功，用楅软门相同）。高度为七尺，八功三分；高度为八尺，十功八分；高度为九尺，十三功三分；高度为一丈，十七功；高度为一丈一尺，二十功五分；高度为一丈二尺，二十四功四分；高度为一丈三尺，二十八功七分；高度为一丈四尺，三十三功三分；高度为一丈五尺，三十八功二分；高度为一丈六尺，四十三功五分。

安装功：高度为八尺，二功（高度每增加或者减少一尺，相应增加或者减少五分功；合板用楅软门相同）。

软门一合，做上牙头、下牙头、护缝，合板用楅；方长八尺至一丈三尺。

造作功：高度为八尺，十一功；高度为九尺，十四功；高度为一丈，十七功五分；高度为一丈一尺，二十一功七分；高度为一丈二尺，二十五功九分；高度为一丈三尺，三十功四分。

注释

① 拢桯：横木。

② 合：为中国古计量单位，约0.18kg，十合为一升。

破子棂窗

原典

破子棂窗①一坐，高五尺，子桯长七尺。

造作，三功三分（额、腰串、立颊在内）。

窗上横钤、立旌，共二分功（横钤三条，共一分功；立旌二条，共一分功。若用槫柱，准立旌；下同）。

窗下障水板、难子，共二功一分（障水板、难子，一功七分；心柱二条，共一分五厘功；槫柱二条，共一分五厘功；地栿②一条，一分功）。

窗下或用牙头、牙脚、填心，共六分功（牙头三枚，牙脚六枚，共四分功；填心三枚，共二分功）。

安卓，一功。

窗上横钤、立旌，共一分六厘功（横钤三条，共八厘功；立旌二条，共八厘功）。

窗下障水板、难子，共五分六厘功（障水板、难子，共三分功；心柱、槫柱，各二条，共二分功；地栿一条，六厘功）。

窗下或用牙头、牙脚、填心，共一分五厘功（牙头三枚，牙脚六枚，共一分功；填心三枚，共五厘功）。

译文

破子棂窗一座，高度为五尺，子桯的长度为七尺。

造作，三功三分（额、腰串、立颊包括在内）。

窗上横钤、立旌，一共二分功（三条横钤，一共一分功；二条立旌，一共一分功。如果采用槫柱，与立旌相同；下同）。

窗下障水板、难子，一共二功一分（障水板、难子，一功七分；二条心柱，一共一分五厘功；二条槫柱，一共一分五厘功；一条地栿，一分功）。

窗下或用牙头、牙脚、填心，一共六分功（三枚牙头、六枚牙脚，一共四分功；三枚填心，一共二分功）。

安装，一功。

窗上横钤、立旌，一共一分六厘功（三条横钤，一共八厘功；二条立旌，一共八厘功）。

窗下障水板、难子，一共五分六厘功（障水板、难子，一共三分功；心柱、槫柱各二条，一共二分功；一条地栿，六厘功）。

窗下也可用牙头、牙脚、填心，一共一分五厘功（三枚牙头、六枚牙脚，一共一分功；三枚填心，一共五厘功）。

注释

① 破子棂窗：宋以及宋以前直棂窗所用棂条，系将方形断面的木料沿对角线斜破而成，即一根方棂条破成两根三角形棂条，故称破子棂窗。

② 地栿：用于联络的水平构件。

睒电窗

原典

睒电窗[1]，一坐，长一丈，高三尺。造作，一功五分。安卓，三分功

注释

①睒电窗：多位于柱间阑额下，隋代称之为“闪电窗”，宋元时期江浙一带大型的殿堂装修盛行此窗。

译文

睒电窗，一座，长度为一丈，高度为三尺。

造作，一功五分。

安装，三分功。

原典图说

消失的睒电窗

睒电窗一般位于柱间阑额下，其曲棂横列，就像水波荡漾、光影闪烁，极富韵律美。在历史上，它曾是一种较为高级和重要的建筑窗式，在宫殿、佛寺建筑上都曾广泛应用。后来因其制作过于费工费料，元明之后很少再见到。而直至目前，并没有发现睒电窗的实物留存下来，因此这种古代窗式在如今已经消失。

原典

板棂窗①，一坐，高五尺，长一丈。

造作，一功八分。

窗上横钤、立旌，准破子窗内功限。

窗下地栿、立旌，共二分功（地栿一条，一分功；立旌二条，共一分功；若用槫柱，准立旌。下同）。

安卓，五分功。

窗上横钤、立旌，同上。

窗下地栿、立旌，共一分四厘功（地栿一条，六厘功；立旌二条，共八厘功）。

注释

① 板棂窗：是花格窗最古老的样式之一。由窗框和竖向排列的棂条组成，加有横棂（一般上部加两条横棂，下部加三条横棂）的称为“一码三箭”，背面糊纸，通常为不可开启的固定窗。名称与棂条的剖面形状有关，棂条断面呈矩形的称板棂窗，棂条断面呈三角形的称破子棂窗。

板棂窗

译文

板棂窗，一座，高度为五尺，长度为一丈。

造作，一功八分。

窗上的横钤、立旌，按照破子窗里的功限。

窗下的地栿、立旌，一共二分功（一条地栿，一分功；二条立旌，一共一分功；如果使用槫柱，与立旌相同。下同）。

安装，五分功。

窗上的横钤、立旌，同上。

窗下的地栿、立旌，一共一分四厘功（一条地栿，六厘功；二条立旌，一共八厘功）。

故宫的窗棂

截间板帐①

原典

截间牙头护缝板帐，高六尺至一丈，每广一丈一尺（若广增减者，以本功分数加减之）。

造作功：高六尺，六功（每高增一尺，则加一功；若添腰串，加一分四厘功；添槏柱，加三分功）。

安卓功：高六尺，二功一分（每高增一尺，则加三分功；若添腰串，加八厘功；添槏柱，加一分五厘功）。

译文

截间牙头护缝板帐，高度为六尺至一丈，以一丈一尺的宽度计算（如果宽度增加或者减少，在此功限数的基础上进行增减）。

造作功：高度六尺，六功（高度每增加一尺，则增加一功；如果添加腰串，增加一分四厘功；如果添加槏柱，增加三分功）。

安装功：高度六尺，二功一分（高度每增加一尺，则增加三分功；如果添加腰串，增加八厘功；如果添加槏柱，增加一分五厘功）。

注释

① 截间板帐：即板壁，用作分间的隔断。上下横向用额和地栿，两者之间竖向装板，板缝加压条。高大的隔断中间加一腰串。清代一般不用腰串，板缝不加压条，北方在板外糊纸，南方在板面涂漆。

原典

截间屏风②，每高广各一丈二尺。

造作，一十二功；如作四扇造者，每一功加二分功。

安卓，二功四分。

注释

① 照壁：设立在一组建筑院落大门的里面或者外面的一组墙壁，它面对大门，起到屏障的作用。不论是在门内或者门外的照壁，都是和进出大门的人打照面的，所以照壁又称影壁或者照墙。

② 屏风：古时建筑物内部挡风用的一种家具，一般陈设于室内的显著位置，起到分隔、美化、挡风、协调等作用。

照壁屏风骨①

译文

截间屏风，以高、宽各为一丈二尺计算。

造作，十二功；如果做四扇，每一功增加二分功。

安装，二功四分。

照 壁

原典图说

照壁上的图案

照壁是从古代一直流传到现在的一种附属建筑物，其形状有一字形、八字形。古代照壁的表面根据地位、环境的不同，既有简单素面的，也有精雕细刻的，而现在的家庭照壁一般位于院落一进大门的正对面，上面绘有花卉、松竹图案或者大幅的书法字样，或“福”“禄”“寿”等象征吉祥的字样，也有的是“松鹤延年”“喜鹊登梅”“五谷丰登”“吉祥如意”“福如东海”的字样或图画。

隔截横钤、立旌

原典

隔截横钤、立旌，高四尺至八尺，每广一丈一尺（若广增减者，以本功分数[1]加减之）。

造作功：高四尺，五分功（每高增一尺，则加一分功；若不用额[2]，减一分功）。

安卓功：高四尺，三分六厘功（每高增一尺，则加九厘功；若不用额，减六厘功）。

注释

① 本功分数：在此功限数的基础上。

② 额：牌匾。

译文

隔截横钤、立旌，高度为四尺至八尺，以一丈一尺的宽度计算（如果宽度增加或者减少，在此功限数的基础上进行增减）。

造作功：高度为四尺，五分功（高度每增加一尺，则增加一分功；如果不使用额，减少一分功）。

安装功：高度为四尺，三分六厘功（高度每增加一尺，则增加九厘功；如果不使用额，减少六厘功）。

板引檐

原典

板引檐[1]，广四尺，每长一丈。

造作，三功六分；

安卓，一功四分。

译文

板引檐，宽度为四尺，以一丈的长度计算。

造作，三功六分；

安装，一功四分。

注释

① 板引檐：宋代建筑本身就有两层屋檐，下面的一层叫作板引檐，可起到加强遮阳避雨的效果。

原典

露篱，每高、广各一丈。

造作，四功四分（内板屋[①]二功四分；立旌、横钤等，二功）。若高减一尺，即减三分功（板屋减一分，余减二分）；若广减一尺，即减四分四厘功（板屋减二分四厘，余减二分）；加亦如之。若每出际造垂鱼[②]、惹草[③]、搏风板、垂脊[④]，加五分功。

安卓，一功八分（内板屋八分；立旌、横钤等，一功）。若高减一尺，即减一分五厘功（板屋减五厘，余减一分）；若广减一尺，即减一分八厘功（板屋减八厘，余减一分）；加亦如之。若每出际造垂鱼、惹草、搏风板、垂脊，加二分功。

注释

① 板屋：指以木板制成的屋子。
② 垂鱼：即悬鱼，是位于悬山或者歇山建筑两端的博风板下，垂于正脊，是一种建筑装饰，大多用木板雕刻而成，因为最初为鱼形，并从山面顶端悬垂，所以称为“悬鱼”。
③ 惹草：钉在博风板边沿（一般处于檩头位置）的三角形木板。门楼外民居惹草用得不多，所见的也是做成长方形，不刻纹饰，简朴率性。
④ 垂脊：是中国古代建筑屋顶的一种屋脊。在歇山顶、悬山顶、硬山顶的建筑上自正脊两端沿着前后坡向下，在攒尖顶中自宝顶至屋檐转角处。

露篱

译文

露篱，以高、宽各为一丈计算。

造作，四功四分（内板屋二功四分；立旌、横钤等，二功）。如果高度减少一尺，则减少三分功（板屋减少一分，其余减少二分）；如果宽度减少一尺，则减少四分四厘功（板屋减少二分四厘，其余减少三分）；增加也按如此比例。如果在每个出际上造垂鱼、惹草、搏风板、垂脊，增加五分功。

安装，一功八分（内板屋八分；立旌、横钤等，一功）。如果高度减少一尺，则减少一分五厘功（板屋减五厘，其余减少一分）；如果宽度减少一尺，则减少一分八厘功（板屋减少八厘，其余减少一分）；增加也按如此比例。如果在每个出际上造垂鱼、惹草、搏风板、垂脊，增加二分功。

水槽

原典

水槽，高一尺，广一尺四寸，每长一丈。

造作，一功五分；

安卓，五分功。

译文

水槽，高度为一尺，宽度为一尺四寸，以一丈的长度计算。

造作，一功五分；

安装，五分功。

井屋子

营造法式

原典

井屋子[①]，自脊至地，共高八尺（井匮子高一尺二寸在内），方五尺。

造作，一十四功（拢裹在内）。

注释

① 井屋子：全为木构，高八尺，方五尺，由立柱与起脊屋顶两部分组成。四根立柱之间由地栿、井匮板、井口木、木串、额枋连接固定。屋顶由梁、檩、蜀柱、叉子及屋面构成，两侧为搏风板、垂鱼、惹草。

译文

井屋子，从屋脊到地面一共高八尺（包括井匮子的高度一尺二寸）。方长五尺。

造作，十四功（拢裹包括在内）。

先农坛井亭

地棚

营造法式

原典

地棚一间，六椽，广一丈一尺，深二丈二尺。

造作，六功；

铺放、安钉，三功。

译文

地棚一间，六椽，宽度为一丈一尺，深度为二丈二尺。

造作，六功；

铺放、安钉，三功。

格子门①

原典

四斜毬文格子门，一间，四扇，双腰串造；高一丈，广一丈二尺。

造作功（额、地栿、槫柱在内。如两明造者，每一功加七分功。其四直方格眼及格子门桯准此）：

四混、中心出双线；破瓣双混、平地出双线；右各四十功（若毬文上出条桱重格眼，即加二十功）。四混、中心出单线；破瓣双混、平地出单线；右各三十九功。

通混、出双线；通混、出单线；通混、压边线；素通混；方直破瓣；右通混、出双线者，三十八功（余各递减一功）。

安卓，二功五分（若两明造者，每一功加四分功）。

四直方格眼格子门，一间，四扇，各高一丈，（共）广一丈一尺，双腰串造。

造作功：格眼，四扇：四混、绞双线，二十一功。四混、出单线；丽口、绞瓣、双混、出边线；右各二十功。

译文

做四斜毬文格子门，一个开间可做四扇，做双腰串的样式。其尺寸是：高为一丈，宽为一丈二尺。

制作四斜毬文格子门的方法及所需用功定额（额、地栿、槫柱包括在内。如果是两明形式的，每一个功要加七分功。其四直方格眼及格子门桯也都依照这个标准）。

四混、中心出双线；破瓣双混、平地出双线；以上操作各需要四十个功（如果做毬文上出条重格眼，即加二十个功）。四混、中心出单线；破瓣双混、平地出单线；以上各三十九个功。

通混、出双线；通混、出单线；通混、压边线；素通混；方直破瓣；以上通混、出双线的做法，需要三十八个功（其余各递减一功）。

装配构件所需的用功定额：二个功另五分（若是做两明格子门，每一功加四分功）。

做四直方格眼的格子门，一个开间做四扇，每个门扇高一丈，总宽是一丈一尺，做成双腰串的形式。

制作方法及其所需用功定额：格眼门，做四扇。四混、绞双线，需要二十一个功。四混、出单线；丽口、绞瓣、双混、出边线；以上各需要二十个功。

原典

丽口、绞瓣、单混、出边线，一十九功。

一混、绞双线，一十五功。一混、绞单线，一十四功。一混、不出线；丽口、素绞瓣。右各一十三功。

平地出线，一十功。四直方绞眼，八功。

格子门桯（事件在内[2]。如造板壁，更不用格眼功限。于腰串上用障水板，加六功。若单腰串造，如方直破瓣，减一功；混作出线，减二功）：

四混、出双线；破瓣、双混、平地、出双线；右各一十九功。四混、出单线；破瓣、双混、平地、出单线；右各一十八功。

一混出双线；一混出单线；通混压边线；素通混；方直破瓣撺尖；右一混出双线，一十七功；余各递减一功（其方直破瓣，若叉瓣造，又减一功）。

安卓功：四直方格眼格子门一间，高一丈，广一丈一尺，事件在内。共二功五分。

注释

① 格子门：宋代通用的门，因上部有木格子，可糊纸供采光。

② 事件在内：指门桯制作的所有事项都包括在内。

译文

丽口、绞瓣、单混、出边线，需要十九个功。

一混、绞双线，需要十五个功。一混、绞单线，需要十四个功。一混、不出线；丽口、素绞瓣。以上各需要十三功。

平地出线，十个功。四直方绞眼，八个功。

做格子门的桯（门桯制作的所有事项包括在内。如果制作板壁，就不参照格眼制作的功限，而是在腰串上用障水板。这样就需要增加六个功。如果做成单腰串，如方直破瓣，那就减一个功；混作出线，减二个功）：

四混、出双线；破瓣、双混、平地、出双线；以上各需十九个功。四混、出单线；破瓣、双混、平地、出单线；以上各需十八个功。

一混出双线；一混出单线；通混压边线；素通混；方直破瓣撺尖；以上一混出双线，需要十七个功；其余各递减一个功（做方直破瓣样式，如果做成叉瓣形式，又减去一个功）。

装配的用功定额：四直方格眼格子门一间，高为一丈，宽为一丈一尺，制作的所有事项在内，共需二个功另五分。

原典图说

格子门的构造

格子门分横拉式和推拉式两种，在宋代或之前多为横拉格子门，后来推拉格子门得到普及。格子门分三个部分：腰串、格眼、障水板。腰串即门中间的横条，格眼位于腰串之上，腰串下面安装的即为障水板。除了腰串之外，格眼约占门高的三分之二，障水板占三分之一。到了明代，为了增加格子门的亮光，格眼与障水板的比例增加到了七比三或八比二。

格子门

原典

钩窗①，一间，高六尺，广一丈二尺；三段造。

造作功（安卓事件在内）：四混、绞双线，一十六功。四混、绞单线；丽口、绞瓣（瓣内双混）、面上出线；右各一十五功。

丽口、绞瓣（瓣内单混）、面上出线；一十四功。

一混、双线；一十二功五分。一混、单线；一十一功五分。丽口、绞素瓣；一混、绞眼；右各一十一功。

方绞眼，八功。安卓，一功三分。

阑槛②，一间，高一尺八寸，广一丈二尺。

造作，共一十功五厘（槛面板，一功二分；鹅项③，四枚，共二功四分；云栱④，四枚，共二功；心柱，两条，共二分功；槫柱，两条，共二分功；地栿，三分功；障水板，三片，共六分功；托柱，四枚，共一功六分；难子，二十四条，共五分功；八混寻杖⑤，一功五厘；其寻杖若六混，减一分五厘功；四混减三分功；一混减四分五厘功）。

安卓，二功二分。

阑槛钩窗

译文

做钩窗，一个开间用，其高为六尺，其宽为一丈二尺；做成三段的格局。

制作的方法及其所需用功定额（包括装配的事项在内）：四混、绞双线，需要十六个功。四混、绞单线；丽口、绞瓣（瓣内用双混）。面上出线；以上各需要十五个功。

丽口、绞瓣（瓣内单混）、面上出线；需要十四个功。

一混、双线；需要十二个功另五分。一混、单线；需要十一个功另五分。丽口、绞素瓣；一混、绞眼；以上各需要十一个功。

方绞眼，八个功。装配以上构件，需要一个功另三分。

做阑槛，一个开间，其高为一尺八寸，其宽为一丈二尺。

其制作所需要的用功定额，共需要十个功另五厘（制作槛面板，所需要的用功定额为一个功另二分；若做鹅项形式，四枚，共需二个功另四分，做云栱形式、四枚，共需二个功；做心柱，二条，共需二分功。做槫柱，二条，共需二分功；做地栿，需要三分功；做障水板，三片，共需六分功；做托柱，四枚，共一个功另六分；难子二十四条，共五分功；做八混寻杖，一个功另五厘；其寻杖若做成六混，则减一分五厘功；做四混则减三分功；做一混则减四分五厘功）。

装配构件所需要的用功定额：二个功另二分。

注释

① 钩窗：古代的一种内有托柱、外有钩阑的方格眼扇窗。

② 阑槛：栏杆。

③ 鹅颈：近水的厅、轩、亭等常在临水方面设置的木质曲栏。

④ 云栱：雕饰云状花纹的斗栱。

⑤ 寻杖：在栏杆中的长条形扶手。宋以前多为通长，仅转角处或结束处立望柱；后被望柱分为若干段，位于望柱之间。

殿内截间格子

原典

殿内截间四斜毬文格子，一间，单腰串造，高、广各一丈四尺（心柱、槫柱等在内）。

造作，五十九功六分；

安卓，七功。

译文

制作大殿内的截间四斜毬文格子门，一个开间，做成单腰串，其高和宽各为一丈四尺（包括心柱、槫柱等制作在内）。

制作的用功定额，需要五十九个功另六分；

装配所需要的用功定额，七个功。

堂阁内截间格子

原典

堂阁内截间四斜毬文格子，一间，高一丈，广一丈一尺（槫柱在内方）。额子泥道，双扇门造。

造作功：破瓣撺尖，瓣内双混，面上出心线、压边线，四十六功；破瓣撺尖，瓣内单混，四十二功；方直破瓣撺尖，四十功（直造者减二功）。

安卓，二功五分。

译文

做堂阁内的截间四斜毬文格子的门，用于一个开间，其高为一丈，其宽为一丈一尺（槫柱在靠里的一边）。额子泥道，门做双扇。

制作的方法和所需的用功定额：破瓣撺尖，瓣内双混，面上出心线、压边线，需要四十六个功；破瓣撺尖，瓣内单混，需要四十二个功；方直破瓣撺尖，四十个功（如果直造则减去二个功）。

把完成的构件装配好，需要二个功另五分。

殿阁照壁板

原典

殿阁照壁板，一间，高五尺至一丈一尺，广一丈四尺（如广增减者，以本功分数加减之）。

造作功：高五尺，七功（每高增一尺，加一功四分）。

安卓功：高五尺，二功（每高增一尺，加四分功）。

译文

做殿阁内的照壁板，一开间用，其高为五尺到一丈一尺，其宽为一丈四尺（如其宽有增减的情况，就根据本功分数进行加减）。

制作该构件的用功定额：做五尺高的，需要七个功（每高增一尺，就要加一个功另四分）。

装配该构件的用功定额：高五尺的，二个功（其高每增一尺，就加四分功）。

照 壁

原典图说

照壁的作用

照壁是旧时建筑中大门内外用作屏障的一道空墙，一般设置于大门外正对大门对过处，或大门内庭院之中。它的作用有五种：一是回避视线，避免一眼窥见宅内；二是控制气流，调节室内冷暖，有益于主人健康；三是作为一种装饰；四是避免大门与宅院内门直通，防止走漏财运；五是辟邪，古代迷信认为恶鬼只能走直线，屏墙可以抵挡他们，所以又常在照墙上饰以阴阳符号当作护符。

障日板

原典

障日板①，一间，高三尺至五尺，广一丈一尺（如广增减加者，即以本功加减之）。

造作功：高三尺，三功（每高增一尺，则加一功。若用心柱、槫柱、难子、合板造，则每功各加一分功）。

安卓功：高三尺，一功二分（每高增一尺，则加三分功。若用心柱、槫柱、难子、合板造，则每功减二分功）。

注释

① 障日板：宋式建筑装修构建名称，指位于门额上与由额之间用于分隔室内外空间的木板，清式建筑称为“走马板”。

译文

做障日板，用于一开间，其高为三尺至五尺，其宽为一丈一尺（如其宽有所增减，那么就根据本功分数对其进行加减）。

制作的用功定额：其高为三尺，需要三个功（其高每增一尺，就加一个功。如果把心柱、槫柱、难子等构件的制作一起计算在内，那么每个功就各加一分功）。

装配的用功定额：其高为三尺，需要一个功另二分（其高每增加一尺，就加三分功。如果造心柱、槫柱、难子、合板等构件，那么每个功要减去二分功）。

廊屋照壁板

原典

廊屋①照壁板，一间，高一尺五寸至二尺五寸，广一丈一尺（如广增加者，即以本功加减之）。

造作功：高一尺五寸，二功一分（每增高五寸，则加七分功）。

安卓功：高一尺五寸，八分功（每增高五寸，则加二分功）。

注释

① 廊屋：主屋前两侧通长的东西两庑带有前廊，宋代称为廊屋。宋代、明代常用廊屋围成封闭院落，而唐代则多用走廊形成廊院。廊屋左边为上，右边为下。

译文

做廊屋的照壁板，用于一开间内，其高为一尺五寸到二尺五寸，其宽为一丈一尺（如果其宽有增减的情况，就在本功分数的基础上对其进行加减）。

制作的用功定额：做一尺五寸高的，需要二个功另一分（每高增五寸，就加七分功）。

装配的用功定额：其高为一尺五寸的构件，需要八分功（每高增五寸，就要加二分功）。

胡梯①：一坐，高一丈，拽脚长一丈，广三尺，作十二踏，用料子蜀柱②，单钩阑造。

造作，一十七功；安卓，一功五分。

胡梯

译文

做楼梯，一座，其高为一丈；拽脚的长为一丈，宽为三尺，做十二踏（或十三踏），用料子、蜀柱，做成单钩阑的样式。

其制作的用功定额，需要十七个功；

装配这些构件的用功定额，需要一个功另五分。

注释

① 胡梯：扶梯、楼梯。

② 蜀柱：两层梁架之间或梁檩之间的短柱，其高度超过直径，叫作瓜柱。宋时瓜柱叫侏儒柱或蜀柱，明以后称瓜柱、童柱。

垂鱼，一枚，长五尺，广三尺。

造作，二功一分；安卓，四分功。

惹草，一枚，长五尺。造作，一功五分；安卓，二分五厘功。

房顶中间垂直向下的为垂鱼

垂鱼、惹草

译文

做垂鱼，一枚，其长为五尺，宽为三尺。

制作的用功定额，需要二个功另一分；装配的用功定额，需四分功。

做惹草，一枚，长五尺。制作的用功定额，需要一个功另五分；装配的用功定额，需要二分五厘功。

栱眼壁板

原典

栱眼壁板，一片，长五尺，广二尺六寸（于第一等材栱内用）。

造作，一功九分五厘（如单栱[①]内用，于三分功减一分功。若长加一尺，增三分五厘功；材加一等，增一分三厘功）；

安卓，二分功。

译文

做栱眼壁板，一片，其长为五尺，其宽为二尺六寸（于第一等材栱内用）。

制作的用功定额，需要一个功另九分五厘（若是单栱内用，那么在三分的基础上减去一分功。若长加一尺，则增三分五厘功；材加一等，则增一分三厘功）。

装配的用功定额，需二分功。

注释

① 单栱：是指坐斗口内或跳头上只置一层栱的。

裹栿板

原典

裹栿板，一副，厢壁两段，底板一片。

造作功：殿槽[①]内裹栿板，长一丈六尺五寸，广二尺五寸，厚一尺四寸，共二十功。

副阶[②]内裹栿板，长一丈二尺，广二尺，厚一尺，共一十四功。

安钉功：殿槽，二功五厘（副阶减五厘功）。

注释

① 殿槽：宋代殿阁类建筑的术语，指殿身内用一系列柱子与斗栱划分空间的方式，也指该柱列与斗栱所在的轴线。

② 副阶：是古建筑名词，指在建筑主体以外另加一圈回廊的做法。

译文

做裹栿板，一副，厢壁两段，底板一片。

制作的方法及用功定额：殿槽内的裹栿板，长为一丈六尺五寸，宽为二尺五寸，厚为一尺四寸，共二十个功。

副阶内的裹栿板，长为一丈二尺，宽为二尺，厚为一尺，共十四个功。

装钉的用功定额：殿槽，二个功另五厘（副阶须减少五厘功）。

擗帘竿

原典

擗帘竿，一条（并腰串）。

造作功：竿，一条，长一丈五尺，八混造，一功五分（破瓣造，减五分功；方直造，减七分功）。串，一条，长一丈，破瓣造，三分五厘功（方直造，减五厘功）。

安卓，三分功。

译文

做擗帘竿，一条（包括腰串在内）。

制作的用功定额：竿，一条，长为一丈五尺，做成八混的，需要一个功另五分（做成破瓣形式的，就减去五分功；做成方直形式的，就减七分功）。腰串，一条，长为一丈，做成破瓣形式，需要三分五厘功（做成方直形式的，就减去五厘功）。

装配的用功定额，三分功。

护殿阁檐竹网木贴

原典

护殿阁檐料栱竹雀眼网上、下木贴，每长一百尺（地衣①簟②贴同）。

造作，五分功（地衣簟贴、绕碇之类，随曲剜造者，其功加倍。安钉同）。

安钉，五分功

注释

① 地衣：是真菌和光合生物（绿藻或蓝细菌）之间稳定而又互利的共生联合体，真菌是主要成员，其形态及后代的繁殖均依靠真菌。

② 簟：竹子的名称。

译文

做护殿阁檐料栱竹雀眼网的上、下的木贴，每长为一百尺（做地衣簟贴同此）。

制作的用功定额，五分功（地衣簟贴、绕碇之类，依随其弧度进行剜造的作业，其功应加倍。安装钉好的功也这样计算）。

把它钉好的用功定额，五分功。

平棊

原典

殿内平棊[1]，一段。

造作功：每平棊于贴内贴络华文，长二尺，广一尺共一功（背板桯，贴在内）；共一功；

安搭，一分功。

注释

① 平棊：大的方木格网上置板，并便施彩画的一种天花。平棊为宋式名称，清称井口天花。

译文

做殿内的平棊，一段。

制作的用功定额：每平棊在贴内的贴络花纹，其长为二尺，其宽为一尺（背板桯、贴均在内），共一功；

装配架设的用功定额，需一分功。

平　棊

原典图说

平棊和平暗

平棊和平暗都指古代的天花板，平棊是一种有较大方形格子或长方形格子式样的天花板，而平暗则是一种有小格子的天花板。平棊的规格比平暗高，用木雕花纹贴在板上作为装饰，并施以彩画，彩画图案有盘毬、斗八、叠胜、琐子、罗文、柿蒂、龟背、斗二十四、四毬文等十三品，可以随意搭配使用。

斗八藻井

原典

殿内斗八①，一坐。

造作功：下斗四，方井内方八尺，高一尺六寸；下昂②、重栱、六铺作枓栱，每一朵共二功二分（或只用卷头造，减二分功）。

中腰八角井，高二尺二寸，内径六尺四寸；枓槽、压厦板、随瓣方等事件，共八功。

上层斗八，高一尺五寸，内径四尺二寸；内贴络龙、风华板并背板、阳马③等，共二十二功（其龙凤并雕作计功。如用平棊制度贴罗华文，加一十二功）。

上昂、重栱、七铺作枓栱，每一朵共三功（若入角，其功加倍）。下同。

拢裹功：上、下昂，六铺作枓栱，每一朵，五分功。如卷头造，减一分功。

安搭，共四功。

译文

做殿内的斗八藻井，一座。

制作的方法及用功定额：下层做斗四，方井内的一面为八尺，高为一尺六寸；下昂、重栱、六铺作枓栱，每一朵共二个功另二分（如果只做成卷头造形式，就减去二分功）。

中腰做八角井，高为二尺二寸，内径为六尺四寸；枓槽、压厦板、随瓣枋等构件，做这些共需要八个功。

上层做斗八，高为一尺五寸，内径为四尺二寸；内面贴络龙、风华板和背板、阳马等，共需二十二个功。如果龙凤一并雕作也计算其用功定额（如果用平棊制度贴络花纹，加十二功）。

上昂、重栱、七铺作枓栱，每一朵共三个功（如果入角，其功就要加倍）。以下同。

组合以上构件的用功定额：上、下昂，六铺作枓栱，每一朵，需要五分功。如果是卷头的做法，就减去一分功。

装配搭架的用功定额，共四个功。

注释

① 斗八：我国传统建筑天花板上的一种装饰处理，多为方格形，凸出，有彩色图案。

② 下昂：昂分上下两种，下昂用于外檐承托挑檐，因昂尖向下而得名。

③ 阳马：亦称角梁。中国古代建筑的一种构件。用于四阿（庑殿）屋顶、厦两头（歇山）屋顶转角45°线上，安在各架椽正侧两面交点上。

小斗八藻井

营造法式

原典

小斗八，一坐，高二尺二寸，径四尺八寸。

造作，共五十二功；

安搭，一功。

译文

做小斗八藻井，一座，高为二尺二寸，直径为四尺八寸。

制作的用功定额，共需五十二个功；

装配搭架的用功定额，一个功。

拒马叉子

营造法式

原典

拒马叉子[①]，一间，斜高五尺，间广一丈，下广三尺五寸。

造作，四功（如云头造，加五分功）。

安卓，二分功。

注释

① 拒马叉子：此处指用木交叉架成的栏栅。

译文

做拒马叉子，一间，斜高为五尺，宽度为一丈，下部宽度为三尺五寸。

制作的用功定额，需四个功（如果做成云头式样，就加五分功）。

装配的用功定额，需二分功。

原典

叉子，一间，高五尺，广一丈。

造作功（下并用三瓣霞子）：

棂子：笏头①，方直（串，方直），三功。挑瓣云头、方直（串，破瓣），三功七分。云头②，方直，出心线（串，侧面出心线），四功五分。云头，方直，出边线，压白③（串，侧面出心线，压白），五功五分。海石榴头，一混，心出单线，两边线（串，破瓣，单混，出线），六功五分。海石榴头，破瓣，瓣里单混，面上出心线（串，侧面出心线，压白边线），七功。

望柱④：仰覆莲单，胡桃子，破瓣，混面上出线，一功。海石榴头，一功二分。

地栿：连梯混，每长一丈，一功二分。连梯混，侧面出线，每长一丈，一功五分。

衮砧：每一枚，云头，五分功；方直，三分功。

托枨：每一条，四厘功。

曲枨：每一条，五厘功。

安卓：三分功（若用地栿、望柱，其功加倍）。

叉子

译文

做叉子，一间，其高为五尺，宽为一丈。

制作的方法及用功定额（以下同时用三瓣霞子）：

棂子：笏头形，方直形（腰串也是做方直形）。需三个功。挑瓣云头、方直形（腰串用破瓣）。需三个功另七分。云头形、方直形，出心线（腰串是侧面出心线）。需四个功另五分。云头形、方直形，出边线，压白（腰串是侧面出心线，压白）。需五个功另五分。海石榴头，一混，心出单线，两边线（腰串，破瓣，单混，出线）。需六个功另五分。海石榴头，破瓣，瓣里单混，面上出心线（腰串，侧面上出心线，压白边线）。需七个功。

望柱：仰覆莲花，胡桃子，破瓣，混面上出线，需一个功。海石榴头，需一个功另二分。

地栿：连梯混，每长为一丈，需一个功另二分。连梯混，侧面出线，每长为一丈，需一个功另五分。

衮砧：每一枚，云头形的，需五分功；方直形的，需三分功。

托枨：每一条，需四厘功。

曲枨：每一条，需五厘功。

装配：需三分功（如果还要用地栿、望柱，计算其功时要加倍）。

注释

① 笏头：宋代称方团毬路花纹为“笏头”。

② 云头：云状的装饰物。

③ 压白：古建筑设计中，匠师把建筑尺度与九宫的各星宫结合起来，于是尺度便有了一白、二黑、三碧、一九紫。按流传说法，其中的三白星属于吉利星，所以尺度合白便吉，如此决定出来的尺度用于建筑设计上，便称“压白”。

④ 望柱：也称栏杆柱，是古代建筑和桥梁栏板和栏板之间的短柱。望柱有木造和石造之分。

重台钩阑①，长一丈为率，高四尺五寸。

造作功：角柱②，每一枚，一功二分。望柱（破瓣、仰覆莲、胡桃子造），每一条，一功五分。矮柱，每一枚，三分功。华托柱，每一枚，四分功。蜀柱，瘿项③，每一枚，六分六厘功。华盆霞子，每一枚，一功。云栱，每一枚，六分功。上华板，每一片，二分五厘功（下华板，减五厘功，其华文并雕作计功）。地栿，每一丈，二功。束腰（长同上），一功二分（盆唇并八混，寻杖同。其寻杖若六混造，减一分五厘功；四混，减三分功；一混，减四分五厘功）。

拢裹：共三功五分。

安卓：一功五分。单钩阑，长一丈为率，高三尺五寸。

造作功：望柱：海石榴头，一功一分九厘。仰覆莲、胡桃子，九分四厘五毫功。万字，每片四字，二功四分（如减一字，即减六分功；加亦如之。如作钩片，每一功减一分功。若用华板，不计）。托枨，每一条，三厘功。蜀柱，撮项④，每一枚，四分五厘功（蜻蜓头，减一分功，料子，减二分功）。地栿，每长一丈四尺，七厘功（盆唇

译文

制作重台钩栏，其长以一丈为标准，其高为四尺五寸。

制作的方法及用功定额：角柱，每一枚，需要一个功另二分或三分。望柱（做成破瓣、仰覆莲、胡桃子式样），每一条，需要一个功另五分。矮柱，每一枚，需要三分功。华托柱，每一枚，需要四分功。蜀柱、瘿项，每一枚，需要六分六厘功。华盆霞子，每一枚，需要一个功。云栱，每一枚，需六分功。上华板，每一片，需二分五厘功（做下华板，减去五厘功，其华丈连同雕作一起计算用功定额）。地栿，每一丈，需二个功。束腰，其长同上。需一个功另二分（做盆唇用八混，寻杖的做法同此。其寻杖如果做成六混的，就减去一分五厘功；做成四混的，就减去三分功；做成一混的，就减去四分五厘功）。

组合构件：共需三个功另五分。

装配构件：需一个功另五分。制作单钩阑，其长以一丈为标准，高为三尺五寸。

制作的方法及用功定额：望柱：做成海石榴头的式样，需要一个功另一分九厘。如果做仰覆莲、胡桃子式样，需要九分四厘五毫功。万字花纹板，每片做四个字，需二个功另四分（如减去一个“万”字，那么就减去六分功；增加“万”字的情况也像这样类推。如果制作钩片，那么每一个功减去一分功。如果用华板，不考虑加减问题）。托枨，每一条，需三厘功。蜀柱、撮项，每一枚，

加三厘功）。华板，每一片，二分功（其华文并雕作计功）。八混寻杖，每长一丈，一功（六混减二分功；四混，减四分功；一混，减六分七厘功）。云栱，每一枚，需五分功。卧棂子⑤，每一条，五厘功。

拢裹：一功。

安卓：五分功。

注释

① 钩阑：即栏杆，由望柱、寻杖、阑板构成。一层阑板为“单钩阑”，二层为“重台钩阑”。
② 角柱：柱在不同位置的不同名称。
③ 瘿项：是一个上下小、中间扁圆的鼓状构件，犹如鼓胀的脖子。因为脖子上鼓溜被称为“瘿”，所以这个构件叫作“瘿项”。瘿项直接承着上面的云栱。
④ 撮项：即瘿项。
⑤ 卧棂子：雄棂子和雌棂子交叉组成图案。

需四分五厘功（做蜻蜓头，减去一分功；做枓子，减去二分功）。地栿，每长为一丈四尺，需七厘功（做盆唇加三厘功）。华板，每一片，需二分功（花纹雕作的功计算在内）。八混寻杖，每长为一丈，需一个功（六混，减二分功；四混，减四分功；一混，减六分七厘功）。云栱，每一枚，需五分功。卧棂子，每一条，需五厘功。

组合构件：需一个功。

装配构件：需五分功。

园林内的钩阑

故宫内的钩阑

棵笼子

原典

棵笼子①，一只，高五尺，上广二尺，下广三尺。

造作功：四瓣，𫓯脚，单榥，棂子，二功。四瓣、𫓯脚，双榥、腰串、棂子，牙子，四功。六瓣、双榥、单腰串、棂子、子桯、仰覆莲单胡桃子，六功。八瓣、双榥、𫓯脚、腰串、棂子、垂脚、牙子、柱子②、海石榴头，七功。

安卓功：四瓣，𫓯脚、单榥、棂子；四瓣，𫓯脚、双榥、腰串、棂子、牙子，右各三分功。六瓣，双榥、单腰串、棂子、子桯、仰覆莲单胡桃子；八瓣，双榥、𫓯脚、腰串、棂子、垂脚、牙子、柱子、海石榴头；右各五分功。

注释

① 棵笼子：一种围于树干周围，形状像笼子的护栏，这种护栏的平面有方形、六角形、八角形三种。棵笼子的角柱一般高约5尺，笼身上小下大，与树干的形状相呼应。

② 柱子：建筑垂直构件，通常横切面为圆形，功能为结构支撑或装饰，或兼而有之，包括柱础、柱身和柱头。

译文

做棵笼子，一只，其高为五尺，上宽为二尺，下宽为三尺。

制作的用功定额：四瓣，𫓯脚，单榥、棂子，需二个功。四瓣、𫓯脚，双榥、腰串、棂子，牙子，需四个功。六瓣、双榥、单腰串、棂子、子桯、仰覆莲花胡桃子，需六个功。八瓣、双榥、𫓯脚、腰串、棂子、垂脚、牙子、柱子、海石榴头，需七个功。

装配的用功定额：四瓣，𫓯脚、单榥、棂子；四瓣，𫓯脚、双榥、腰串、棂子、牙子，以上各需三分功。六瓣，双榥、单腰串、棂子、子桯、仰覆莲单胡桃子；八瓣，双榥、𫓯脚、腰串、棂子、垂脚、牙子、柱子、海石榴头；以上各需五分功。

井亭子

原典

井亭子，一坐，𫓯脚至脊共高一丈一尺（鸱尾①在外），方七尺。

造作功：结瓮、柱木、𫓯脚等，共四十五功；料栱，一寸二分材，每一朵，一功四分。

安卓：五功。

译文

做井亭子，一座，𫓯脚至脊的高共一丈一尺（鸱尾在外）。一面为七尺。

制作的用功定额：结瓮、柱木、𫓯脚等，共需四十五个功；科栱，用材一寸二分，每一朵，需一个功另四分。

装配的用功定额：需五个功。

注释

① 鸱尾：汉至宋宫殿屋脊两端的饰物，汉时方士称，天上有鱼尾星，以其形置于屋上可防火灾，于是有鱼尾形脊饰。唐时鸱尾无首，宋时有首有吻，明清时鱼尾形仅在南方建筑中存在，官式建筑已演变为兽吻。

原典

殿、堂、楼、阁、门、亭[1]等牌，高二尺至七尺，广一尺六寸至五尺六寸（如官府或仓库等用，其造作功减半；安卓功三分减一分）。

造作功（安勘头、带、舌[2]内华板在内）：高二尺，六功（每高增一尺，其功加倍。安挂功同）。

安挂功：高二尺，五分功。

注释

① 亭：一种传统建筑形成，源于周代。多建于路旁，供行人休息、乘凉或观景用。亭一般为开敞性结构，没有围墙，顶部可分为六角形、八角形、圆形等多种形状。因为造型轻巧、选材不拘、布设灵活而被广泛应用在园林建筑之中。

② 头、带、舌：指牌头、牌带、牌舌。

牌

译文

做殿、堂、楼、阁、门、亭等处的牌匾，其高为二尺至七尺，宽为一尺六寸至五尺六寸（如果是官府或仓库等处用的匾额，其制作的用功定额要减半；安装的用功定额三分减一分）。

制作的方法及用功定额（对牌头、牌带、牌舌内的花板经过检验拼装成板的用功定额包括在内）：高为二尺的，需六个功（每增高一尺，其功就要加倍。装配的用功定额与此相同）。

装配并挂好的用功定额：高为二尺的，需五分功。

古代牌匾

古式匾额

原典图说

牌匾的材质和文化内涵

传统的牌匾从材质上划分，主要有木质、石材和金属三种，但以木质居多，石材和金属的较为少见。牌匾在中国历史悠久，从秦汉时期就已存在，它是古代建筑的点睛之笔，是融语言、书法、传统建筑、雕刻于一体的综合艺术作品，因此具有鲜明的民族风格和中国气派。而由此形成的牌匾文化，则是中华民族传统文化中一道独特的人文景观。

卷二十二

小木作功限三

佛道帐

原典

佛道帐，一坐，下自龟脚，上至天宫鸱尾，共高二丈九尺。

坐：高四尺五寸，间广六丈一尺八寸，深一丈五尺。

造作功：车槽上、下涩，坐面猴面涩，芙蓉瓣造，每长四尺五寸；子涩，芙蓉瓣造，每长九尺；卧榥，每四条；立榥，每一十条；上、下马头榥，每一十二条；车槽涩并芙蓉华板，每长四尺；坐腰并芙蓉华板，每长三尺五寸；明金板芙蓉华瓣，每长二丈；拽后榥，每一十五条（罗文榥同）；柱脚方，每长一丈二尺；榻头木，每长一丈三尺；龟脚，每三十枚；科槽板并钥匙头，每长一丈二尺；压夏板同。钿面合板，每长一丈，广一尺；右各一功。贴络门窗并背板，每长一丈，共三功。

纱窗上五铺作，重栱、卷头枓栱；每一朵，二功。方桁及普拍枋①在内（如果出

译文

做佛道帐，一座，下自龟脚，上至天宫鸱尾，总共的高为二丈九尺。

帐座：其高为四尺五寸，间宽六丈一尺八寸，深为一丈五尺。

帐座的制作方法：车槽的上、下涩，坐面猴面涩，做成芙蓉瓣形式，每长为四尺五寸；子涩，芙蓉瓣形式，每长为九尺；卧榥，每帐做四条；立榥，每帐做十条；上、下马头榥，每帐十二条；车槽涩连同芙蓉华板，每长为四尺；坐腰和芙蓉华板，每长为三尺五寸；明金板芙蓉华瓣，每长为二丈；拽后榥，每帐做十五条（罗文榥的数量与此相同）；柱脚枋，每长为一丈二尺；榻头木，每长为一丈三尺；龟脚，每三十枚；斗槽板连同钥匙头，每长为一丈二尺，做压厦板与此相同。钿面合板，每长为一丈，宽为一尺；以上各需一个功。贴络门窗和背板，每长为一丈，共需三个功。

纱窗上用五铺作，重栱、卷头枓栱；每一朵，需要二个功。方桁及普拍枋的制作包括在内（如果出角或入角，其功要加倍计算。腰檐、平座的用功定额的计算与此相同。各种“帐”及经藏的制作都比照这个标准）。

角或入角，其功加倍。腰檐②、平坐③同。诸帐及经藏准此）。

拢裹：一百功。

安卓：八十功。

帐身：高一丈二尺五寸，广五丈九尺一寸，深一丈二尺三寸；分作五间造。

造作功：帐柱，每一条；上内外槽隔科板（并贴络及仰托榥在内），每长五尺；欢门④，每长一丈；右各一功五分。里槽下锭脚板（并贴络等），每长一丈，共二功二分。帐带，每三条；虚柱，每一条；两侧及后壁板，每长一丈，广一尺；心柱，每三条；难子，每长六丈；随间栿，每二条；方子，每长三丈；前后及两侧安平綦搏难子，每长五尺；右各一功。平綦依本功。斗八一坐，径三尺二寸，并八角，共高一尺五寸；五铺作，重栱、卷头，共三十功。四斜毬文截间格子，一间，二十八功。四斜毬文泥道格子门，一扇，八功。

组合以上构件所需要的用功定额：一百个功。

装配构件所需的用功定额：八十个功。

帐身：高为一丈二尺五寸，宽为五丈九尺一寸，深为一丈二尺三寸；分为五间的造型。

制作的用功定额：帐柱，一个帐做一条；上内外槽隔科板（包括贴络及仰托榥在内），长为五尺；欢门，每长为一丈；以上各一个功另五分。里槽下锭脚板（包括贴络等），每长为一丈，共需要二个功另二分。帐带，每三条；虚柱，每一条；两侧及后壁板，每长为一丈，宽为一尺；心柱，每三条；难子，每长六丈；随间栿，每二条；方子，每长为三丈；前后及两侧安平綦搏难子，每长为五尺；以上各需一个功。平綦也依照这个功计量。做斗八一座，其径为三尺二寸，同时做八角形，共高为一尺五寸；五铺作，重栱、卷头，共需要三十个功。四斜毬文截间格子，一间，需要二十八个功。四斜毬文泥道格子门，一扇，需要八个功。

注释

① 普拍枋：平置于额枋（阑额）之上，用以拉接柱和承托斗栱的长条形木构件，清称平板枋，宋称普拍枋。
② 腰檐：塔与楼阁平座之下的屋檐称为腰檐，是木架结构建筑的一部分。
③ 平坐：高台或楼层用斗栱、枋子、铺板等挑出，以利于登临眺望，此结构层称为平座。
④ 欢门：是两宋时代酒食店流行的店面装饰，指店门口用彩帛、彩纸等所扎的门楼。
⑤ 飞子：椽在不同部位的不同名称。
⑥ 瓦陇：亦作瓦垄，指屋顶上用瓦铺成的凸凹相间的行列。
⑦ 抹角栿：即在建筑面阔与进深成45°处放置的梁，似抹去屋角，因称抹角梁，起加强屋角建筑力度的作用，是古建筑内檐转角处常用的梁架形式。
⑧ 角梁：在建筑屋顶上的垂脊处，也就是屋顶的正面和侧面相接处，最下面一架斜置并伸出柱子之外的梁，叫作"角梁"。
⑨ 角脊：即建筑正脊中两端起翘，其形尖弯刚劲，如同牛头上的一对硬角。角脊，在苏中、苏南的民居仍十分盛行。
⑩ 雁翅板：宋式建筑中平座外沿围的起遮挡作用的木板，明、清建筑中称其为挂落板。
⑪ 殿身：殿身是相对于副阶而言，指上檐所盖的那一部分空间。
⑫ 重檐：是传统建筑之有两层屋檐者。在基本型屋顶重叠下檐而形成，其作用是扩大屋顶和屋身的体重，增添屋顶的高度和层次，增强屋顶的雄伟感和庄严感，调节屋顶和屋身的比例。
⑬ 挟屋：又称殿挟屋，是附于大建筑边的半截小建筑，但不同于抱厦，是与余屋造相对的形式，自元代后不再出现。
⑭ 行廊：即走廊，有顶的走道。
⑮ 角楼：是历来建筑物中常见到的一种辅助建筑。这种建筑主要设于防守式建筑物的棱角转弯之处，故名"角楼"。角楼多为防御设施，结合墙、台、塔、堡垒等其他的防御设施，起到了防守作用。
⑯ 佛道帐：后世称佛龛，体量较大，顶部可做成天宫楼阁，也可做成带有山花蕉叶式线脚的平顶，基座采用须弥座式。
⑰ 天宫楼阁：用小比例尺制作楼阁木模型，置于藻井、经柜（转轮藏、壁藏）及佛龛（佛道帐）之上，以象征神佛之居，多见于宋、辽、金、明的佛殿中。
⑱ 顶板：古代柱式中柱头的最上部分，呈平板形，上承额枋。

拢裹：七十功。

安卓：四十功。

腰檐：高三尺，间广五丈八尺八寸，深一丈。

造作功：前后及两侧枓槽板并钥匙头，每长一丈二尺；压厦板，每长一丈二尺（山板同）；枓槽卧榥，每四条；上、下顺身榥，每长四丈；立榥，每一十条；贴生，每长四丈；曲椽，每二十条；飞子[5]，每二十五枚；屋内槫，每长二丈（槫脊同）；大连檐，每长四丈（瓦陇[6]条同）；厦瓦板并白板，每各长四丈，广一尺；瓦口子（并签切），每长三丈；右各一功。抹角栿[7]，每一条，二分功。角梁[8]，每一条；角脊[9]，每四条；右各一功二分。

六铺作，重栱、一杪、两昂枓栱，每一朵，共二功五分。

拢裹：二十功。

安卓：三十五功。

平坐：高一尺八寸，广五丈八尺八寸，深一丈二尺。

造作功：枓槽板并钥匙头，每长一丈二尺；压厦板，每长一丈；卧榥，每四条；立榥，每一十条；雁翅板[10]，每长四丈；面板，每长一丈；右各一功。

组合构件：需要七十个功。

装配构件：需要四十个功。

腰檐：高为三尺，间宽为五丈八尺八寸，深为一丈。

制作的方法及所需用功定额：前后及两侧枓槽板连同钥匙头，每长为一丈二尺；压厦板，每长为一丈二尺（山子板与此同）。枓槽卧榥，每四条；上、下顺身榥，每长为四丈；立榥，每十条；贴身，每长为四丈；曲椽，每二十条；飞子，每二十五枚；屋内槫，每长为二丈（槫脊与此同）。大连檐，每长四丈（瓦陇条与此同）。厦瓦板连同白板，各个的长为四丈，宽为一尺；瓦口子（包括签切），每长为三丈；以上各需一个功。抹角栿，每一条，需要二分功。角梁，每一条；角脊，每四条；以上各需一个功另二分。

六铺作，重栱、一杪、两昂枓栱，每一朵，共需二个功另五分。

装配的用功定额：二十或六十个功。

装配的用功定额：三十五个功。

做平座：高一尺八寸，其宽为五丈八尺八寸，深为一丈二尺。

制作的用功定额：枓槽板连同钥匙头，每长为一丈二尺；压厦板，每长为一丈；卧榥，每四条；立榥，每十条；雁翅板，每长为四丈；面板，每长为一丈；以上各需一个功。

六铺作：重栱、卷头枓栱，每一朵，共二功三分。

拢裹：三十功。

安卓：二十五功。

造作功：殿身[11]，每一坐（广三瓣），重檐[12]，并挟屋及行廊（各广二瓣，诸事件并在内），共一百三十功。茶楼子，每一坐（广三瓣，殿身、挟屋[13]、行廊[14]同上）；角楼[15]，每一坐；广一瓣半，挟屋、行廊同上。右各一百一十功。龟头，每一坐（广二瓣），四十五功。

拢裹：二百功。

安卓：一百功。圜桥子，一坐，高四尺五寸，拽脚长五尺五寸，广五尺，下用连梯、龟脚，上施钩阑、望柱。

造作功：连梯桯，每桥二条；龟脚，每桥一十二条；促踏板榥，每桥三条；右各六分功。连梯当，每二条，五分六厘功。连梯榥，每二条，二分功。主柱，每一条，一分三厘功。背板，每长、广各一尺；月板，长广同上；右各八厘功。主柱上榥，每一条，一分二厘功。难子，每五丈，一功。颊板，每一片，一功二分。促踏板，每一片，一分五厘功。随圜势钩阑，共九功。

拢裹：八功。

右佛道帐[16]，总计造作共四千二百九功九分；拢裹共四百六十八功；安卓共

六铺作：重栱、卷头枓栱，每一朵，共需二个功另三分。

组合构件的用功定额：需要三十个功。

装配的用功定额：需要二十五个功。

制作的方法及用功定额：殿身，每一座（其宽为三瓣）；重檐，连接有挟屋和行廊（各宽二瓣，包括各个事项在内），共需一百三十个功。茶楼子，每一座（其宽为三瓣，其殿身、挟屋、行廊的宽同上）。角楼，每一座；其宽为一瓣半，挟屋、行廊的宽同上。以上各需一百一十个功。龟头，做一座（其宽为二瓣），需四十五个功。

组合构件的用功定额：二百个功。

安装构件的用功定额：一百个功。做圜桥子，一座，其高为四尺五寸，拽脚的长为五尺五寸，宽为五尺，下部安置连梯、龟脚，上部立钩阑、望柱。

制作的用功定额：连梯桯，每桥做二条；龟脚，每桥做十二条；促踏板榥，每桥做三条；以上各需六分功。连梯当，每桥做二条，需五分六厘功。连梯榥，每桥做二条，需二分功。望柱，每桥一条，需要一分三厘功。背板，每张的长、宽各为一尺；月板，每张长宽的尺寸同上；以上各需八厘功。望柱上的榥，每一条，需一分二厘功。难子，每个五丈，需一个功。颊板，每一片，需一个功另二分。促踏板，每一片，需一分五厘功。依随圜势建造钩阑，共需九个功。

组合以上构件：需八个功。

以上佛道帐，其制作的用功定额，总计共四千二百九十个功另九分；组合构件的用功定额，共需要四百六十八个功；装配所需要的用功定额共需二百八十个功。

若制作称山花帐头的样式，只是不用腰檐及天宫楼阁（除去制作的用功定额，装配共需一千八百二十个功另九分）。于平座上制作山花帐头，其高为四尺，宽为五丈八尺八寸，深为一丈二尺。

二百八十功。

若作山华帐头造者，惟不用腰檐及天宫楼阁⑰（除造作、安卓共一千八百二十功九分），于平坐上作山华帐头，高四尺，广五丈八尺八寸，深一丈二尺。

造作功：顶板⑱，每长一丈，广一尺；混肚方，每长一丈；楅，每二十条；右各一功。仰阳板，每长一丈（贴络在内）；山华板，长同上；右各一功二分。合角贴，每一条，五厘功。以上造作，计一百五十三功九分。

拢裹：一十功。

安卓：一十功。

制作的尺寸和用功定额：顶板，每长为一丈，宽为一尺；混肚方，每长为一丈；楅，每桥做二十条；以上各一功。仰阳板，每长为一丈（包括贴络在内）。山华板，其长同上；以上各需一个功另二分。合角贴，每一条，需要五厘功。以上制作的用功定额，需要一百五十三个功另九分。

组合构件的用功定额：需要十个功。

装配的用功定额：需要十个功。

佛龛

牙脚帐，一坐，共高一丈五尺，广三丈，内、外槽共深八尺；分作三间；帐头及各分作三段（帐头斗栱在外），牙脚坐，高二尺五寸，长三丈二尺，坐头在内。深一丈。

造作功：连梯，每长一丈；龟脚，每三十枚；上梯盘，每长一丈二尺；束腰①，每长三丈；牙脚，每一十枚；牙头，每二十片（剜切在内）；填心，每一十五枚；压青牙子，每长二丈；背板，每广一尺，长二丈；梯盘榥，每五条；立榥，每一十二条；面板，每广一尺，长一丈；右各一功。角柱②，每一条；锭脚上衬板，每一十片；右各二分功。重台小钩阑，共高一尺，每长一丈，七功五分。

拢裹：四十功。

安卓：二十功。

帐身③，高九尺，长三丈，深八尺，分作三间。

造作功：内、外槽帐柱，每三条；里槽下脚，每二条；右各三功。内、外槽上隔科板（并贴络仰托榥在内），每长一丈，共二功二分（内外槽欢门同）。颊子，每六条，共一功二分。虚柱同。帐带，每四条；

牙脚帐

译文

做牙脚帐，一座，总共的高为一丈五尺，宽为三丈，内、外槽共深八尺；分作三间；帐头及各分作三段（帐头枓栱在外）。牙脚形的帐座，其高为二尺五寸，长为三丈二尺，坐头在内。其深为一丈。

构件的制作尺寸及用功定额：连梯，每长为一丈；龟脚，每帐三十枚；上梯盘，每长为一丈二尺；束腰，每长为三丈；牙脚，每十枚；牙头，每二十片（包括剜切在内）。填心，每十五枚；压青牙子，每长为二丈；背板，每宽为一尺，长为二丈；梯盘榥，每五条；立榥，每十二条；面板，每宽为一尺，长为一丈；以上需各一个功。角柱，每一条；锭脚上衬板，每十片；以上各二分功。做重台小钩阑，总共的高为一尺，每长为一丈，需七个功另五分。

组合各种构件的用功定额：需四十个功。

装配的用功定额：需二十个功。

做帐身，其高为九尺，长为三丈，深为八尺，分作三间。

制作的用功定额：内、外槽立帐柱，每三条；里槽下锭脚，每二条；以上各需三个功。内、外槽上隔科板（连同贴络仰托榥在内）。每长为一丈，共需二个功另二分（内外槽欢门的用功同此）。颊子，每六条，共一个功另二分。虚柱的用功同此。帐带，每四条；帐身板难子，每长为六丈（泥道板难子同此）。平綦搏难子，每长为五丈；平綦贴内贴络华文，每宽为一尺，长为二尺；以上各需一个功。两侧及后壁帐身板，每宽为一尺，长为一丈，需要八分功。泥道板，每六片，共需六分功。心柱，每三条，共需九分功。

帐身板难子，每长六丈（泥道板难子同）；平綦抟难子，每长五丈；平綦贴内（贴络华文），每广一尺，长二尺；右各一功。两侧及后壁帐身板，每广一尺，长一丈，八分功。泥道板，每六片，共六分功。心柱，每二条，共九分功。

拢裹：四十功。

安卓：二十五功。

帐头，高三尺五寸，枓槽长二丈九尺七寸六分，深七尺七寸六分，分作三段造。

造作功：内、外槽并两侧夹枓槽板，每长一丈四尺（压厦板同）；混肚方，每长一丈（山华板、仰阳板，并同）；卧榥，每四条；马头榥，每二十条（楅同）；右各一功。六铺作，重栱、一杪，两（下）昂枓栱，每一朵，共二功三分。顶板，每广一尺，长一丈，八分功。合角贴，每一条，五厘功。

拢裹：二十五功。

安卓：一十五功。

右牙脚帐总计：造作共七百四功三分；拢裹共一百五功，安卓共六十功。

组合帐身构件的用功定额：需要四十个功。

装配的用功定额：需要二十五个功。

做帐头，其高为三尺五寸，枓槽的长为二丈九尺七寸六分，深为七尺七寸六分，分作三段造。

制作的用功定额：内、外槽并两侧夹枓槽板，每长为一丈四尺（压厦板同此）。混肚方，每长为一丈（山华板、仰阳板，一并同此）。卧榥，每四条；马头榥，每二十条（楅同）。以上各需要一个功。六铺作，重栱、一杪，两下昂枓栱，每一朵，共需二个功另三分。顶板的尺寸，每宽为一尺，长为一丈，需八分功。合角贴，每一条，需五厘功。

组合帐头构件：需二十五个功。

装配这些构件：需十五个功。

制作牙脚帐的用功定额总计：制作所有构件共需要七百四个功另三分；组合所有构件共需一百五个功；装配共需六十个功。

注释

① 束腰：古代建筑学术语，指建筑中的收束部位。

② 角柱：是指位于建筑角部，与柱的正交的两个方向各只有一根框架梁与之相连接的框架柱。

③ 帐身：是佛道帐的主体部分，内分几间，里面安放神像。它的形式主要仿照殿堂模式，有内外槽柱。其面内槽柱两侧安格子门，殿内施平綦和斗八藻井，此处腰檐则仿照大木作腰檐的式样。

九脊小帐①，一坐，共高一丈二尺，广八尺，深四尺。

牙脚坐，高二尺五寸，长九尺六寸，深五尺。

造作功：连梯，每长一丈；龟脚，每三十枚；上梯盘，每长一丈二尺；右各一功。连梯榥，梯盘榥；右各共一功。面板，共四功五分。立榥，共三功七分。背板；牙脚；右各共三功。填心；束腰锭脚；右各共二功。牙头；压青牙子；右各共一功五分。束腰锭脚衬板，共一功二分。角柱，共八分功。束腰锭脚内小柱子，共五分功。重台小钩阑并望柱等，共一十七功。

拢裹：二十功。

安卓：八功。

帐身，高六尺五寸，广八尺，深四尺。

造作功：内、外槽帐柱，每一条，八分功。里槽后壁并两侧下锭脚板并仰托榥（贴络在内），共三功五厘。内、外槽两侧并后壁上隔科板并仰托榥（贴络柱子在内），共六功四分。两颊；虚柱；右各共四分功。心柱，共三分功。帐身板，共五功。帐身难子；内、外欢门；内、外帐带；右各共二功。泥道板，共二分功。泥道难子，六

九脊小帐

译文

制作九脊小帐，一座，总共的高为一丈二尺，宽为八尺，深为四尺。

做牙脚坐，其高为二尺五寸，长为九尺六寸，深为五尺。

制作各构件的尺寸及用功定额：连梯，每长为一丈；龟脚，每三十枚；上梯盘，每长为一丈二尺；以上各需一个功。连梯榥、梯盘榥；以上各样共需一个功。面板，共需四个功另五分。立榥，共需三个功另七分。背板、牙脚；以上各样共需三个功。填心、束腰锭脚；以上各样共需二个功。牙头、压青牙子；以上各样共需一个功另五分。束腰锭脚衬板，共需一个功另二分。角柱，共需八分功。束腰锭脚内小柱子，共需五分功。重台小钩阑连同望柱等，共需十七个功。

组合以上牙脚坐所需的用功定额：二十个功。

装配构建所需的用功定额：八个功。

做帐身，其高为六尺五寸，宽为八尺，深为四尺。

制作的用功定额：内、外槽帐柱，每一条，八分功。里槽后壁连同两侧下锭脚板和仰托榥（贴络在内），共需三个功另五厘。内、外槽两侧连同后壁上隔科板和仰托榥（贴络柱子在内），共需六个功另四分。两颊、虚柱；以上各样共需四分功。心柱，共需三分功。帐身板，共需五功。帐身难子、内外欢门、内外帐带；以上各样共需二个功。泥道板，共需二分功。泥道难子，需六分功。

组合帐身的各个构件：需要二十个功。

装配各个构件：十个功。

做帐头，其高为三尺，鸱尾在外，宽为八尺。深为四尺。

制作的用功定额：五铺作，重栱、一杪、一下昂科栱，每一朵，共需一个功另四分。结瓮构件等，共需二十八个功。

分功。

拢裹：二十功。

安卓：一十功。

帐头，高三尺，鸱尾在外，广八尺，深四尺。

造作功：五铺作，重栱，一杪②、一下昂枓栱，每一朵，并一功四分。结宽事件等，共二十八功。

拢裹：一十二功。

安卓：五功。

帐内平棊：造作，共一十五功（安难子又加一功）。

安挂功：每平棊一片，一分功。

右九脊小帐总计：造作共一百六十七功八分；拢裹共五十一功；安卓共二十三功三分。

注释

① 九脊小帐：即九脊帐，殿堂内供奉神、佛的木龛，是归类为小木作建筑的一种。下有帐座，中为帐身，上覆歇山式屋顶。歇山顶也称九脊顶，故称九脊帐。

② 一杪：出一跳华栱称为"一杪"。把斗栱中的华栱出挑称为出杪，出二跳华栱称为"双杪"。

组合构件所需的用功定额：十二个功。

装配所需的用功定额：五个功。

帐内平棊：制作的用功定额，共需十五个功（安置难子又加一个功）。

安装的用功定额：每平棊一片，需一分功。

以上九脊小帐的用功定额总计：制作共需一百六十七个功另八分；组合共需五十二个功；装配共需二十三个功另三分。

壁帐

营造法式

原典

壁帐，一间，广一丈一尺，共高一丈五尺。

造作功（拢裹功在内）：枓栱，五铺作，一杪、一下昂（普拍方在内），每一朵，一功四分。仰阳山华板、帐柱、混肚方、枓槽板、压厦板等，共七功。毬文格子、平棊、叉子，并各依本法。

安卓：三功。

译文

做壁帐，一间，其宽为一丈一尺，总共的高为一丈五尺。

制作的用功定额（包括组合构件的用功定额在内）：做枓栱，五铺作，一杪、一下昂（普柏方在内）。每一朵，需要一个功另四分。仰阳山华板、帐柱、混肚方、枓槽板、压厦板等，共需七个功。毬文格子、平棊、叉子，这些构件一并依照本规定。

装配构件的用功定额：三个功。

卷二十三

小木作功限四

转轮经藏

原典

转轮经藏①，一坐，八瓣，内、外槽帐身造。

外槽帐身，腰檐、平坐上施天宫楼阁，共高二丈，径一丈六尺。

帐身，外柱至地，高一丈二尺。

造作功：帐柱，每一条；欢门，每长一丈；右各一功五分。隔枓板并贴柱子及仰托榥，每长一丈，二功五分。帐带，每三条，一功。

拢裹：二十五功。

安卓：一十五功。

腰檐，高二尺，枓槽径一丈五尺八寸四分。

造作功：枓槽板，长一丈五尺（压厦板及山板同），一功。内、外六铺作，外跳②一杪，两下昂，里跳（并）卷头枓栱，每一朵，共二功三分。角梁，每一条（子角

译文

造转轮经藏，一座，做八边形的，帐身做成内、外槽两部分。

帐身的外槽部分，腰檐、平座上做天宫楼阁，总共的高为二丈，径为一丈六尺。

帐身，外柱至地，其高为一丈二尺。

制作的方法和用功定额：帐柱，每一条；欢门，每长一丈；以上各需一个功另五分。隔枓板连同贴柱子和仰托榥，每长为一丈，需二个功另五分。帐带，每三条，需一个功。

组合这些构件的用功定额：需要二十五个功。

装配构件：需要十五个功。

造腰檐，其高为二尺，枓槽的径为一丈五尺八寸四分。

制作的方法及用功定额：枓槽板，长为一丈五尺（压厦板及山板同此）。需要一个功。内、外六铺作，外跳一杪、两下昂，里跳及卷头枓栱，每一朵，共需二个功另三分。角梁，每一条（子角梁同此）。八分功。

梁同），八分功。

贴生，每长四丈；飞子，每四十枚；白板，约计每长三丈，广一尺（厦瓦板同）；瓦陇条[3]，每四丈。搏脊[4]，每长二丈五尺（搏脊榑同）；角脊，每四条；瓦口子[5]，每长三丈；小山子板，每三十枚。井口榥，每三条；立榥，每一十五条；马头榥，每八条；右各一功。

拢裹：三十五功。

安卓：二十功。

平坐，高一尺，径一丈五尺八寸四分。

造作功：枓槽板，每长一丈五尺（压厦板同）；雁翅板，每长三丈；井口榥，每三条；马头榥，每八条；面板，每长一丈，广一尺；右各一功。枓栱，六铺作并卷头（材广、厚同腰檐），每一朵，共一功一分。单钩阑，高七寸，每长一丈，望柱在内，共五功。安卓：一十五功。

天宫楼阁，共高五尺，深一尺。

造作功：角楼子，每一坐（广二瓣），并挟屋、行廊（各广二瓣），共七十二功。茶楼[6]子，每一坐（广同上），并挟屋，行廊（各广同上），共四五功。

拢裹：八十功。

安卓：七十功。

贴生，每长四丈；飞子，每四十枚；白板，约计每长为三丈，宽为一尺（厦瓦板同此）。瓦陇条，每四丈。搏脊，每长为二丈五尺（搏脊榑同此）。角脊，每四条；瓦口子，每长为三丈；小山子板，每三十枚。井口榥，每三条；立榥，每十五条；马头榥，每八条；以上各需一个功。

组合这些构件：需要三十五个功。

装配这些构件：需要二十个功。

做平座，高为一尺，径为一丈五尺八寸四分。

制作的方法及用功定额：枓槽板，每长为一丈五尺（压厦板与此相同）。雁翅板，每长为三丈；井口榥，每三条；马头榥，每八条；面板，每长为一丈，宽为一尺；以上各需一个功。枓栱，六铺作连同卷头（材的宽、厚同腰檐一样）。每一朵，共需一个功另一分。单钩阑，高为七寸，每长为一丈，包括望柱在内，共需五个功。

组合这些构件的用功定额：需要二十个功。

装配这些构件的用功定额：需要十五个功。

制作天宫楼阁，其高共五尺，深为一尺。

制作的方法及用功定额：角楼子，每一座（其宽为二瓣），连带挟屋、行廊（各样的宽为二瓣），共需七十二个功。茶楼子，每一座（其宽同上）。连带挟屋、行廊（各样的宽同上）。共需四十五个功。

组合构件的用功定额：八十个功。

装配构件的用功定额：七十个功。

里槽，高一丈三尺，径一丈。坐，高三尺五寸，坐面径一丈一尺四寸四分，枓槽径九尺八寸四分。

造作功：龟脚，每二十五枚；车槽上下涩、坐面涩、猴面涩，每各长五尺；车槽涩并芙蓉华板，每各长五尺；坐腰上、下子涩、三涩，每各长一丈（壶门[7]神龛[8]并背板同）；坐腰涩并芙蓉华板，每各长四尺；明金板，每长一丈五尺；枓槽板，每长一丈八尺（压厦板同）；坐下榻头木，每长一丈三尺（下卧榥同）；立榥，每一十条；柱脚方，每长一丈二尺（方下卧榥同）；拽后榥，每一十二条（猴面钿面榥同）；猴面梯盘榥，每三条；面板，每长一丈，广一尺；右各一功。六铺作，重栱、卷头枓栱，每一朵，共一功一分。上、下重台钩阑，高一尺，每长一丈，七功五分。

拢裹：三十功。

安卓：二十功。

帐身，高八尺五寸，径一丈。

造作功：帐柱，每一条，一功一分。上隔枓板并贴络柱子及仰托榥，每各长一丈，二功五分。下锭脚隔枓板并贴络柱子及仰托榥，每各长一丈，二功。两颊，每一条，三分功。泥道板，每一片，一分功。欢门[9]华瓣，每长一丈；帐带，每三条；帐身

做里槽，其高为一丈三尺，径为一丈。

下部的平座，其高为三尺五寸，座面的径为一丈一尺四寸四分，枓槽的径为九尺八寸四分。

制作的方法即用功定额：龟脚，每二十五枚；车槽上下涩、座面涩、猴面涩，每样各长五尺；车槽涩和芙蓉华板，每样各长五尺；座腰上、下涩，三涩，每样各长一丈（壶门状神龛和背板同此）。座腰涩和芙蓉华板，每样各长四尺；明金板，每长为一丈五尺；枓槽板，每长为一丈八尺（压厦板同此）。座下榻头木，每长为一丈三尺（下卧榥同此）。立榥，每十条；柱脚枋，每长为一丈二尺（枋下卧榥同此）。拽后榥，每十二条（猴面钿面榥同此）。猴面梯盘榥，每三条；面板，每长为一丈，宽为一尺；以上各一功。六铺作，重栱、卷头斗栱，每一朵，共需一个功另一分。上下重台钩阑，其高为一尺，每长为一丈，需要七个功另五分。

组合构件的用功定额：三十个功。

装配构件的用功定额：二十个功。

做帐身，其高为八尺五寸，径为一丈。

制作的方法及所需的用功定额：做帐柱，每一条，需要一个功另一分。上隔枓板、贴络柱子及仰托榥，每样各长一丈，需要二个功另五分。下锭脚隔枓板、贴络柱子及仰托榥，每样各长一丈，需要二个功。两颊，每一条，需三分功。泥道板，每一片，需一分功。欢门华瓣，每长为一丈；帐带，每三条；帐身板，约计每长为一丈，宽为一尺；帐身内、外难子及泥道难子，每样各长为六丈；以上各一功。门子，合板造，每一合，需四个功。

板，约计每长一丈，广一尺：帐身内、外难子及泥道难子，每各长六丈；右各一功。门子，合板造，每一合，四功。

拢裹：二十五功。

安卓：一十五功。

柱上帐头，共高一尺，径九尺八寸四分。

造作功：枓槽板，每长一丈八尺（压厦板同）；角栿，每八条；搭平棊方子，每长三丈；右各一功。平棊，依本功。六铺作，重栱、卷头枓栱，每一朵，一功一分。

转轮，高八尺，径九尺；用立轴长一丈八尺；径一尺五寸。

造作功：轴[10]，每一条，九功。辐[11]，每一条；外辋[12]，每二片；里辋，每一片；里柱子，每二十条；外柱子，每四条；挟木，每二十条；面板，每五片；格板，每一十片；后壁格板，每二十四片；难子，每长六丈；托辐牙子，每一十枚；托枨，每八条；立绞棍，每五条；十字套轴板，每一片；泥道板，每四十片；右各一功。

拢裹：五十功。

安卓：五十功。

经匣，每一只，长一尺五寸，高六寸，盝顶[13]在内，广六寸五分。

造作、拢裹：共一功。

组合构件的用功定额：二十五个功。

装配构件的用功定额：十五个功。

做柱上帐头，总共的高为一尺，径为九尺八寸四分。

制作的用功定额：枓槽板，每长为一丈八尺（压厦板同此）。角栿，每八条；搭平棊方子，每长为三丈；以上各一个功。平棊，依本功。六铺作，重栱、卷头枓栱，每一朵，需一个功另一分。

组合构件的用功定额：需二十个功。

装配构件的用功定额：需十五个功。

做转轮，其高为八尺，径为九尺；用立轴其长为一丈八尺；径为一尺五寸。

制作的用功定额：轴，每一条，需要九个功。辐，每一条；外辋，每二片；里辋，每一片；里柱子，每二十条；外柱子，每四条；挟木，每二十条；面板，每五片；格板，每十片；后壁格板，每二十四片；难子，每长为六丈；托辐牙子，每十枚；托枨，每八条；立绞棍，每五条；十字套轴板，每一片；泥道板，每四十片；以上各一功。

组合构件的用功定额：需要五十个功。

装配的用功定额：需要五十个功。

做存放经书典籍的木匣，每一只，其长为一尺五寸，高为六寸，盝顶在内，宽为六寸五分。

制作和装配所需的用功定额：共需一个功。

右转轮经藏总计：造作共一千九百三十五功二分；拢裹共二百八十五功；安卓共二百二十功。

制作以上转轮经藏的用功定额总计：制作共需一千九百三十五个功另二分；组合构件共需二百八十五个功；装配构件共需二百二十个功。

注释

① 转轮经藏：一种可以转动的藏经柜，在宗教活动中认为推动转轮藏旋转一周等于念一遍经。转轮藏多设在殿宇正中，平面为八边形，立面与壁藏形式相同。中央有一根很粗的立柱作为轴，立柱上下安有类似轴承的铁件，以便旋转。

② 跳：翘或昂自坐斗出跳的跳数，出一跳叫三踩（四铺作），出两跳叫五踩（五铺作），一般建筑（牌楼除外）不过九踩（七铺作）。

③ 瓦陇条：即瓦垄条，古建筑构瓦作件名称。板瓦纵向截成的直线形窄条或布瓦屋脊瓦件之一。用板瓦开成的叫“软瓦条”，用砖加工而成的叫“硬瓦条”。

④ 搏脊：一面斜坡屋顶与建筑物垂直之部分相交处的屋脊。

⑤ 瓦口子：古建筑屋顶部位名称，又称当勾，位于瓦垄与脊交接之处，由于位置不同叫法也有别，如在正脊部位又称正当勾，在戗脊部位又称斜当勾。

⑥ 茶楼：即茶馆，自宋代繁荣起来。在唐代是过路客商休息的地方，而宋代就成了娱乐的地方。

⑦ 壶门：为建筑中须弥座的图案及家具中的装饰，一说为壸（音同“捆”）门。

⑧ 神龛：供奉神像或神主的小阁子，神龛也叫神椟，是放置道教神仙的塑像和祖宗灵牌的小阁。神龛大小规格不一，依祠庙厅堂宽狭和神的多少而定。大的神龛均有底座，上置龛，为敞开式。

⑨ 欢门：两宋时期酒肆食肆常用的店面装饰，流行于北宋东京和南宋的临安。

⑩ 轴：穿在轮子中间的圆柱形物件。

⑪ 辐：即辐条，插入轮毂以支撑轮圈的细条。

⑫ 外辋：轮子外边的框子。

⑬ 盝顶：是中国传统建筑的一种屋顶样式，顶部有四个正脊围成为平顶，下接庑殿顶。盝顶梁结构多用四柱，加上枋子抹角或扒梁，形成四角形或八角形屋面。

转轮经藏

原典图说

转轮经藏的结构

转轮经藏是收藏经卷的一种方式，指的是可以旋转的存放经卷的书橱。它的结构分为里外三层：外面的称为外槽，它从上到下分别由帐身、腰檐、平座、天宫楼阁组成经藏外观，形式和佛道帐很相似，但却不用帐座，柱子直落地面；居中的称为里槽，其从上到下分别为帐座、帐身、帐头，帐座的形式和佛道帐一样；在里面的称为转轮，其由转轴和经格组成。

壁藏，一坐，高一丈九尺，广三丈，两摆手各广六尺，内、外槽共深四尺。

坐，高三尺，深五尺二寸。

造作功：车槽上、下涩并坐面猴面涩，芙蓉瓣，每各长六尺；子涩，每长一丈。卧榥，每一十条；立榥，每一十二条（拽后榥、罗文榥同）；上、下马头榥，每一十五条；车槽涩并芙蓉华板，每各长五尺；坐腰并芙蓉华板，每各长四尺；明金板（并造瓣），每长二丈（枓槽压厦板同）；柱脚方，每长一丈二尺；榻头木，每长一丈三尺；龟脚，每二十五枚；面板（合缝在内），约计每长一丈，广一尺；贴络神龛并背板，每各长五尺；飞子①，每五十枚；五铺作，重栱、卷头枓栱，每一朵；右各一功。上、下重台钩阑，高一尺，长一丈，七功五分。

拢裹：五十功。

安卓：三十功。

帐身，高八尺，深四尺；作七格，每格内安经匣②四十枚。

造作功：上隔枓并贴络及仰托榥，每各长一丈，共二功五分。下锃脚并贴络及仰托榥，每各长一丈，共二功。帐柱，每一条；欢门，剜造华瓣在内。每长一丈；帐带，剜切在内。每三条；心柱，每四条；腰串，每六条；帐身合板，约计每长一丈，广一尺；格榥，每长三丈，逐格前、后柱子同。钿面板榥，每三十条；格板，每二十片，各广八寸；普拍方，每长二丈五尺；随格板难子，每长八丈；帐身板难子，每长六丈；右各一功。平棊，依本功。折叠门子，每一合，共三功。逐格钿面板，约计每长一丈，广一尺，八分功。

译文

制作壁藏，一座，其高为一丈九尺，宽为三丈，两摆手各宽六尺，内、外槽共深四尺。

下部的平座，高为三尺，深为五尺二寸。

制作的用功定额：车槽上、下涩和坐面猴面涩，芙蓉瓣，每样各长六尺；子涩，每长为一丈。卧榥，每十条；立榥，每十二条（拽后榥、罗文榥同此）；上、下马头榥，每十五条；车槽涩和芙蓉花板，每样各长五尺；坐腰和芙蓉花板，每样各长四尺；明金板（包括制作瓣），每样长为二丈（枓槽压厦板同此）；柱脚枋，每个长为一丈二尺；榻头木，每长为一丈三尺；龟脚，每二十五枚；面板（包括合缝在内），约计每长为一丈，宽为一尺；贴络神龛和背板，每样各长五尺；飞子，每五十枚；五铺作，重栱、卷头枓栱，每一朵；以上各一个功。做上、下重台勾栏，高为一尺，长为一丈，需七个功另五分。

组合构件的用功定额：五十个功。

装配构件的用功定额：三十个功。

帐身，其高为八尺，深为四尺；做七格，每格内可安放经匣四十枚。

制作的方法及用功定额：上隔枓、贴络及仰托榥，每样各长一丈，共需二个功另五分。下锃脚、贴络及仰托榥，每样各长一丈，共需二个功。帐柱，每一条；欢门（包括剜造华瓣在内），每长为一丈；帐带（包括剜切在内），每三条；心柱，每四条；腰串，每六条；帐身合板，约计每样的长为一丈，宽为一尺；格榥，每长三丈（逐格前、后柱子同此）；钿面板榥，每三十条；格板，每二十片，各宽八寸；普拍枋，每长为二丈五尺；依随格板的难子，每长为八丈；帐身板难子，每长为六丈；以上各需一个功。平棊，依照该功。折叠门子，每一合，共需三个功。逐格钿面板，约计每长为一丈，宽为一尺，需八分功。

拢裹：五十五功。

安卓：三十五功。

腰檐[3]，高二尺，枓槽共长二丈九尺八寸四分，深三尺八寸四分。

造作功：枓槽板，每长一丈五尺（钥匙头及压厦板并同）；山板，每长一丈五尺，合广一尺；贴生，每长四丈（瓦陇条同）；曲椽，每二十条；飞子，每四十枚；白板，约计每长三尺，广一尺（厦瓦板同）；搏脊槫，每长二丈五尺；小山子板，每三十枚；瓦口子（签切在内），每长三丈；卧榥，每一十条；立榥，每一十二条；右各一功。六铺作，重栱、一杪、两下昂枓栱，每一朵，一功二分。角梁，每一条（子角梁同），八分功。角脊[4]，每一条，一分功。

拢裹：五十功。

安卓：三十功。

平坐，高一尺，枓槽共长二丈九尺八寸四分，深三尺八寸四分。

造作功：枓槽板，每长一丈五尺（钥匙头及压厦板并同）；雁翅板，每长三丈；卧榥，每一十条；立榥，每一十二条；钿面板，约计每长一丈，广一尺；右各一功。六铺作，重栱、卷头枓栱，每一朵，共一功一

组合构件的用功定额：五十五个功。

装配构件的用功定额：三十五个功。

做腰檐，其高为二尺，枓槽共长二丈九尺八寸四分，深为三尺八寸四分。

制作的方法及用功定额：枓槽板，每长为一丈五尺（钥匙头及压厦板均同此）；山板，每长为一丈五尺，合宽一尺；贴生，每长为四丈（瓦陇条同此）。曲椽，每二十条；飞子，每四十枚；白板，约计每长三尺，广一尺（厦瓦板同此）；搏脊槫，每长为二丈五尺；小山子板，每三十枚；瓦口子（包括签切在内），每长为三丈；卧榥，每十条；立榥，每十二条；以上各需一个功。六铺作，重栱、一杪、两下昂枓栱，每一朵，需要一个功另二分。角梁，每一条（子角梁同），八分功。角脊，每一条，二分功。

组合构件的用功定额：五十个功。

装配构件的用功定额：三十个功。

做平座，高为一尺，枓槽共长二丈九尺八寸四分，深为三尺八寸四分。

制作的方法及用功定额：枓槽板，每长为一丈五尺（钥匙头及压厦板均与此相同）。雁翅板，每长为三丈；卧榥，每十条；立榥，每十二条；钿面板，约计每长为一丈，宽为一尺；以上各需一个功。六铺作，重栱、卷头枓栱，每一朵，共需一个功另一分。单钩阑，高为七寸，每长为一丈，需五个功。

分。单钩阑，高七寸，每长一丈，五功。

拢裹：二十功。

安卓：一十五功。

天宫楼阁：

造作功：殿身⑤，每一坐（广二瓣），并挟屋、行廊（各广二瓣），（屋）各三层，共八十四功。角楼，每一坐（广同上），并挟屋、行廊等并同上；茶楼子，并同上；右各七十二功。龟头，每一坐（广二瓣），并行廊屋（广二瓣），三层，共三十功。

拢裹：一百功。

安卓：一百功。

经匣：准转轮藏经匣功。

右壁藏一坐总计：造作共三千二百八十五功三分；拢裹共二百七十五功；安卓共二百一十功。

组合构件的用功定额：二十个功。

装配构件的用功定额：十五个功。

做天宫楼阁：

制作的方法及用功定额：殿身，每一座（宽为二瓣），以及挟屋、行廊（各宽二瓣），各种房屋三层，共需八十四个功。角楼，每一座（其宽同上）。包括挟屋、行廊等均同上；茶楼子，均同上；以上各需七十二个功。龟头，每一座（其宽为二瓣），包括行廊屋（其宽为二瓣），三层，共需三十个功。

组合构件的用功定额：一百个功。

装配构件的用功定额：一百个功。

经匣：比照转轮藏的经匣用功定额计量。

制作以上一座壁藏的用功定额总计：制作共需三千二百八十五个功另三分；组合共需二百七十五个功；装配共需二百一十个功。

注释

① 飞子：也叫飞椽，附着在檐椽之上向外挑出的椽子。飞椽后尾呈楔形，钉附在檐椽之上。椽子一般为圆形断面，而飞椽用矩形断面。

② 经匣：存放经文的匣子。① 腰檐：塔与楼阁平座下之屋檐。

3 腰檐：塔与楼阁平座下屋檐。

4 角脊：重檐建筑下层檐沿角梁方向与围脊相交的脊称为角脊。

5 殿身：宋代建筑中重檐建筑的概念是有殿身外面包一圈外廊（称之为副阶周匝）。殿身是相对于副阶而言，指上檐所盖的那一部分空间。假如殿身 7 间，加副阶周匝，古代文献记录有时称此殿为 9 间，有时称 7 间。

卷二十四

诸作功限一

雕木作[1]

原典

每一件，混作[2]：

照壁内贴络。

宝床[3]，长三尺（每尺高五寸，其床垂牙，豹脚造，上雕香炉、香合[4]、莲华、宝科（窠）、香山、七宝等），共五十七功（每增减一寸，各加减一功九分；仍以宝床长为法）。

真人，高二尺，广七寸，厚四寸(分)，六功（每高增减一寸，各加减三分功）。

仙女，高一尺八寸，广八寸，厚四寸，一十二功（每高增减一寸，各加减六分六厘功）。

童子，高一尺五寸，广六寸，厚三寸，三功三分（每高增减一寸，各加减二分二厘功）。

云盆或云气，曲长四尺，广一尺五寸，七功五分（每广增减一寸，各加减五

译文

每一件，用立体圆雕的手法：

照壁内用贴络。

做宝床，长为三尺（每尺的高为五寸，其床做垂牙、豹脚的式样，上面雕香炉、香盒、莲花、宝窠、香山、七宝等）。共需五十七个功（每增减一寸，就要各加减一个功另九分；仍以宝床的长为参照标准）。

做真人，高为二尺，宽为七寸，厚为四寸，需六个功（每高若增减一寸，就要各加减三分功）。

仙女，高为一尺八寸，宽为八寸，厚为四寸，需十二个功（每高若增减一寸，就要各加减六分六厘功）。

童子，高为一尺五寸，宽为六寸，厚为三寸，需三个功另三分（每高若增减一寸，就要各加减二分二厘功）。

云盆或云气，曲长为四尺，宽为一尺五寸，需七个功另五分（每宽增减一寸，就要各加减五分功）。

分功）。

角神[5]，高一尺五寸，七功一分四厘（每增减一寸，各加减四分七厘六毫功，宝藏神每功减四分功）。

鹤子[6]，高一尺，广八寸，首尾共长二尺五寸，三功（每高增减一寸，各加减二分功）。

帐上：缠柱龙，长八尺，径四寸（五段造；并爪甲、脊膊焰，云盆或山子），三十六功（每长增减一尺，各加减三功。若牙鱼并缠写生华，每功减一分功）。

虚柱莲华蓬，五层（下层蓬径六寸为率，带莲荷、藕叶、枝梗），六功四分（每增减一层，各加减六分功。如下层蓬径增减一寸，各加减三分功）。

杠坐神，高七寸，四功（每增减一寸，各加减六分功。力士每功减一分功）。

龙尾，高一尺，三功五分（每增减一寸，各加减三分五厘功。鸱尾[7]功减半）。

嫔伽[8]，高五寸（连翅并莲华坐，或云子，或山子），一功八分（每增减一寸，各加减四分功）。

兽头，高五寸，七分功（每增减一寸，各加减一分四厘功）。

套兽[9]，长五寸，功同兽头。

蹲兽[10]，长三寸，四分功（每增减一寸，各加减一分三厘功）。

角神，高为一尺五寸，需七个功另一分四厘（每增减一寸，各加减四分七厘六毫功，宝藏神每功减四分功）。

鹤子，高为一尺，宽为八寸，首尾共长二尺五寸，需三个功（每高若增减一寸，就要各加减二分功）。

帐上：做缠柱龙，龙身的长为八尺，直径为四寸（做成五段；包括爪甲、脊膊焰，云盆或山子）。需三十六个功（每长若增减一尺，就要各加减三个功。若牙鱼连同缠写生华，每个功减去一分功）。

虚柱上的莲花蓬，五层（下层蓬径以六寸为标准，连带莲荷、藕叶、枝梗）。需六个功另四分（每增减一层，各加减六分功。如下层蓬径增减一寸，就要各加减三分功）。

杠坐神，高为七寸，需四个功（每增减一寸，各加减六分功。做力士每个功减去一分功）。

龙尾，高为一尺，需三个功另五分（每增减一寸，各加减三分五厘功。做鸱尾其功减半）。

嫔伽，高为五寸（连翅连带莲花座，或云子，或山子），一功八分（每增减一寸，就要各加减四分功）。

兽头，高为五寸，需七分功（每增减一寸，就要各加减一分四厘功）。

套兽，长为五寸，所需要的功与做兽头相同。

蹲兽，长为三寸，需四分功（每增减一寸，就要各加减一分三厘功）。

柱头[11]（取径为率）：坐龙，五寸，四功（每增减一寸，各加减八分功。其柱头如带仰覆莲荷台坐，每径一寸，加功一分。下同）。

师子，六寸，四功二分（每增减一寸，各加减七分功）。

孩儿，五寸，单造，三功（每增减一寸，各加减六分功。双造，每功加五分功）。

鸳鸯，鹅、鸭之类同。四寸，一功（每增减一寸，各加减二分五厘功）。

莲荷：莲华，六寸（实雕六层），三功（每增减一寸，各加减五分功。如增减层数，以所计功作六分，每层各加减一分，减至三层止。如蓬、叶造，其功加倍）。

荷叶，七寸，五分功（每增减一寸，各加减七厘功）。

半混：雕插及贴络写生华（透突造同；如剔地，加功三分之一）：

华盆：牡丹（芍药同），高一尺五寸，六功（每增减一寸，各加减五分功；加至二尺五寸，减至一尺止）。

杂华，高一尺二寸（卷搭造），三功（每增减一寸，各加减二分三厘功，平雕[12]减功三分之一）。

华枝，长一尺，广五寸至八寸。

制作柱头（取直径的尺寸为标准）：坐龙，五寸，需四个功（每增减一寸，就各加减八分功。其柱头如果带有仰覆莲荷台平座，那么每径为一寸，需加功一分。下同）。

狮子，六寸，需四个功另二分（每增减一寸，就各加减七分功）。

孩童，五寸，做一个单独的，需三个功（每增减一寸，就各加减六分功。若做成两个的，则每个功加五分功）。

鸳鸯，鹅、鸭之类与此相同。四寸，需一个功（每增减一寸，就各加减二分五厘功）。

莲荷：莲花，六寸（实雕六层），需三个功（每增减一寸，就各加减五分功。如果要增减层数，以所计功作六分，每层各加减一分，减至三层为止。如果还要做蓬、叶，其功加倍）。

荷叶，七寸，需五分功（每增减一寸，就各加减七厘功）。

半混雕作：雕插及贴络写生华（透突形式与此相同，如果是用剔地的雕法，则加功三分之一）：

花盆：牡丹（芍药同此），高为一尺五寸，需六个功（每增减一寸，各加减五分功；加至二尺五寸，减至一尺止）。

杂花，高为一尺二寸（卷搭的形状）。需三个功（每增减一寸，就各加减二分三厘功。如果是平雕，就减功三分之一）。

花枝，长为一尺，宽为五寸至八寸。

牡丹，芍药同此。需三个功另五分（每增减一寸，就各加减三分五厘功）。

杂花，需二个功另五分（每增减一寸，就各加减二分五厘功）。

贴络构件：升龙，长为一尺二寸，需二个功。贴行龙与此相同，以下的飞凤也同此（每增减一寸，就各加减一分六厘功。匾额上贴络构件同此。以下按照此标准）。

牡丹，芍药同。三功五分（每增减一寸，各加减三分五厘功）。

杂华，二功五分（每增减一寸，各加减二分五厘功）。

贴络事件：升龙，行龙同。长一尺二寸，下飞凤同。二功（每增减一寸，各加减一分六厘功。牌上贴络者同。下准此）。

飞凤、立凤、孔雀、牙鱼同，一功二分（每增减一寸，各加减一分功。内凤如华尾造，平雕每功加三分功；若卷搭，每功加八分功）。

飞仙，嫔伽同。长一尺一寸，二功（每增减一寸，各加减一分七厘功）。

师子、狻猊⑬、麟麟⑭、海马⑮同。长八寸，八分功（每增减一寸，各加减一分功）。

真人，高五寸（下至童子同），七分功（每增减一寸，各加减一分五厘功）。

仙女，八分功（每增减一寸，各加减一分六厘功）。

菩萨⑯，一功二分（每增减一寸，各加减一分四厘功）。

童子，孩儿同。五分功（每增减一寸，各加减一分功）。

鸳鸯（鹦鹉、羊、鹿之类同），长一尺（下云子同），八分功（每增减一寸，各加减八厘功）。

飞凤、立凤、孔雀、牙鱼，需一个功另二分（每增减一寸，就各加减一分功。其中的凤如果是造作为华尾形状，用平雕手法，则每个功加三分功；如果是用卷搭形式，则每个功加八分功）。

飞仙，长为一尺一寸，需二个功。嫔伽同此（每增减一寸，就各加减一分七厘功）。

狮子，长为八寸，需八分功。狻猊、麒麟、海马同此（每增减一寸，就各加减一分功）。

真人，高为五寸（以下仙女至童子是同样尺寸）。需七分功（每增减一寸，就各加减一分五厘功）。

仙女，需八分功（每增减一寸，就各加减一分六厘功）。

菩萨，需一个功另二分（每增减一寸，就各加减一分四厘功）。

童子，五分功。孩儿与此相同（每增减一寸，就各加减一分功）。

鸳鸯（鹦鹉、羊、鹿之类同此）长为一尺（下文的云子同此）。需八分功（每增减一寸，就各加减八厘功）。

注释

① 雕木作：是指一种木雕工程，可以分为混作、雕插写生花、起突卷叶花、剔地洼叶花、透突雕和实雕六种。

② 混作：即圆雕，又称立体雕，是指非压缩的，可以多方位、多角度欣赏的三维立体雕塑。圆雕是艺术在雕件上的整体表现，观赏者可以从不同角度看到物体的各个侧面。

③ 宝床：贵重的坐具或卧具。常特指皇宫中御用或寺庙中陈设者。

④ 香合：盛香的盒子。合，即盒子。

⑤ 角神：属于大木作构件，也称"宝藏神"或"宝瓶"，在转角铺作的由昂之上、大角梁之下；其用途是"搘角梁"，即支承大角梁。

⑥ 鹤子：幼鹤。

⑦ 鸱尾：古代宫殿屋脊正脊两端的装饰性构件。外形略如鸱尾，故称。

⑧ 嫔伽：是一个半人半鸟的人，上身是个美女，背后长着一对巨大的翅膀，手里托着一个放着金光的盘子，就像是仙界的礼仪小姐。

⑨ 套兽：是中国古代建筑的脊兽之一，安装于仔角梁的端头上，其作用是防止屋檐角遭到雨水侵蚀。套兽一般由琉璃瓦制成，为狮子头或者龙头形状。

⑩ 蹲兽：又称仙人走兽、走兽、垂脊兽、戗脊兽等，是古代宫殿建筑庑殿顶的垂脊上、歇山顶的戗脊上前端的瓦质或琉璃的小兽。蹲兽的数量和宫殿的等级相关，最高为 11 个，每一个兽都有自己的名字和作用。

⑪ 柱头：柱子顶端部分，支撑古典柱式结构，比柱身宽，通常会刻意加以修饰或装饰。

⑫ 平雕：指简单的雕刻。

⑬ 狻猊：古代神话传说中龙生九子之一。形如狮，喜烟好坐，所以形象一般出现在香炉上，随之吞云吐雾。

⑭ 麟麟：大牝鹿。

⑮ 海马：刺鱼目海龙科暖海生小型鱼类的统称，是一种小型海洋动物，身长 5 ~ 30cm。因头部弯曲与体近直角而得名，头呈马头状而与身体形成一个角，吻呈长管状，口小，背鳍一个，均为鳍条组成。眼可以各自独立活动。

⑯ 菩萨：佛的前身，有悲悯之心的灵体。

云子[17]，六分功（每增减一寸，各加减六厘功）。

香草[18]，高一尺，三分功（每增减一寸，各加减三厘功）。

故实人物（以五件为率），各高八寸，共三功（每增减一件，各加减六分功；即每增减一寸，各加减三分功）。

帐上：

带，长二尺五寸（两面结带造），五分功（每增减一寸，各加减二厘功。若雕华者，同华板同）。

山华焦叶板（以长一尺，广八寸为率，实云头造），三分功。

平綦事件：盘子，径一尺（划云子间起突盘龙；其牡丹花间起突龙、凤之类，平雕者同；卷搭者加功三分之一），三功（每增减一寸，各加减三分功；减至五寸止。下云圈、海眼板同）。

云圈，径一尺四寸，二功五分（每增减一寸，各加减二分功）。

海眼板（水地间海鱼等），径二尺五寸，二功（每增减一寸，各加减一分四厘功）。

杂华，方三寸（透突、平雕），三分功（角华减功之半；角蝉[19]又减三分之一）。

云子，需六分功（每增减一寸，就各加减六厘功）。

香草，高为一尺，需三分功（每增减一寸，就各加减三厘功）。

神话典故中的人物（以五件为一组），各个的高为八寸，总共需三个功（每增减一件，就各加减六分功；即每增减一寸，就各加减三分功）。

帐上：

制作帐上的构件：穿带，长为二尺五寸（做两面结带的样式）。需要五分功（每增减一寸，就各加减二厘功。如果雕花，所用的功与华板相同）。

山华焦叶板（以长一尺，宽八寸为标准，造成实云头形状）。需要三分功。

平棊事项：盘子，其直径为一尺，需要三个功（在云彩之间做盘龙浮雕；在牡丹花之间做龙、凤之类的浮雕。平雕的情况也相同。做卷搭的形式要加功三分之一。每增减一寸，就各加减三分功，减至五寸为止。以下云圈、海眼板的做法同此）。

云圈，直径为一尺四寸，需二个功五分（每增减一寸，就各加减二分功）。

海眼板（水纹底子间做海鱼图形等），直径为一尺五寸，需二个功（每增减一寸，各加减一分四厘功）。

杂花，一边为三寸（用透突或平雕手法）。需要三分功（做角花减去半个功，做角蝉又减去三分之一）。

华板：用透突技法（其间龙、凤之类花纹的做法与此相同）。宽为五寸以下，每宽为一寸，需一个功（如果两面雕，则功加倍。

华板：透突（间龙、凤之类同），广五寸以下，每广一寸，一功（如两面雕，功加倍。其剔地，减长六分之一；广六寸至九寸者，减长五分之一；广一尺以上者，减长三分之一。华板带同）。

卷搭（雕云龙同。如两卷造，每功加一分功。下海石榴华两卷，三卷造准此）长一尺八寸（广六寸至九寸者，即长三尺五寸；广一尺以上者，即长七尺二寸）。

海石榴，长一尺（广六寸至九寸者，即长二尺二寸；广一尺以上者，即长四尺五寸）。

牡丹，芍药同。长一尺四寸（广六寸至九寸者，即长二尺八寸；广一尺以上者，即长五尺五寸）。

平雕，长二尺五寸（广六寸至九寸者，即长六尺；广一尺以上者，即长一十尺。如长生蕙华间羊、鹿、鸳鸯之类，各加长三分之一）。

钩阑、槛面（实云头两面雕造。如凿扑，每功加一分功。其雕华样者，同华板功。如一面雕者，减功之半）。

云栱，长一尺，七分功（每增减一寸，各加减七厘功）。

鹅项，长二尺五寸，七分五厘功（每增减一寸，各加减三厘功）。

地霞[20]，长二尺，一功三分（每增减

若剔地，其长就减六分之一；宽为六寸至九寸的，就减去五分之一的长；宽为一尺以上的，就减去三分之一的长。做华板带同此）。

卷搭，长为一尺八寸（雕云龙同此。如果做成两卷，则每功加一分功。下文的海石榴华造两卷、三卷的情况，都依照这个标准。其宽为六寸至九寸的，则长为三尺五寸；宽为一尺以上的，则长为七尺二寸）。

海石榴，长为一尺（宽为六寸至九寸的，则长为二尺二寸；宽为一尺以上的，则长为四尺五寸）。

牡丹，长为一尺四寸。芍药同此（宽为六寸至九寸的，则长为二尺八寸；宽为一尺以上的，则长为五尺五寸）。

平雕，长为二尺五寸（宽为六寸至九寸的，则长为六尺；宽为一尺以上的，则长为十尺。如果在长生蕙花间雕羊、鹿、鸳鸯之类，各加长三分之一）。

钩阑、槛面（做成实云头两面雕。如凿扑，每功加一分功。其雕花样的，所用功与华板相同。如果是一面雕，减一半的功）。

云栱，长为一尺，需七分功（每增减一寸，就各加减七厘功）。

鹅颈，长为二尺五寸，需七分五厘功（每增减一寸，就各加减三厘功）。

地霞，长为二尺，需一个功另三分（每增减一寸，就各加减六厘五毫功。如果用华盆，即同华板的功）。

矮柱，长为一尺六寸，需四分八厘功（每增减一寸，就各加减三厘功）。

一寸，各加减六厘五毫功。如用华盆，即同华板功）。

矮柱，长一尺六寸，四分八厘功（每增减一寸，各加减三厘功）。

划万字板，每方一尺，二分功（如钩片，减功五分之一）。

椽头盘子（钩阑寻杖头同），剔地云凤或杂华，以径三寸为率，七分五厘功（每增减一寸，各加减二分五厘功。如云龙造，功加三分之一）。

垂鱼，凿朴实雕云头造（惹草同）；每长五尺，四功（每增减一尺，各加减八分功。如间云鹤之类，加功四分之一）。

惹草，每长四尺，二功（每增减一尺，各加减五分功。如间云鹤之类，加功三分之一）。

搏科莲华（带枝梗），长一尺二寸，一功二分（每增减一寸，各加减一分功。如不带枝梗，减功三分之一）。

手把飞鱼，长一尺，一功二分（每增减一寸，各加减一分二厘功）。

伏兔荷叶，长八寸，四分功（每增减一寸，各加减五厘功。如莲华造，加功三分之一）。

叉子：云头，两面雕造双云头，每八条，一功（单云头加数二分之一。若

划万字板，每一边为一尺，需二分功（如钩片，则减去该功的五分之一）。

椽头的盘子（做钩阑寻杖头同此），剔地云凤或杂花，以直径三寸为标准，需七分五厘功（每增减一寸，就各加减二分五厘功。如做云龙，则加三分之一的功）。

垂鱼，凿朴实雕为云头的样式；每长为五尺，需四个功。惹草同此（每增减一尺，就各加减八分功。如果其间做云鹤之类，则加四分之一的功）。

惹草，每长为四尺，需二功（每增减一尺，就各加减五分功。如果其间做云鹤之类，则加三分之一的功）。

搏科莲华（带枝梗）。长为一尺二寸，需一个功另二分（每增减一寸，就各加减一分功。如不带枝梗，则减三分之一的功）。

手把上的飞鱼，长为一尺，需一个功另二分（每增减一寸，就各加减一分二厘功）。

伏兔荷叶，长为八寸，需四分功（每增减一寸，各加减五厘功。如做莲花，则加三分之一的功）。

叉子：云头，两面雕造双云头，每八条，一个功（单云头加数二分之一。若雕一面，减一半的功）。

锭脚壶门板，实雕结带花（做透突的花同此），每十一盘，需一个功。

雕一面，减功之半）。

锃脚壶门板，实雕结带华（透突华同），每一十一盘，一功。

毬文格子挑白，每长四尺，广二尺五寸，以毬文径五寸为率计，七分功（如毬文径每增减一寸，各加减五厘功。其格子长广不同者，以积尺加减）。

⑰ 云子：是一种传统工艺品，即围棋棋子。

⑱ 香草：有时也称为药草，是会散发出独特香味的植物，通常也有调味、制作香料或萃取精油等功用，其中很多也具备药用价值。

⑲ 角蝉：又称刺虫，是一种小型至中型，多为有害木本植物。

⑳ 地霞：是宋代重台钩阑中处在下面的花板，也称小华板，其上也往往是有精美的雕饰。因为小华板紧靠地面或地栿，大部分由带有云形雕饰，所以称为“地霞”。

毬文格子挑白，每长为四尺，宽为二尺五寸，以毬文的径五寸为标准计算，需七分功（如毬文直径每增减一寸，就各加减五厘功。其格子长宽不同的，根据其面积的数量进行加减）。

故宫内的木作

原典图说

雕木作的内容

雕木作是古代一种木雕工程，其分为混作、雕插写生花、起突卷叶花、剔地洼叶花、透突雕和实雕六种。制作木雕作品有三大因素：设计、技艺、用材，它的设计主要在于雕刻家的艺术想象力和技术基本功，它的技法主要体现在削减意义上的雕与刻，就是由外向内，通过一步步地减去废料，循序渐进地将形体挖掘显现出来。木雕刀法的运用就好比书法、绘画中的笔触，运刀的转折、顿挫、凹凸、起伏，生动自然地体现出木雕的材质美和雕琢美，并凸显出雕刻家的创作意图。

殿堂[1]等杂用名件：椽头盘子，径五寸，每一十五枚（每增减五分，各加减一枚）；楷角[2]梁宝瓶，每径五寸（每增减五分，各加减一分功）；莲华柱顶，径二寸，每三十二枚（每增减五分，各加减三枚）；木浮沤[3]，径三寸，每二十枚（每增减五分，各加减二枚）；钩阑上葱台钉，高五寸，每一十六枚（每增减五分，各加减二枚）；盖葱台钉筒子，高六寸，每一十二枚（每增减三分，各加减一枚）；右各一功。柱头仰覆莲胡桃子（二段造），径八寸，七分功（每增一寸，加一分功；若三段造，每一功加二分功）。

照壁宝床等所用名件：柱子，高七寸，一功（每增一寸，加二分功）。香炉[4]，径七寸（每增一寸，加一分功。下酒杯盘，荷叶同）；鼓子，高三寸（鼓上钉，镊等在内；每增一寸，加一分功）。注盌，径六寸（每增一寸，加一分五厘功）。右各八分功。酒杯[5]盘，七分功。荷叶，径六寸；鼓坐，径三寸五分（每增一寸，加五厘功）。右各五分功。酒杯，径三寸（莲子同）；卷荷[6]，长五寸；杖鼓[7]，长三寸；右各三分功（如长、径各增一寸，各加五厘功。其莲子外贴子造，

译文

殿堂等处的各样构件：椽头盘子，直径为五寸，每十五枚（每增减五分，就各加减一枚）。楷角梁宝瓶，每径为五寸（每增减五分，就各加减一分功）。莲华柱顶，直径为二寸，每三十二枚（每增减五分，就各加减三枚）。木浮沤，直径为三寸，每二十枚（每增减五分，就各加减二枚）。钩阑上葱台钉，高为五寸，每十六枚（每增减五分，就各加减二枚）。盖葱台钉筒子，高为六寸，每十二枚（每增减三分，就各加减一枚）。以上小物件的制作各需一个功。柱头仰覆莲胡桃子（做成二段）。直径为八寸，需七分功（每增一寸，就加一分功；如果做成三段，则每一个功加二分功）。

照壁宝床等处所用的构件：柱子，高为七寸，需一个功（每增一寸，就加二分功）。香炉，径为七寸（每增一寸，就加一分功。下面的酒杯和杯盘、荷叶同此）。鼓子，高为三寸（包括鼓上的钉，镊等在内；每增一寸，就加一分功）。注碗，径为六寸（每增一寸，就加一分五厘功）。以上小物件的制作各需八分功。酒杯盘，需七分功。荷叶，径为六寸；鼓座，径为三寸五分（每增一寸，就加五厘功）。以上小物件的制作各需五分功。酒杯，径为三寸（莲子同此）。卷荷，长为五寸；杖鼓，长为三寸；以上小物件的制作各需三分功（如长、径各增一寸，就各加五厘功。其莲子外贴子，如果贴空旋靥贴莲子，加二分功）。披莲，径为二寸八分，需二分五厘功（每增减一寸，就各加减三厘功）。莲蓓蕾，高为三寸，其余都同上。

若剔空旋靨贴莲子，加二分功）。披莲，径二寸八分，二分五厘功（每增减一寸，各加减三厘功）。莲蓓蕾，高三寸，并同上。

佛道帐等名件：火珠⑧，径二寸，每一十五枚（每增减二分，各加减一枚；至三寸六分以上，每径增减一分同）；滴当子⑨，径一寸，每四十枚（每增减一分，各加减三牧；至一寸五分以上，每增减一分，各加减一枚）；瓦头子，长二寸，径一寸，每四十枚（每径增减一分，各加减四枚；加至一寸五分止）；瓦钱子，径一寸，每八十枚（每增减一分，各加减五枚）；宝柱子，长一尺五寸，径一寸二分（如长一尺，径二寸者同），每一十五条（每长增减一寸，各加减一条）；如长五寸，径二寸，每三十条（每长增减一寸，各加减二条）；贴络门盘浮沤，径五分，每二百枚（每增减一分，各加减一十五枚）；平棊钱子，径一寸，每一百一十枚（每增减一分，各加减八枚；加至一寸二分止）；角铃，以大铃高二寸为率，每一钩（每增减五分，各加减一分功）；栌料，径二寸，每四十枚（每增减一分，各加减一枚）。右各一功。虚柱头莲华并头瓣，每一副，胎钱子，径五寸，八功（每增减一寸，各加减一分五厘功）。

佛道帐等处的构件：火珠，径为二寸，每十五枚（每增减二分，就各加减一枚；至三寸六分以上，每径就增减一分，同理类推）。滴当子，径为一寸，每四十枚（每增减一分，就各加减三枚；至一寸五分以上，每增减一分，就各加减一枚）。瓦头子，长为二寸，径为一寸，每四十枚（每径增减一分，就各加减四枚；加至一寸五分为止）。瓦钱子，径为一寸，每八十枚（每增减一分，就各加减五枚）。宝柱子，长为一尺五寸，径为一寸二分（若是长一尺，径为二寸的情况与此相同）。每十五条（每长增减一寸，就各加减一条）；如长为五寸，径为二寸，每三十条（每长增减一寸，就各加减二条）。贴络门盘浮沤，径为五分，每二百枚（每增减一分，就各加减十五枚）。平棊钱子，径为一寸，每一百一十枚（每增减一分，就各加减八枚；加至一寸二分为止）。角铃，以大铃的高为二寸的标准，每一钓（每增减五分就各加减一分功）。栌料，径为二寸，每四十枚（每增减一分，就各加减一枚）。以上小物件的制作各需一个功。虚柱头莲花的并头花瓣，每一副，胎钱子，其径为五寸，需八功（每增减一寸，就各加减一分五厘功）。

注释

① 殿堂：是指中国古代建筑群中的主体建筑，包括殿和堂两类建筑形式，其中殿为宫室、礼制和宗教建筑所专用。古代的堂用途为祭祀祖先，怀念先贤英烈等。可由官府或民间权威设立。
② 楮角：柱子下边的墩子。
③ 木浮沤：门上装饰的突起的钉状物，形似水上浮沤，故名。
④ 香炉：是“香道”必备的器具，也是华人民俗、宗教、祭祀活动中必不可少的供具。
⑤ 酒柸：柸，同“杯”，指盛酒、茶等的器皿。
⑥ 卷荷：含苞欲放的荷花。
⑦ 杖鼓：是中国古代细腰鼓类乐器，东传高丽后成为朝鲜族的重要击膜鸣乐器。
⑧ 火珠：即火齐珠，是宝珠的一种。
⑨ 滴当子：即瓦当，在民间又称“檐合”“筒瓦头”，有圆瓦当和半瓦当之分。瓦当是古代中国建筑中筒瓦顶端下垂部分。特指东汉和西汉时期，用以装饰美化和庇护建筑物檐头的建筑附件。

据作

原典

解割功：椆①、檀、枥木②，每五十尺；榆、槐木、杂硬材③，每五十五尺（杂硬材谓海枣④、龙菁之类）；白松木，每七十尺；柟⑤、柏木、杂软材，每七十五尺（杂软材谓香椿、椵木⑥之类）；榇⑦、黄松、水松、黄心木，每八十尺；

杉、桐木，每一百尺；右各一功（每二人为一功，或内有盘截，不计）。若一条长二丈以上，枝樘高远，或旧材内有夹钉脚者，并加本功一分功。

译文

关于切割木料的工作，木料锯割的尺寸及所需的用功定额：椆、檀、枥木，每条五十尺；榆、槐木、杂硬材，每条五十五尺（杂硬材指海枣、龙菁之类）。白松木，每条七十尺；楠木、柏木、杂软材，每条七十五尺（杂软材指香椿、椵木之类）。

榇木、黄松、水松、黄心木，每条八十尺；杉、桐木，每条一百尺；以上锯割的用功定额各需一个功（每二人为一个功；如果其中有盘截，不计）。若其中一条的长为二丈以上，枝樘高远，或旧材内有夹钉脚的情况，在本功的基础上加一分功。

注释

① 椆：古书上说的一种树。
② 枥木：枥，通栎，落叶乔木，叶子长椭圆形，结球形坚果，叶可喂蚕；木材坚硬，可制家具，供建筑用，树皮可鞣皮或做染料。亦称“麻栎”“橡”，通称“柞树”。
③ 硬材：指木材加工上的阔叶木林。一般比针叶木材（软材）要重要硬。
④ 海枣：世界上最古老的树种之一，是木质化的草本植物。
⑤ 柟：通楠，常绿大乔木，木材坚固，是贵重的建筑材料，又可做船只、器物等。
⑥ 椵木：是一种上等木材，具有油脂，耐磨、耐腐蚀、不易开裂、木纹细、易加工、韧性强等特点，广泛应用于细木工板、木制工艺品的制作。
⑦ 榇：古代指枫树。

原典

竹作

织簟①，每方一尺：细棊文素簟，七分功（劈篾，刮削，拖摘，收广一分五厘。如刮篾收广三分者，其功减半。织华加八分功；织龙、凤又加二分五厘功）。粗簟（劈篾青白，收广四分。二分五厘功。假棊文造，减五厘功。如刮篾收广二分，其功加倍）。

织雀眼网，每长一丈，广五尺：间龙、凤、人物、杂华，刮篾造，三功四分五厘六毫（事造、贴钉在内。如系小木钉贴，即减一分功，下同）。浑青刮篾造，一功九分二厘。青白造，一功六分。笍②索（每一束：长二百尺，广一寸五分，厚四分），浑青造，一功一分。青白造，九分功。障日篛，每长一丈，六分功（如织簟造，别计织簟功）。

每织方一丈：笆③，七分功（楼阁两层以上处，加二分功）；编道，九分功（如缚棚阁两层以上，加二分功）；竹栅④，八分功。夹截，每方一丈，三分功（劈竹篾在内）。搭盖凉棚，每方一丈二尺，三功五分（如打笆造，别计打笆功）。

译文

竹材加工的尺寸及用功定额：

织竹席，每一边为一尺：细篾的无花棊文竹席，需七分功（包括劈篾、刮削、拖摘，收边的宽为一分五厘。如刮篾收宽为三分者，其功减半。织花要加八分功，织龙、凤又加二分五厘功）。粗篾竹席（用青白篾劈篾，收边的宽为四分。需二分五厘功。做成假棊文的，减五厘功。如刮篾收边的宽为二分，其功加倍）。

织雀眼网，每长为一丈，宽为五尺：其间做龙、凤、人物、杂花，用刮篾的手法，需要三个功另四分五厘六毫（包括造构件、贴钉在内。如果是小木钉贴，就要减去一分功。以下的作业与此相同）。浑青刮篾的手法，需要一个功另九分二厘。青白的做法，需一个功另六分。笍索（每一束：长二百尺，广一寸五分，厚四分）。浑青的做法，需一个功另一分。青白的做法，需九分功。障日篛，每长为一丈，需六分功（其做法如织竹席，织竹席的用功定额另计）。

每张竹席一边的尺寸为一丈：竹笆，需七分功（楼阁做两层以上的，需加二分功）。编道，需九分功（如缚棚阁两层以上的，需加二分功）。竹栅栏，需八分功。夹截，每边为一丈，需三分功（包括劈竹篾的用功定额在内）。搭盖凉棚，每边为一丈二尺，需三个功另五分（如打笆的做法，打笆的用功定额另计）。

注释

① 簟：竹席。
② 笍：古书上说的一种竹。
③ 笆：用竹子、柳条、荆条等编成的像席箔那样的东西。
④ 竹栅：用竹子编造的栅栏。

原典

斫事甋瓦口（以一尺二寸甋瓦，一尺四寸瓪瓦为率。打造同）。

琉璃①：撺窠，每九十口（每增减一等，各加减二十口；至一尺以下，每减一等，各加三十口）。解挢（打造大当沟同），每一百四十口（每增减一等，各加减三十口；至一尺以下，每减一等，各加四十口）。

青掍素白：撺窜，每一百口（每增减一等，各加减二十口；至一尺以下，每减一等，各加三十口）。解挢，每一百七十口（每增减一等，各加减三十五口；至一尺以下，每减一等，各加四十五口）。右各一功。

打造甋瓪瓦②口：

琉璃瓪瓦：线道，每一百二十口（每增减一等，各加减二十五口，加至一尺四寸止；至一尺以下，每减一等，各加三十五口；画者加三分之一；青掍素白瓦同），条子瓦，比线道加一倍（画者加四分之一，青掍素白瓦同）。

青掍素白：甋瓦大当沟，每一百八十口（每增减一等，各加减三十口；至一尺以下，每减一等，各加三十五口）。

译文

甋瓦口的修斫（以一尺二寸瓦、一尺四寸瓪瓦为标准。打造这种瓦的工作量的计算与此相同）。

琉璃瓦：撺窠，每九十口（每增减一等，就各加减二十口；至一尺以下，每减一等，就各加三十口）。解挢（打造大当沟与此相同。每一百四十口；每增减一等，就各加减三十口；至一尺以下，每减一等，就各加四十口）。

青掍素白：撺窠，每一百口（每增减一等，就各加减二十口；至一尺以下，每减一等，就各加三十口）。解挢，每一百七十口（每增减一等，就各加减三十五口；至一尺以下，每减一等，就各加四十五口）。以上各需一个功。

打造瓪甋瓦口：

琉璃瓪瓦：线道瓦，每一百二十口（就每增减一等，就各加减二十五口，加至一尺四寸止；至一尺以下，每减一等，就各加三十五口；旁画者加三分之一；青掍素白瓦同此）。条子瓦，要比线道瓦加一倍；旁画者加四分之一（青掍素白瓦同此）。

青掍素白：甋瓦大当沟，每一百八十口（每增减一等，就各加减三十口；至一尺以下，每减一等，就各加三十五口）。

瓪瓦：线道，每一百八十口（每增减一等，各加减三十口；加至一尺四寸止；条子瓦，每三百口（每增减一等，各加减六分之一；加至一尺四寸止）；小当沟③，每四百三十枚（每增减一等，各加减三十枚）；右各一功。结宽，每方一丈（如尖斜高峻，比直行每功加五分功）。

甋瓪瓦：琉璃（以一尺二寸为率，二功二分。每增减一等，各加减一分功），青掍素白，比琉璃其功减三分之一。散瓪，大当沟，四分功（小当沟减三分之二功）。垒脊，每长一丈（曲脊，加长一、二倍）：琉璃，六层；青掍素白，用大当沟，一十层（用小当沟者，加二层）；右各一功。

安卓：火珠，每坐（以径二尺为率，二功五分。每增减一等，各加减五分功）。琉璃，每一只：龙尾，每高一尺，八分功（青掍素白者，减二分功）。鸱尾，每高一尺，五分功（青掍素白者，减一分功）。兽头（以高二尺五寸为准），七分五厘功（每增减一等，各加减五厘功；减至一分止）。套兽（以口径一尺为准），二分五厘功（每增减二寸，各加减六厘功）。嫔伽（以高一尺二寸为准），一分五厘功（每增减二寸，各加减三厘功）。阀阅④，高五

瓪瓦：线道瓦，每一百八十口（每增减一等，就各加减三十口；加至一尺四寸为止）。条子瓦，每三百口（每增减一等，就各加减六分之一；加至一尺四寸为止）。小当沟，每四百三十枚（每增减一等，各加减三十枚）。以上各需一个功。结，每一边为一丈（如果是尖斜高峻的一面，比照直行的面，每个功加五分功）。

甋瓪瓦：琉璃（以一尺二寸为标准，需二个功另二分。每增减一等，则各加减一分功）。青掍素白，比照制琉璃瓦的功减去三分之一。散瓪，大当沟，需四分功（小当沟减三分之一功）。垒脊，每长一丈（曲脊，加长一倍或二倍）。琉璃瓦，六层；青掍素白，用大当沟，十层（用小当沟的时候，加二层）。以上各需一个功。

装配：火珠，每座需二个功另五分（以径二尺为标准。每增减一等，各加减五分功）。琉璃，每一只：龙尾，每高一尺，需八分功（用青掍素白的做法，则减二分功）。鸱尾，每高一尺，需五分功（用青掍素白的做法，则减一分功）。兽头（以高二尺五寸为标准），需七分五厘功（每增减一等，就各加减五厘功；减至一分为止）。套兽（以口径一尺为标准），需二分五厘功（每增减二寸，则各加减六厘功）。嫔伽（以高一尺二寸为标准），需一分五厘功（每增减二寸，就各加减三厘功）。阀阅，高五尺，需一个功（每增减一尺，则各加减二分功）。蹲兽（以高六寸为标准），每十五枚（每增减二寸，则各加减三枚）。滴当子（以高八寸为标准），每三十五枚（每增减二寸，则各加减五枚）。以上各需一个功。系大箔，每三百领（铺箔减三分之一）。抹栈及笆箔，每三百尺；开燕颔板，每九十尺（包括安钉在内）；织泥篮子，每十枚；以上各需一个功。

尺，一功（每增减一尺，各加减二分功）。蹲兽⑤（以高六寸为准），每一十五枚（每增减二寸，各加减三枚）；滴当子（以高八寸为准），每三十五枚（每增减二寸，各加减五枚）；右各一功。系大箔，每三百领（铺箔减三分之一）；抹栈及笆箔⑥，每三百尺；开燕颔板，每九十尺（安钉在内）；织泥篮子，每一十枚；右各一功。

注释

① 琉璃：亦作“瑠璃”，是用各种颜色的人造水晶为原料，是在 1000 多摄氏度的高温下烧制而成的。其色彩流云漓彩；其品质晶莹剔透、光彩夺目。

② 瓪瓦：同“板瓦”，弯曲程度较小的瓦。

③ 当沟：用于建筑屋脊上两个瓦垅之间与正脊、垂脊或戗脊相接触的部位。在女儿墙仿古屋檐琉璃瓦施工工法中，一般指檐板转向女儿墙的转折点处的瓦，故可以理解为屋顶转角处的瓦片，一般规格与普通瓦片接近，但根据实际情况尺寸可能略有不同。

④ 阀阅：仕宦人家门前题记功业的柱子。

⑤ 蹲兽：又称仙人走兽，走兽，垂脊兽，戗脊兽等，是古代宫殿建筑庑殿顶的垂脊上，歇山顶的戗脊上前端的瓦质或琉璃的小兽。

⑥ 笆箔：篱笆。

瓦 作

原典图说

瓦作内容和瓦的规格

瓦作是中国古代建筑业中的屋面工程作业。宋代的瓦作包括苫背、铺瓦、瓦和瓦饰的规格和选用原则等。清代的瓦作则除了这些，还包括宋代本属于砖作的内容，如砌筑磉墩、基墙、房屋外墙、内隔墙、廊墙、围墙、砖墁地、台基等。

此外，宋代瓦在制作时，其品种规格为：筒瓦宽自六寸至二寸五分，共六种规格；板瓦宽自九寸五分至三寸五分，有七种规格。清代瓦的品种规格为：陶瓦有一号至十号，筒瓦宽自四寸五分至二寸五分，板瓦宽自八寸至三寸八分；琉璃瓦有二至九样，筒瓦宽自六寸五分至三寸，板瓦宽自一尺一寸至六寸。陶瓦的一号只相当于琉璃瓦的六样。

泥作①

每方一丈（殿宇②、楼阁之类，有转角、合角、托匙处，于本作每功上加五分功；高二丈以上，每丈每功各加一分二厘功，加至四丈止，供作并不加；即高不满七尺，不须棚阁③者，每功减三分功；贴补同）。

红石灰④（黄、青、白石灰同），五分五厘功（收光五遍，合和、斫事、麻擣在内。如仰泥缚棚阁者，每两椽加七厘五毫功，加至十椽止。下并同）。

破灰；细泥：右各三分功（收光⑤在内。如仰泥缚棚阁者，每两椽各加一厘功。其细泥作画壁，并灰衬，二分五厘功）。粗泥，二分五厘功（如仰泥缚棚阁者，每两椽加二厘功。其画壁披盖麻篾，并搭乍中泥，若麻灰细泥下作衬，一分五厘功。如仰泥缚棚阁，每两椽各加五毫功）。

沙泥画壁：劈篾、被篾，共二分功。披麻，一分功。下沙收压，一十遍，共一功七分（栱眼壁同）。垒石山（泥假山同），五功。壁隐假山，一功。盆山，每方五尺，三功（每增减一尺，各加减六分功）。

用坯：殿宇墙（厅、堂、门、楼墙，并补垒柱窠同），每七百口（廊屋、散舍墙，加一百口）；贴垒脱落墙壁，每

译文

粉刷灰浆的作业：每一面为一丈（殿宇、楼阁之类的建筑，有转角、合角、托匙的地方，那么涂抹灰浆这项作业的用功定额计算就需在每功的基础上加五分功；如果高为二丈以上，那么每丈每功就各加一分二厘功，加至四丈为止，供作并不加；即高不满七尺，不需棚阁者，每功减三分功；贴补同）。

红石灰（黄、青、白石灰一样计算），需五分五厘功（收光五遍，包括和、斫事、麻擣在内。如果是仰泥缚棚阁的情况，每两椽加七厘五毫功，加至十椽为止）。

涂抹破灰、细泥的用功定额：其计算同上。以上各需三分功（包括收光在内。如果是仰泥棚阁的情况，每两椽再各加一厘功。其细泥作画壁，并用灰衬，需二分五厘功）。粗泥，二分五厘功（如仰泥缚棚阁者，每两椽加二厘功。其画壁披盖麻篾，并搭乍中泥，若麻灰细泥下作衬，一分五厘功。如仰泥缚棚阁，每两椽各加五毫功）。

沙泥画壁：劈篾、铺上篾，共需二分功。披麻，需一分功。下沙收压，十遍，共需一个功另七分（制作栱眼壁同此）。垒石山（假山的涂抹同此），五功。壁隐假山，需一功。盆山，每一面五尺，需三个功（每增减一尺，就各加减六分功）。

用坯：殿宇墙（厅、堂、门、楼墙，包括补垒柱窠与此相同），每面七百口（廊屋、散舍墙，加一百口）。贴垒脱落墙壁，每

四百五十口（创接垒墙头射垛，加五十口）；垒烧钱炉，每四百口；侧劄照壁（窗坐、门颊之类同），每三百五十口；垒砌灶（茶炉同），每一百五十口（用砖同。其泥饰各约计积尺别计功）；右各一功。织泥篮子，每一十枚，一功。

四百五十口（创接垒墙头射垛，就加五十口）。垒烧钱炉，每四百口；侧劄照壁（窗座、门颊之类同此），每三百五十口；垒砌灶（垒茶炉同此），每一百五十口；用砖垒也同此（其泥饰各样约计积尺的功要另外计算）。以上各需一个功。织泥篮子，每十枚，需一个功。

注释

① 泥作：中国古代建筑工程中的抹灰专业。泥，指用泥浆或灰浆涂抹墙面、地面、顶棚，在古代又称涂、墐、塈。在《营造法式》中，泥作的任务除抹灰外，还包括做壁画墙面，砌筑灶、茶炉和射垛，垒砌土墙。清工部《工程做法则例》把抹灰归入瓦作，未列泥作。

② 殿宇：宫殿或寺院殿堂。

③ 棚阁：用竹、木等搭建的篷架、陋屋。

④ 红石灰：是石灰（岩）土的一种。热带、亚热带地区石灰岩母质上形成的土色鲜红、呈中性偏酸至中性反应的土壤。

⑤ 收光：即原浆收光，又叫表面压光。初次压光，待混凝土（砂浆）初凝前，用木抹子搓压后，用铁抹子初次压光；待混凝土（砂浆）表面收水后（人踩了有脚印，但不陷入时为宜），进行第二次压光，压光时用力均匀，将表面压实、压光，清除表面气泡、砂眼等缺陷。

彩画作①

五彩间金：描画、装染，四尺四寸（平棊、华子之类，系雕造者，即各减数之半）；上颜色雕华板，一尺八寸；五彩遍装亭子、廊屋、散舍之类，五尺五寸（殿宇、楼阁，各减数五分之一；如装画晕锦②即各减数十分之一；若描白地枝条华，即各加数十分之一；或装四出、六出锦者同）；右各一功。上粉贴金出褫，每一尺，一功五分。

青绿碾玉③（红或抢金碾玉同），亭子、廊屋、散舍之类，一十二尺（殿宇、楼阁各项，减数六分之一）。

青绿间红、三晕棱间，亭子、廊屋、散舍之类，二十尺（殿宇、楼阁各项，减数四分之一）。

青绿二晕棱间，亭子、廊屋、散舍之类，二十五尺（殿宇、楼阁各项，减数五分之一）。

解绿画松、青绿缘道，厅堂、亭子、廊屋、散舍之类，四十五尺（若殿宇、楼阁，减数九分之一；如间红三晕，即各减十分之二）。

解绿赤白，廊屋、散舍、华架之类，一百四十尺（殿宇即减数七分之二；若楼阁、亭子、厅堂、门楼及内中屋各项，减廊屋数七分之一；若间结华或卓柏，各减十分

译文

五彩色间描金色：描画、装染，四尺四寸（平棊、华子之类，属于雕刻的构件，那就各减去一半的数）。雕花板上颜色，一尺八寸；五彩遍装，绘于亭子、廊屋、散舍之类，五尺五寸（绘于殿宇和楼阁，则各减数五分之一；如果装画晕锦就各减数十分之一；如果描白地枝条花，就各加数十分之一；另外，装饰四出、六出锦的情况相同）。以上各需一个功。上粉贴金出褫，每一尺，需一个功另五分。

青绿碾玉（绘制红或抢金碾玉同此），绘于亭子、廊屋、散舍之类，十二尺（殿宇、楼阁各项的绘制，减数六分之一）。

青绿间红、三晕棱间，绘于亭子、廊屋、散舍之类，二十尺（绘于殿宇、楼阁各项，则减数四分之一）。

绘青绿二晕棱间，亭子、廊屋、散舍之类；二十五尺（如果绘于殿宇、楼阁各项，则减教五分之一）。

解绿画松、青绿缘道，绘于厅堂、亭子、廊屋、散舍之类，四十五尺（绘于殿宇、楼阁，则减数九分之一；如果间绘红三晕，即各减十分之二）。

解绿赤白，绘于廊屋、散舍、华架之类，一百四十尺（绘于殿宇则减数七分之二；如果是绘于楼阁、亭子、厅堂、门楼及内中屋各项，则减廊屋数的七分之一；如果间结华或卓柏，则各减十分之二）。

丹粉赤白，绘于廊屋、散舍、诸营、厅堂及鼓楼、华架之类，一百六十尺（绘于殿宇、楼阁，则减数四分之一；绘于亭子、厅堂、门楼及皇城内屋，则各减八分之一）。

刷土黄、白缘道，绘于廊屋、散舍之类，一百八十尺（绘于

之二）。

丹粉赤白，廊屋、散舍、诸营、厅堂及鼓楼，华架之类，一百六十尺（殿宇、楼阁，减数四分之一；即亭子、厅堂④、门楼及皇城内屋，各减八分之一）。

刷土黄、白缘道，廊屋、散舍之类，一百八十尺（厅堂、门楼⑤、凉棚各项，减数六分之一，若墨缘道，即减十分之一）。

土朱刷（间黄丹或土黄刷，带护缝、牙子抹绿同。板壁、平阇⑥、门、窗、叉子、钩阑、棵笼之类，一百八十尺。若护缝、牙子解染青绿者，减数三分之一。

合朱刷⑦：

格子，九十尺（抹合绿方眼同；如合绿刷毬文，即减数六分之一；若合朱画松，难子、壶门解压青绿，即减数之半；如抹合缘于障水板上，刷青地描染戏兽、云子之类，即减数九分之一；若朱红染，难子、壶门、牙子解染青绿，即减数三分之一，如土朱刷间黄丹，即加数六分之一）。

平暗⑧、软门、板壁⑨之类（难子、壶门、牙头、护缝解染青绿。一百二十尺；通刷素绿同；若抹绿，牙头、护缝解染青华，即减数四分之一；如朱红染，牙头、护缝等解染青绿，即减数之半）。

厅堂、门楼、凉棚各项，则减数六分之一，如果绘墨缘道，则减十分之一）。

土朱刷（间黄丹或土黄刷，绘于板壁、平暗、门、窗、叉子、钩阑、棵笼之类，一百八十尺。带护缝、牙子上的抹绿同此。如果护缝、牙子用解染青绿的，则减数三分之一）。

合朱刷：

染于格子，九十尺（方眼上抹合绿同此；如果毬文上染合绿刷，则减数六分之一；如果合朱画松，在难子、壶门上绘解压青绿，即减数之半；如抹合缘于障水板上，刷青地描染戏兽、云子之类，则减数九分之一；如果染朱红，或在难子、壶门、牙子上解染青绿，则减数三分之一，如果土朱刷间黄丹，则加数六分之一）。

绘于平暗、软门、板壁之类，一百二十尺（难子、壶门、牙头、护缝用解染青绿。通刷素绿同此；如果抹绿，牙头、护缝就解染青华，则减数四分之一；如果染朱红，牙头、护缝等就解染青绿，则减数之半）。

注释

① 彩画作：中国古代建筑工程中为了装饰和保护木构部分，在建筑的某些部位绘制粉彩图案和图画的专业。在《营造法式》中，彩画作的作业范围包括对柱、门、窗及其他木构件的油饰。在清工部《工程做法则例》中把彩画归入画作，把做地仗和油饰归入油作。

② 晕锦：即以垂直、水平、对角线按“米”字格式作成图案的基本骨骼，在垂直、水平、对角线的交叉点上套以方形、圆形、多边形框架，框架内再填以各种几何图纹。

③ 碾玉：是宋代的一种淡雅的彩画形式，比五彩遍装更加程式化。

④ 厅堂：建造在建筑组群纵轴线上的主要建筑，常作为正式会客、议事或行礼之所。

⑤ 门楼：是传统建筑之一，其顶部结构和筑法类似房屋，门框和门扇装在中间，门扇外面置铁或铜制的门环。门楼依附厅堂而建。

⑥ 平暗：即平阇，是为了不露出建筑的梁架，常在梁下用天花枋组成木框，框内放置密且小的木方格。

⑦ 合朱刷：合，是指合成色。即最终效果应为红色系列。

⑧ 板壁：是房间的木隔板，是指古民宅里用木板隔起来的墙壁。

⑨ 棵笼子：在宋式小木作中，棵笼子是一种围在树干周围如笼子的护栏，平面有方形，六角形，八角形三种。笼的角柱高约 5 尺，笼身上小下大，与树干形体相呼应。

⑩ 乌头绰楔门：即乌头门，也称乌头大门、表盒、阀阅、褐烫、绰楔、俗称棂星门。其形式为：在两立柱之中横一枋，柱端安瓦，柱出头染成黑色，枋上书名。柱间装门扇，设双开门，门扇上部安直棂窗，可透视门内外。其上部有成偶数的棂条，下部有涨水板。柱头多有装饰纹刻。此门用于官邸及祠庙、陵墓之前。

⑪ 桐油：是一种优良的带干性植物油，具有干燥快、比重轻、光泽度好、附着力强、耐热、耐酸、耐碱、防腐、防锈、不导电等特性，用途广泛。它是制造油漆、油墨的主要原料，大量用作建筑、机械、兵器、车船、渔具、电器的防水、防腐、防锈涂料，并可制作油布、油纸、肥皂、农药和医药用呕吐剂、杀虫剂等。

槛面、钩阑（抹绿同），一百八十尺（万字、钩片板、难子上解染青绿，或障水板上描染戏兽、云子之类，即各减数三分之一，朱红染同）。

叉子（云头、望柱头五彩或碾玉装造），五十五尺（抹绿者，加数五分之一；若朱红染者，即减数五分之一）。

棵笼子[10]（间刷素绿，牙子、难子等解压青绿），六十五尺。

乌头绰楔门[11]（牙头、护缝、难子压染青绿，棂子抹绿），一百尺（若高，广一丈以上，即减数四分之一；若土朱刷间黄丹者，加数二分之一）。

抹合绿窗（难子刷黄丹，颊、串、地栿刷土朱），一百尺。

华表柱并装染柱头、鹤子、日月板（须缚棚阁者，减数五分之一）。

刷土朱通造，一百二十五尺。

绿笋通造，一百尺。

用桐油[6]，每一斤（煎合在内），右各一功。

槛面、钩阑（抹绿同），一百八十尺（万字、钩片板、难子上解染青绿，或障水板上描染戏兽、云子之类，则各减数三分之一。染朱红同此）。

叉子，五十五尺（云头、望柱头绘五彩或装饰碾玉。抹绿的情况，则加数五分之一；如果染朱红的情况，则减数五分之一）。

棵笼子，六十五尺（间刷素绿。牙子、难子等上面用解压青绿）。

乌头绰楔门，一百尺（牙头、护缝、难子上压染青绿，棂子抹绿。如果其高、宽为一丈以上，则减数四分之一；如果土朱刷间黄丹的情况，就加数二分之一）。

抹合绿窗（难子上刷黄丹，颊、串、地栿上刷土朱）。一百尺；

刷染华表柱的同时装染柱头、鹤子、日月板（如果是须缚棚阁的情况，则减数五分之一）。

刷土朱通造，一百二十五尺；

绿笋通造，一百尺；

用桐油，每一斤（煎合的工作在内）。

以上各需一个功。

原典图说

彩画作的内容

彩 画

彩画作是中国古代建筑工程中为了装饰和保护木构部分，在建筑的某些部位绘制粉彩图案和图画的专业。它的作业内容包括对柱、门、窗及其他木构件的油饰，而颜料则以矿物颜料为主，植物颜料为辅，加胶合粉调制而成。彩画早在春秋时期就已在建筑上出现，虽然中间经历过不同朝代，在图案、用色、做法上有所不同，但仍形成一些具有稳定性的手法，如叠晕、间色、沥粉、贴金等。

斫事②：

方砖：二尺，一十三口（每减一寸，加二口）；一尺七寸，二十口（每减一寸，加五口）；一尺二寸，五十口。压阑砖，二十口；右各一功（铺砌功，并以斫事砖数加之；二尺以下，加五分；一尺七寸，加六分；一尺五寸以下，各倍加；一尺二寸，加八分；压阑砖，加六分。其添补功，即以铺砌之数减半）。

条砖，长一尺三寸，四十口（趄面砖③加一分），一功（垒砌④功，以斫事砖数加一倍；趄面砖同，其添补者，即减创垒砖八分之五。若砌高四尺以上者，减砖四分之一。如补换华头，以斫事之数减半）。

粗垒条砖（谓不斫事者），长一尺三寸，二百口（每减一寸加一倍），一功。其添补者，即减创垒砖数：长一尺三寸者，减四分之一；长一尺二寸，各减半；若垒高四尺以上，各减砖五分之一；长一尺二寸者，减四分之一）。

事造剜凿（并用一尺三寸砖）：地面斗八（阶基、城门坐砖侧头、须弥台坐⑤之类同），龙、凤、华样人物、壶门、宝瓶之类；方砖（一口，间窠毬文，加一口半），条砖，五口；右各一功。

砖作①

译文

斫雕工艺：

方砖：二尺，十三口（每减一寸，就加二口）。一尺七寸，二十口（每减一寸，就加五口）。一尺二寸，五十口。压阑砖，二十口；以上各需一个功（如果要计算铺砌的用功定额，就要加上斫雕工作所用的砖数。二尺以下，加五分；一尺七寸，加六分；一尺五寸以下，各样加倍；一尺二寸，加八分；压阑砖，加六分。其添补工作的用功定额计算，则用铺砌之数减半）。

条砖，长为一尺三寸，四十口（做趄面砖加一分），需一个功（垒砌的用功定额，以斫雕工作的砖数加一倍；趄面砖同此，其添补的情况，就减创垒砖的八分之五。若砌高四尺以上的情况，就减砖四分之一。如果补换华头，就以斫砍工作之数减去一半）。

粗垒条砖（即指不进行斫砍的砖），其长为一尺三寸，二百口（每减一寸就加一倍，需一个功。其添补的情况，就减去创垒的砖数：长为一尺三寸的，减四分之一；长为一尺二寸，就各减半；如果垒高四尺以上，就各减砖五分之一；长为一尺二寸的，则减四分之一）。

对砖进行雕刻（包括用一尺三寸砖）：地面斗八上（阶基、城门的坐砖侧头、须弥台坐之类同此），雕龙、凤、花样人物、壶门、宝瓶之类；方砖（一口；如果其间凿挖毬文花纹，则加一口半）。条砖，五口；以上各一功。

透空气眼：方砖，每一口；神子，一功七分。龙、凤、华盆，一功三分。

条砖：壶门，三枚半（每一枚用砖百口），一功。

刷染砖甋、基阶[6]之类，每二百五十尺（须缚棚阁者，减五分之一），一功。

甃垒井，每用砖二百口，一功。

淘井[7]，每一眼，径四尺至五尺，二功（每增一尺，加一功；至九尺以上，每增一尺，加二功）。

注释

① 砖作：中国古代建筑中使用砖材砌筑建筑物、构筑物或其中某一部分的专业。
② 斫事：用刀、斧等砍的工作。
③ 趄面砖：即斜面砖。
④ 垒砌：工程名，即“堆砌”。多见于清代工部河工文书。用砖、石垒砌堤岸、堰坝、涵洞等，以防止河水浸蛰。
⑤ 须弥台坐：即须弥座，由佛座演变而来，指上下皆有枭混的台基，形体与装饰比较复杂，一般用于高级建筑。
⑥ 基阶：建筑物的基础和台阶。
⑦ 淘井：是北方农村人工挖井的代称。

透空气眼：方砖，每一口；神像，需一个功另七分。龙、凤、花盆，需一个功另三分。

条砖：用于壶门，三枚半（每一枚用砖百口）。需一个功。

刷染砖甋、基阶之类，每二百五十尺（如果必须缚棚阁的，减五分之一），需一个功。

垒砌井，每用砖二百口，需一个功。

淘井，每一眼，直径为四尺至五尺，需二个功（每增一尺，就加一个功；至九尺以上，每增一尺，则加二个功）。

原典图说

砖作的内容

砖作指中国古代建筑中使用砖材砌筑建筑物、构筑物或其中某一部分的专业。宋代的砖作内容包括用砖砌筑台基、须弥座、台阶、墙、券洞、水道、锅台、井和铺墁地面、路面、坡道等工程。清代并没有单独列砖作这一项，宋代的砌柱墩、基墙、墙、硬山山尖、墀头等作业在清代都属于瓦作内容。

古代的砖分为方砖、条砖、压阑砖、砖碇、牛头砖、走趄砖、趄条砖、镇子砖共八种。其中方砖边长二尺至一尺二，分五等规格，用于墁地；条砖有长一尺三和一尺二两等，用于砌墙；牛头砖一端厚、一端薄，用于砌拱券；走趄砖和趄条砖的一个侧边为 1 ： 4 的倾斜面，用来砌城壁表面。

原典

造坯：

方砖：二尺，一十口（每减一寸，加二口）；一尺五寸，二十七口（每减一寸，加六口；砖碇与一尺三寸，方砖同）；一尺二寸，七十六口（盘龙凤、杂华同）。

条砖：长一尺三寸，八十二口（牛头砖同；其趄面砖加十分之一）；长一尺二寸，一百八十七口（趄条并走趄砖同）；压阑砖，二十七口；右各一功（般取土末，和泥、事褫②、晒曝、排垛在内）。

甋瓦，长一尺四寸，九十五口（每减二寸，加三十口；其长一尺以下者，减一十口）。

瓪瓦：长一尺六寸，九十口（每减二寸，加六十口；其长一尺四寸展样，比长一尺四寸，瓦减二十口）；长一尺，一百三十六口（每减二寸，加一十二口）；右各一功（其瓦坯并华头所用胶土；即别计）。

黏甋瓦华头，长一尺四寸，四十五口（每减二寸，加五口；其一尺以下者，即倍加）。

拨瓪瓦重唇，长一尺六寸，八十口（每减二寸，加八口；其一尺二寸以下者，即倍加）。

黏镇子砖系，五十八口；右各一功。

窑作①

译文

造制待烧的土坯：

方砖：二尺，十口（每减一寸，就加二口）。一尺五寸，二十七口（每减一寸，就加六口；砖碇与一尺三寸的方砖同）。一尺二寸，七十六口（盘龙凤、杂花同此）。

条砖：长为一尺三寸，八十二口（牛头砖同此；其趄面砖要加十分之一）。长为一尺二寸，一百八十七口（趄条砖和走趄砖同此）；

压阑砖，二十七口；以上各需一个功（搬取土末、和泥、事褫、晒曝、排垛在内）。

甋瓦，长为一尺四寸，九十五口（每减二寸，就加三十口；其长为一尺以下者，减十口）。

瓪瓦：长为一尺六寸，九十口（每减二寸，就加六十口；其长为一尺四寸，减瓦二十口）。长为一尺，一百三十六口（每减二寸，就加十二口）。

以上各一功（其瓦坯和华头所用胶土，另外计算）。

黏合甋瓦华头，长为一尺四寸，四十五口（每减二寸，就加五口；其一尺以下的，就加倍）。

拨制瓪瓦重唇，长为一尺六寸，八十口；每减二寸，就加八口；其一尺二寸以下的，就加倍。

黏合镇子砖系，五十八口；以上各一功。

造鸱、兽等，每一只：

鸱尾，每高一尺，二功（龙尾，功加三分之一）。

兽头：高三尺五寸，二功八分（每减一寸，减八厘功），高二尺，八分功（每减一寸，减一分功）。高一尺二寸，一分六厘八毫功（每减一寸，减四毫功）。

套兽③，口径一尺二寸，七分二厘功（每减二寸，减一分二、三厘功）。

蹲兽，高一尺四寸，二分五厘功（每减二寸，减二厘功）。

嫔伽，高一尺四寸，四分六厘功（每减二寸，减六厘功）。

角珠，每高一尺，八分功。

火珠，径八寸，二功（每增一寸，加八分功；至一尺以上，更于所加八分功外，递加一分功；谓如径一尺，加九分功；一尺一寸，加一功之类）。

阀阅，每高一尺，八分功。

行龙、飞风、走兽之类，长一尺四寸，五分功。

用茶土掍④甋瓦，长一尺四寸，八十口，一功（长一尺六寸瓪瓦同，华头、重唇在内。馀准此。每减二寸，加四十口）。

装素白砖瓦坯（青掍瓦同；如滑石

造鸱、兽等，每一只：

鸱尾，每高一尺，需二个功（制龙尾，在这个功的基础上再加三分之一）。

兽头：高为三尺五寸，需二个功另八分（每减一寸，就减八厘功）。高为二尺，需八分功（每减一寸，就减一分功）。高为一尺二寸，需一分六厘八毫功（每减一寸，就减四毫功）。

套兽，口径为一尺二寸，需七分二厘功（每减二寸，就减一分二、三厘功）。

蹲兽，高为一尺四寸，需二分五厘功（每减二寸，就减二厘功）。

嫔伽，高为一尺四寸，需四分六厘功（每减二寸，就减六厘功）。

角珠，每高一尺，需八分功。

火珠，径为八寸，需二个功（每增一寸，就加八分功；如果到一尺以上，更于所加八分功外，递加一分功。比如径为一尺，就加九分功；径为一尺一寸，就加一个功。等等）。

阀阅，每高一尺，需八分功。

行龙、飞风、走兽之类，长为一尺四寸，需五分功。

用茶土掍甋瓦，长为一尺四寸，八十口，需一个功（其长为一尺六寸的瓪瓦同此。华头、重唇在内。其余也以此为标准。比如每减二寸，就加四十口）。

装素白砖瓦坯（青掍瓦同此；如滑石掍，其功也计算在在内）。大窑计算烧变所用的芟草数，每七百八十束，为一窑（曝客，为烧制的三分之一的功）。以制坯需要十分功为标准，须于往来一里外至二里搬取，需六分的功，共计三十六个功（递转在内。曝窑的功为其三分之一）。若搬取的功为六分以上，那么每一分则加三个功，至四十二个功为止（曝窑，每一分加一个功，至十五个功为止）。搬取的功至四分之下以及不满一里的情况，则每一分减三个功，减至二十四个功为止（曝窑，则每一分减一功，减至七个功为止）。

捏，其功在内），大窑计烧变所用芟[5]草数，每七百八十束（曝窑，三分之一），为一窑；以坯十分为率，须于往来一里外至二里，般六分，共三十六功（递转在内。曝窑，三分之一）。若般取六分以上，每一分加三功，至四十二功止（曝窑，每一分加一功，至一十五功止）。至四分之外及不满一里者，每一分减三功，减至二十四功止（曝窑，每一分减一功，减至七功止）。

烧变大窑，每一窑：烧变，一十八功（曝窑，三分之一）。出窑功同。出窑，一十五功。烧变琉璃瓦等，每一窑，七功（合和、用药、般装、出窑在内）。捣罗洛河石末，每六斤一十两，一功。炒黑锡[6]，每一料，一十五功。

垒窑，每一坐：大窑，三十二功。曝窑，一十五功三分。

注释

①窑作：中国古代建筑工程中制作陶土、琉璃砖瓦和装饰构件的专业。本书中所列的窑作，包括制坯、烧变、用药等工序，并附垒窑制度。清代窑作是独立的手工业，故清工部《工程做法则例》中不列。

②褫：剥去，脱下。

③套兽：是中国古代建筑上的脊兽之一，安装于仔角梁的端头上，其作用是防止屋檐角遭到雨水侵蚀。

④捏：同“混”，混合。

⑤芟：割草，引申为除去。

⑥黑锡：铅的矿物制品药或药用矿物。古人称铅为黑锡，古本草及现中医药界均称铅为黑锡。

大窑的烧变，每一窑：烧变，需十八个功（曝窑，为其三分之一）。出窑功同此。出窑，需十五个功。烧变琉璃瓦等，每一窑，需七个功（包括合和、用药、搬装、出窑的用功定额在内）。捣罗洛河石末，每六斤十两，需一个功。炒黑锡，每一料，需十五个功。

垒窑，每一座：大窑，需三十二个功。曝窑，需十五个功另三分。

古窑厂遗址

原典图说

窑作的内容

窑作指中国古代建筑工程中制作陶土、琉璃砖瓦和装饰构件的专业。宋代的窑作内容包括制坯、烧变、用药等工序，并附垒窑制度，而清代的窑作属于独立的手工业，所以并没有列在清工部《工程做法则例》中。古代房屋构件，比如陶、琉璃制品、瓦、砖等都是通过烧窑制成的。

卷二十六 诸作料例①

一 石作②

原典

蜡面，每长一丈，广一尺（碑③身、鳌坐同）：黄蜡④，五钱；木炭，三斤（一段通及一丈以上者，减一斤）；细墨，五钱。安砌，每长三尺，广二尺，矿石灰五斤（赑屃⑤碑一坐，三十斤；笏头碣，一十斤）。

每段：熟铁鼓卯，二枚（上下大头各广二寸，长一寸；腰长四寸；厚六分；每一枚重一斤）。铁叶，每铺石二重，隔一尺用一段（每段广三寸五分，厚三分。如并四造，长七尺；并三造，长五尺）。灌鼓卯缝，每一枚，用白锡⑥三斤（如用黑锡，加一斤）。

译文

石构件的辅助材料：蜡面，每长为一丈，宽为一尺（碑身、鳌座同此）。黄蜡，五钱；木炭，三斤（一段通及一丈以上的，减一斤）。细墨，五钱。安砌，每长为三尺，宽为二尺，需矿石灰五斤（赑屃碑一座，需石灰三十斤；笏头碣：需石灰十斤）。

每段：熟铁鼓卯，二枚（上下大头每样的宽为二寸，长为一寸；腰长为四寸；厚为六分；每一枚重一斤）；铁叶，每铺石二重，隔一尺用一段（每段广三寸五分，厚三分。如并四造，长七尺；并三造。长五尺）。灌鼓卯的缝，每一枚，用白锡三斤（如用黑锡，加一斤）。

注释

① 诸作料例：即各个工种用料的规定。例，规定、规则和条例。
② 石作：是古代建筑中建造石建筑物、制作和安装石构件和石部件的专业。
③ 碑：刻上文字纪念事业、功勋或作为标记的石头。
④ 黄蜡：又名黄蜡石、蜡石。因石表层及内部有蜡状质感、色感而得名。
⑤ 赑屃：是古代神话传说中龙之九子之一，又名霸下。形似龟，好负重，长年累月地驮载着石碑。赑屃一方面为实用之物，用来做碑座，俗称“神龟驼碑”；另一方面，又具有非常重要的文化意义。
⑥ 白锡：为四方晶系，白锡不仅怕冷，而且怕热。在 161℃以上，白锡又转变成具有斜方晶系的晶体结构的斜方锡。斜方锡很脆，一敲就碎，展性很差，叫作“脆锡”。

故宫内的石作

原典图说

古代石作的内容

石作指中国古代建筑中建造石建筑物、制作和安装石构件和石部件的专业。宋代的石作内容包括柱础、角石、角柱、台基、台阶、坛、地面石、栏杆、踏道、门砧限、水槽、上马石、夹杆石等的制作和安装。此外，粗材加工和雕饰也属于石作内容。清代的时候，石作内容与宋代基本相同，只是增加了石桌、绣墩、花盆座、石狮等建筑部件的制作和安装，但不包括石拱门。

大木作①

用方木：大料模方，长八十尺至六十尺。广三尺五寸至二尺五寸，厚二尺五寸至二尺，充十二架椽至八架椽栿。广厚方，长六十尺至五十尺，广三尺至二尺，厚二尺至一尺八寸，充八架椽栿并担栿、绰幕②、大檐额（头）。长方，长四十尺至三十尺，广二尺至一尺五寸，厚一尺五寸至一尺二寸，充出跳六架椽至四架椽栿。松方，长二丈八尺至二丈三尺，广二尺至一尺四寸，厚一尺二寸至九寸，充四架椽至三架椽栿、大角梁、檐额、压槽方，高一丈五尺以上板门及裹栿板、佛道帐所用料槽、压厦板（其名件广厚非小松方以下可充者同）。朴柱，长三十尺，径三尺五寸至二尺五寸，充五间八架椽以上殿柱。松柱，长二丈八尺至二丈三尺，径二尺至一尺五寸，就料剪截，充七间八架椽以上殿副阶柱或五间、三间八架椽至六架椽殿身柱，或七间至三间八架椽至六架椽厅堂柱。

就全条料及剪截解割用下项：小松方，长二丈五尺至二丈二尺，广一尺三寸至一尺二寸，厚九寸至八寸；常使方，长二丈七尺至一丈六尺，广一尺二寸至八寸，厚七寸至四寸；官样方，长二丈至一丈六尺，广一尺二寸至九寸，厚七寸至四寸。截头方，长二丈至一丈八尺。广一尺

译文

用枋木：大料模枋，长为八十尺至六十尺。宽为三尺五寸至二尺五寸，厚为二尺五寸至二尺，充任十二架椽至八架椽栿。宽厚枋，长为六十尺至五十尺，宽为三尺至二尺，厚为二尺至一尺八寸，充任八架椽栿和担栿、绰幕、大檐额。长枋，长为四十尺至三十尺，宽为二尺至一尺五寸，厚为一尺五寸至一尺二寸，充任出跳六架椽至四架椽栿。松枋，长为二丈八尺至二丈三尺，宽为二尺至一尺四寸，厚为一尺二寸至九寸，充任四架椽至三架椽栿、大角梁、檐额、压槽枋，以及高一丈五尺以上的板门和裹栿板、佛道帐所用料槽、压厦板（这些构件中凡是其宽厚用小松枋以下不可以充任的构件，尺寸同此）。朴柱，长为三十尺，径为三尺五寸至二尺五寸，充任五间八架椽以上的殿柱。松柱，长为二丈八尺至二丈三尺，径为二尺至一尺五寸，就料剪截，充任七间八架椽以上的殿副阶柱或五间、三间八架椽至六架椽的殿身柱，或七间至三间八架椽至六架椽的厅堂柱。

就全条料以及剪截解割的尺寸用下项：小松枋，长为二丈五尺至二丈二尺，宽为一尺三寸至一尺二寸，厚为九寸至八寸；常使枋，长为二丈七尺至一丈六尺，宽为一尺二寸至八寸，厚为七寸至四寸；官样枋，长为二丈至一丈六尺，宽为一尺二寸至九寸，厚为七寸至四寸。截头枋，长为二丈至一丈八尺。宽为一尺三寸至一尺一寸，厚为九寸至七寸五分；材子枋，长为一丈八尺至一丈六尺，宽为一尺二寸至一尺，厚为八寸至六寸。方八枋，长为一丈五尺至一丈三尺，宽为一尺一寸至九寸，厚为六寸至四寸。

三寸至一尺一寸，厚九寸至七寸五分；材子方，长一丈八尺至一丈六尺，广一尺二寸至一尺，厚八寸至六寸。方八方，长一丈五尺至一丈三尺，广一尺一寸至九寸，厚六寸至四寸。常使方八方，长一丈五尺至一丈三尺，广八寸至六寸，厚五寸至四寸。方八子方，长一丈五尺至一丈二尺，广七寸至五寸，厚五寸至四寸。

注释

① 木作：指家具木器行业及其作坊，根据工种行业的不同可分方作、圆作、小木作、大木作等。我国古代以来按木工工艺的不同，把建造房屋木构架的叫作“大木作”，把建筑装修和木制家具的叫作“小木作”。

② 绰幕：在宋代称为雀替，即置于梁枋下与柱相交处的短木，可以缩短梁枋的净跨距离。

常使方八枋，长为一丈五尺至一丈三尺，宽为八寸至六寸，厚为五寸至四寸。方八子枋，长为一丈五尺至一丈二尺，宽为七寸至五寸，厚为五寸至四寸。

竹作①

原典

色额等第②：

上等（每径一寸，分作四片，每片广七分。每径加一分，至一寸以上，准此计之。中等同。其打笆用下等者，只推竹造）：漏三③，长二丈，径二寸一分（系除梢实收数，下并同）；漏二，长一丈九尺，径一寸九分；漏一，长一丈八尺，径一寸七分。

中等：大竿条，长一丈六尺（织簟，减一尺；次竿头④竹同），径一寸五分；次竿条，长一丈五尺，径一寸三分；头竹，长一丈二尺，径一寸二分；次头竹，长一丈一尺，径一寸。

下等：笪⑤竹，长一丈，径八分；大管，长九尺，径六分；小管，长八尺，径四分；织细棊文素簟（织华或龙、凤造同），每方一尺，径一寸二分竹一条（衬簟在内）。织粗簟（假棊文簟同），每方二尺，径一寸二分竹一条八分。织雀眼网（每长一丈，广五尺），以径一寸二分竹；浑青造，一十一条（内一条作贴；如用木贴，即不用，下同）；青白造，六条。

笍索（长二百尺，广一寸五分，厚四分），每一束，以径一寸三分竹；浑青迭四造，一十九条；青白造，一十三条。

障日篛，每三片，各长一丈，广二

译文

竹材的数量和等级：

上等（每径为一寸，分作四片，每片的宽为七分。每径加一分，至一寸以上，依照这个标准计算其尺寸。中等同。其打笆用下等竹材的，只用竹材制作的标准推算）。孔隙为三个的，长为二丈，径为二寸一分（系除梢为实收数，以下同样）；孔隙为二个的，长为一丈九尺，径一寸九分；孔隙为一个的，长为一丈八尺，径为一寸七分。

中等：大竿竹条，长为一丈六尺（织竹席，减去一尺；次竿头竹同此）。径为一寸五分；次竿竹条，长为一丈五尺，径为一寸三分；头竹，长为一丈二尺，径为一寸二分；次头竹，长为一丈一尺，径为一寸。

下等：笪竹，长为一丈，径为八分；大管，长为九尺，径为六分；小管，长为八尺，径为四分；织细篾綦文素席（织花或龙、风同此）。每方为一尺，取径为一寸二分的竹一条。包括衬席在内。织粗蔑竹席（假綦文竹席同），每方为二尺，取径为一寸二分的竹一条八分。织雀眼网（每长为一丈），宽为五尺。取径一寸二分的竹；全部青篾制作，十一条（内一条作贴；如果用木制贴，即不用竹制的贴，下同）；青白篾制作，六条。

笍索（长为二百尺，宽为一寸五分，厚为四分）。每一束，用径为一寸三分的竹；全青篾迭四造，十九条；青白蔑制作，十三条。

障日篛，每三片，各长一丈，宽二尺；取径为一寸三分的竹，二十一条（包括劈篾在内。芦席，八领。包括压缝在内，如用竹席，

尺；径一寸三分竹，二十一条（劈篾在内）；芦蕟⑥，八领（压缝在内，如织簟造，不用）。

每方一丈：打笆，以径一寸三分竹为率，用竹三十条造（一十二条作经，一十八条作纬，钩头、搀压在内。其竹，若甋瓦结宽，六椽以上，用上等；四椽及瓪瓦六椽以上，用中等；甋瓦两椽，瓪瓦四椽以下，用下等。若阙本等，以别等竹比折充）。编道，以径一寸五分竹为率，用二十三条造（榥并竹钉在内。阙，以别充。若照壁中缝及高不满五尺，或栱壁、山斜、泥道，以次竿或头竹、次头竹比折充）。竹栅，以径八分竹一百八十三条造（四十条作经，一百四十三条编造。如高不满一丈，以大管竹或小管竹比折充）。

夹截：中箔，五领（搀压在内）；径一寸二分竹，一十条。劈篾在内。搭盖凉棚，每方一丈二尺：中箔，三领半；径一寸三分竹，四十八条（三十二条作椽，四条走水，四条裹唇，三条压缝，五条劈篾；青白用）；芦蕟，九领（如打笆造，不用）。

不用压缝）。

每方一丈：打竹笆，以径为一寸三分的竹为标准，用三十条竹制作（十二条作经，十八条作纬，包括钩头、搀压在内。其竹材的选用，如果甋瓦结宽，六椽以上，就用上等的竹材；四椽及瓪瓦六椽以上，就用中等的竹材；甋瓦两椽，瓪瓦四椽以下，用下等的竹材。如果缺乏本等材料，就比照原等级竹材用别等竹材抵换充任）。编道，以径为一寸五分的竹材为标准，制作需要竹材二十三条（包括榥和竹钉在内。如果缺乏，就用别的竹材充任。如果照壁中缝及高不满五尺，或栱壁、山斜、泥道，用次竿或头竹、次头竹比照标准尺寸的竹材来抵换充任）。竹栅栏，以径为八分的竹共一百八十三条制作（四十条作经，一百四十三条为纬编造。如高不满一丈，以大管竹或小管竹比照着前尺寸抵换充任）。

夹截：中箔，五领（搀压在内）；取径为一寸二分的竹，十条。包括劈篾在内。搭盖凉棚，每方为一丈二尺：中箔，三领半；取径为一寸三分的竹，四十八条（三十二条作椽，四条用作走水，四条用作裹唇，三条压缝，五条劈篾；用青白篾制作）；芦蕟，九领（如用竹打笆，此法不用）。

注释

① 竹作：竹器的制作。
② 色额等第：色额，色差。等第，等级。
③ 漏三：有三个空隙。
④ 竿头：竹竿的顶端。
⑤ 笪：一种用粗竹篾编成的像席的东西，晾晒粮食用。
⑥ 芦蕟：芦苇编织的席。

原典

用纯石灰（谓矿灰，下同）：

结瓷，每一口：甋瓦，一尺二寸，二斤（即浇灰结瓦用五分之一。每增减一等，各加减八两；至一尺以下，各减所减之半。下至垒脊条子瓦同，其一尺二寸瓪瓦，准一尺甋瓦法）。仰瓪瓦[2]，一尺四寸，三斤（每增减一等，各加减一斤）。点节甋瓦，一尺二寸，一两（每增减一等，各加减四钱）。垒脊（以一尺四寸瓪瓦结窑另为率）；大当沟（以甋瓦一口造），每二枚，七斤八两（每增减一等，各加减四分之一。线道同）。线道（以甋瓦一口造二片），每一尺。两壁共二斤。

条子瓦（以甋瓦一口造四片），每一尺，两壁共一斤（每增减一等，各加减五分之一）。泥脊白道，每长一丈，一斤四两。用墨煤染脊，每层，长一丈，四钱。用泥垒脊，九层为率，每长一丈：麦麸，一十八斤（每增减二层，各加减四斤）；紫土[3]，八担[4]（每一担重六十斤；余应用土并同；每增减二层，各加减一担）。小当沟，每瓪瓦一口造，二枚（仍取条子瓦二片）。燕颔或牙子板，每合角处，用铁叶一段（殿宇，长一尺，广六寸。余长六寸，广四寸）。结瓷，以瓪瓦长，每口搀压四分，收长六分

瓦作①

译文

用纯石灰（纯石灰也叫矿灰，下同）：

结瓷，每一口：甋瓦，一尺二寸，需二斤石灰（即浇灰结瓦用五分之一。每增减一等，则各样加减八两；至一尺以下，则各样减去所减之半。下至垒脊条子瓦同此，其一尺二寸瓪瓦，比照一尺甋瓦的办法）。仰瓪瓦，一尺四寸，需三斤石灰（每增减一等，则各样加减一斤）。点节甋瓦，一尺二寸，需一两石灰（每增减一等，各加减四钱）。垒脊（以一尺四寸瓪瓦结瓷为标准）。大当沟（用甋瓦一口建造。每二枚，需七斤八两石灰。每增减一等，则各样加减四分之一。制作线道的石灰量的计算同此）。线道瓦（用甋瓦一口，制作二片。每一尺）。两壁共需二斤石灰。

条子瓦，每一尺，两壁共需一斤石灰（用甋瓦一口，制作四片。每增减一等，则各加减五分之一）。泥脊白道，每长一丈，需一斤四两石灰。用墨煤染脊，每层，长一丈，需四钱石灰。用泥垒脊，九层为标准，每长为一丈：麦麸，需十八斤石灰（每增减二层，则各加减四斤）。紫土，需八担石灰（每一担重六十斤；其余用土应同此；每增减二层，则各加减一担）。小当沟，每瓪瓦一口建造，制作二枚（仍取条子瓦二片）。燕颔或牙子板，每个合角处，用一段铁叶（殿宇所用的铁叶，长为一尺，宽为六寸。其余长为六寸，宽为四寸）。结瓷，以瓪瓦长，每口搀压四分，收边的长为六分（其解挤剪截，不得超过三分）。合溜处尖斜瓦的情况，同时要计量整口。布列瓦陇，每一行，依照下项：甋瓦（以仰瓪瓦的尺寸计算）。长一尺六寸，每一尺；长一尺四寸，每八寸；长一尺二寸，每七寸；

（其解挢剪截，不得过三分）。合溜处火（尖）斜瓦者，并计整口。布瓦陇⑤，每一行，依下项：甋瓦（以仰瓪瓦为计），长一尺六寸，每一尺；长一尺四寸，每八寸；长一尺二寸，每七寸；长一尺，每五寸八分；长八寸，每五寸；长六寸，每四寸八分。

瓪瓦：长一尺九（四）寸，每四（九）寸；长一尺二寸，每七寸五分。

结宽，每方一丈：中箔，每重，二领⑥半（压占在内。殿宇楼阁，五间以上，用五重；三间，四重；厅堂，三重；余并二重）。土，四十担（系甋、瓪结宽；以一尺四寸瓪瓦为率；下䴷、麸同。每增一等，加一十担；每减一等，减五担；其散瓪瓦，各减半）。麦麸，二十斤（每增一等，加一斤；每减一等，减八两；散瓪瓦，各减半。如纯灰结瓦，不用；其麦䴷同）。麦䴷，一十斤（每增一等，加八两；每减一等，减四两；散瓪瓦，不用）。泥篮，二枚（散瓪瓦，一枚。用径一寸三分竹一条，织造二枚）。系箔常使麻，一钱五分。抹柴栈或板、笆、箔，每方一丈（如纯灰于板并笆、箔上结䴷者，不用）。土，十二（二十）担；麦䴷，十一（一十）斤。

安卓：鸱尾，每一只；以高三尺为率，龙尾同。铁脚子，四枚，各长五寸

长一尺，每五寸八分；长八寸，每五寸；长六寸，每四寸八分。

瓪瓦：长一尺九寸或四寸，每四（九）寸；长一尺二寸，每七寸五分。

结宽，每个面为一丈；中箔，每层，用二领半（压占所用的在内。殿宇楼阁，五间以上的，用五层；三间，四层；厅堂，三层；其余都是二层）。土，准备四十担（系甋、瓪结宽；以一尺四寸瓪瓦为标准；以下䴷麸同此。每增一等，就加十担土；每减一等，减五担土；其散瓪瓦，各样减半）。麦麸，需二十斤土（每增一等，加一斤；每减一等，减八两；散瓪瓦，各个减半。如果用纯石灰结宽，就不用土；其麦䴷同此）。麦䴷，十斤土（每增一等，就加八两；每减一等，就减四两；散瓪瓦，不用增减）。泥篮，二枚（散瓪瓦，一枚。用径为一寸三分的竹一条，织造二枚）。系箔常使麻，需一钱五分。抹柴栈或板、笆、箔，每方抹一丈（如果在板和笆、箔上结宽用纯石灰，不需用土）。土，以十二（或二十）担备用；麦䴷，需十一（或十）斤。

装配构件所用土：鸱尾，每一只；以高三尺为标准，龙尾同此。铁脚子，四枚，各个的长为五寸（每高增一尺，其长就加一寸）。铁束，一枚，长为八寸（每增高一尺，其长就加二寸。其束子大头的宽为二寸，小头的宽为一寸二分，此为定法）。抢铁，三十二片，其长应视身的三分之一（每高增一尺，就加八片；大头的宽为二寸，小头的宽为一寸，此为定法）。拒鹊子，二十四枚（其上作五叉子，每高增一尺，加三枚。各个的长为五寸。每高增一尺，加六分）。

（每高增一尺，长加一寸）。铁束，一枚，长八寸（每高增一尺，长加二寸。其束子大头广二寸，小头广一寸二分为定法）。抢铁，三十二片，长视身三分之一（每高增一尺，加八片；大头广二寸，小头广一寸为定法）。拒鹊子⑦，二十四枚（上作五叉子，每高增一尺，加三枚），各长五寸（每高增一尺，加六分）。

安拒鹊等石灰，八斤（坐鸱尾及龙尾同；每增减一尺，各加减一斤）。墨煤⑧，四两（龙尾，三两；每增减一尺，各加减一两三钱；龙尾，加减一两；其琉璃者，不用）；鞠⑨六道，各长一尺（曲在内；为定法；龙尾同；每增一尺，添八道；龙尾，添六道；其高不及三尺者，不用）；柏桩，二条（龙尾同；其高不及三尺者，减一条）。长视高，径三寸五分（三尺以下，径三寸）。

龙尾：铁索，二条（两头各带独脚屈膝；其高不及三尺者，不用）；一条长视高一倍，外加三尺；一条长四尺（每增一尺，加五寸）。火珠，每一坐（以径二尺为率）：柏桩，一条，长八尺（每增减一等，各加减六寸，其径以三寸五分为定法）；石灰⑩，一十五斤

安装拒鹤等所用的石灰，需八斤（置放鸱尾及龙尾同此；每增减一尺，各样就加减一斤）。墨煤，需四两（龙尾，需三两；每增减一尺，各样就加减一两三钱；龙尾，加减一两；其用琉璃的，不需用墨煤）。鞠，六道，各道的长为一尺（包括曲在内；此为定法；龙尾同此；每增一尺，就添八道；龙尾，添六道；其高不及三尺的，不用这条）。柏桩，二条（龙尾同此；其高不到三尺的，减一条）。其长根据高来决定，其径为三寸五分（三尺以下的，径为三寸）。

龙尾：铁索，二条（两头各带独脚屈膝；其高不及三尺的，不用带）。一条的长要根据高度的一倍，再加三尺；一条的长为四尺（每增一尺，就加五寸）。火珠，每一座（以径二尺为标准）。柏桩，一条，其长为八尺（每增减一等，就各加减六寸，其径以三寸五分为定法）。石灰，十五斤（每增减一等，各样就加减二斤）。墨煤，三两（每增减一等，各加减五钱）。

注释

① 瓦作：是古代建筑业中瓦工所从事的专业工程项目，包括苫背、铺瓦、瓦和瓦饰的规格和选用原则等。清工部《工程做法则例》中的“瓦作”还包括宋代属于砖作的内容，如砌筑磉墩、基墙、房屋外墙、内隔墙、廊墙、围墙、砖墁地、台基等。

② 瓪瓦：同“板瓦”，弯曲程度较小的瓦。

③ 紫土：即紫色土，发育于亚热带地区石灰性紫色砂页岩母质土壤。全剖面呈均一的紫色或紫红色，层次不明显。主要分布在中国的亚热带地区，以四川盆地为主。紫色土是在频繁的风化作用和侵蚀作用下形成的，其过程特点是：物理风化强烈、化学风化微弱、石灰开始淋溶。

④ 担：市制重量单位，1 担等于 50 千克。

⑤ 瓦陇：亦作瓦垄，屋顶上用瓦铺成的凸凹相间的行列。

⑥ 领：表示数量，通常用于地席、草席、席。

⑦ 拒鹊子：为避免鸟雀在鸱尾上栖息筑巢而插在鸱尾上的铁叉状的装饰品。

⑧ 墨煤：即煤精，煤的一种。色黑、质硬，可用以雕刻工艺品。

⑨ 鞠：弯曲。

⑩ 石灰：是一种以氧化钙为主要成分的气硬性无机胶凝材料，由于其原料分布广，生产工艺简单，成本低廉，在土木工程中应用广泛。

⑪ 麻捣：拌和泥灰涂壁用的碎麻。

（每增减一等，各加减二斤）；墨煤，三两（每增减一等，各加减五钱）。

兽头，每一只：铁钩，一条（高二尺五寸以上，钩长五尺；高一尺八寸至二尺，钩长三尺；高一尺四寸至一尺六寸，钩长二尺五寸；高一尺二寸以下，钩长二尺）；系颗铁索，一条，长七尺（两头各带直脚屈膝；兽高一尺八寸以下，并不用）。滴当子，每一枚（以高五寸为率）：石灰，五两（每增减一等，各加减一两），嫔伽，每一只（以高一尺四寸为率）：石灰，三斤八两（每增减一等，各加减八两；至一尺以下，减四两），蹲兽，每一只（以高六寸为率）：石灰，二斤（每增减一等，各加减八两），石灰，每三十斤，用麻捣[11]一斤。出光琉璃瓦，每方一丈，用常使麻，八两。

兽头，每一只：铁钩，一条（其高为二尺五寸以上的，则钩的长为五尺；其高为一尺八寸至二尺的，则钩的长为三尺；其高为一尺四寸至一尺六寸，则钩的长为二尺五寸；其高为一尺二寸以下的，则钩的长为二尺）。系颗铁索，一条，其长为七尺（两头各带直脚屈膝；兽高为一尺八寸以下的，不需用这条）。滴当子，每一枚（以高五寸为标准）。需石灰五两（每增减一等，各样就加减一两）。嫔伽，每一只（以高一尺四寸为标准）。需石灰三斤八两（每增减一等，各样就加减八两；至一尺以下，则减四两）。蹲兽，每一只（以高六寸为标准）。需石灰二斤（每增减一等，各样就加减八两）。石灰，每三十斤，用麻捣一斤。出光琉璃瓦，每个面为一丈，用常使麻，八两。

瓦　窑

做瓦匠

原典图说

古代瓦的制作工艺

古代瓦的制作工艺和制砖相似，以最常用的板瓦和筒瓦为例，先用细黏土和泥，再经过踩泥、渍润，第二天将制瓦轮的扎圈安固，套上布筒，用水搭泥贴在布筒上，随即摇轮并拍打光洁平整，将扎圈随带的泥筒放在亮瓦场上，取出扎圈和布筒亮晒土坯，稍干后用刀切为四片，这样就制成了板瓦。如果扎圈的直径小，上端做出榫头的样子，在坯筒稍干时用刀将其切为两半，便成了筒瓦。

卷二十七 诸作料例二

泥作①

原典

每方一丈。

红石灰（干厚一分三厘；下至破灰同）：石灰，三十斤（非殿阁等，加四斤；若用矿灰，减五分之一；下同）；赤土②，二十三斤；土朱，一十斤（非殿阁等，减四斤）。

黄石灰：石灰，四十七斤四两；黄土，一十五斤一十二两。

青石灰：石灰，三十二斤四两；软石炭，三十二斤四两（如无软石炭，即倍加石灰之数。每石灰一十斤，用粗墨一斤或墨煤十一两）。

白石灰：石灰，六十二斤。

破灰：石灰，二十斤；白蔑土，一担半；麦麸，一十八斤。

细泥：麦麸，一十五斤（作灰衬，同；其施之于城壁者，倍用；下麦䴬准此）。土，三担。

粗泥：中泥同。麦䴬，八斤（搭络及

译文

每个面一丈。

红石灰的拌合比例（干后其厚有一分三厘；以下至破灰同此）：石灰，需三十斤（如果不是殿阁等房屋，就加四斤；如果用矿灰，则减五分之一；以下同此）。赤土，需二十三斤；土朱，需十斤（不是殿阁等房屋，则减四斤）。

黄石灰的拌合比例：石灰，需四十七斤四两；黄土，需十五斤十二两。

青石灰的拌合比例：石灰，需三十二斤四两；软石炭，需三十二斤四两（如无软石炭，那么石灰的数量就加倍。每石灰十斤，就用粗墨一斤或墨煤十一两）。

白石灰：石灰，需六十三斤。

破灰的拌合比例：石灰，需二十斤；白蔑土，需一担半；麦麸，需十八斤。

细泥的拌合：麦麸，需十五斤（作灰衬同此；如果要用于城壁的涂刷，就要加倍用；以下的麦䴬以此为标准）。土，需三担。

粗泥的拌合：中泥同此。麦䴬，需八斤（搭络及中泥作衬，并且减半）。土，需七担。

用沙泥做画壁墙面：用沙土、胶土、白蔑土，各半担。麻捣，需九斤（用于栱眼壁同此；洗净后，每斤，收十二两）。粗麻，需一斤；用径为一寸三分的竹，需三条。

中泥作衬，并减半）。土，七担。

沙泥画壁：沙土③、胶土、白蔑土，各半担。麻捣，九斤（栱眼壁同；每斤洗净者，收一十二两）；粗麻，一斤；径一寸三分竹，三条。

垒石山：石灰，四十五斤；粗墨，三斤。

泥假山：长一尺二寸，广六寸，厚二寸砖，三十口；柴，五十斤；曲堰者。径一寸七分竹，一条；常使麻皮④，二斤；中箔，一领；石灰，九十斤；粗墨，九斤；麦麸，四十斤；麦䴬，二十斤；胶土，一十担。

壁隐假山：石灰，三十斤；粗墨，三斤。盆山，每方五尺：石灰，三十斤（每增减一尺，各加减六斤）；粗墨，二斤。

每坐

立灶（用石灰或泥，并依泥饰料例细计；下至茶炉子准此）：突，每高一丈二尺，方六寸，坯四十口（方加至一尺二寸，倍用。其坯系长一尺二寸，广六寸，厚二寸；下应用砖、坯，并同）。垒灶身，每一斗，坯八十口（每增一斗，加一十口）。

釜灶⑥（以一石为率）：突，依立灶法（每增一石，腔口直径加一寸；至十石止）。垒腔口坑子罨烟，砖五十口（每增一石，加一十口）。

垒石山：石灰，需四十五斤；粗墨，需三斤。

垒砌假山：用长为一尺二寸，宽为六寸，厚为二寸砖，三十口；柴，需五十斤；曲堪者。用径为一寸七分的竹，一条；常使麻皮，需二斤；中箔，一领；石灰，需九十斤；粗墨，需九斤；麦麸，需四十斤；麦䴬，需二十斤；胶土，十担。

垒砌壁隐假山：石灰，需三十斤；粗墨，需三斤。垒盆山，每方为五尺；石灰，需三十斤（每增减一尺，则各加减六斤）；粗墨，需二斤。

每座

立灶（用石灰或泥，并依泥饰料例的细则计算；以下至茶炉子都依照这个标准）。烟囱，每高为一丈二尺，方为六寸，做坯四十口（如果方加至一尺二寸，其需用就加倍。其坯为长一尺二寸，宽六寸，厚二寸；以下的部分应用砖、坯的情况，同此）。垒灶身，每一斗，做坯八十口（每增一斗，就加十口）。

釜灶（以能装一石为标准）：烟囱，依照立灶的方法（每增一石，其腔口的直径就加一寸；至十石为止）。垒腔口坑子罨烟，需砖五十口（每增一石，就加十口）。

坐甑⑥：生铁灶门（依大小用；镬灶同）。生铁板，二片，各长一尺七寸（每增一石，加一寸；广二寸，厚五分）。坯，四十八口（每增一石，加四口）。矿石灰，七斤（每增一石，加一斤）。

镬灶⑦（以口径三尺为准）：突，依釜灶法（斜高二尺五寸，曲长一丈七尺，驼势在内。自方一尺五寸，并二垒砌为定法）。砖，一百口（每径加一尺，加三十口）。生铁板，二片，各长二尺（每径长加一尺，加三寸），广一、二寸五分，厚八分。生铁柱子，一条，长二尺五寸，径三寸（仰合莲造；若径不满五尺不用）。

茶炉子（以高一尺五寸为率）：撩杖（用生铁或熟铁造），八条，各长八寸，方三分。坯，二十口（每加一寸，加一口）。

垒坯墙：用坯每一千口，径一寸三分竹，三条（造泥蓝在内）。闇柱，每一条（长一丈一尺，径一尺二寸为率，墙头在外），中箔：一领。石灰，每一十五斤，用麻捣一斤（若用矿灰，加八两；其和红、黄、青灰，即以所用土朱之类，斤数在石灰之内）。泥篮，每六椽屋一间，三枚（以径一寸三分竹一条织造）。

放甑子的座子：生铁灶门（依大小所用；镬灶同此）；生铁板，需二片，各样的长为一尺七寸（每增一石，就加一寸；宽为二寸，厚为五分）。做坯，需四十八口（每增一石，就加四口）。矿石灰，需七斤（每增一石，就加一斤）。

镬灶（以口径三尺为标准）：烟囱，依釜灶的方法（斜高二为尺五寸，曲长为一丈七尺，驼势在内。自方为一尺五寸，并以二垒砌为定法）。砖，一百口（如果每径加一尺，则加三十口）。生铁板，二片，各片的长为二尺（每径长如果加一尺，就要加三寸）。其宽为一或二寸五分，厚八分。生铁柱子，一条，其长为二尺五寸，径为三寸（造为仰合莲的式样；如果其径不满五尺不用此条）。

茶炉子（以高一尺五寸为标准）：撩杖，八条（用生铁或熟铁制作）。各条的长为八寸，方为三分。坯，二十口（每加一寸，就加一口）。

垒坯墙：用坯每一千口，用径为一寸三分的竹，三条（包括造泥篮在内）。暗柱，每一条（其长为一丈一尺，径为一尺二寸为标准，墙头在外）。中箔：一领。石灰，每十五斤，用麻捣一斤（如果用矿灰，就要加八两；其拌合红、黄、青灰，就以所用土朱之类加入，斤数算在石灰之内）。泥篮，每六椽屋一间，做三枚（以径为一寸三分的竹一条编织）。

注释

① 泥作：是中国古代建筑工程中的抹灰专业，其原材料主要是泥土和矿灰，即是用泥浆或灰浆涂抹墙面、地面、顶棚，使砌体在整体性上能够更加坚固，这在古代又称为涂、墐、塈。泥作的任务除抹灰外，还包括做壁画墙面，砌筑灶、茶炉和射垛，垒棚土墙。

② 赤土：由碳酸盐类或含其他富铁铝氧化物的岩石在湿热气候条件下风化形成，一般呈褐红色，具有高含水率、低密度而强度较高、压缩性较低特性的土。

③ 沙土：指由大量的沙和少量的黏土混合而成的土。

④ 麻皮：一年生草本，茎直立，表面有纵沟，密被短柔毛，皮层富含纤维，基部木质化。

⑤ 釜灶：锅灶。

⑥ 甑：是古代的蒸食用具，为甗的上半部分，与鬲通过镂空的箅相连，用来放置食物，利用鬲中的蒸汽将甑中的食物煮熟。

⑦ 镬灶：也称灶镬锅灶。

原典

应刷染木植，每面方一尺，各使下项（栱眼壁各减五分之一；雕木华板加五分之一；即描华之类，准折计之）：

定粉，五钱三分；墨煤，二钱二分八厘五毫；土朱，一钱七分四厘四毫（殿宇、楼阁，加三分；廊屋、散舍，减二分）；白土，八钱（石灰同）；土黄，二钱六分六厘（殿宇、楼阁，加二分）。黄丹，四钱四分（殿宇、楼阁；加二分；廊屋、散舍，减一分）。雌黄①，六钱四分（合雄黄、红粉，同）；合青华，四钱四分四厘（合绿华同）；合深青，四钱（合深绿及常使朱红、心子朱红、紫檀并同），合朱，五钱（生青、绿华、深朱、红，并同）。生大青，七钱（生大绿青、浮淘青、梓州熟大青、绿、二青绿，并同）。生二绿，六钱（生二青同）；常使紫粉，五钱四分；藤黄，三钱；槐华，二钱六分；中绵烟脂，四片（若合色，以苏木五钱二分，白矾②一钱三分煎合充）。描画细墨，一分；熟桐油，一钱六分（若在闇处不见风日者，加十分之一）。

应合和颜色，每斤，各使下项：

合色：

绿华（青华减定粉一两，仍不用槐华，白矾）。定粉，一十三两；青黛，三两；槐华，一两；白矾，一钱。

彩画作

译文

应刷染木植油，每面为一尺平方，各种原料的使用参照下项（栱眼壁的刷染各项要减五分之一；雕木花板要加五分之一；即描花之类，依照这个标准折算计之）。

定粉，需五钱三分；墨煤，二钱二分八厘五毫；土朱，一钱七分四厘四毫（用于殿宇、楼阁，应加三分；用于廊屋、散舍，应减二分）。白土，八钱（石灰同此）。土黄，二钱六分六厘（用于殿宇、楼阁，应加二分）。黄丹，四钱四分（用于殿宇、楼阁，应加二分；用于廊屋、散舍，则减一分）。雌黄，六钱四分（合雌黄、红粉，同此）。合青华，四钱四分四厘（合绿华同此）。合深青，四钱（合深绿及常使朱红、心子朱红、紫檀都是四钱）。合朱，五钱（生青、绿华、深朱、红，一并同此）。生大青，七钱（生大绿青、浮淘青、梓州熟大青、绿、二青绿，一并同此）。生二绿，六钱（生二青同此）。常使紫粉，五钱四分；藤黄，三钱；槐花，二钱六分；中绵烟脂，四片（如果是合色，以苏木五钱二分、白矾一钱三分煎合充任）。描画细墨，一分；熟桐油，一钱六分（如果用于暗处不见风日的地方，则加十分之一）。

几种混合颜色的调制，以每斤为单位，各种原料的配制应使用下项：

混合色：

绿花（青花的绘制要减去定粉一两，仍不用槐花、白矾）。定粉，需十三两；青黛，三两；槐花，一两；白矾，一钱。

朱：黄丹，一十两；常使紫粉，六两；

绿：雌黄，八两；淀，八两；

红粉：心子朱红，四两；定粉，一十二两。

紫檀：常使紫粉，一十五两五钱；细墨，五钱。

草色：

绿华（青华减槐华、白矾）：淀，一十二两；定粉，四两；……槐华，一两；白矾，一钱。

深绿（深青即减槐华、白矾）：淀，一斤；槐华，一两；白矾，一钱。

绿：淀，一十四两；石灰，二两；槐华，二两；白矾，二钱。

红粉：黄丹，八两；定粉，八两。

衬金粉：定粉，一斤；土朱，八钱（颗块者）。

应使金箔，每面方一尺，使衬粉四两，颗块土朱一钱。每粉三十斤，仍用生白绢一尺（滤粉，木炭③一十斤，熁粉），绵半两（描金）。

应煎合桐油，每一斤：松脂、定粉、黄丹，各四钱；木劄；二斤。应使桐油，每一斤，用乱丝四钱。

朱色：黄丹，十两；常使紫粉，六两；

绿色：雌黄，八两；淀，八两；

红粉：心子朱红，四两；定粉，十二两。

紫檀：常使紫粉，十五两五钱；细墨，五钱。

草色：

绿花（青花减槐花、白矾）；淀，十二两；定粉，四两；槐花，一两；白矾，一钱。

深绿（深青的调制则减去槐花、白矾）；淀，一斤；槐花，一两；白矾，二钱。

绿色：淀，十四两；石灰，二两；槐花，二两；白矾，二钱。

红粉：黄丹，八两；定粉，八两。

衬金粉：定粉，一斤；土朱，八钱（用颗粒块状的矿料）。

应使金箔，每面一尺平方，使用衬粉四两，颗块状的土朱一钱。每粉三十斤，仍用生白绢一尺（滤粉，需用木炭十斤，熁粉），绵半两（描金）。

关于煎合桐油，每一斤所用的材料：松脂、定粉、黄丹，各四钱；木劄；二斤。关于使用的桐油，每二斤，需用乱丝四钱。

注释

① 雌黄：包含有矿物和药物两种形态。中药部分为硫化物类矿物雌黄的矿石，块状或粒状集合体，呈不规则块状。

② 白矾：为矿物明矾石经加工提炼而成的结晶。有抗菌、收敛作用等，可用做中药。

③ 木炭：是木材或木质原料经过不完全燃烧，或者在隔绝空气的条件下热解，所残留的深褐色或黑色多孔固体燃料。

颐和园彩画《西游记》

砖作

原典

应铺垒、安砌，皆随高、广，指定合用砖等第，以积尺[1]计之。若阶基、慢道之类，并二或并三砌，应用尺三条砖，细垒者，外壁斫磨砖每一十行，里壁粗砖八行填后（其隔减、砖甋，及楼阁高窎，或行数不及者，并依此增减计定）。

应卷輂河渠，并随圜用砖；每广二寸，计一口；覆背卷准此。其缴背，每广六寸，用一口。

应安砌所需矿灰，以方一尺五寸砖，用一十三两（每增减一寸，各加减三两。其条砖，减方砖之半；压阑，于二尺方砖之数，减十分之四）。

应以墨煤刷砖甋、基阶之类，每方一百尺，用八两。

应以灰刷砖墙之类，每方一百尺，用一十五斤。

应以墨煤刷砖甋、基阶之类，每方一百尺，并灰刷砖墙之类，计灰一百五十斤，各用苕帚[2]一枚。

应甃垒并所用盘板，长随径（每片广八寸，厚二寸），每一片：常使麻皮，一斤；芦蓫，一领；径一寸五分竹，二条。

译文

关于砖作中的铺垒、安砌，都随高度和宽度，指定适合其用途的砖的等级，并按照该面积或体积的数量来计算砖的需要量。如果是阶基、慢道之类，用二个并列或三个并列的砌法，应用尺度为三条砖，细垒的砌体，外壁用斫磨砖每壁十行，里壁用粗砖八行充填后面（其隔减、砖甋，及楼阁高窎，其行数或多或少，都可依照这个标准进行增减来计算确定）。

关于墙下涵洞，随涵洞的弧形用砖；每宽二寸，计一口；覆背的卷曲处也依据这个标准。其缴背处的用砖，每宽六寸，用一口。

关于安砌所需的矿灰，以每方一尺五寸砖为单位，用十三两矿灰（每增减一寸，则各加减三两灰。其条砖，减去方砖一般的数量；砌压阑，于二尺方砖的数量，减去十分之四）。

关于用墨煤刷砖甋、基阶之类，每方一百尺，用八两灰。

关于用灰刷砖墙之类，每方一百尺，用十五斤灰。

关于用墨煤刷砖甋、基阶之类，每方一百尺，包括灰刷砖墙之类，大概用灰一百五十斤，各用苕箒一枚。

关于甃垒以及所用盘板，其长随径（每片宽八寸，厚二寸）。每一片：常使麻皮，一斤；芦蓫，一领；用径一寸五分的竹，二条。

注释

① 积尺：指面积或体积的数量。

② 苕箒：即笤帚，清洁用具，取苕秆为之，故名苕箒。

古 砖

古 砖

原典图说

青砖和画像砖

青砖的主要原料为黏土，然后加水调和后，挤压成型，再放入砖窑中焙烤至 1000℃左右，再加水冷却，让黏土中的铁不完全氧化，使其具备更好的耐风化、耐水等特性。青砖早在秦朝就已使用，著名的秦朝都城阿房宫中就是使用的青砖铺地，上面还有装饰性纹理图案。如今，青砖仍被大量使用。

画像砖起源于战国时期，盛行于两汉，一般用于墓室中构成壁画，有的也用于宫殿建筑上。画像砖主要是用木模压印然后经火烧制成，它上面的图案内容非常丰富，有表现劳动生产的，如播种、收割、舂米、酿造、盐井、桑园放牧等；有描绘社会风俗的，如宴乐、杂技、舞蹈等；有神话故事的，比如西王母、月宫等；还有表现统治阶级车马出行的。现在这种砖已成为珍贵的古迹，具有很高的收藏价值。

窑作①

原典

烧造用芟草：砖，每一十口：

方砖：方二尺，八束②（每束重二十斤，余芟草称束者，并同。每减一寸，减六分）。方一尺二寸，二束六分（盘龙、凤、华并砖碇同）。

条砖：长一尺三寸，一束九分（牛头砖同；其趄面即减十分之一）。长一尺二寸，九分（走趄并趄条砖，同）。

压阑砖：长二尺一寸，八束。

瓦：素白，每一百口：

甋瓦：长一尺四寸，六束七分（每减二寸，减一束四分）。长六寸，一束八分（每减二寸，减七分）。

瓪瓦：长一尺六寸，八束（每减二寸，减二束）。长一尺，三束（每减二寸，减五分）。

青掍瓦：以素白所用数加一倍。

诸事件（谓鸱、兽、嫔伽，火珠之类；本作内余称事件者准此），每一功，一束（其龙尾所用芟草，同鸱尾）。

琉璃瓦并事件，并随药料，每窑计之（谓曝窑）。大料（分三窑折大料同），一百束，折大料八十五束。中料，分二窑，小料同。一百一十束，小料一百束。

译文

烧造所用的芟草：烧制砖，每十口：

方砖：面积为二尺的，用八束芟草（每束重二十斤，下文提到芟草称“束”的，一并同此。每减一寸，就减六分）。面积为一尺二寸的，用二束六分芬草（盘龙、凤、花和砖碇同此）。

条砖：长为一尺三寸的，用一束九分芟草（牛头砖同此；其趄面则减十分之一）。长为一尺二寸的，用九分芟草（走趄砖和趄条砖，同此）。

压阑砖：长为二尺一寸，用八束芟草。

瓦：素白，每一百口。

甋瓦：长为一尺四寸，需六束七分芟草（每减二寸，则减一束四分芟草）。长为六寸，需一束八分芟草（每减二寸，则减七分）。

瓪瓦：长为一尺六寸，需八束芟草。每减二寸。则减二束。长为一尺，需三束芟草。每减二寸，则减五分。

青掍瓦：以素白瓦所用的数量加上一倍的数。

各个构件，例如鸱、兽、嫔伽、火珠之类（本工序内其他处提到的构件都依照这个标准）。每一功，一束（烧制龙尾所用芟草数量，同鸱尾）。

琉璃瓦及其构件，一同依随药料，以每窑为单位来计算（这里指曝窑）。大料（分三窑，大料同）。一百束，八十五束。中料（分二窑，小料同）。一百一十束，小料一百束。

挋造鸱尾（龙尾同），每一只，以高一尺为率，用麻捣，二斤八两。

青挋瓦：

滑石挋：

坯数：大料，以长一尺四寸甋瓦，一尺六寸瓪瓦，各六百口（华头重唇在内。下同）。中料，以长一尺二寸甋瓦，一尺四寸瓪瓦，各八百口。小料，以甋瓦一千四百口（长一尺，一千三百口，六寸并四寸，各五千口），瓪瓦一千三百口（长一尺二寸，一千二百口，八寸并六寸，各五千口）。

柴药数：大料：滑石[3]末，三百两；羊粪[4]，三筵（中料，减三分之一；小料，减半）；浓油，一十二斤；柏柴，一百二十斤，松柴，麻糈[5]，各四十斤（中料，减四分之一；小料，减半）。

荼土挋：长一尺四寸甋瓦：一尺六寸瓪瓦，每一口，一两（每减二寸，减五分）。

造琉璃瓦并事件：

药料：每一大料，用黄丹二百四十三斤（折大料，二百二十五斤；中料，二百二十二斤；小料，二百九十斤四两）。每黄丹三斤，用铜末三两，洛河石末一斤。

用药，每一口：鸱、兽、事件及条子、线道之类，以用药处通计尺寸折大料：

挋造鸱尾（龙尾同此）。每一只，以高一尺为标准，用麻捣，二斤八两。

青挋瓦：

滑石挋：

坯数：大料，甋瓦的长为一尺四寸，瓪瓦的长为一尺六寸，各六百口（包括华头重唇在内。下同）。中料，甋瓦的长为一尺二寸，瓪瓦的长为一尺四寸，各八百口。小料，以甋瓦一千四百口（其长为一尺，一千三百口，六寸和四寸的，各五千口）。瓪瓦一千三百口（其长为一尺二寸，一千二百口，八寸和六寸的，各五千口）。

所用的柴药数量：

烧制大料的用料：滑石末，用三百两；羊粪，用三筵（中料，减去三分之一；小料，减半）。浓油，需十二斤；柏柴，需一百二十斤；松柴、麻糈，各样四十斤（中料，减去四分之一；小料，减半）。

荼土挋：长为一尺四寸的甋瓦：一尺六寸的瓪瓦，每一口，用一两（每减二寸，减五分）。

烧造琉璃瓦等构件：

药料：每一大料，用黄丹二百四十三斤（折大料，二百二十五斤；中料，用二百二十二斤；小料，用二百九十斤四两）。每黄丹三斤，用铜末三两，洛河石末一斤。

用药，以每一口为单位计量（鸱、兽等构件及条子、线道之类，以用药处通计尺寸以大料折算）：

大料，长为一尺四寸的甋瓦，需七两二钱三分六厘（长为一尺六寸的瓪瓦减五分）。

中料，长为一尺二寸的甋瓦，需六两六钱一分六毫六丝六忽（长为一尺四寸的瓪瓦，减五分）。

小料，长为一尺的甋瓦，需六两一钱二分四厘三毫三丝二忽（长为一尺二寸的瓪瓦，减五分）。

药料所用的黄丹阙，用黑锡炒制而成。其锡，用黄丹十分加一分（所加之数，斤以下的不计），每用黑锡一斤，需用密驼僧二分九厘、硫黄八分八厘、盆硝二钱五分八厘、柴二斤十一两，炒好后加进黄丹十分的数量便成了。

大料，长一尺四寸甋瓦，七两二钱三分六厘（长一尺六寸瓪瓦减五分）。

中料，长一尺二寸甋瓦，六两六钱一分六毫六丝⑥六忽（长一尺四寸瓪瓦，减五分）。

小料，长一尺甋瓦，六两一钱二分四厘三毫三丝二忽（长一尺二寸瓪瓦，减五分）。

药料所用黄丹阙，用黑锡炒造。其锡，以黄丹十分加一分（即所加之数，斤以下不计），每黑锡一斤，用密驼僧⑦二分九厘，硫黄八分八厘，盆硝⑧二钱五分八厘，柴二斤一十一两，炒成收黄丹十分之数。

注释

① 窑作：就是用窑烧制砖瓦等构件，是中国古代建筑工程中制作陶土、琉璃砖瓦和装饰构件的专业，包括制坯、烧变、用药等工序，并附垒窑制度。

② 束：量词，用于捆在一起的东西。

③ 滑石：是一种常见的硅酸盐矿物，它非常软并且具有滑腻的手感。其用途很多，如做耐火材料、造纸、橡胶的填料、绝缘材料、润滑剂、农药吸收剂、皮革涂料、化妆材料及雕刻用料等。

④ 羊粪：是指羊的大便，粒状，黑色，是很好的有机肥，可以做农作物、花卉的肥料。

⑤ 麻籸：芝麻榨油后的渣滓。

⑥ 丝：长度单位，丝也叫道、条、个，是单位制中的丝米。1mm=10 丝米 =100 忽米 =1000 微米；1 丝是 1 忽米的俗称，所以 1 丝米 =10 丝。

⑦ 密驼僧：一种含氧化铅的固体催干剂，入油起促进干燥作用，是铅的氧化物矿物。它呈红色，属四方晶系，很重也很软，有油脂光泽，产于铅矿床的氧化地带。

⑧ 盆硝：即芒硝，气寒，味咸，常用泻下药，为硫酸盐类矿物芒硝加工而成的精制结晶。因形似麦芒，故名。

古代窑厂模型

原典图说

窑的分类

古代，不管烧制陶瓷的窑，还是烧制琉璃砖瓦的窑，抑或是烧制其他装饰构件的窑，都统称为窑。而现代窑有很多种，比如根据窑炉的形状可以分为方形窑、圆形窑等；按照制品的种类可以分为陶瓷窑、水泥窑、玻璃窑、砖瓦窑等；根据所用燃料的种类可以分为烧煤窑、燃油窑、煤气窑等；根据物料输送方式还可以分为窑车窑、辊底窑、推板窑等；按照通道数目可以分为单通道窑、双通道窑和多通道窑。所以，相比于古代，现代窑的种类分得更加精细，也更加丰富。

参考文献

[1]李诫. 营造法式.邹其昌点校.北京：人民出版社，2011.

[2]陈明达. 营造法式辞解. 天津：天津大学出版社，2010.

[3]项隆元.《营造法式》与江南建筑.杭州：浙江大学出版社，2009.

[4]李路珂.《营造法式》彩画研究. 南京：东南大学出版社，2011.